南堡凹陷油气藏形成与预测评价

刘国勇　庞雄奇　马　乾等　著

科学出版社

北京

内 容 简 介

本书针对南堡凹陷油气分布规律不清、油气成藏特殊性不明、剩余资源潜力不清、勘探成效不高、深部油气勘探方向和领域不明等难题，全面剖析油气形成和分布的地质条件，基于多种研究方法对油气资源潜力进行评价，总结油气藏地质特征与成因模式，基于成藏门限及功能要素组合控藏理论，对不同类型油气藏有利成藏区带进行预测；综合运用地质分析方法及地球物理检测方法，对南堡凹陷油气目标进行预测，为南堡凹陷下一步油气勘探方向及领域提供创新性的理论支持和翔实的成果支撑。

本书既可以作为石油地质等相关专业科研人员的工具参考书，也可作为相关院校研究生培养的教学参考书。

图书在版编目（CIP）数据

南堡凹陷油气藏形成与预测评价 / 刘国勇等著 . —北京：科学出版社，2023.3

ISBN 978-7-03-073713-7

Ⅰ. ①南… Ⅱ. ①刘… Ⅲ. ①渤海湾盆地–拗陷–油气藏形成 ②渤海湾盆地–拗陷–油气藏–预测–评价 Ⅳ. ①P618.130.2

中国版本图书馆 CIP 数据核字（2022）第 208263 号

责任编辑：焦 健 韩 鹏 陈娇娇 / 责任校对：何艳萍
责任印制：吴兆东 / 封面设计：北京图阅盛世

科 学 出 版 社 出版
北京东黄城根北街 16 号
邮政编码：100717
http://www.sciencep.com
北京建宏印刷有限公司 印刷
科学出版社发行 各地新华书店经销

*

2023 年 3 月第 一 版 开本：889×1194 1/16
2023 年 3 月第一次印刷 印张：23 1/4
字数：757 000

定价：368.00 元
（如有印装质量问题，我社负责调换）

前　言

南堡凹陷是渤海湾盆地典型的富油气凹陷，具有广阔的勘探前景，自 1988 年勘探以来，发现了越来越多的油气储量，截至 2020 年底已探明石油地质储量达 $6.8×10^8t$，天然气探明地质储量 $1401×10^8m^3$。随着勘探程度的不断加深，南堡凹陷在油气勘探领域取得了不错的进展，目前，已基本明确了研究区构造格局及演化特征、地层层序及展布特征，摸清了研究区生储盖组合特征，发现了八套富油气层系及包括构造、岩性、潜山等多种类型的油气藏。

然而，南堡凹陷的勘探也面临着许多问题，严重制约着勘探的进程。首先，南堡凹陷剩余资源潜力评价难，有利勘探方向不明。南堡凹陷已进行了多次资源评价，但是结果差异大，没有揭示剩余资源潜力与分布，不能明确下一步的勘探方向，并且以往的资源评价只关注常规油气资源，缺乏对非常规油气资源潜力的研究。其次，南堡凹陷油气富集规律复杂，缺少有效的预测方法。目前勘探实践证实，针对南堡凹陷油气资源无论是在平面上还是在纵向上分布不均，油气藏类型多样，油气富集规律复杂的问题，以往的研究都没有找出最主要的控油气成藏因素，未建立要素匹配控藏模式。最后，南堡凹陷油气成藏机制复杂，优选钻探目标困难，主要是没有找准含油气性变化的主控因素，缺少富油气目标定量预测模式，不能满足深化勘探的需要。

为了解决南堡凹陷油气勘探面临的诸多问题，中国石油天然气股份有限公司冀东油田分公司联合中国石油大学（北京）承担了为期 10 年的题为"南堡凹陷油气富集规律研究与增储领域"的国家科技重大专项课题，目的是开展南堡凹陷油气深化勘探的研究，指明有利的勘探领域及勘探区带，优选勘探目标，为南堡凹陷下一步的油气勘探工作指明方向。本书是对这一项目研究成果的总结，这些成果为复杂地质条件下的油气勘探提供了新的理论和指导方法，对于其他地区的油气勘探深化研究也有一定的指导作用。

本书重点介绍了项目研究过程中取得的成果认识：①认识到南堡凹陷的形成和演化决定了油气地质条件的独特性；②运用多种方法，综合评价南堡凹陷剩余资源潜力，并指明潜在的勘探领域；③揭示了南堡凹陷油气藏的三种成因机制并建立了功能要素组合成因模式；④重点分析了南堡凹陷潜山油气藏地质特征和成因模式；⑤划分了南堡凹陷的流体动力场分布，并总结出三种流体动力场控油气分布规律，指明了有利勘探方向；⑥提出不同成因类型油气资源的有利区预测方法，指明南堡凹陷有利的勘探区带；⑦基于地质及地球物理探测技术，预测评价了有利的勘探目标，总结了冀东油田分公司近年来的勘探实践与成效，形成了南堡凹陷增储领域勘探关键配套理论及技术。

全书是由冀东油田分公司刘国勇总地质师和中国石油大学（北京）庞雄奇教授负责策划和设计，并亲自主持完成，各章节内容由相关研究课题组负责撰写。第 1 章由刘国勇总地质师和庞雄奇教授完成；第 2 章由童亨茂教授负责撰写；第 3 章由季汉成教授、纪友亮教授以及孙思敏讲师负责撰写；第 4 章由姜福杰教授和庞雄奇教授负责撰写；第 5 章由刚文哲教授和高岗教授负责撰写；第 6 章由李素梅教授和陈冬霞教授负责撰写；第 7 章由庞雄奇教授和向才富副教授负责撰写；第 8 章由黄捍东教授负责撰写；第 9 章由马乾高级工程师负责撰写。全书由庞雄奇教授和庞宏副教授统稿并修正。

本书的主要成果是在国家科技重大专项的支持下，由中国石油天然气股份有限公司冀东油田分公司与中国石油大学（北京）两方工作人员的紧密协作完成的，得到了冀东油田分公司及中国石油大学（北京）各课题组的大力支持。在项目研究过程中，得到了多位专家的悉心指导，特别是王铁冠院士、李思田教授、刘可禹教授、林畅松教授、罗晓容教授、朱筱敏教授和漆家福教授，在此深表谢意。本书在完成过程中得到了中国石油大学（北京）一些在读和已毕业学生的支持和帮助，冀东油田分公司的领导与工作人员及中国石油大学（北京）盆地与油藏研究中心的领导和老师为本书的出版付出了辛劳，在此一并表示感谢。

由于作者水平有限，书中难免存在疏漏之处，敬请读者批评指正！

作　者

2022 年 9 月

目　　录

第1章 绪 论

本书通过南堡凹陷剩余资源潜力分析和油气地质特征研究，明确南堡凹陷油气富集规律和有利成藏区。通过针对性的技术攻关，形成南堡凹陷潜山、中深层岩性油气藏勘探关键技术。通过油气富集规律研究、勘探关键技术攻关及勘探目标评价，落实南堡凹陷增储领域及其潜力。为复杂地质条件下的断陷盆地油气勘探提供新的理论与方法指导。

1.1 南堡凹陷油气勘探历史与现状

1.1.1 地质概况

南堡凹陷是渤海湾盆地典型的富油气凹陷，位于渤海湾盆地的北部，为一个小型断陷盆地，区域构造上位于华北板块东北部、燕山台褶带南缘，勘探面积为 1932km²，其中陆地面积 570km²，海域面积 1362km²（图 1.1）。南堡凹陷所在的渤海湾盆地是多期构造运动叠加形成的沉积盆地，具有多旋回、多层系的特点。新生代以来，南堡凹陷经历了与渤海湾其他凹陷一样的多期断陷演化。从古近纪开始，它主要经历了古近纪裂陷阶段和新近纪—第四纪裂陷后阶段。南堡凹陷划分为八个构造带和四个次凹，八个构造带分别为南堡1号、南堡2号、南堡3号、南堡4号、南堡5号、高尚堡、柳赞和老爷庙，四个次凹分别为拾场、林雀、曹妃甸和柳南。

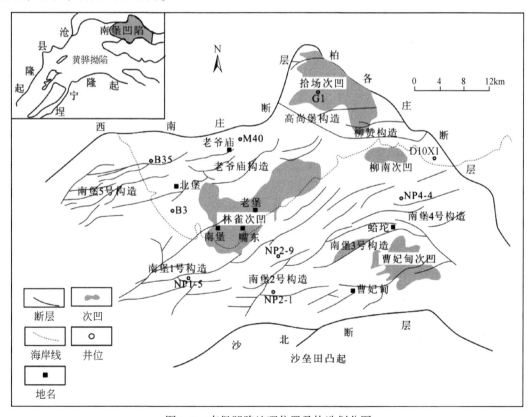

图 1.1 南堡凹陷地理位置及构造划分图

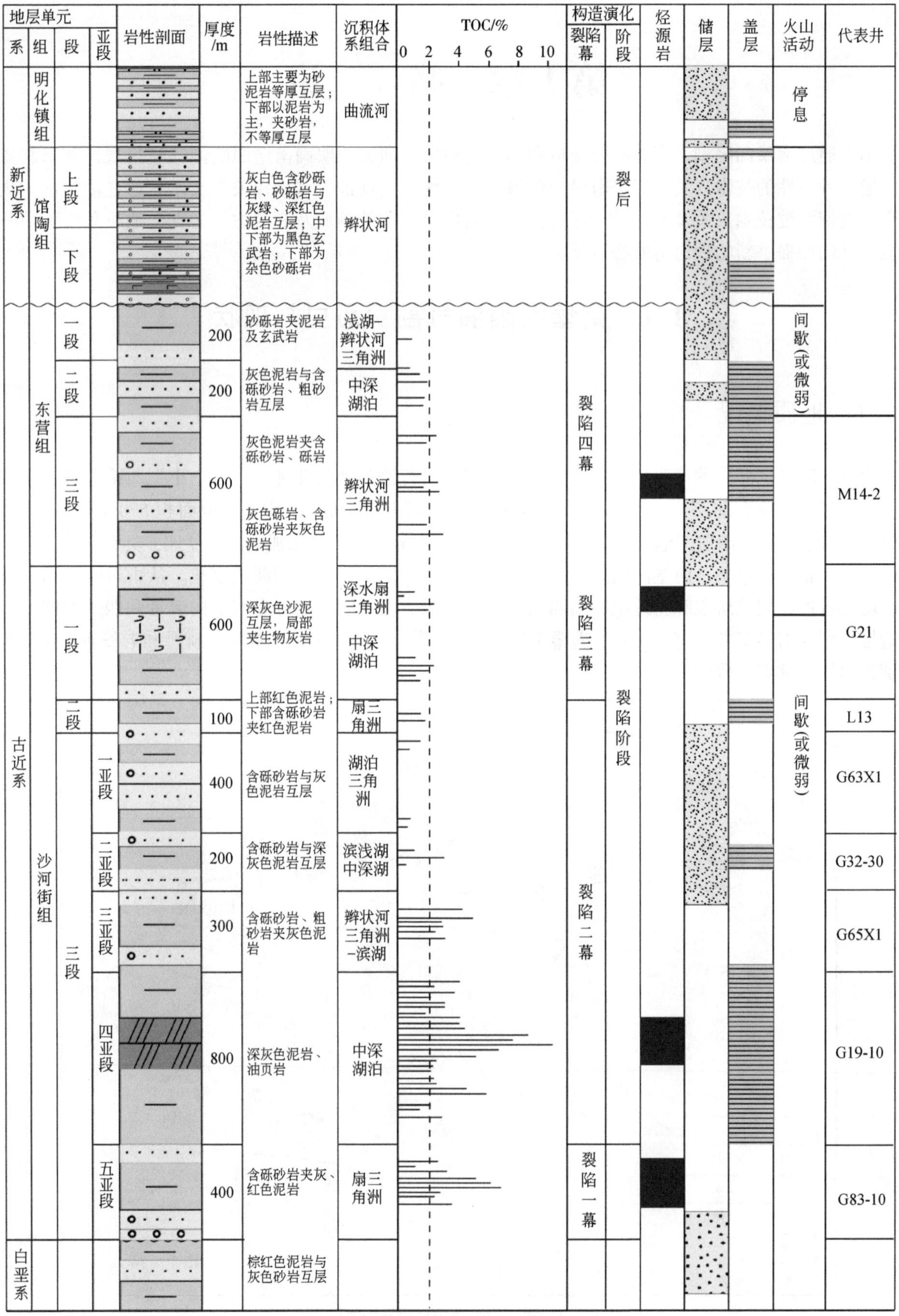

地层单元				岩性剖面	厚度/m	岩性描述	沉积体系组合	TOC/%	构造演化		烃源岩	储层	盖层	火山活动	代表井
系	组	段	亚段					0 2 4 6 8 10	裂陷幕	阶段					
新近系	明化镇组					上部主要为砂泥岩等厚互层；下部以泥岩为主，夹砂岩，不等厚互层	曲流河			裂后				停息	
新近系	馆陶组	上段				灰白色含砂砾岩、砂砾岩与灰绿、深红色泥岩互层；中下部为黑色玄武岩；下部为杂色砂砾岩	辫状河			裂后					
		下段													
古近系	东营组	一段			200	砂砾岩夹泥岩及玄武岩	浅湖-辫状河三角洲		裂陷四幕					间歇（或微弱）	
		二段			200	灰色泥岩与含砾砂岩、粗砂岩互层	中深湖泊								
		三段			600	灰色泥岩夹含砾砂岩、砾岩；灰色砾岩、含砾砂岩夹灰色泥岩	辫状河三角洲								M14-2
	沙河街组	一段			600	深灰色沙泥互层，局部夹生物灰岩	深水扇三角洲 / 中深湖泊		裂陷三幕	裂陷阶段				间歇（或微弱）	G21
		二段			100	上部红色泥岩；下部含砾砂岩夹红色泥岩	扇三角洲								L13
		三段	一亚段		400	含砾砂岩与灰色泥岩互层	湖泊三角洲								G63X1
			二亚段		200	含砾砂岩与深灰色泥岩互层	滨浅湖中深湖								G32-30
			三亚段		300	含砾砂岩、粗砂岩夹灰色泥岩	辫状河三角洲-滨湖		裂陷二幕						G65X1
			四亚段		800	深灰色泥岩、油页岩	中深湖泊								G19-10
			五亚段		400	含砾砂岩夹灰、红色泥岩	扇三角洲		裂陷一幕						G83-10
白垩系						棕红色泥岩与灰色砂岩互层									

图1.2　南堡凹陷新生界综合柱状图

南堡凹陷在太古宙—古元古代华北板块结晶基底形成的基础上，发育了中-新太古界、古元古界、新元古界、古生界、中生界和新生界古近系、新近系—第四系沉积。其中，新生界包括古近系沙河街组（Es）和东营组（Ed）、新近系馆陶组（Ng）和明化镇组（Nm）及第四系（图1.2）。新生界沉积厚度最大为8000m，沉积中心分别为林雀次凹、曹妃甸次凹、拾场次凹和柳南次凹。

南堡凹陷发育三套烃源岩层系，分别为沙三段（Es_3）、沙一段（Es_1）和东三段（Ed_3），其中沙三段、沙一段为主力烃源岩；自上而下发育多套储层，明化镇组（Nm）下段厚层泥岩、馆陶组（Ng）火山岩、东二段（Ed_2）泥岩及各套烃源岩都可作为区域盖层，储层和盖层垂向叠置，构成了多套有利的成藏组合，自上而下可划分为3个成藏组合：源下成藏组合、源内成藏组合和源上成藏组合。其中源下成藏组合包括奥陶系、石炭-二叠系及中生界，源内成藏组合包括沙河街组、东三段，源上成藏组合包括东二段以上地层。

1.1.2 油气勘探简史

南堡凹陷大规模勘探始于20世纪80年代末，经历了近30年的勘探，勘探历程基本可划分为三大阶段。

第一阶段：早期勘探阶段（1989～2002年），这一阶段主要勘探对象为南堡凹陷陆地上的四个构造带，相继发现了柳南明化镇组-馆陶组油藏、柳北地区柳13×1区块沙三段油藏、高北地区高104-5区块馆陶组油藏等整装构造油藏，但后期由于受地震资料品质的制约，地质认识不清，勘探无可供选择的目标，勘探工作一度陷入徘徊阶段。

第二阶段：快速勘探阶段（2003～2007年），该阶段主要是在南堡凹陷陆地开展精细勘探的同时，对南堡滩海的构造油藏展开勘探，采取的主要技术包括：实施了二次三维地震采集，不仅带来了油气勘探的突破，也推动了国内二次三维地震采集的全面实施；区带整体地质研究与石油地质重建，重新评价勘探开发潜力；在此期间，陆地老区在柳北、高南等老区的新块、新层系，新增探明石油地质储量12648.77×10^4t。同时实现了南堡滩海勘探的突破，老堡南1井在奥陶系马家沟组灰岩中试油获日产油700m³的高产油气流，南堡1-2井、老堡1井、老堡南1井东一段试油均获高产工业油流，发现了南堡油田。通过预探、评价一体化，在南堡滩海上报新增三级油气当量储量11.8×10^8t，南堡凹陷勘探获重大突破。

这一阶段可划分为两个部分，分别为南堡陆地精细勘探阶段和南堡油田发现阶段。在南堡陆地精细勘探阶段，进行了两次三维地震勘探，覆盖面积达1009km²，并进行了老区反复勘探，三口开发井钻探发现厚油层，为快速勘探阶段南堡陆地的规模增储和快速上产提供了重要的技术支撑，同时也为南堡油田的发现准备了技术和经验。这一阶段主要的勘探发现集中在柳赞构造北部和高尚堡构造北部。在南堡油田发现阶段，勘探对象主要为南堡滩海构造油藏，2004年LPN1井获高产工业油流，标志着南堡油田的发现。全凹陷三维连片地震勘探为南堡凹陷整体的油气勘探奠定了资料基础。在这一阶段主要的勘探发现集中在南堡1号构造和南堡2号构造的整装构造油藏。总体来看，在南堡凹陷快速勘探阶段，探明地质储量快速增长，在这一阶段探明地质储量达57149×10^4t。

第三阶段：深化勘探阶段（2008年至今），这一阶段南堡凹陷的勘探对象转变为中深层构造-岩性油藏、前古近系潜山及中浅层构造油藏精细勘探。通过全凹陷大型砂岩体连片地震处理、老资料精细处理解释及精细勘探配套技术的应用，在南堡3号、4号构造中浅层构造油藏中深层构造岩性油藏在这一阶段发现的三级油气地质储量12351×10^4t。

1.1.3 目前勘探基本情况

南堡凹陷及周边凸起地区为三维地震满覆盖，截至目前共发现了高尚堡、柳赞、老爷庙、南堡1号、

2号、3号、4号、5号等多个油气田（图1.3）。截至2020年底，在南堡凹陷及周边凸起地区已发现了中浅层、中深层、深层及前古近系潜山等多套含油层系。累计上报探明石油地质储量68437.94×10⁴t，其中可采储量666346.45×10⁴t；控制石油地质储量15278.75×10⁴t；预测石油地质储量9746.87×10⁴t。完钻探井961口，获工业油气流井501口，探井成功率52.1%。

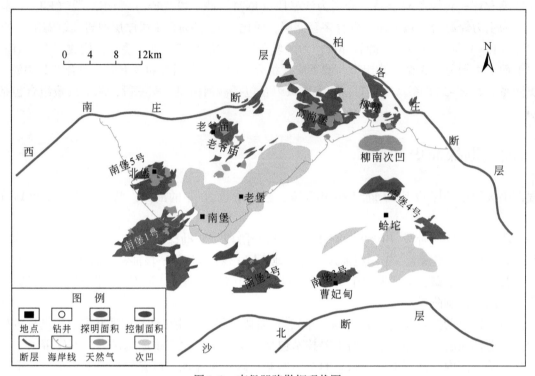

图1.3　南堡凹陷勘探现状图

南堡凹陷目前已发现五种类型的油气藏，分别为：①潜山披覆背斜与滚动油气藏；②断鼻与断块型油气藏；③古潜山油气藏；④构造岩性油气藏与⑤岩性油气藏。其中构造型油气藏探明储量占据主体地位，为总探明地质储量的97.4%。

1.2　南堡凹陷油气勘探面临的挑战

南堡凹陷目前油气勘探面临诸多挑战，主要是油气成藏地质条件认识不够深入，油气成藏机制研究不够系统，油气分布预测缺乏定量预测方法，油气探测技术不能满足深化勘探的需求。

1.2.1　油气地质条件研究面临的挑战

南堡凹陷剩余资源丰富，油气藏类型多样，地质条件复杂，必须通过扎实的基础石油地质研究，才能为进一步的深入勘探和可持续储量发现奠定基础。目前南堡凹陷基础石油地质研究的难题主要为：现今发现的储量主要分布在中浅层构造圈闭，已发现油气（相对浅层）与优质烃源岩（相对深层）不匹配，剩余资源潜力规模及其分布有待进一步落实。

南堡凹陷目前已发现油气藏主要在新生界新近系明化镇组与馆陶组、古近系东营组与沙河街组，中生界侏罗系和古生界寒武系、奥陶系等层系中。累计发现三级储量79.53×10⁸t，其中南堡陆地三级储量3.34×10⁸t，南堡滩海6.11×10⁸t，分布最多的为东营组，其次为馆陶组和明化镇组，沙河街组较少（图1.4），体现了浅层多、深层少的特点。天然气的分布也不均匀，浅层和深层趋多。勘探表明，南堡凹陷的原油主要有四类：Ⅰ类来自北侧拾场次凹 Es_{2+3}；Ⅱ类来自南侧次凹 Es_{2+3}；Ⅲ类来自 Es_1-Ed_3；Ⅳ类为混源油。这表明，油气主要来自于深部烃源岩，但是油气的分布情况与之正好相反。南堡凹陷深层油气勘探已经展示了良好的前景，但油气勘探方向和勘探领域不清。因此需要深入分析油气成藏地质条件，落实剩余资源潜力分布，指明有利的勘探领域。

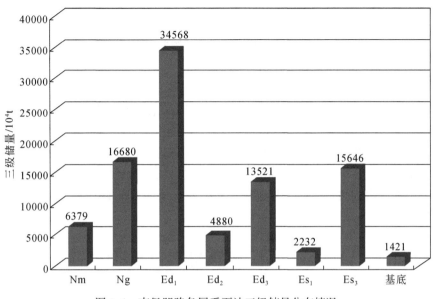

图 1.4　南堡凹陷各层系石油三级储量分布情况

1.2.2　油气成藏机制研究面临的挑战

南堡凹陷发育多种类型的油气藏，不同类型的油气藏其成因机制不同，油气成藏的主控因素不同，从而油气藏的分布发育规律也不尽相同。需要系统分析不同类型油气藏的成因机制，建立不同类型的油气藏成藏模式，进一步明确油气的分布规律。尤其是南堡凹陷深部的潜山油气藏及岩性油气藏的成因机制复杂，目前尚未建立成熟的油气成藏模式。在深层，以往常规油气的成因机制并不适用，因为深层致密油气藏的勘探，需要具体分析深层致密油气藏的成藏条件，总结其特殊的成藏机制，才可明确深层致密油气的富集规律及有利勘探领域。

1.2.3　油气预测方法研究面临的挑战

南堡凹陷中浅层构造油气藏勘探程度高，探井密度大，未能建立不同类型油气藏的成藏主控因素控油气作用定量模式，从而导致不同类型油气藏的有利分布区带认识不清，成藏分布不能定量预测。尤其是南堡凹陷断裂控藏特征复杂，断块油气藏的成因机制与预测方法的研究不能够支持现阶段精细勘探的需要，亟待进行系统完善的断裂控藏作用研究，建立定量的预测方法。

南堡凹陷中深层岩性油气藏和潜山油气藏勘探目标预测评价处于起步阶段，目标成藏要素分析及典型油气藏解剖不够深入；目标评价与优选的手段单一，需加强整体性与综合性分析。

因此，南堡凹陷勘探目标评价急需结合新技术，多方法综合应用，整体研究，提高勘探评价水平，以满足勘探生产的实际需要。

1.2.4　油气探测技术面临的挑战

中国东部盆地深层潜山油气藏蕴藏着丰富的油气资源，也是近几年的勘探重点领域，南堡凹陷潜山具有"埋藏深度大、地层变化快，成藏类型多"的特点，主力储层为孔隙–裂缝型双重介质，储集性能差异大，油气水关系复杂，流体性质识别的精度需进一步提高，钻探目标评价预测技术需进一步完善。

南堡凹陷中深层构造-岩性油藏圈闭发育，油气资源丰富，但勘探上处于徘徊阶段，主要是由于埋藏深，储集砂体横向变化快，岩性地层圈闭精细刻画和储层有效预测的精度需进一步提高；储层孔隙结构复杂，低孔、低渗储层发育，油气层准确识别的精度需进一步提高。

1.3 南堡凹陷油气勘探研究思路

1.3.1 开展整体研究，更客观地把握南堡凹陷的油气地质条件

南堡凹陷经过四十多年的勘探，发现了高尚堡、柳赞、老爷庙等多个油田。目前，对于南堡凹陷油气地质条件的研究多局限在各个构造单元范围内开展研究，缺乏对研究区油气地质条件的整体认识，这就需要我们做到平面上从边到角，纵向上从顶到底，资料充分利用，认识再上台阶，为南堡凹陷的油气深化勘探创造条件。

1.3.2 开展全面研究，更深入分析南堡凹陷各种条件之间的关联性

针对南堡凹陷构造的几何学、运动学和动力学特征，沉积地层的沉积环境、岩相古地理及其展布特征，烃源岩层的展布、演化、地球化学及生排烃特征，储集层展布、物性特征及其演化，区域盖层分布、封闭能力及演化，油气运圈保等地质要素开展全面研究，更深入地分析南堡凹陷各种条件之间的关联性。

1.3.3 开展系统研究，更细致地阐明南堡凹陷油气分布规律及剩余资源潜力分布

研究可划分为三个层次、六个方面的问题。三个层次从大到小依次为成藏条件与资源潜力、成藏规律与成藏区带、成藏机制与目标评价，六个方面的问题依次为油气成藏条件与主控因素判别、油气资源评价与剩余资源潜力分布预测、油气富集规律研究与有利勘探方向预测、油气成藏模式建立与有利成藏区带评价、油气成藏机制揭示与有利成藏目标评价、油气藏内非均质性变化与含油气性评价，为科学地研发油气藏多层次预测方法与技术创造条件。

1.3.4 开展对比研究，更好地了解南堡凹陷的地质特点与研究价值

将南堡凹陷的油气地质条件、油气藏地质特征、油气成藏机制、油气分布规律、油气资源丰度与周边的富油气拗陷（歧口），郯庐大断裂带周边的富油气拗陷（辽西），渤海湾盆地的富油气拗陷（沾化/东营），国外同类盆地的富油气拗陷（苏丹）以及国内不同类型盆地的富油气拗陷（松辽）进行对比，阐明南堡凹陷油气地质的特殊性及其研究意义。

1.3.5 开展反正研究，更快地检验研究成果的可靠性与实用性

采用盆地正演分析的方法，建立研究区的构造演化，热历史模型及层序格架和沉积相模型，并对油气藏形成时期和油气藏定位时期的烃源岩、储层、盖层、运移、圈闭及保存等地质条件的演化与评价进行研究。油气藏反演历史剖析则主要是通过各种方法手段对已发现的油气藏进行剖析，总结不同类型油气藏的主控因素及油气成藏机制，并建立各单一地质要素的控藏模式。正演和反演二者相结合，得到南堡凹陷油

气成藏机制与分布规律，进而对剩余资源潜力、有利成藏带、有利钻探目标进行预测与评价（图 1.5）。

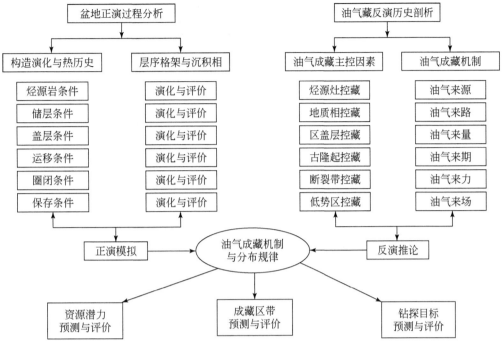

图 1.5　南堡凹陷油气成藏正演与反演双向结合技术路线

1.3.6　开展创新研究，更高效地探明南堡凹陷剩余油气资源

本书采用创新的地质研究理论及方法对南堡凹陷剩余油气资源分布及有利区及有利目标进行预测，这些新技术分别为：①基于油气聚散平衡原理，创立剩余资源评价方法，实现各类剩余资源及其分布定量预测与评价，避免人为主观因素对资源评价结果的影响，实现资源领域的科学预测与客观评价相结合的定量预测与评价［图 1.6（a）］；②搞清六大功能要素控藏临界条件，建立功能要素组合联合成藏模式，用"功能要素"替代"生储盖圈运保"定量预测油气成藏区带，实现构造类、隐蔽类、潜山类成藏

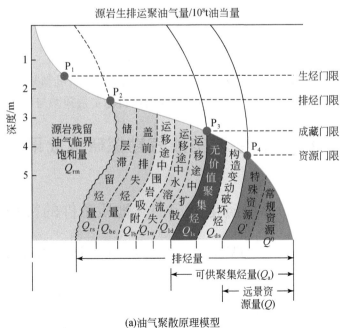

(a)油气聚散原理模型

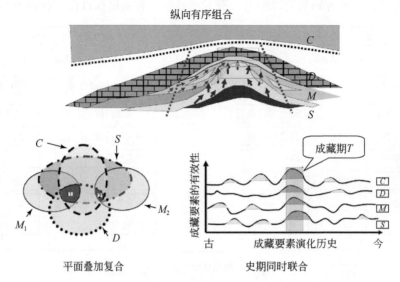

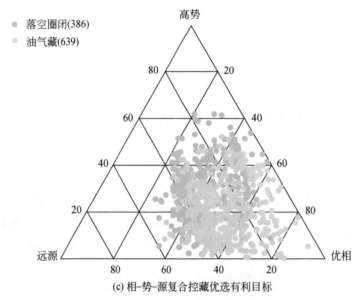

图1.6 南堡凹陷油气勘探地质研究创新研究方法

区带定量预测与评价 [图1.6（b）]；③揭示相、势、源三大要素控藏机制并建立相-势-源复合控油气成藏模式，研发圈闭含油气性预测方法与技术，实现有利勘探目标定量预测与评价 [图1.6（c）]。

1.4 南堡凹陷油气勘探研究成果

1.4.1 认识到南堡凹陷的形成演化决定油气地质条件的特殊性

在结合大量地震、测井及钻井资料的基础上，综合分析了南堡凹陷的构造演化、沉积地层演化及烃源岩生排油气特征。

阐明了南堡凹陷构造变形特征、构造演化及动力学机制，搞清潜山裂缝的成因机制，并对裂缝的分布做出宏观预测（图1.7）。解决四个关键问题：①南堡凹陷的演化历史及其古构造特征；②南堡凹陷关键构造演化阶段的剥蚀量分布特征及其规律；③南堡凹陷深层和潜山的构造演化格局及其控制因素；④南堡凹陷的成因机制及其分布规律。

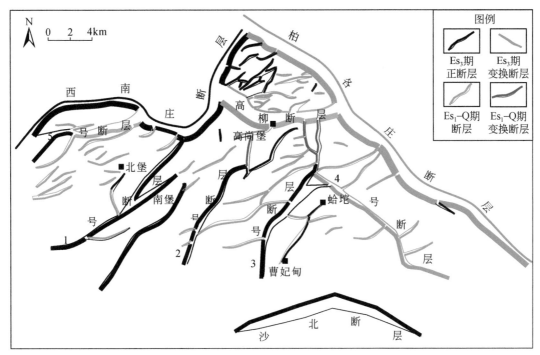

图 1.7 南堡凹陷断层分布成果图

开展南堡凹陷储盖条件评价，建立南堡凹陷整体的四级层序格架，划分了重点地区的五级层序，厘定了分体系域的地层展布、沉积相，预测了砂泥岩平面分布，将整个南堡凹陷划分为八个单元，研究了储层成岩作用，建立储层孔隙度的演化模型，明确南堡凹陷深部优质储层成因主要是刚性颗粒与力度压实作用的减弱，以及油气充注对胶结作用的抑制，并在相-势控藏理论的基础上，利用界面势对储层有效性进行了判断，预测了有效储层的平面分布。

运用生烃潜力法，识别出了有效烃源岩，并研究烃源岩热历史；定量评价烃源岩生排油气量及排烃演化史，为源控油气作用的研究与评价创造了条件。

1.4.2 评价了南堡凹陷的剩余资源潜力并指明了有利勘探领域

南堡凹陷以古近系底为界可分为上部和下部两套成藏组合，在此基础上，采用归一化流体势方法，将上部成藏组合划分出 5 个成藏体系，下部成藏组合划分出 6 个成藏体系（图 1.8）。

南堡凹陷资源量最小值约 $14 \times 10^8 t$，中间值约 $25.5 \times 10^8 t$，最大值约 $49.64 \times 10^8 t$。主要分布在滩海区（南堡 2-4 号构造带）。目前正处于发现高峰期，2015~2035 年探明储量维持在 $2000 \times 10^4 t$。

定量类比聚集系数法预测南堡凹陷最现实资源量约为 $25.5 \times 10^8 t$，与运聚系数法预测的 $22.8 \times 10^8 t$ 相近。

南堡凹陷最有利勘探区域为南堡 2、3、4 号构造带和 1、2 号潜山带，最有利层位为 Es_3、Es_1、Ed_3 和潜山，最有利油气藏类型为岩性、地层和潜山。

1.4.3 阐明了已发现油气藏的地质地化特征并将其归为四类

南堡凹陷原油具有低硫、中高蜡含量特征，陆相成因特点显著。共分为 4 种类型原油：①陆地沙三段深部层系原油，具有高 4-甲基甾烷丰度、低奥利烷丰度与低甲基菲指数值和轻微偏高成熟度特征；②陆

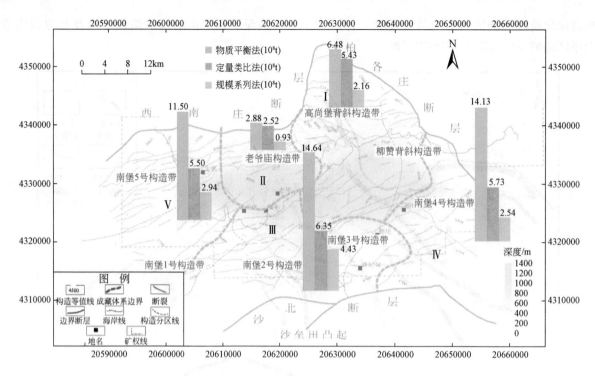

图 1.8　南堡凹陷成藏体系划分及剩余资源量分布成果图

地 Es_1–Ed 原油与 Ng 和 Nm 原油,其特征与第一类原油相反,新近系原油普遍遭遇生物降解;③滩海东营组原油,以较高伽马蜡烷/C_{30}藿烷和高甾烷/藿烷值区别于陆地原油;④滩海奥陶系潜山原油,具有低丰度甾萜类生物标志物、相对高丰度孕甾烷、三环萜烷与重排甾烷系列等特征,显示较高成熟度。

1.4.4　揭示出三种油气藏形成的主控因素并建立要素组合成藏模式

南堡凹陷油气成藏以晚期成藏为主,背斜油气藏、断块油气藏、岩性油气藏和地层油气藏的主控因素有所差异。背斜油气藏主要受有效烃源岩、相对高孔渗储层、盖层和低位能(隆起)等共同控制,在浮力作用下运移聚集成藏;断块油气藏主要受有效烃源岩、相对高孔渗储层、盖层和低压能(断裂)等共同控制,在浮力和流体压力作用下运移聚集成藏;岩性油气藏主要受有效烃源岩、相对高孔渗储层、盖层和低界面势能等共同控制,在浮力和毛细管力作用下运移聚集成藏;潜山油气藏主要受有效烃源岩、相对高孔渗储层和盖层等共同控制,在浮力和流体压力作用下聚集成藏。根据不同功能要素的组合控藏模式,分层系预测不同类型油气藏的有利勘探领域和区带(图1.9)。

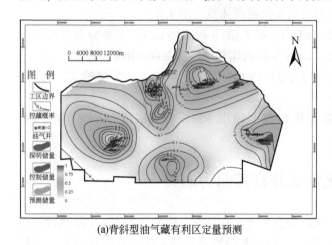

(a)背斜型油气藏有利区定量预测

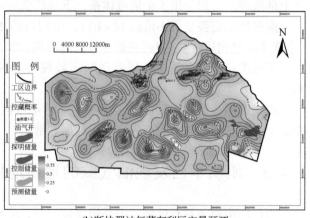

(b)断块型油气藏有利区定量预测

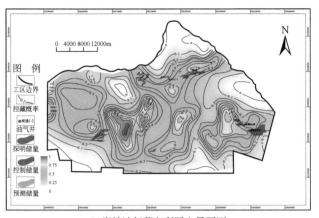
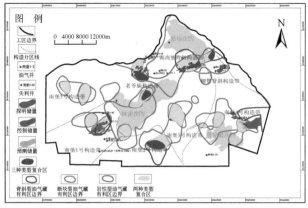

(c)岩性油气藏有利区定量预测　　　　　　　　　(d)多类型油气藏叠合有利区定量预测

图 1.9　南堡凹陷 Nm 层有利区预测结果

1.4.5　划分出三种流体动力场并阐明了油气藏分布发育规律

从成藏动力的角度限定了油气浮力成藏下限和油气成藏底限，并将南堡凹陷划分为自由流体动力场、局限流体动力场和束缚流体动力场（图 1.10）。自由流体动力场内主要形成常规油气藏，浮力对油气运移和聚集起主导作用，油气成藏具有高位封盖、高点汇聚、高孔富集、高压持久的特点。局限流体动力场主要发育致密常规、致密深盆、致密复合三种致密油气藏，浮力不再对油气运移和聚集起主导作用，油气藏具有"四低"的特征。束缚流体动力场主要位于盆地最深部，目的层埋深较大、孔渗非常小、地层能量缺少，勘探和开发油气风险大。

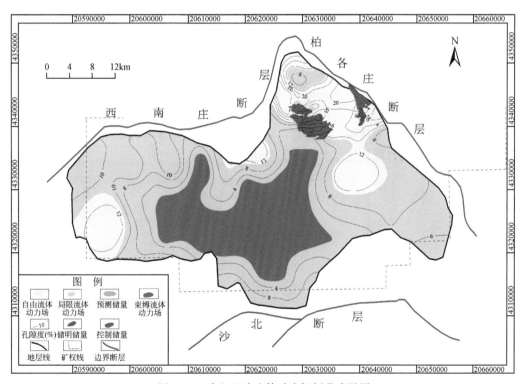

图 1.10　南堡凹陷流体动力场划分成果图

对于常规油气藏量化了控制油气成藏的六大要素，建立了功能要素控藏模式，预测了南堡凹陷不同层系不同类型油气藏的有利勘探区带。对于致密非常规油气藏，主要从南堡凹陷致密油气成藏必要条件入手，根据局限流体动力场控致密油气藏分布机制，对局限流体动力场中分布的致密油气潜在勘探领域进行预测（图1.11）；最后根据蒙特卡罗模拟方法对致密油气藏资源量进行计算，预测致密非常规油气的资源潜力。

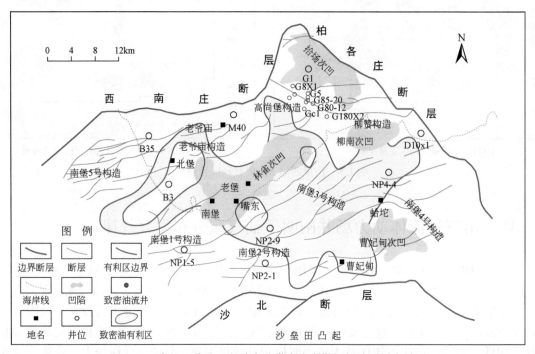

图 1.11　南堡凹陷沙一段致密油潜在有利勘探领域预测成果图

1.4.6　形成了隐蔽油气藏处理–反演–油气检测技术系列并取得了显著的勘探成效

完成了叠后地震资料特殊处理、测井曲线重构、相控非线性随机高精度储层反演、叠后流体检测等技术的研发与完善工作，初步形成了一套集叠后地震资料特殊处理–储层高精度反演–油气有效检测于一体的实用高效的隐蔽油气藏勘探地球物理关键技术系列框架，对南堡3号构造中深层及潜山目的层进行地震资料特殊处理、储层预测与目标优选、井位部署与建议。

第2章　南堡凹陷构造特征与形成演化

构造（尤其是断层）是裂陷盆地地质研究的核心，也是此类盆地油气勘探的关键（童亨茂，2009a）。南堡凹陷断层非常发育，已有的研究和勘探实践表明，凹陷内沉积物的充填、沉积层序的发育和分布、火山岩的发育和分布、油气藏的形成和演化（包括圈闭的形成及有效性、油气运移、聚集和成藏等）等都与断层的分布和活动密切相关（董月霞等，2000；周海民等，2000a；周海民和范文科，2001；王家豪等，2002；徐安娜等，2006；姜华等，2009；马乾等，2011；范柏江等，2011）。因此，包括断裂系统在内的构造研究对于解决南堡凹陷的基础地质问题、深化油气勘探有重要意义。

南堡凹陷是中国油气资源最为富集的裂陷盆地——渤海湾盆地的一个负向构造单元。本章在对南堡凹陷三维地震资料系统的构造解析的基础上，结合钻井和测井资料，应用构造解析技术、平衡剖面技术、物理模拟技术，以及裂缝评价和预测技术，阐述分析南堡凹陷构造的几何特征、构造演化、构造变形的机制及成因模式，以及南堡凹陷深层及潜山裂缝的成因类型和分布。下面分别加以阐述。

2.1　南堡凹陷构造变形特征

构造形态特征主要通过构造解析的思想和技术进行研究。盆地构造分析的思想和原理方面，马杏垣等（1983）生前极力倡导"解析构造学"（analytical tectonics），并明确指出"解析"是一种思维方法，是把整体分解为部分、把复杂的事物分解为简单的要素加以研究的方法。解析构造学是广大构造地质学家在实践的基础上逐渐形成的，是比较构造学（comparative tectonics）的发展。盆地构造解析基础理论方面，是从"Anderson断层模式"到"改进的Anderson断层模式"。Anderson（1951）根据库仑准则和地球表面为一主应力面（剪应力为零的平面），并在均匀介质的假定条件下，提出三类不同应力状态下断层的基本类型。

近一百年来，Anderson断层模式一直是构造地质学的基本理论，并至今还产生着广泛的影响。然而，随着三维地震资料的广泛应用，所揭示的断层分布和活动无法用Anderson模式来解释。随着研究精度要求的提高，再将地质体当作均匀介质就完全不符合实际地质情况了。在此进展的基础上，童亨茂等（Tong et al，2010）提出了可以定量判定先存构造活动性的数学-力学模型——"先存构造活动性准则"。其中Anderson断层模式是该准则在主应力轴为直立或水平、均匀介质（$C_w = C$）情况下的一个特例（Tong et al.，2010）。Tong和Yin（2011）进一步建立了多个先存构造相对活动性的力学模型，并提出了新的应力分析图解——莫尔空间（Mohr space）由于适用于均匀介质的Anderson断层模式是上述断层模式的一个特例，先存构造条件下的断层作用模式被称为"改进的Anderson断层模式"（童亨茂，2010，2013；Tong and Yin，2011；Tong et al.，2014）。

本章对南堡凹陷断裂系统的构造解析是以改进的Anderson断层模式（童亨茂，2010，2013；Tong and Yin，2011；Tong et al.，2014）为理论基础进行的。

2.1.1　不整合面识别及关键构造变革期的确定

1. 凹陷结构

南堡凹陷北部的边界断层是西南庄断层、柏各庄断层和高柳断层，南部的边界断层是沙北断层。由于上述主控断层在不同的段落和不同的演化阶段活动情况存在很大的差异（图2.1），导致南堡凹陷在不同区域的凹陷结构不一致。

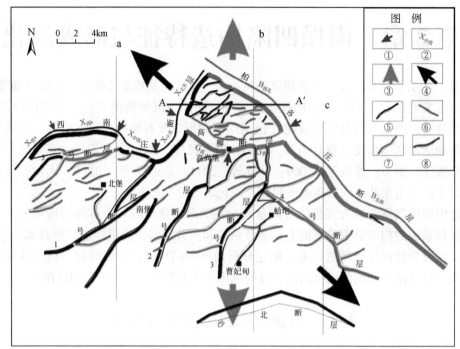

图 2.1　南堡凹陷沙三段底界断裂系统分布及成因模式图（据童亨茂等，2013 修改）

①主控断层的分段点；②主控断层段落名称；③Es$_1$-Q 期的伸展方向；④Es$_3$ 期的伸展方向；⑤Es$_3$ 期形成的正断层；⑥Es$_3$ 期的变换断层；⑦Es$_1$-Q 期形成的断层；⑧Es$_1$-Q 期的变换断层。a，b，c 示图 2.2 的剖面位置

构造分析表明，南堡凹陷不同的区域凹陷结构存在差异：凹陷西部为"北断南超"的复式半地堑结构［图 2.2（a）］，这是裂陷盆地的典型结构；凹陷中部为"双断式地堑"结构［图 2.2（b）］；凹陷东部为"不对称双断"结构［图 2.2（c）］。

从图 2.2（a）可以看出，凹陷西侧北部的边界断层——西南庄断层活动强烈，而南部的沙北断层几乎没有活动，导致南堡凹陷表现为"北断南超"的复式半地堑结构；凹陷中部的北部边界断层西南庄断层以及南部的沙北断层活动都十分强烈，而且活动的规模大体相当，导致南堡凹陷表现为"双断式地堑"结构［图 2.2（b）］；向东，北部的边界断裂活动一直比较强烈，而沙北断层活动量存在明显的减小，导致南堡凹陷东部表现为"不对称双断"结构［图 2.2（c）］。

2. 区域地层系统及不整合的识别

南堡凹陷所属的渤海湾盆地（图 2.1）是新生代的裂陷盆地，是由两大超级构造层——上部的裂陷盆地构造层和下部的基底构造层组成。

1）基底构造层地层组成及构造演化

南堡凹陷的基底构造层与渤海湾盆地的其他区域经历了相似的构造演化过程，自下而上分别由太古宇—古元古界的结晶基底、中-新元古界海相碎屑岩和碳酸盐岩、下古生界海相碳酸盐岩、上古生界海陆交互相-陆相沉积地层、中生界陆相碎屑岩组成。

太古宇—古元古界：南堡凹陷的结晶基底与华北板块类似，都是太古宇—古元古界结晶变质岩，是华北克拉通形成阶段的产物。南堡凹陷北部凸起多口钻井钻遇结晶基底，岩性为混合花岗岩。该阶段代表着华北克拉通形成阶段。

中-新元古界：由新元古界的青白口系上部碎屑岩（含部分碳酸盐岩）组成，是在华北克拉通内发育的燕辽裂陷槽沉积盆地的产物。由于南堡凹陷位于燕辽裂陷槽的边缘，该区只有裂陷槽边缘的沉积，缺失整个中元古界和新元古界青白口系下部的下马岭组，与下伏太古宇混合花岗岩呈角度不整合接触。该

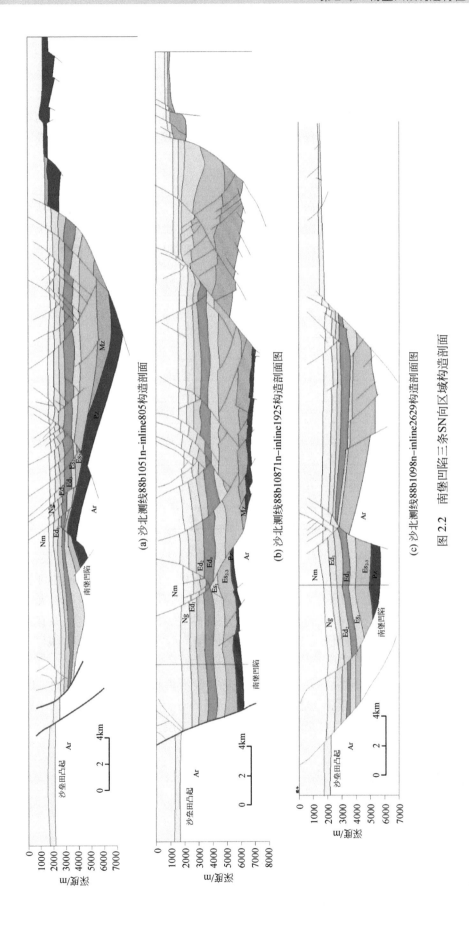

(a) 沙北测线88b1051n-inline805构造剖面

(b) 沙北测线88b10871n-inline1925构造剖面图

(c) 沙北测线88b1098n-inline2629构造剖面图

图 2.2　南堡凹陷三条 SN 向区域构造剖面

阶段代表华北克拉通裂陷槽盆地发育阶段。

古生界：早古生代，华北板块内部主要以浅海碳酸盐岩为主的陆表海建造，古生代中期发生隆起，晚古生代为海陆交互相和陆相沉积。整个古生界代表华北克拉通盆地的稳定沉积，与下伏新元古界呈平行不整合接触。

中生界：由侏罗系和白垩系两套地层组成，岩性以砂泥岩为主，地层厚度北厚南薄。与下伏地层呈角度不整合接触。华北克拉通进入中生代后遭受破坏，不同区域显示出明显的差异性。在南堡凹陷区域主要发育裂陷盆地，挤压变形表现不显著。

2）裂陷盆地构造层地层组成及其接触关系

南堡凹陷与渤海湾盆地内的其他负向构造单元类似，新生代裂陷阶段沉积了始新统以来的地层。由下部裂陷构造层和上部拗陷构造层两大构造层组成（表2.1）。裂陷构造层自下而上由古近系沙河街组和东营组组成。沙河街组可分为沙一段、沙二段和沙三段。与下伏地层呈角度不整合接触。

表2.1 南堡凹陷地层及构造演化简表（地层底界年龄据周建勋和周建生，2006）

地层			底界年龄/Ma	演化阶段	构造作用及方向
系	组和段	地层代号			
第四系		Q	2.0	拗陷	SN 向伸展 ↕
新近系	明化镇组	Nm	5.1		
	馆陶组	Ng	23.3		构造平静期
古近系	东一段	Ed_1		裂陷	SN 向伸展 ↕
	东二段	Ed_2			
	东三段	Ed_3	36		
	沙一段	Es_1	38		
	沙二段	Es_2	40		构造平静期
	沙三段	Es_3	45.4		NW–SE 向伸展 ↗↙

东营组在南堡凹陷分布范围广，下部为大套灰色、深灰色泥岩与灰色砂砾岩互层，中部为大段褐色、灰色、深灰色泥岩夹灰色、灰白色砂岩、砂砾岩，上部为灰色、深灰色泥岩与灰色砾岩、砂砾岩、砂岩互层，多夹玄武岩夹层，与下伏地层不整合接触。馆陶组下部为厚层灰白色砂砾岩夹薄层深灰绿色、褐灰色泥岩，上部为深灰绿色泥岩、棕红色泥岩夹灰白色细砂岩，厚度分布稳定，夹有玄武岩夹层，与下伏东三段角度不整合接触。明化镇组下段以泥岩为主夹砂层，不等厚互层；上段主要为砂泥岩等厚互层，与下伏东营组呈整合接触。第四系基本未成层，由表层松散黏土、中部粉砂、细砂及下部过渡岩性组成。

南堡凹陷全区内广泛分布馆陶组底界、东营组底界、沙河街组底界和中生界底界四个区域性不整合面（图2.3）。其中馆陶组底界的不整合是裂陷层和拗陷层的分界面；东营组底界的不整合是裂陷构造层内部的不整合；沙河街组底界的不整合是新生代裂陷盆地构造层与下伏构造层之间的不整合，反映裂陷盆地开始发育的界面。

3. 关键构造变革期的厘定

南堡凹陷两大构造层（包括基底构造层和裂陷盆地构造层），其中盆地沉积层包括3个构造变革期。

1）基底构造层变革期

南堡凹陷，太古宙末，华北克拉通结晶基底形成，之后在古元古代—新元古代下马岭期，该区一直处于大陆隆起状态；新元古代青白口期，该区处在燕辽裂陷槽盆地边缘，接受了长龙山组和景儿峪组的沉积，之后到寒武纪之前（800～570Ma），该区处于隆起状态；进入寒武纪后，华北克拉通盆地开始发育，范围包括整个华北克拉通，时代包括整个古生代（其中缺失中古生界）。

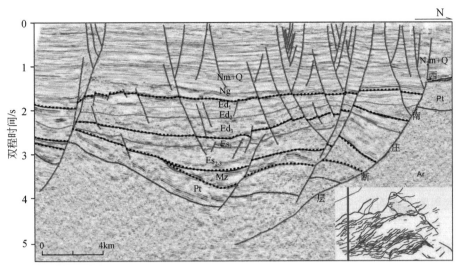

图 2.3　南堡凹陷地震测线识别的不整合面（inline421 剖面）

进入中生代，区域上构造作用和岩浆作用强烈，华北克拉通遭受破坏，古生代、元古宙和太古宙都遭受了不同程度的剥蚀，这是整个华北克拉通最重要的构造变革期之一。进入燕山晚期（白垩纪），华北克拉通构造体制发生又一次重大变革，从中生代早期的挤压体制转化为伸展体制，主要发生在华北克拉通东部，该套沉积构造组合构成中生界裂陷盆地构造层。根据童亨茂等（2013）的研究，南堡凹陷中生代以来的应力体制的演化如图 2.1 所示。

2）裂陷盆地构造层的构造变革期

南堡凹陷裂陷盆地存在 3 个主要的构造变革期：始新世末（沙河街期末）构造变革期、渐新世末（东营期末）构造变革期、中新世末（馆陶期末）构造变革期。

（1）始新世末（沙河街期末）构造变革期

南堡凹陷的裂陷构造层经历了两期裂陷，分别为沙三期的裂陷作用和东营期的裂陷作用，两者之间被一区域性不整合分隔。构造解析表明（童亨茂，2013），南堡凹陷沙三期的伸展方向为 NW–SE 向，而东营期的伸展方向则为 SN 向。

对南堡凹陷高柳以北地区构造解释时发现，该地区东西向测线地层厚度存在"跷跷板"式的变化：Es_3 厚度呈现出西厚东薄的楔形；Es_2 等厚；Es_1 和 Ed_3 则呈现为西薄东厚的楔形。造成这种现象的原因是：在 NW–SE 向伸展时期，NE 向的西南庄断层的活动明显比柏各庄断层强烈，为该地区沉积作用的主控断层；而在 SN 向伸展时期，柏各庄断层成为该地区沉积作用的主控断层，造成该时期（Es_{2-1}–Ed_3）沉积的地层呈现西薄东厚的楔形特征；地层等厚沉积时期（Es_2）正好是应力体制过渡的平静期（表 2.1）。

南堡凹陷始新世末（沙河街期末）构造作用方向的变革是大区域性的，在整个中国东部裂陷盆地都有体现（童亨茂，2010）。

（2）渐新世末（东营期末）构造变革期

东营期末，整个渤海湾盆地从裂陷转化为拗陷，整个统一的渤海湾盆地开始形成（裂陷期形成的断陷是相对独立的）。从裂陷到拗陷的变革是裂陷盆地共有的特征。

（3）中新世末（馆陶期末）构造变革期

明化镇期开始后，在南堡凹陷所在的区域再次遭受强烈伸展作用直至现今，导致明化镇组和第四系内大量断层发育。中新世末（馆陶期末）的构造变革反映了渤海湾盆地部分地区从拗陷作用再次进入裂陷作用。

2.1.2 主要不整合面特征

不整合是地质运动在地层剖面上的记录，也是构造运动的产物，不仅对构造演化研究来说非常重要，而且对油气勘探具有指导性意义。从地震剖面上，可以识别出南堡凹陷 4 个区域性不整合界面。

1. 馆陶组底界不整合面

即新近系馆陶组与古近系东一段之间的不整合界面。该不整合代表了南堡凹陷由裂陷阶段进入拗陷阶段的不整合，为裂陷构造沉降向热沉降转变形成的界面。该界面在全区稳定分布，在高柳断层北部可见明显反射层向上倾的削截特征。

2. 东营组底界不整合面

即东营组与下伏沙河街组的不整合界面。代表了南堡凹陷区域应力场由 NE-SW 向到近 SN 向的转变，为裂谷三幕晚期形成的不整合界面。该不整合面在全凹陷稳定分布。

3. 沙河街组底界不整合面

即沙河街组与其下部的中生界之间的不整合界面。为燕山期晚期构造活动在南堡凹陷的表现，代表了中生代裂陷作用停止后形成的不整合界面。在北堡-老爷庙构造带、南堡构造带和高柳构造带部分地区可见削截现象。

4. 中生界底部不整合面

即中生界与下伏古生界之间的不整合界面。受燕山运动的影响，整个盆地发生褶皱变形遭受剥蚀，代表盆地由陆表海向裂谷阶段的转变。在整个凹陷的大部分区域都可见削截界面。

2.1.3 主要目的层构造形态特征

构造几何学特征研究是盆地构造研究的基础和主要目标。南堡凹陷断裂系统和构造样式研究前人已作了一些研究，周海民等（2000b）、周海民和范文科（2001）认为南堡凹陷属于拉分伸展型凹陷，由 NW-SE 向伸展加上 NW 向柏各庄断层的左行走滑而成；徐安娜等（2006）则认为属于复杂走滑-伸展型断陷，其形成受到 4 条 NNE 向右旋走滑断层带控制；石振荣等（2000）甚至认为是长期兼有走滑作用的伸展机制和短期挤压机制交替变化而成的凹陷，周天伟等（2009）认为南堡凹陷的断裂系统是 SN 向伸展作用的结果。前三种观点认为南堡凹陷断裂系统的成因都与走滑作用相关，但其断层的分布和活动难以用统一的应力场解释，如徐安娜等（2006）的右旋走滑断层控制的模型与南堡 4 号构造带的断层组合样式相矛盾；周天伟等（2009）的 SN 向伸展模型可以基本合理地解释浅层（Ed 及以上反射层）断裂系统的成因机制，但难以解释深层（Es_3）断层的分布和活动。对断裂系统成因的认识归纳起来至少存在以下几方面的问题：①南堡凹陷伸展构造和走滑构造的作用和关系存在争议；②不同构造样式的性质和分布规律没有明确的认识；③对断裂系统（包括断裂系统的划分、分布规律和成因机制）缺乏系统的研究。针对上述问题，在新完成的南堡凹陷三维连片地震资料系统构造解释的基础上，应用先存构造条件下的断层作用模式（童亨茂，2009b；Tong et al.，2010；Tong and Yin，2011；童亨茂等，2011a，2011b；童亨茂，2013），详细剖析南堡凹陷主要目的层的构造特征，主要包括断裂系统和构造形态特征。

1. 断裂系统特征

断裂系统是一套在成因上有联系的断层系列。根据断层的成因和组合规律，本书把南堡凹陷的断裂系统在平面上划分为 4 个断裂系统（图2.4、图2.5），分别为北堡-老爷庙断裂系统、高柳断裂系统、柏各庄断裂系统和南堡断裂系统。纵向上划分为上下两套断裂系统：下部 Ed-Q 断裂系统（图2.2），（图2.4，图2.5），Es_{2-1-2} 为上下两个断裂系统的过渡层。

1）断裂系统的平面分布特征

下面分别从断层的走向、组合特征、性质和成因机制和演化等方面来阐述横向上的 4 个断裂系统。

北堡–老爷庙断裂系统：主要由北堡构造和老爷庙构造的断层组成，其断层走向在不同的反射层中均以北东东向为主（图 2.4、图 2.5），以平行交织状的组合为特征。这一断裂系统中的所有断层都是在西南庄断层和南堡 5 号断层的直接控制下形成的、滚动塌陷构造的各级分支断层，断层性质主要是铲式正断层。从不同反射层断层的断距分布特征和滚动背斜的形成演化确定该断裂系统中的断层主要在东营期开始发育，Ng 期间活动较弱，Nm 期以来强烈活动。

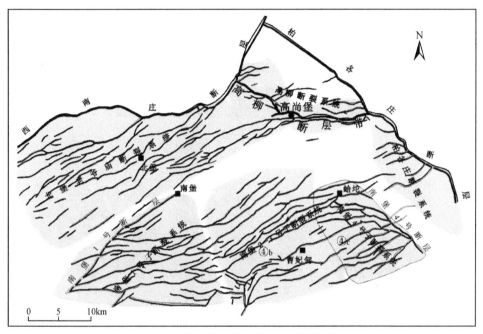

图 2.4　南堡凹陷东营组底界断裂系统分布图

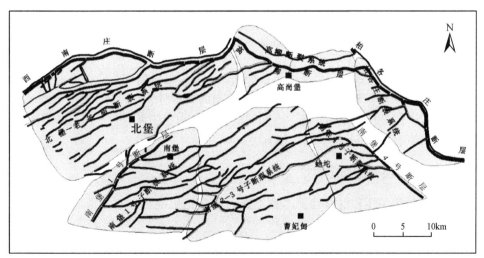

图 2.5　南堡凹陷馆陶组底界断裂系统分布图

高柳断裂系统：由高柳构造带的断层组成，高柳断层是该断裂系统的主控断层。根据断层组合特征和剖面构造样式的差异，可以划分为两个子断裂系统，分别为高柳西子断裂系统，高柳东子断裂系统。高柳西子断裂系统主断层（高柳断层西段）的走向为 NW 向，次级断层为近 EW 向，以平行和平行交织状组合为特征，高柳东子断裂系统结构比较简单，以高柳断层为主体、走向近 EW、平行组合为特征，发育小型复式"Y"形样式。

柏各庄断裂系统：是整个凹陷相对最为简单的断裂系统，断层组合以"梳状"为特征，柏各庄主断层为 NW 向，分支断层为 NEE 向，剖面发育"铲式扇"构造样式。其中主断层是长期活动的断层，分支断层的活动时期主要是 Nm 之后。

南堡断裂系统：由南堡 1～4 号的构造带的断层组成，总体是在南堡 1 号断层和南堡 4 号断层构成的"人"字形先存断裂格架，以及 2 号、3 号断层的联合控制下，在斜向伸展作用中形成的。该断裂系统从东到西进一步可以划分为 3 个子断裂系统，分别为南堡 1 号子断裂系统、南堡 2-南堡 3 号子断裂系统和南堡 4 号子断裂系统。南堡 1 号子断裂系统的断层以"帚状"组合为特征，南堡 1 号断层是该断裂系统的主控断层。南堡 4 号子断裂系统的断层也以"帚状"组合为特征，南堡 4 号断层是该子断裂系统的主控断层，构成"帚把"。

2）断裂系统的纵向分布特征

上部断裂系统主要在 Es_1、Ed、Ng 和 Nm 的地层发育。上部断裂系统 6 个反射层（Es_1、Ed_3、Ed_2、Ed_1、Ng 和 Nm）中断层的方向、组合和延伸特征上下均表现出很好的一致性，并且大多数断层现今还在活动，为活动断层（图 2.6）。表明 Es_1 以来，南堡凹陷的构造应力体制没有发生明显的变化。

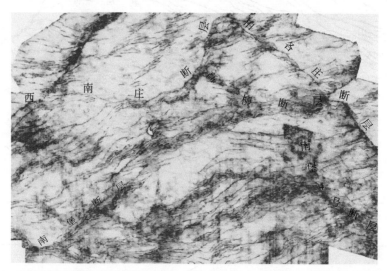

图 2.6　南堡凹陷三维地震相干体 500ms（约 600m 深度）水平切片（童亨茂等，2013）

下部断裂系统主要在 Es_3 发育。与上部断裂系统相比，断层的走向和组合关系有明显的差异：除北西向的变换断层（南堡 4 号断层）和上部断裂系统向下切割的断层外，Es_3 发育的生长断层大多为 NE 向生长断层的数量相对较少，组合比较简单，但 Es_3 期间的活动量均比较大。上下两套断裂系统能得到清晰的区分，主要与在 Ed 发育的泥岩所起的分隔作用有关。

2. 南堡凹陷主要目的层构造形态特征

考虑构造变形特征的相关性和继承性，本章重点对明化镇组底界、东三段底界、沙一段底界和盆地底界为重点进行描述分析。

南堡凹陷明化镇组底界构造形态特征具有以下几方面的特征：①断层十分发育，分布密集；②界面起伏总体较小，构造沉降上表现出拗陷特征，构造形态总体表现为四周高、中间低；③构造线走向（包括断层和构造等高线）总体为 NEE 向，④早期活动的边界断层（西南庄断层和柏各庄断层）继续有一定程度的活动，但活动的规模和盆地内部断层的规模大体相仿，没有主导断层。南堡凹陷构造变形整体表现为"拗断"特征。

南堡凹陷东营组底界构造形态特征与明化镇组底界具有很好的相似性：①断层的数量相对有所减少，但断层依然很发育；②界面起伏较大，沉降中心位于凹陷的中心，沉降表现出拗陷特征，边界断层对沉积有明显的控制，总体表现为"断拗"特征；③构造线走向主要为近东西向，而断层的走向总体为北东东向；④主控断层（包括西南庄断层、高柳断层以及柏各庄断层）对沉降和沉积有重要的控制作用，但不控制沉降中心。

南堡凹陷沙一段底界构造形态特征如下：①断层发育的程度与东营组相仿；②以西南庄断层–高柳断层–柏各庄断层为界，沙一段底界构造面总体是一由南向北缓倾的斜坡；③构造线走向主要为近东西向，而断层的走向总体为北东东向；④主控断层（包括西南庄断层、高柳断层、柏各庄断层）对沉降和沉积起重要的控制作用，但不控制沉降中心，也不控制沉积中心。

南堡凹陷盆地底界（Tg）构造形态特征如下：①无论是边界断层还是凹陷内断层，断层的规模都很大，但数量较少；②以西南庄–高柳–柏各庄断层为界，盆地底界构造面总体是一由南向北倾斜的斜坡、倾斜的幅度较大，构造低点位于西南庄断层和高柳断层的交汇部位；③除柏各庄断层外，断层走向和构造线走向都是 NE 向，反映受 NW–SE 向的伸展体制；④主控断层（西南庄断层和柏各庄断层）对沉降和沉积均起主导控制作用，表现为典型的断陷作用特征。

2.1.4 南堡凹陷构造单元划分及其特征

根据南堡凹陷构造特征及主控断裂，可以将南堡凹陷内部划分为 4 个二级构造带和 3 个次凹。4 个二级构造带分别为：北堡–老爷庙构造带、高柳构造带、柏各庄构造带、南堡构造带；3 个次凹分别为：拾场次凹、林雀次凹和曹妃甸次凹（图 2.7）。

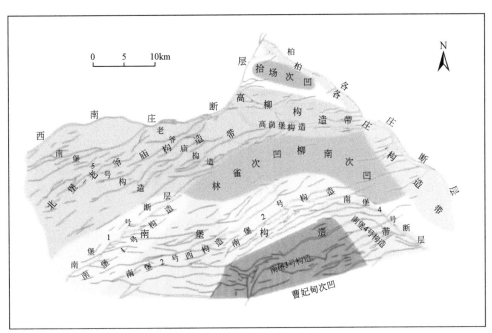

图 2.7　南堡凹陷区域位置及构造单元划分图（周天伟和周建勋，2008）

北堡–老爷庙构造带由南堡 5 号构造和老爷庙构造组成。5 号构造由 5 号断层和西南庄断层西段联合控制形成；老爷庙构造是由西南庄断层北东段和中东段差异活动而形成。高柳断层是高柳构造带的主控因素。沙一段以来高柳断层的强烈活动导致高柳断层次级断层的发育；高柳断层上升盘的掀斜翘倾以及下降盘的拖拽作用形成高柳大型断背斜。由于高柳构造带双向高效和高强度的供烃作用，高柳构造带是油气资源极其富集的地区。

南堡构造带是由南堡 1 号构造、2 号构造、3 号构造和 4 号构造组成。4 个构造均是由一条主控断层控制，在两期伸展的叠加作用过程中形成。由于两期不同方向的断层叠加，南堡构造带是南堡凹陷构造最为复杂的地区。

拾场次凹是由西南庄断层的北东段控制形成，主要在沙三期发育，沙一期改由柏各庄断层的西北段控制，但生烃主要是沙三段起主导作用。林雀次凹是南堡凹陷最大的次凹，沙三期由西南庄断层控制，沙一期以来，主要受高柳断层控制。曹妃甸次凹主要受4号断层控制，分布的范围与4号构造带大体一致。4号断层在东营期以来的强烈活动导致该区域产生强烈的沉降和沉积。

2.2 南堡凹陷构造运动阶段划分及其变形特征

裂陷盆地的构造演化通常具有明显的幕式特征，一个完整的裂陷幕包括同裂陷和后裂陷两个阶段，二者通常以区域或局部的隆升作用相转换，表现为局部或区域的不整合。作为典型的同沉积盆地，南堡凹陷经历了多期次的伸展作用，形成了断层活动性的差异，本节根据全区断层活动总体特征对构造变形阶段进行了划分，利用平衡剖面的计算和演化剖面的编制，划分构造演化阶段，阐述分析各阶段的构造变形特征及构造样式，包括裂缝的分析及预测。

2.2.1 构造演化阶段划分及构造变动样式

1. 构造演化阶段的划分

通过平衡剖面计算可以得到剖面总伸展量、平均伸展速率和不同构造演化阶段的伸展率及伸展速率等信息，伸展率的计算一般以最早期剖面长度作为初始参考，伸展速率则是伸展率与变形年代区间的比值。通过十几条主干地质剖面的平衡剖面伸展率–时间曲线进行了定量计算，同时为反映全区的总体伸展特征，对计算结果进行了平均（图2.8）。

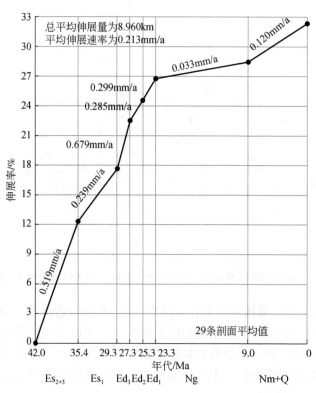

图2.8　主干地质剖面不同地质时期伸展率–时间曲线

南堡凹陷平衡剖面计算结果（图2.8），表明沙河街组三段、东营组三段以及明化镇组沉积以来伸展速率相对较快，而沙河街组一段、东营组一、二段及馆陶组沉积期的伸展速率较缓的总体特征。结合各阶段的变形特征，将南堡凹陷新生代以来的变形历史划分为 4 个阶段：①Es_{2+3}–Es_1 断陷期；②Ed_3–Ed_1 断拗期；③Ng 拗陷平静期；④Nm–Q 再裂陷期。

2. 不同构造演化阶段的变形特征与样式

本节利用平衡构造演化剖面（图 2.9），阐述南堡凹陷不同构造演化阶段的变形特征及构造样式。

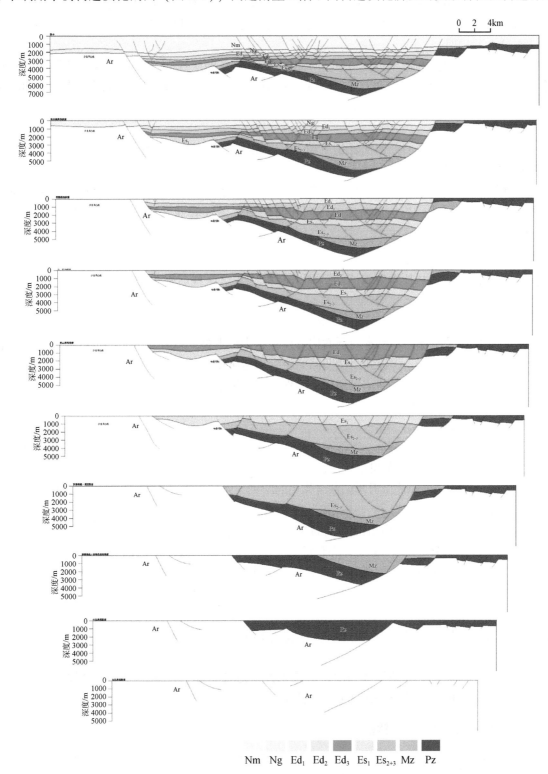

图 2.9　南堡凹陷西侧 88b1052-1-inline805 测线平衡构造演化剖面

1) 各阶段变形特征

（1）Es_{2+3}-Es_1断陷期

边界断层控制构造沉降，包括沉降中心和沉积中心。其中南堡凹陷西侧是西南庄断层控制形成的"北断南超"的复式断半地堑（图2.9）；中部地区南北两侧的边界断层（西南庄断层和沙北断层）活动都很强烈，形成复式"双断型地堑"；向东，沙北断层的活动强度有一定程度减小，形成不对称的双断地堑。这一阶段，除柏各庄断层和4号断层外，断层的走向为NE向，反映NW–SE方向的伸展体制。

（2）Ed_3-Ed_1断拗期

边界断层依然控制沉降和沉积，但沉降和沉积中心并非受断层控制，而是出现在凹陷内部，反映构造沉降作用受断陷和热沉降共同控制，而沉降和沉积中心受控于热沉降。该阶段剖面的结构和断陷期类似（图2.9）。

（3）Ng平静期

该阶段变形很弱，几乎所有的断层停止活动，沉降完全受热沉降所控制。

（4）Nm-Q再裂陷期

在伸展过程中发育大量的断层，断层发育的数量是各演化阶段中最多的。不同断层的位移量相差较小，断层的活动强度相对比较均衡。断层的走向和断拗期有很好的继承性，主要为NEE向和近EW向，继续经受SN向的伸展作用。

2) 构造样式特征与分布

通过对南堡凹陷三维连片地震资料系统的构造解析，并结合剖面现代伸展构造理论，确定南堡凹陷是典型的斜向伸展构造样式。

（1）复式"Y"形样式

复式"Y"形样式是南堡凹陷基本的剖面构造样式，十分典型。该样式分布的地区最广，除柏各庄断层构造带外，复式"Y"形样式渗透到南堡凹陷的所有构造带中，其中北堡-老爷庙构造带、南堡1号、4号构造中复式"Y"形样式占绝对的主导地位；南堡2号、3号构造中复式"Y"形样式占主导，高柳断层带发育复式"Y"形样式，但不占主导。

（2）复式"X"形样式

"X"形样式是共轭正断层控制的、下部垒块隆升和上部塌陷成对出现的构造样式。南堡凹陷的"X"形样式分布在南堡1~3号构造带的局部区域，表现为复式"X"形样式。通过对比分析，南堡2号和3号构造复杂的断层组合是滚动塌陷和基底隆升塌陷联合作用的结果，即是复式"Y"形和"X"形样式的复合体。

（3）"多米诺式"、"阶梯式"和"铲式扇"断块构造样式

"多米诺式"和"阶梯式"均是剖面平行排列的正断层组合，它们之间的最大区别是断层在活动过程中有没有显著的旋转，另外"多米诺式"是平面式断层，而"阶梯式"断层的形态多是铲式。"阶梯式"和"铲式扇"断块构造样式主要在高柳断层带和柏各庄断层带发育，"多米诺式"断块构造则主要在南堡1~4号构造带以南的斜坡上发育。

2.2.2 关键构造期主要目的层构造形态特征与演化

考虑到南堡凹陷在新生代盆地形成和演化阶段剥蚀量总体很小，地层现今的残余厚度可以反映各构造期的地层厚度，而古断裂则通过平衡恢复的方法来编制。

1. 沙三段断陷期古构造形态特征

沙三古构造地层分布总体是一北厚南薄的楔形，其中厚度最大处位于西南庄断层北东段的下降盘。厚度最大的区域也是烃源岩最为发育的区域，围绕这一区域是南堡凹陷最为有利的勘探区。盆地内的二级断层中，3号断层对沙三段沉积的控制作用相对最为显著，其次是2号断层和4号断层，1号断层对地

层的控制作用不显著。盆地内断层的走向和地层构造线的走向主要为 NE 向，反映 NW–SE 向的伸展作用。

2. 沙一期古构造形态特征

沙一古构造显示沙一地层厚度变化较小，厚度最大的区域位于凹陷内部，反映盆地沉降的拗陷特征。盆地内的二级断层活动不太显著。盆地内断层的走向和地层构造线的走向主要为 NEE 向和近 EW 向，是 SN 向伸展和 NE 向先存构造两者的综合反映。

3. 馆陶期古构造形态特征

馆陶期古构造显示馆陶组厚度变化较小，厚度最大的区域位于凹陷内部，反映盆地沉降的拗陷特征。包括边界断层在内的所有断层活动都不显著，拗陷作用占绝对主导地位。盆地内发育的很少量断层为 NEE 向和近 EW 向；地层构造线的走向没有很好的方向性，是拗陷作用特征的反映。

2.2.3　关键构造期主要断裂带的活动特征与演化

现代伸展构造的研究表明，裂陷盆地内主控断层的几何形态和活动性质对盆地的形成和演化、沉积物充填和油气成藏有重要的控制作用（周建勋等，1999a；Dooley et al.，2003；漆家福等，2006）。南堡凹陷主控断层包括"控凹"的西南庄断层、柏各庄断层、高柳断层，"控带"的南堡 1 号断层、南堡 4 号断层及 5 号断层。

1. 西南庄断层

西南庄断层为南堡凹陷西北侧及北侧边界，长约 58km，是凹陷的主控边界断裂，控制凹陷的形成和演化；同时也是北堡–老爷庙构造带的主控断层，并对南堡 1 号、2 号和 3 号构造带起辅助控制作用。西南庄断层是一大型的长期活动的生长正断层，剖面形态表现为铲式或坡坪式。受西南庄断层控制的区域，南堡凹陷总体呈"北断南超"的复式半地堑结构。

西南庄断层具有显著的分段性。根据走向和活动性的差异，西南庄断层可以划分为 4 段（西段：$X_{西}$；中西段：$X_{中西}$；中东段：$X_{中东}$；北东段：$X_{北东}$），分段点是高柳断层、1 号断层和 5 号断层与其的连接点，西段可进一步划分为两个亚段（$X_{西a}$ 和 $X_{西b}$）。不同段落的断层走向、性质和活动存在显著的差异：西段（老爷庙构造以西）为 NEE 向（$X_{西a}$）和近 EW 向（$X_{西b}$），古近纪的活动量相对较小，从西向东逐渐增大；中西段为近 EW 向，活动量在西南庄断层中是最大的，断层最大剖面滑距达到近 12000m（图 2.10）；中东段为 NE 向，活动量仅次于中西段；北东段为 NNE 向，古近纪 Es_3 到 Ed_3 期间活动，Ed_1–Ed_2 期间没有活动，活动量总体也比较小。新近纪以来，西南庄断层不同段落的活动性也存在一定的差异，但其差异比古近纪要小很多。

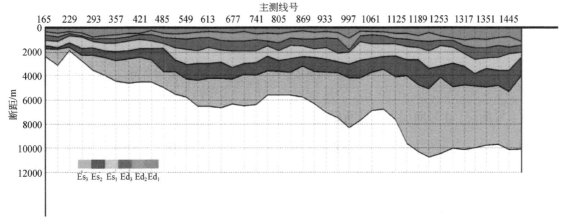

图 2.10　西南庄断层不同演化阶段、不同测线剖面滑距分布图

2. 柏各庄断层

柏各庄断裂为南堡凹陷与东部的柏各庄凸起、马头营凸起及石臼坨凸起的分隔性断裂，全长约60km，北西走向，是凹陷东北侧的主控边界断层，剖面形态主要表现为平板式。柏各庄断层控制的区域，凹陷结构表现为复式地堑结构［图2.2（c）］。根据断层活动量的差异以及断层平剖面组合的变化，以高柳断层为界，柏各庄断层可以划分为两段（图2.6）：西北段（$B_{西北}$）和东南段（$B_{东南}$）。西北段和东南段虽然走向均为北西向，但活动性存在很大的差异：Ed_{2-1-2}期间没有活动，$Es_3-E_3d_3$期间活动量也比较小；东南段长期活动，活动量很大，（断层最大剖面滑距达到近9000m），仅次于西南庄断层。

3. 高柳断层

高柳断层是凹陷内连接西南庄断层和柏各庄断层的一条大型生长正断层，是高柳构造带的主控断层，剖面形态为坡坪式或铲式。根据断层的走向和活动性，高柳断层可以划分为两段：西段（$G_{西}$）和东段（$G_{东}$）。西段为NWW向，Es_3期间有活动，Es_1以来强烈活动；东段为EW向，Es_3期间没有活动（不存在），Es_1以来形成并强烈活动。

前人都把高柳断层作为凹陷内的二级断层（即"控带断层"）（周海民等，2000b；周海民和范文科，2001；徐安娜等，2006），但根据本书的研究，高柳断层在地史期间断层的性质是发生变化的（童亨茂等，2013）。南堡凹陷高柳断层以北缺少$Ed_{2-1}-Ed_2$，在此期间，西南庄断层北东段（$X_{北东}$）和柏各庄断层西北段（$B_{西北}$）没有活动，高柳断层是此期间凹陷的主控边界断层；另外，高柳断层东段在Es_3并不存在（图2.11）。这样，高柳断层在Es_1-Ed_3期间是一条控制高柳构造带的二级断层，但Es_1-Ed_3期间，高柳断层在该地段取代西南庄断层和柏各庄断层，与西南庄断层中东段一起成为凹陷的边界主控断层。高柳断层西段在Es_3期间则是一条变换断层。高柳断层的活动强度与西南庄断层和柏各庄断层是同一量级（断层最大剖面滑距达到6600m）（图2.11），活动强度总体从西向东不断减小。

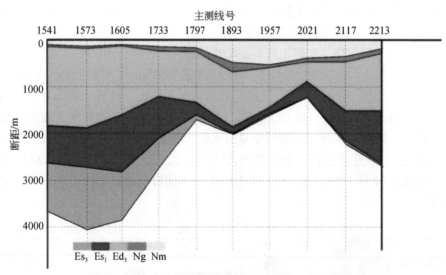

图2.11 高柳断层不同演化阶段、不同测线剖面滑距分布图

4. 南堡1号断层、4号断层和3号断层

南堡1号断层、4号断层和3号断层分别是南堡1号、4号构造带和3号构造带的主控断层，是凹陷内3条主要的二级断层。1号断层为NE向，主要在沙河街组沉积期间活动，对沙河街组的沉积有明显的控制作用，断距从WS向NE方向逐渐减小；Ed-Ng沉积期间，除西段在Ed_3-Ed_2期间有一定的活动性外，其他时期几乎没有活动；Nm期间，除1号断层主断层有显著活动外，还发育大量的分支断层，这些断层在剖面上构成复式"Y"形构造（图2.2），在平面上组成梳状构造。

4 号断层为 NW 走向，这是南堡凹陷内仅有的一条北西走向的二级断层。4 号断层在 Es_3 期间有一定的活动，Ed（特别是 Ed_3）期间强烈活动，N_1g 期间活动基本停止后，Nm 以来再次强烈活动。Ed–Nm 期间，外 4 号断层主断层有显著活动，还发育大量的分支断层，这些断层在剖面上构成复式"Y"形构造，在平面上组成扫帚状构造。

3 号断层北东走向，在 Es_3 期间强烈活动，Ed（特别是 Ed_3）以后活动很弱或停止。Ed–Nm 期间，发育分支断层，这些断层在剖面上构成复式"Y"形构造和复式"X"形。

2.2.4　关键构造期主要目的层裂缝发育预测与评价

裂缝主要是岩石中破裂形成的不连续面，与断层的区别是其没有发生明显的位移，而这些不连续面主要是由物理成岩作用或构造变形作用等形成的（童亨茂和钱祥麟，1994；穆龙新和韩国庆，2009）。裂缝性储层中裂缝的存在为储层提供了基本的孔隙度和渗透率，为油气提供了基本的储集空间和渗流通道，因此其具有十分重要的研究价值。

裂缝主要在基质孔隙很小的岩石中发育，包括碳酸盐岩、岩浆岩、低渗透砂岩、泥岩等。已有勘探实践表明，南堡凹陷裂缝性储层主要在古生界潜山和新生界深层发育。南堡凹陷前新生界经历了复杂的构造演化历史，地层分布复杂（图 2.12）。虽然，近几十年来有关部门和相关学者对南堡凹陷裂缝的发育特征和形成机制进行了一定的研究，但是，研究程度总体很低，至少存在以下尚需进一步深入研究的问题。

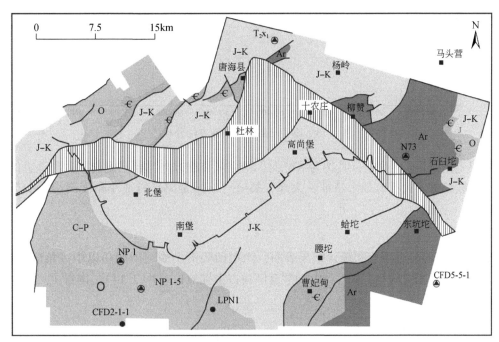

图 2.12　南堡凹陷前古近纪古地质图

（1）裂缝的成因机制和发育期次方面的问题：南堡凹陷在内的渤海湾盆地内潜山油气藏的储层均经历了印支、燕山和喜马拉雅期的叠加构造变形，在这些经历复杂变形历史的潜山储层中，裂缝的成因类型有哪些？与什么时期的构造变形相关？成因类型的组成比例如何？又有什么变化规律？

（2）裂缝的控制影响因素方面的问题：由于裂缝是规模很小的构造，很难在无井的区域直接预测（或检测）到单条裂缝（或裂缝带）的存在。目前所有的对裂缝的预测技术都是在围绕控制裂缝形成和分布的控制和影响因素来进行预测的，但对南堡凹陷裂缝发育的控制和影响因素认识还不够清晰。

（3）主要目的层裂缝的平面分布预测和评价方面：南堡凹陷潜山及深层，储层裂缝在平面上哪些地方相对比较发育。

因此，本章在确定控制裂缝发育的构造作用和裂缝的成因类型的基础上综合应用各种地质和地球物理资料，进行储层裂缝平面分布的预测。

1. 南堡凹陷裂缝发育特征及成因类型

1）裂缝的方位组系

南堡凹陷潜山 NEE 向（包括 NE 向和近 EW 向）的裂缝最为发育，其次是 NW 向，局部地区有近 SN 向（NNE 向和 NNW 向）裂缝发育（图 2.13）。

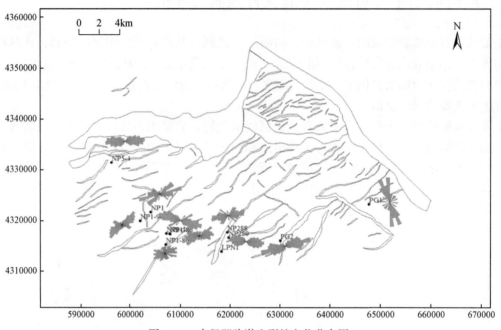

图 2.13 南堡凹陷潜山裂缝方位分布图

研究区断层走向以 NE 向为主，其次为 NW 向，研究区裂缝方向与断层走向一致和垂直的裂缝最为发育。几乎所有井裂缝的发育都有如下特征：大部分裂缝与断层走向平行或小角度斜交，少部分裂缝与断层走向垂直。

2）裂缝的倾角

根据对 12 口单井的岩心观察和统计结果表明，南堡凹陷潜山裂缝的倾角以中高角度和直立缝为主，中、低角度裂缝的数量相对较少，40°~80°的裂缝倾角占主导地位（图 2.14）。南堡 1、2、3、4、5 潜山倾角都大体相似。

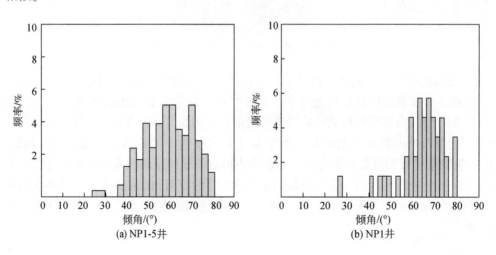

(a) NP1-5井   (b) NP1井

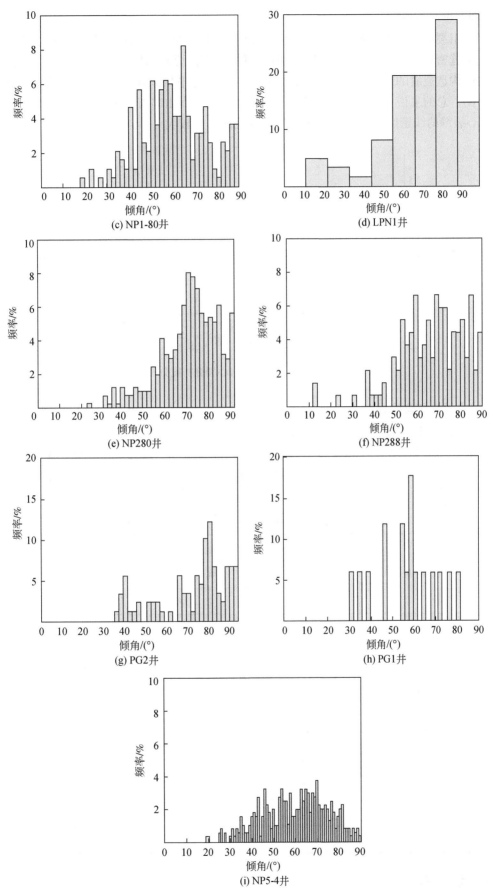

图 2.14　南堡凹陷潜山成像测井裂缝倾角分布直方图

3）裂缝的密度及有效性

间距是指一组裂缝间的垂向距离，是一种表示储层构造裂缝密度的度量指标。通过岩心观察虽然可以在个别构造裂缝密集段得到大裂缝的间距，但一般情况下，要获得同组高角度大裂缝的间距是比较难的。不同规模的构造裂缝的间距相叠加就是该组构造裂缝的总平均间距了。图2.15为南堡凹陷潜山岩心裂缝间距分布图。总的来说，南堡凹陷裂缝较为发育，但不同潜山略有差异，1、2号潜山裂缝比3、4和5号发育，岩心裂缝的线密度平均为1条/m。不同井之间差别较大。

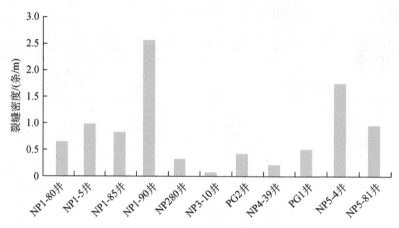

图2.15 南堡凹陷潜山岩心裂缝密度分布图

4）裂缝的充填性和含油性

我们将裂缝的充填性根据其中矿物的充填多少，主要分为全充填和部分充填两大类。而半充填和局部充填也属于部分充填中的两种，也可以分为1/4、2/4、3/4充填，其中充填缝属于无效缝。从构造裂缝的岩心观察结果（表2.2）可以看出，南堡凹陷储层构造裂缝的充填程度较高，未充填缝占45.3%，充填物多为方解石，其次为泥质，充填物宽度为0.5~30mm，充填缝大部分是全充填，少量部分充填。

表2.2　南堡凹陷潜山宏观裂缝充填和含油状况统计表

井号	裂缝数/条	充填状况					含油裂缝数/条	含油裂缝百分比/%
		未充填/条	充填/条					
			全	半	局	合计		
NP2-1-5	8	4	2	1	1	4	6	75
NP2-3-14	6	5	1		0	1	3	50
NP2-3-19	4	3	1	0	0	1	1	25
NP2-3-24	6	2	3	1	0	4	3	50
LPN1	15	3	8	3	1	12	5	33.3
NP280	13	3	8	2	0	10	2	15.4
PG1	8	5	2	1	0	3	1	12.5
NP5-4	35	18	13	3	1	17	4	11.43
合计	95	43	38	11	3	52	25	26.3

5）裂缝的成因类型

在裂缝构造解析的基础上，结合岩心裂缝的发育特征，确定裂缝的成因类型有：伸展中高角度缝和挤压低角度缝（图2.16）、扩张缝和顺层缝（图2.17）、不规则缝和溶蚀改造缝（图2.18）。

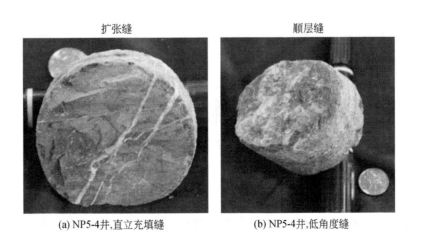

伸展中高角度缝　　　　　　　　　　挤压低角度缝

(a) NP1-5井，高角度充填缝　　　　(b) NP5-4井，低角度剪切缝

泥浆浸染

(c) PG1井，半开启高角度缝　　　　(d) NP1-5井，低角度缝，见擦痕

(e) 伸展高角度缝　　　　　　　　　(f) 伸展低角度缝

图2.16 岩心中的伸展中高角度缝和挤压低角度缝

扩张缝　　　　　　　　　　　　　　顺层缝

(a) NP5-4井,直立充填缝　　　　　(b) NP5-4井,低角度缝

(c) NP5-4井,直立充填缝

(d) NP5-4井,水平缝

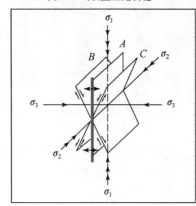

(f) 高角度缝

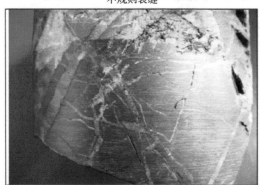

(e) NP280井,顺层缝

图 2.17　岩心裂缝中的扩张缝和顺层缝

不规则裂缝　　　　　　　　　　　　溶蚀改造缝

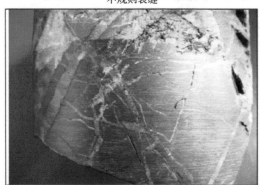

(a) NP1-90井,5224.08~5224.22m,深灰色灰岩,
裂缝被方解石半充填

(b) NP280井,深度为4496.40m,灰褐色灰岩,
裂缝和溶孔发育,被方解石充填

(c) NP1-80井,底深3739.82m,褐灰色灰岩,多组裂缝
交错发育,相互切割,后期被方解石半充填。
可见溶孔,溶孔有残余油

(d) NP1-80井,底深3740.04m,褐灰色灰岩,多组
裂缝发育,沿裂缝发育溶孔,被方解石充填

图 2.18　岩心裂缝中的不规则裂缝和溶蚀改造缝

从南堡凹陷取心井岩心照片观察,伸展中高角度缝是与正断层同成因的剪裂缝,它们具有位移方向
与破裂面平行的特征,他们与最大主压应力方向以锐角相交而与最小主压应力方向以钝角相交。在本区

这种裂缝最为发育，在各井、各种岩石类型中都有发育。挤压相关的低角度缝是与逆冲断层成因一致的剪裂缝，在该研究区倾角为 20°~40°，这类裂缝在本区总体不太发育。

扩张裂缝是与伸展、挤压作用相关的直立缝。直立扩张缝垂直于最小主压应力方向，在伸展和挤压过程中均可形成，在本区也广泛发育，在灰岩、泥岩、混合花岗岩均有发育。顺层缝是与褶皱作用等造成的顺层滑动有关，沿层理发生破裂而形成的，在本研究区少量发育。同时，在本研究区还发育大量的不规则裂缝，交叠形成网状，且绝大多数被方解石充填。在本研究区溶蚀孔洞较发育，多数也被充填。溶蚀孔洞大多沿裂缝面发育。

2. 南堡凹陷裂缝成因及形成时期的构造解析

裂缝成因及形成时期的构造解析主要是通过构造应力场演化与裂缝的配套关系分析来确定，用于配套分析的裂缝特征主要包括裂缝的方位组系、倾角、成因类型、擦痕等。

1）裂缝走向

南堡凹陷应力场的演化经历了印支期 SN 向挤压，燕山期 NW–SE 向挤压和 NW–SE 向伸展，以及沙三期 NW–SE 向伸展和东营期到新近系 SN 向伸展的过程（图 2.19）。根据已有的成像测井资料，南堡凹陷裂缝走向主要为 NE 向和近 EW 向，少量为 NNE 向和近 SN 向。近 EW 向裂缝可以与东营期以来的 SN 向伸展作用和印支期的挤压作用配套；NE 向（包括 NNE 向）裂缝可以与沙三期的伸展作用配套。

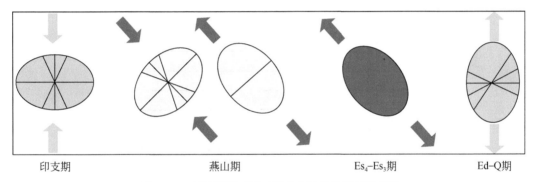

印支期　　　　　　燕山期　　　　　　Es₄–Es₃期　　　　Ed–Q期

图 2.19　南堡凹陷不同时期应力场演化关系示意图

2）裂缝倾角

根据岩心和成像测井数理统计的结果表明，南堡凹陷裂缝的倾角主要分布在中高角度区间，40°~80°左右的裂缝倾角占主导地位，少量为低角度缝。中高角度缝可以与伸展作用和走滑作用相配套；低角度缝可以与印支期、燕山期挤压作用配套（图 2.20）。

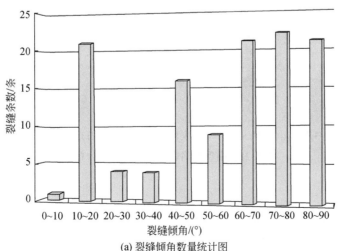

(a) 裂缝倾角数量统计图

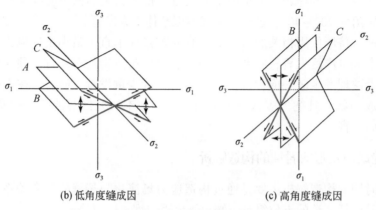

(b) 低角度缝成因　　　　　　　(c) 高角度缝成因

图 2.20　裂缝倾角与不同时期应力场配套关系

3) 裂缝擦痕侧伏角

从图 2.21 可以看出，南堡凹陷裂缝侧伏角大多为 40°~80°，裂缝擦痕多为斜擦痕，是斜向滑动的表现。在该研究区，擦痕主要在南堡 5 号构造很发育，NP5-4 井的岩心照片上大多可以观察到擦痕和断阶，表明该区断裂普遍发育。广泛的斜滑作用形成的裂缝可以与东营期以来的斜向伸展作用相配套。

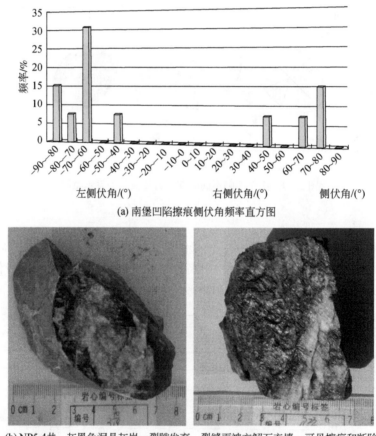

(a) 南堡凹陷擦痕侧伏角频率直方图

(b) NP5-4 井，灰黑色泥晶灰岩，裂隙发育，裂缝面被方解石充填，可见擦痕和断阶

图 2.21　南堡凹陷岩心裂缝侧伏角分布图

4) 裂缝与断层关系

南堡古潜山主体部位处于轴向为 NEE 向大型背斜北西转折端北翼。古潜山构造形态为断块山，其顶面构造见 NE 向和 NW 向为主的 2 组断层。几乎所有井裂缝的发育都有如下的特征：大部分裂缝与断层的

走向平行，少部分裂缝与断层的走向垂直。裂缝的这种分布特征，表明裂缝的发育与断层的关系十分紧密，这种裂缝在本区占主导地位。这说明影响该区裂缝发育的重要因素之一是构造作用。

5）裂缝形成时期

南堡凹陷沉积以来经历了多次构造运动，每次构造运动都或多或少地会生成裂缝，前印支期、印支期、燕山期和喜马拉雅期都应有裂缝产生。从岩心裂缝充填和交切关系分析，一块岩心存在两到三期裂缝的现象。因此，关键是确定裂缝的主要形成期，即该次构造运动对裂缝的形成起主导作用。由于充填缝的意义不大，这样，确定有效缝的成因和形成期是关键。伸展中高角度缝、直立扩张缝，都可以与东营期以来的 SN 向斜向伸展作用配套；挤压低角度剪裂缝可以与印支期、燕山期的挤压作用配套；伸展相关的中高角度缝可以与 Es_4–Es_3 的伸展作用配套。南堡凹陷内有效裂缝主要与东营期以来的 SN 向伸展作用有关，其次是沙三期的伸展作用，印支期—燕山期的挤压作用也有少量的贡献。

3. 南堡凹陷储层裂缝平面分布规律与预测评价

本书研究的裂缝预测主要采用以裂缝数值模拟预测为主，结合断裂强度的定量分析来综合预测裂缝的发育程度。

1）断裂强度分析

断裂强度分析是通过定量计算每个层面的断层面密度的方法来分析预测每个层面的裂缝发育程度。这也是一种半定量的预测方法。之所以使用这种方法，是因为通过前面的分析，南堡凹陷潜山油藏储层裂缝的发育与断层密切相关。

南堡凹陷潜山油藏储层裂缝的发育与断层密切相关，主要表现在以下几个方面：裂缝主要分布在断层的附近，断层发育的地方往往裂缝也比较发育。断层的形态、组合方式和发育程度都影响裂缝的分布，裂缝在两条或多条断层相交的地方，断层的末端和很多小断层较发育的地方分布多，形成裂缝发育带。在断层走向发生变化处的断块和断垒区，裂缝也比较发育。这主要是因为断层形成时，局部附近地应力的分布相对比较集中的结果。因此，断层发育程度、断距的大小、断层的性质和断层附近的力学性质等都能影响裂缝的发育程度。

根据岩石破裂的自相似结构原理，断层和裂缝都是岩石破裂的结果，具有自相似的分形结构，只是尺度上存在差异。所以我们就可以根据断裂强度的统计来预测裂缝的分布情况。要预测裂缝就能通过研究断层的发育特征来实现。本书通过该研究区南堡凹陷的断裂系统图，根据其断层分布的特征，取单位长度（本区取 2km）来进行正方形网格划分，统计每个单元格所覆盖断层的总长度值，记录下这个值，然后结合内插法，做出相应的断裂强度等值线图。裂缝主要分布在断层的附近，断层发育的地方往往裂缝也比较发育（图 2.22）。

2）裂缝的数值模拟预测

裂缝数值模拟的基础是应力场数值模拟，裂缝数值模拟主要是在该区应用有限元法将其定量化，模拟特定时期的古构造应力场分布，这需要我们根据该区的地质研究，对构造条件进行适当的约束，建立符合该区构造特征的古构造地质模型。有限元方法是通过把要研究的结构体划分为有限个简单形状的单元，对单元进行逐个分析，再进行整体分析的过程。构造应力场模拟主要包括三个步骤：①建立地质模型；②建立数学模型；③计算分析。

本书以南堡凹陷为例，进行应力场的数值模拟，下面分别介绍。

（1）地质模型的选取和建立

地质模型是整个数值模拟的基础和前提。地质模型主要包括地质隔离体和断层的选取、地质体边界的确定等方面。根据研究表明，南堡凹陷两期斜向伸展叠加模式（Pre–40Ma，NW–SE 向伸展；Post–38Ma，SN 向伸展），可以合理地解释南堡凹陷断裂系统的形成演化（表 2.1）。因此，本书主要模拟两期应力对潜山裂缝发育的影响。

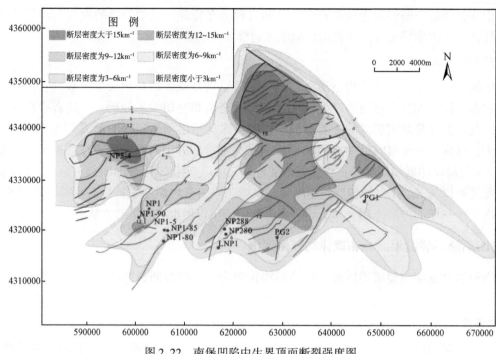

图2.22 南堡凹陷中生界顶面断裂强度图

据前文研究，研究区主要构造格架为西南庄、柏各庄大断层、高柳断层和南堡1、2、3、4和5号断层，断层较为复杂，由于网格划分的需求，将其略做简化处理。同时，本书考虑岩性和层厚等因素，主要对中生界顶面、古生界顶面及太古宇顶面进行研究。考虑到应力场模拟过程中边界效应的影响，所以地质体边界略大于研究区的范围。

（2）数学模型的建立和求解

根据研究表明，南堡凹陷形成演化经历两期伸展作用。沙三期早期，经历 NW-SE 向伸展和后期 SN 向伸展。由于缺乏该区确定的应力值，因此本书采取位移约束，计算剖面的伸展量。在研究区选取 14 条 NE-SW 向剖面，16 条 SN 向剖面，统计其伸展量（表2.3，表2.4）。

表2.3 南堡凹陷 NE-SW 向剖面伸展量分布表

剖面号	伸展量/%	剖面号	伸展量/%
AA1	7.89	HH1	11.4
BB1	8.81	II1	12.14
CC1	9.25	JJ1	12.03
DD1	9.73	KK1	11.56
EE1	10.23	LL1	10.98
FF1	11.2	MM1	10.71
GG1	11.33	NN1	9.67

表2.4 南堡凹陷 SN 向剖面伸展量分布表

剖面号	伸展量/%	剖面号	伸展量/%
261	10.48	1285	11.13
357	9.47	1445	9.61
549	9.78	1637	10.05
645	9.77	1861	9.54
773	9.34	2085	10.8
997	9.41	2277	9.87
1093	10.13	2565	9.03
1157	10.25	2629	9.04

选取地层区与断裂区相同的实体模型进行模拟，但在划分网格和设置相应的参数时处理不同，选取适合各自的参数。一般情况，对断层而言，弹性模量往往选取正常地层的 40%～70%，而泊松比比正常地层中的稍大，且断层构造复杂程度越大，弹性模量应该越小，泊松比则要越大。

同时为了研究需要，可以假设该区发生的是平面应变，认为该区所受的应力方向都是垂直于边界的，而所得到的应力分布都是受断层影响的局部应力，且将断层区假设为完全弹性的材料，所有岩石都是均匀受力且材料都相同。对于单元参数的选取，主要是做岩心岩石力学参数实验，得到有限元应力场模拟的材料参数。边界断裂、同生断裂、潜山顶面地层的弹性模量和泊松比见表 2.5。根据前面的地层分析，由于这里没有对所在的目的层段进行系统地层分布的综合研究（地层平面分布图），根据表 2.5 给出的数据建立不同构造应力场模拟的数学模型，对模型进行断裂区和地层区不同大小的网格划分，并施加载荷求解。

表 2.5　模拟区岩石力学参数定义表

模拟区	材料类型（岩相）	弹性模量/10^{10}Pa	泊松比
中生界顶面	砂岩、泥岩	18	0.28
	边界大断层	6	0.35
	南堡 1～5 号断层	9	0.35
古生界顶面	灰岩、白云岩	22	0.25
	边界大断层	7.5	0.35
	南堡 1～5 号断层	11	0.35
太古宇顶面	花岗岩	42	0.23
	边界大断层	14	0.35
	南堡 1～5 号断层	21	0.35

施加载荷时，早期 NE-SW 向伸展，将 NW-SE 向作为边界，基本上为 NW-SE 向平面应变，我们将 NE-SW 边界采用滚轴支撑，限制 NE-SW 向的位移，但不限制其他方向的位移，为了限制可能的刚体位移，在北部顶部的节点加权约束。后期 SN 向伸展，将 EW 向采用滚轴支撑，限制 EW 向的位移。在 ANSYS 中施加载荷时，指向模型的力（即压力）为正值，而远离模型的力（即拉力）为负值。

（3）南堡凹陷模拟结果分析

经过反复调试，结果的表示方式主要是图形，包括各顶面的应力方向矢量图以及第一主应力、第三主应力、最大剪应力平面等值线分布图。ANSYS 有限元软件可以将计算出的结果以文本的形式表现出来。下面分别对模拟的平面应力场结果进行详细分析。根据数值模拟结果图，总体上来看，该研究区 NE-SE 向伸展构造最大主应力主要分布在 65～26MPa，最小主应力主要分布在 17～6MPa，构造剪应力主要分布在 18～5MPa。应力高值区主要分布在断层附近，特别是断层转弯处和断层末端及两条断层交汇处。在模拟中生界顶面、古生界顶面和太古宇顶面三层的应力分布中，由于基本格架没变，主要由储层的差异性来控制，因此纵向上总的来说各层变化不大，中生界顶面剪应力高值分布较广。最小主应力分布差别较大，中生界顶面高值分布最广，其次是古生界顶面（图 2.23）。

3）裂缝的平面综合预测及分布规律

储层裂缝的综合预测是综合断裂强度分析、构造应力数值模拟和单井裂缝综合解释成果三方面的结果分层段（中生界、古生界和太古宇顶面）进行的。具体方法是分别对上述三方面的预测结果按权数进行叠加，然后按其相对数值大小共划分了 6 个裂缝发育程度的等级：①Ⅰ级裂缝发育区，综合裂缝系数≥2.0；②Ⅱ级裂缝发育区（强发育区），1.75≤裂缝系数<2.0；③Ⅲ级裂缝发育区（较发育区），1.5≤裂缝系数<1.75；④Ⅳ级裂缝发育区（中等发育区），1.25≤裂缝系数<1.5；⑤Ⅴ级裂缝发育区（弱发育

图 2.23　南堡凹陷潜山古生界顶面沙河街期最大剪应力数值模拟结果

区），1.0≤裂缝系数<1.25；⑥Ⅵ级裂缝发育区（不发育区），裂缝系数<1.0。

　　在本书中，对不同界面裂缝的综合预测结果分别进行如下描述：

　　中生界顶界面裂缝在 5 号构造最为发育，其次是高柳构造带、老爷庙构造带，在柳南次凹裂缝不是很发育。南堡 1 号和 2 号构造中生界裂缝不太发育，只在南堡 1 井和南堡 2-3-24 井稍发育，为Ⅲ级裂缝发育区。南堡 2 号构造在老堡南 1 井、南堡 280 和南堡 288 井附近稍发育，为Ⅲ级裂缝发育区。南堡 3 号和南堡 4 号构造裂缝均不太发育（图 2.24）。

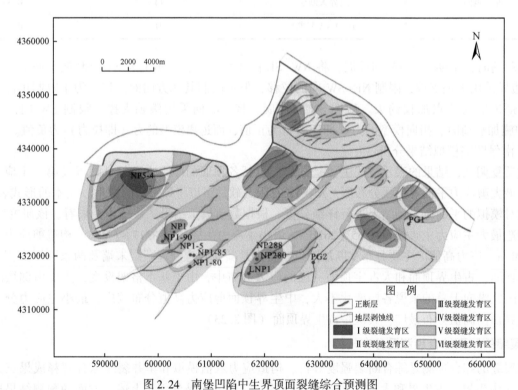

图 2.24　南堡凹陷中生界顶面裂缝综合预测图

　　古生界顶面裂缝比中生界发育，南堡 1 号和 2 号构造最为发育，其次是南堡 5 号构造，再次是南堡 3 号构造，南堡 4 号构造最不发育。平面上，NP2-3-24 井区西、南裂缝发育密度最大，为Ⅰ、Ⅱ级裂缝。

LPN1 井、NP280 井区次之，为 II、III 级裂缝，NP2-3-14 井和 NP2-3-19 井区东南局部裂缝也较发育，为 III 级裂缝发育区。NP1 井、NP2-1-5 井区裂缝发育相对较差（图 2.25）。

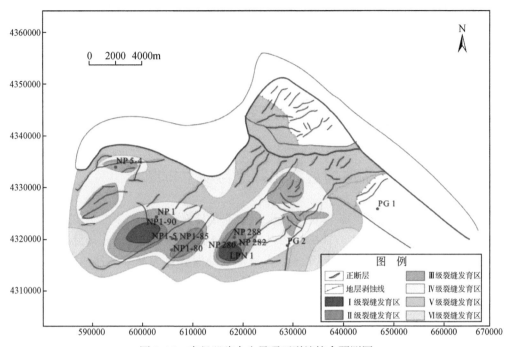

图 2.25　南堡凹陷古生界顶面裂缝综合预测图

太古宇顶面裂缝最不发育，裂缝在南堡 4 号构造、堡古 1 井最为发育，主要为 III、IV 级裂缝发育区，其次是南堡 2 号、3 号潜山和南堡 5 号构造（图 2.26）。南堡凹陷潜山裂缝较为发育，其中，南堡 1 号和 2 号构造最为发育，且南堡 1 号潜山比南堡 2 号潜山裂缝发育差，其次是南堡 5 号构造，再次是南堡 3 号构造和南堡 4 号构造。南堡 1 号潜山裂缝主要沿 NW 向断层展布，南堡 2 号潜山主要沿 NE 向断层发育。

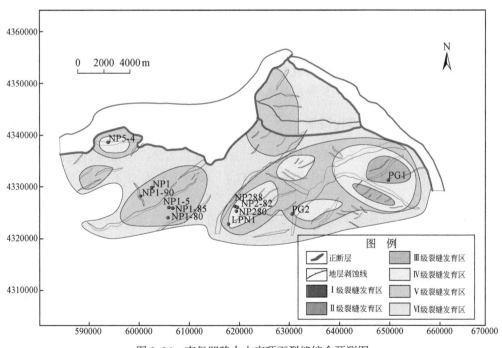

图 2.26　南堡凹陷太古宇顶面裂缝综合预测图

南堡 1 号构造裂缝主要在南堡 1 井以北和南堡 2-1-5 井以南，NP2-3-24 井区西、南裂缝发育密度最大，为Ⅰ、Ⅱ级裂缝。南堡2号构造南堡2号地区近SN向和NNW向两组裂缝，主要沿老堡南1井NE向的断棱分布，LPN1井、NP280井区最为发育，为Ⅱ、Ⅲ级裂缝，NP2-3-14井和NP2-3-19井井区东南局部裂缝也较发育，为Ⅲ级裂缝发育区。在斜坡区也有局部裂缝发育区存在，说明裂缝发育也可能受水的溶蚀作用、岩性等因素的影响。平面上，南堡凹陷潜山裂缝发育与断层的发育以及潜山上覆地层分布密切相关；裂缝的发育明显受断层的控制；断层发育附近也主要是裂缝发育区，断裂带交汇附近；裂缝较发育区主要集中在新近系和古近系地层直接覆盖区。

2.3 南堡凹陷构造变动机制与成因模式

2.3.1 中国东部新生代盆地构造演化特征与动力机制分析

中国东部新生代广泛发育的裂陷盆地是指欧亚板块邻近太平洋板块边缘地带由新生代的裂谷作用形成的盆地，盆地沉积以新生界为主体，如渤海湾盆地、南海北部边缘盆地、东海陆架盆地、日本海盆地等。这些盆地蕴藏着巨大的油气资源，近年来以大量油气勘探资料为基础的盆地动力学研究成果表明，中国东部新生代盆地具有相似的几何特征和多幕裂陷活动的特点，其形成演化是周边板块间的相互构造作用和岩石圈深部动力学过程的直接响应（Ren et al.，2002；林畅松等，2004）。

1. 中国东部新生代盆地几何特征

中国东部新生代盆地在平面上表现为相似的平行四边形，其东西两侧边界为NNE向断裂，南北两侧边界为NEE-EW向断裂，东北角和西南角是"敞开"通向NNE向断裂带控制的沉积区（许浚远，1997）。例如，渤海湾盆地西侧为NNE向的太行山山前断裂带，东为郯庐断裂带，北为燕山褶皱带南缘近EW向的宝低-昌黎断裂带，南为鲁西隆起北缘近EW向的齐河-广济断裂带。东北角伸入辽东湾，西南角为临清凹陷。渤海湾盆地内部的次级凹陷也具有相似特点，如辽河西部凹陷、歧口凹陷、渤中凹陷（图2.27）。

中国东部新生代盆地在剖面上表现为断陷和拗陷双层结构。古近纪表现为幕式断陷结构，古新世—渐新世早期拗陷（凹陷）结构受NNE向断裂控制，表现为东断西超，或西断东超的半地堑式结构，局部表现为地堑式结构；渐新世晚期凹陷结构受近EW向断裂控制，表现为南断北超或北断南超的半地堑式结构。新近纪表现为拗陷结构，除盆地边界断层继承性活动外，新生断层较少，沉积作用不受断层控制。

2. 中国东部新生代盆地构造演化特征

中国东部新生代盆地发育五期重要的不整合界面。在南海北部珠江口盆地自老到新分别为神狐组底界面（Tg）、文昌组底界面（T_{90}）、恩平组底界面（T_{80}）、珠海组底界面（T_{70}）、珠江组底界面（T_{60}），分别相当于神狐运动（65Ma）、珠琼运动一幕（50Ma）、珠琼运动二幕（40Ma）、南海运动（32Ma）、白云运动（23.5Ma）。在渤海湾盆地自老到新分别为孔店组底界面（Tg，65Ma）、沙四段底界面（T_7，50.5Ma）、沙三段底界面（T_6，42.5Ma）、东营组底界面（T_3，32Ma）、馆陶组底界面（T_2，23.5Ma）。这些不整合界面在多年的油气勘探过程中均得到了证实，并在国内外众多刊物上发表，但对新生代构造演化阶段的划分存在差异。关于南海北部新生代盆地构造演化代表性观点是划分为陆内裂谷、陆间裂谷、被动大陆边缘阶段，并细分为初始裂谷期、早裂谷期、晚裂谷期（图2.28）。

关于渤海湾盆地新生代构造演化新进展是识别出东营组底界角度不整合界面，进而将古近纪裂陷期划分为三个裂陷幕（蒋子文等，2013；梁杰等，2014）。通过对渤海湾盆地辽河西部凹陷、南堡凹陷、渤中凹陷、歧口凹陷，以及南海北部珠江口、超深水盆地的研究认为渤海湾盆地沙四段沉积特征和分布范围远大于孔店组，两者应是不同裂陷期的产物；而对于珠江口盆地的珠海组底界面（T_{70}）是一个重要的

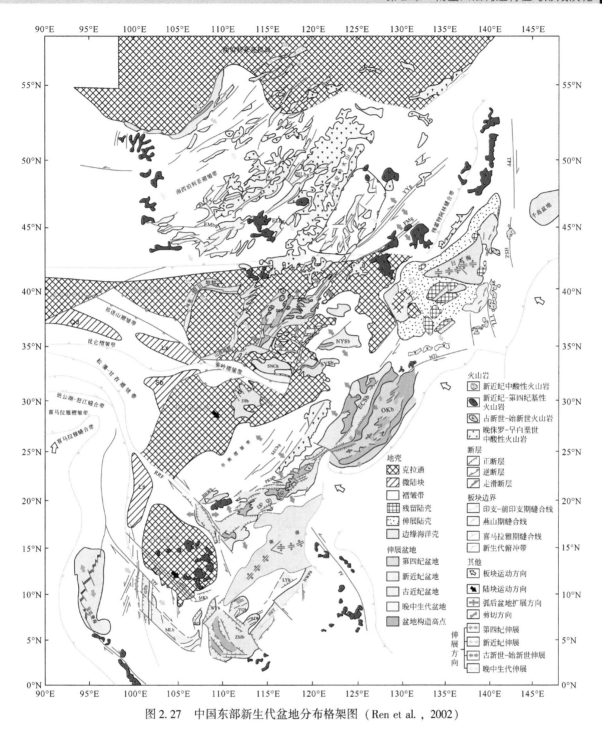

图 2.27 中国东部新生代盆地分布格架图 (Ren et al., 2002)

构造转换界面，其上的构造层控陷断层走向为近 EW 向，其下构造层控陷断层走向为 NE 向，体现了构造应力场的转变。

中国东部新生代盆地相似性平面上表现为 NE 向控盆断裂形成的东西分带、近 EW 向控拗断层形成的南北分块的总体构造格局；剖面上表现为地堑、半地堑式结构；时间演化上具有幕式裂陷的特征。根据盆地内不整合面分布、沉积充填、构造变形、火山活动、区域应力场等特征，可将中国东部新生代构造演化划分为古近纪裂陷和新近纪拗陷两大构造期，再将古近纪裂陷期细分为四个裂陷幕。

该构造演化划分方案可以将中国东部两个主要的裂陷盆地裂陷幕的时间较好地对应起来，反映了统一的构造应力作用控制。四期裂陷幕在不同的盆地发育时间可能具有微小差别，局部裂陷幕可能因地层缺失尚未识别出来（如莺歌海盆地和琼东南盆地的缺失裂陷Ⅰ）。从盆地沉积演化迁移特征分析，南海北

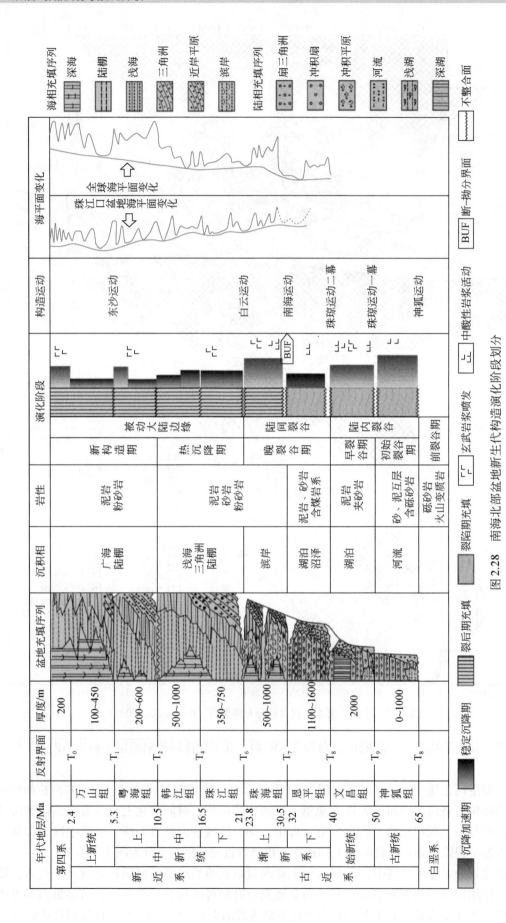

图 2.28 南海北部盆地新生代构造演化阶段划分

部盆地同期裂陷具有自"珠江口盆地→琼东南盆地→中建南盆地"逐渐变晚的趋势,渤海湾盆地到南海北部盆地同期构造沉积时间也表现为逐渐变晚的趋势(赵卫等,2013)。所以,中国东部新生代盆地构造-沉积-成藏事件具有从西向东逐渐变新的迁移规律。

3. 中国东部新生代盆地成因机制分析

中国东部新生代盆地是西太平洋活动大陆边缘的重要组成部分,其形成和演化是太平洋向欧亚板块俯冲和弧后扩张的结果,同时,印度板块与欧亚板块之间陆-陆碰撞的远程效应和台湾岛菲律宾群岛岛弧与欧亚大陆的弧-陆碰撞、楔入作用在该区域的叠加、复合,从而产生了宽阔的弧后盆地系统。从西侧的菲律宾海盆(55~34Ma)到中部的四国-帕里西维拉海盆(30~18Ma),直至东侧的马里亚纳海槽(8~3Ma)的形成年龄自西向东逐渐变新(索艳慧等,2012;Honza and Fujioka,2004;臧绍先和宁杰远,2002)的构造格局是导致我国东部新生代盆地自西向东演化迁移的动力机制。所以,解析西太平洋活动大陆边缘构造演化过程是解决中国东部新生代盆地构造动力学机制问题的关键所在。关于西太平洋边缘海盆地的形成,前人提出了多种模式,如弧后扩张模式(Karig,1971)、大西洋型扩张模式(Taylor and Hayes,1983)、热区注入模式(Miyashiro,1986)、小型地幔柱模式(Maruyama et al.,2007)等。近年来的研究成果表明,太平洋板块、印度板块向欧亚大陆板块汇聚的速率和方向的改变可能是导致中国大陆内部裂陷的主要原因。

古新世—始新世早期(65~50Ma),太平洋板块以80~100mm/a的平均速率呈NNW向向欧亚大陆板块俯冲,板块的俯冲角度由早期的10°逐渐变为80°(李显武和周新民,1999)。太平洋板块的高角度潜没和后侧产生的弧后扩张作用使欧亚大陆东部地壳逐渐拉伸减薄。同时,印度板块以100~110mm/a的平均速率呈NNE向向欧亚板块运移并初始碰撞。这些区域性构造事件导致中国东部处于NW-SE向的右旋张扭应力场作用下(Ren et al.,2002),并开始大规模伸展裂陷。岩浆岩分布、年代学和地球化学等资料证实裂陷中心位于华北中东部和华南陆内沿海(朱炳泉等,2002;闫义等,2005)。在此背景下,渤海湾盆地内的岩浆活动、控盆断裂和断陷盆地也向东迁移,同时,郯庐断裂性质的转变(由左行走滑转变为右行走滑)导致了渤海湾盆地沉积-沉降中心自南向北的迁移(孙晓猛等,2005)。

始新世中期(50~42.5Ma),印度与欧亚大陆开始发生硬碰撞,造成欧亚大陆岩石圈向东南的蠕散及板内块体间的大规模滑移(Tapponnier et al.,1982);西太平洋俯冲开始向东后撤,这种动力学背景使欧亚东南陆缘的右行张扭应力场更进一步发展,并导致了陆壳的进一步破裂和强烈裂解区域向东继续迁移(Zhou et al.,1995)。始新世晚期—渐新世早期(42.5~32Ma),太平洋板块的运动方向由NNW向转为NWW向,板块俯冲速度增大,印度板块汇聚速度减小,在NW-SE向伸展应力作用下,南海北部陆缘裂陷活动达到高峰,裂陷中心自西向东扩展,构造特征相应逐渐向东迁移。渤海湾盆地开始三幕裂陷活动,沙三段沉积。渐新世中-晚期(32~23.5Ma),印度板块向北楔入欧亚板块产生的右旋应力场对东亚大陆边缘的作用增强,南海扩张方向发生逆时针旋转,菱形中央海盆出现。中新世以后(23.5Ma以来),随着印度板块的楔入和青藏地区岩石圈的韧性形变和增厚,印度欧亚板块的碰撞速率进一步降低;菲律宾岛弧向南海仰冲,同时,受澳大利亚板块不断向北推挤作用的影响,东亚陆缘进入左行压扭应力状态,日本海和南海开始关闭,渤海湾盆地、东海陆架盆地等发生构造迁移特征的向西回撤、反转和地层剥蚀等现象(索艳惠等,2012)。

2.3.2　渤海湾盆地构造形成演化特征与动力机制分析

多年来的研究结果表明,渤海湾盆地是一个新生代形成的陆内裂陷型盆地,其西部边界为太行山前断层,东部发育郯庐断裂带。盆地内由冀中拗陷、黄骅拗陷、临清拗陷、下辽河拗陷、辽东湾拗陷、渤中拗陷、济阳拗陷、昌潍拗陷、汤阴地堑、邱县凹陷、东濮凹陷11个负向构造单元,构成3个裂陷带和1个裂陷区,被邢衡隆起、内黄隆起、沙垒田凸起、沧县隆起、埕宁隆起5个正向构造单元分隔(漆家福，1995）。3 条裂陷带中的单个断陷呈 NNE 向、NE 向带状展布，其中 NWW 向、近 EW 向的横向断裂将裂陷带分隔成不同的区段。裂陷区内的单个断陷往往受多组断裂控制，总体上表现为近 EW 向。

新生代发育 NNE-NE 向、NWW-EW 向两组断裂系统。NNE-NE 向断裂构成裂陷带内断陷边界；NWW-EW 向断裂构成裂陷区内断陷边界。不同尺度的 NNE 向、NE 向、NWW 向、近 EW 向等多组断裂交织构成了盆地基本构造格局。前人关于渤海湾盆地形成的运动学模式和动力学机制存在较大争议，可以概括为 5 种主要观点。

1. NW-SE 向伸展模式

渤海湾盆地经历了古近纪裂陷及新近纪以来拗陷两个主要的构造演化阶段。古近纪时地壳在 NW-SE 向水平拉张作用下，沿一些 NNE-NE 向的区域性中生代逆断裂，如太行山山前断裂带、沧东断裂、营口-潍坊断裂带等拉张滑脱，使华北准平原裂离解体，同时还产生了一系列新的断裂，先后控制了 60 多个互不串通的断陷盆地，其中绝大多数是单侧断陷（半地堑）。它们往往沿区域性断裂呈带状分布为断陷带，一条断陷带相应构成一个古近纪的拗陷，如北京、冀中、黄骅等拗陷，其间常隔以大兴、沧县等隆起，从而形成多凹多凸、多拗多隆的复式盆-岭构造系统。盆地和山脉具有统一的形成机制和同一动力条件，盆地深部软流圈上隆和侧向分流导致岩石圈地幔和下地壳自下而上同向连锁流变，不仅拖曳力使上覆壳层拉张裂陷成盆，而且往西推挤山区相同层圈的物质使之缩短增厚并隆升，为盆地伸展让位，山脉伴随盆地发育而形成（徐杰等，2001）。

2. 走滑拉分模式

渤海湾盆地是一个新生代古近纪始新世形成的走滑拉分盆地，可以划分为东、西两个走滑构造带和一个中部拉分构造区（侯贵廷等，1998）。走滑拉分盆地的中部发育的伸展构造是由走滑作用派生而来的。从早古近纪中期始新世（沙河街三段）开始，由于太平洋板块的运动方向从 NNW 向转为 NWW 向，以致郯庐断裂带由左行转为右行。同时印度板块对欧亚板块的俯冲，对华北板块施加 SW 向挤压应力，华北板块向东逃逸，并沿着古生代就已存在的燕辽-太行山断裂带发生右行张剪运动，沧县隆起从太行山隆起分离形成渤海湾盆地西部的走滑构造带。这样，新生代各板块间综合协调运动的结果使渤海湾盆地的东部走滑构造带和西部走滑构造带的右行走滑作用下形成拉分盆地，由边界的走滑运动导致盆地内部的拉分伸展。

3. NW-SE 向伸展叠加右行走滑模式

渤海湾古近纪盆地可以划分为 3 个裂陷带和 1 个裂陷区，都分布在上地幔隆起部位。盆地构造变形可以分为伸展构造和走滑构造两个相对独立、相互关联的新生代构造系统。伸展构造由不同尺度的伸展断层和与伸展断层垂直或斜交的变换断层构成连锁断层系统，在盆地区具有分散的透入性特点，并控制着古近纪断陷的分布和演化。在伸展构造变形基础上叠加了 3 条 NNE-NE 向右旋走滑断裂带，后者及其伴生构造组成盆地中的呈带状展布的新生代走滑构造系统。伸展构造是一种水平层状的薄皮构造，正断层向深部收敛或终止于地壳内的拆离断层面上。走滑构造是一种垂直带状的厚皮构造，浅层的走滑断层以多种方式并入深断裂带中。这两种构造系统是盆地区新生代时期主动裂陷和被动裂陷两种作用机制的具体表现（漆家福，2004；漆家福等，1995，2010）。

4. SN 向伸展叠加右行走滑模式

渤海湾盆地在新生代经历两期伸展作用。早期伸展发生在古新世—始新世早期（孔店组—沙四段），受太平洋板块向欧亚大陆板块俯冲后撤产生的右旋走滑作用影响，形成 NNE 走向半地堑（辽河拗陷、冀中拗陷、黄骅拗陷、临清拗陷）。晚期伸展发生于始新世中期（沙三段），在南北向伸展作用下形成济阳拗陷、渤中拗陷和近 EW 向断裂，叠加在 NNE 向断裂之上（Allen et al.，1997）。

5. 近 SN 向伸展模式

渤海湾盆地是由 SN 向伸展作用而形成，盆地 NNE 向边界断裂的走滑变形是 SN 向伸展作用的结果，在 SN 向伸展过程中起侧向转换作用，同时根据渤海湾盆地与欧亚板块东缘一些中-新生代盆地之间显著的几何学与运动学相似性，研究认为 SN 向伸展作用可能是太平洋-库拉板块之间近 EW 向扩张洋脊俯冲所形成的"板片窗"的效应。这一"板片窗"效应同时可以合理解释欧亚板块东缘盆地初始裂陷时代自东向西逐渐变新的趋势以及盆地从裂陷逐渐转化为热沉降状态的现象（周建勋和周建生，2006）。

在前人提出的 5 种成因模式的基础上，通过对渤海湾盆地辽河西部凹陷、南堡凹陷、黄骅拗陷、渤中拗陷等构造单元的研究成果综合分析，提出分期异向伸展叠加模式，认为渤海湾盆地在古近纪经历了三期（幕）裂陷作用，主要特征如下：

Ⅰ期（幕）裂陷作用：发生在古新世—始新世早期（65～50Ma），形成孔店组火山碎屑岩，以孔店组底界不整合面为标志。典型的变形特征是发育 NE 向断裂系统和沉积中心，在辽河西部凹陷、辽东凹陷（蒋子文等，2013）、歧口凹陷（王芝尧等，2013）、渤海海域（吴智平等，2013）、临清拗陷等地区较发育。动力学来源于太平洋板块向欧亚板块俯冲产生的弧后 NNW-SSE 向伸展作用（俯冲后撤作用），太平洋板块俯冲方向与夏威夷-皇帝岛火山链 NNW 走向段一致。

Ⅱ期（幕）裂陷作用：发生在始新世早期（50～38Ma），形成沙四段、沙三段、沙二段湖相碎屑岩沉积，以沙四段底界不整合面为标志。

在沙三段时期强烈断陷，沙二段为拗陷，在渤海湾盆地内广泛分布。变形特征和动力学机制与孔店组相似，典型的变形特征是形成 NNE-NE 向断裂系统和沉降中心（童亨茂等，2013；梁杰等，2014；于福生等，2015）。该幕裂陷结束时期（40～38Ma）正是太平洋板块向欧亚板块俯冲方向发生重大转折的关键时期（任建业，2004），太平洋板块俯冲方向由皇帝海岭的北北西走向转为夏威夷海岭的 NWW 方向，但在渤海湾盆地对应的时间有一定的滞后（太平洋板块俯冲方向的转折发生在 43～40Ma，滞后效应推测是应力传递造成的）。

Ⅲ期（幕）裂陷作用：发生在始新世中晚期—渐新世（38～23Ma）从沙一段沉积开始，至馆陶组底界不整合面结束。典型的变形特征是发育近 EW 向断裂系统和沉积中心，在靠近先存 NNE-NE 向基底断层附近发育醒目的"帚状"或"梳状"组合。最近在南堡凹陷、辽河西部凹陷、辽东凹陷、歧口凹陷、渤东地区等渤海湾盆地众多地区的研究结果（李明刚等，2010；王芝尧等，2013；蒋子文等，2013；童亨茂等，2013；吴智平等，2013；漆家福等，2013；梁杰等，2014；于福生等，2015）显示该期裂陷可能是渤海湾盆地内古近纪一次重要的近 SN 向伸展裂陷作用，其动力学来源可能与日本海打开有关（任建业和李思田，2000；Zhang et al.，2003）。

2.3.3　南堡凹陷构造形成演化的动力作用与基本模式

1. 南堡凹陷构造形成演化的动力作用

南堡凹陷位于渤海湾盆地黄骅拗陷的北端，北面紧邻 EW 向燕山断褶带，是在华北板块基底上，经中、新生代的构造运动发育起来的，具有北断南超的陆相断陷盆地内的一个箕状凹陷。南堡凹陷新生代构造变形主要受 3 条控陷边界断层和 3 条次级控带断层控制。北侧边界断层为西南庄断层和柏各庄断层，在平面上呈"人"字形，控制凹陷北侧边界（图 2.29）。南侧边界断层为沙北断层，构成凹陷的南侧边界。次级控带断层为 1 号、2 号、3 号、4 号、5 号断层、高柳断层，它们是凹陷内不同时期形成的控带断层，呈 NE、NW、EW 向。

前人关于南堡凹陷不同走向断裂系统的形成机制存在 4 种观点：

①周海民等（2000b）认为属于拉分伸展型凹陷，由 NW-SE 向伸展加上 NW 向柏各庄断层的左行走

滑而成；②石振荣等（2000）认为南堡凹陷是长期兼有走滑作用的伸展机制和短期挤压机制交替变化而成的凹陷，断层活动性难以用典型的伸展模式和统一的应力场加以解释；③徐安娜等（2006）认为属于复杂走滑伸展型断陷，其形成受4条NNE向右旋走滑断层带控制；④周建勋和周建生（2006）在物理模拟基础上认为南堡凹陷形成于SN方向的持续拉伸作用。

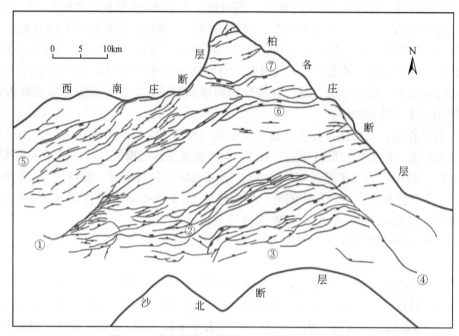

图2.29　南堡凹陷明化镇组底界断裂系统分布图
①1号断层；②2号断层；③3号断层；④4号断层；⑤5号断层；⑥高柳断层；⑦高北断层

通过前述南堡凹陷沉积充填特征、构造变形特征、构造演化阶段研究，结合渤海湾盆地新生代构造演化背景分析，认为南堡凹陷在新生代古近纪经历两期伸展变形。早期伸展作用发生在沙三段沉积时期，相当于渤海湾盆地的Ⅱ期（幕）裂陷作用（因孔店组—沙四段在南堡凹陷缺失），动力来源于太平洋板块向欧亚大陆板块俯冲后撤产生的弧后NWW-SEE向伸展作用。晚期伸展作用发生在沙一段—东营组沉积时期，动力可能来源于日本海打开形成的近SN向伸展作用。

2. 南堡凹陷成因机制模拟

1）Es期NW-SE向伸展成因机制模拟

为了验证Es期伸展变形主控因素，在综合考虑先存构造和基底非均匀性特征等条件下，设置了3组模型进行模拟研究。

（1）实验装置

实验砂箱模型规格均为长80cm、宽60cm、高30cm，比例尺为1∶100万，各实验主要参数条件如下。

实验1［图2.30（a）］：在砂箱底部铺设可拉伸单层橡皮，南北两侧放置聚苯泡沫板（厚3cm）代表边界断层，其基底为无伸缩帆布。南北两侧挡板固定，并与马达相连。实验材料为粒径60~80目的白色石英砂，砂层厚度为5cm。

实验2［图2.30（b）］：在砂箱底部铺设可拉伸单层橡皮，在橡皮之上用厚层帆布设置4条断层，分别代表1号、2号、3号、4号断层，其他设置条件与实验1相同。

实验3［图2.30（c）］：与实验2的不同之处在于4号断层与柏各庄断层之间铺设了可伸缩的双层橡皮，其他设置条件与实验2相同。

实验过程中利用马达1和2双向拉伸，伸展方向为335°~155°，拉伸速率均为0.5mm/min，拉伸量均为15%。

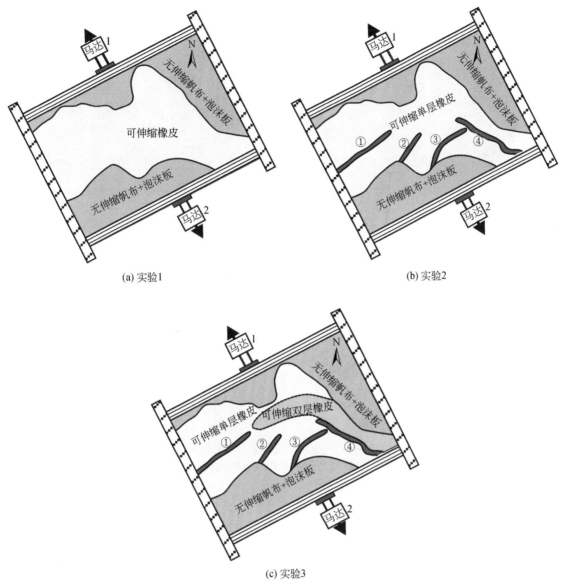

(a) 实验1　　　　　　　　　　　　　　　(b) 实验2

(c) 实验3

图 2.30　沙河街期 335°~155°方向伸展平面模型装置

①1 号断层；②2 号断层；③3 号断层；④4 号断层

（2）实验结果分析

将实验 1、实验 2、实验 3 模拟结果与 Es_3 期同沉积断裂系统进行对比分析（图 2.31），可得出如下认识：①实验 1 模拟结果以 1 号断层分界，发育 NE 向和 NW 向两组断裂系统，除 1 号断层走向与同沉积断裂走向一致外，其他构造带分带性不明显；②实验 2 模拟结果以 3 号断层分界，发育 NE 向和 NW 向两组断裂系统，其中 1 号、2 号、3 号断层走向与同沉积断裂相似，4 号断层走向不相似；③实验 3 模拟结果发育 NE 向和 NW 向两组断裂系统，1 号、2 号、3 号、4 号构造带与同沉积断裂均相似，柏各庄断层北段上盘次级断层走向、倾向与同沉积断层有差异。

（3）主控因素分析

在实验 3 模型的基础上，将伸展速度改变 1.0mm/min 和 0.25mm/min，将双向伸展改变为单向伸展，模拟结果都无明显差异。所以，综合分析认为南北两侧边界断层，NW–SE 向（335°~155°）伸展应力，1 号断层、2 号断层、3 号断层、4 号断层等先存基底断层，前中生界基底非均匀性是控制 Es 期变形的必要条件；而单向和双向伸展、伸展速度变化是非必要条件，对变形结果不会产生根本性影响。

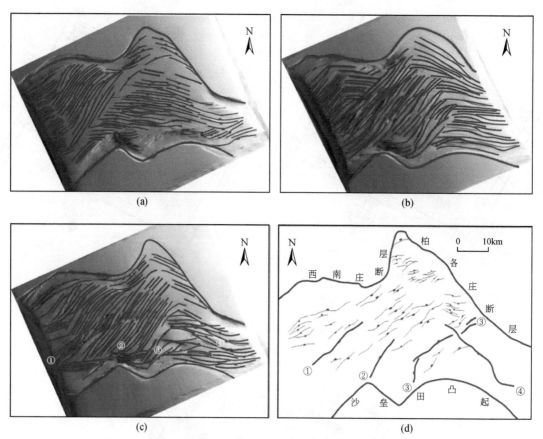

图 2.31　沙河街期 335°~155°方向伸展平面模拟结果与同沉积断裂系统对比图
①1 号断层；②2 号断层；③3 号断层；④4 号断层

2）Ed–Nm 期 SN 向伸展成因机制模拟

为了验证南堡凹陷 Ed–Nm 期变形主控因素，在综合考虑先存构造和基底非均匀性特征等条件下，设置了 3 组模型进行模拟研究。

（1）实验装置

实验砂箱模型规格均为长 80cm、宽 60cm、高 30cm，比例尺为 1：100 万，各实验主要参数条件如下。

实验 1［图 2.32（a）］：砂箱基底铺设可伸缩单层橡皮，在橡皮之上用厚层帆布设置 6 条断层，分别代表 1 号、2 号、3 号、4 号、5 号、高柳断层。在高柳断层与 2 号断层之间铺设可伸缩双层橡皮。南北两侧放置聚苯泡沫板（厚 3cm）代表边界断层，其底部为无伸缩帆布。南北两侧挡板固定，并与马达相连。实验材料为粒径 60~80 目的白色松散石英砂，砂层的厚度为 5cm。

实验 2［图 2.32（b）］：砂箱基底铺设可伸缩单层橡皮，在橡皮之上用厚层帆布设置 6 条断层，分别代表 1 号、2 号、3 号、4 号、5 号、高柳断层。南北两侧放置聚苯泡沫板（厚 3cm）代表边界断层，其底部为无伸缩帆布。南北两侧挡板固定，并与马达相连。实验材料为粒径 60~80 目的白色松散石英砂，砂层的厚度为 5cm。

实验 3［图 2.32（c）］：砂箱基底铺设可伸缩单层橡皮，在橡皮之上用厚层帆布设置 7 条断层，分别代表 1 号、2 号、3 号西段、4 号、5 号、高柳断层和 3 号断层东段。在高柳断层与 3 号断层之间铺设可伸缩双层橡皮。南北两侧放置聚苯泡沫板（厚 3cm）代表边界断层，其底部为无伸缩帆布。南北两侧挡板固定，并与马达相连。实验材料为粒径 60~80 目的白色松散石英砂，砂层的厚度为 5cm。

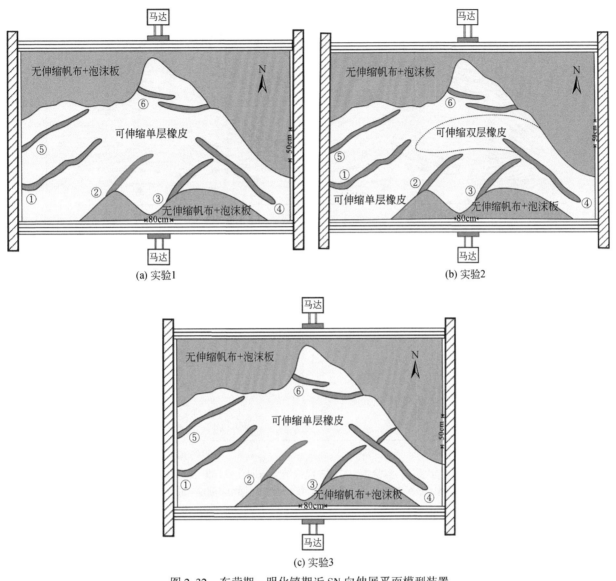

图 2.32　东营期—明化镇期近 SN 向伸展平面模型装置
①1 号断层；②2 号断层；③3 号断层；④4 号断层；⑤5 号断层；⑥高柳断层

（2）实验结果分析

上述实验结果对比分析表明，实验 3 与 Nm 期断裂系统分布特征吻合程度最高（图 2.33），具体表现特征如下：

①实验 3 模拟结果中 1 号、2 号、3 号、4 号、5 号断层及高柳断层的走向、倾向、规模与 Nm 期断裂系统图的主干断层吻合较好；②NE 向 1 号断层、5 号断层及其间的断层走向、倾向、规模、数量吻合较好；③NEE 向 2 号断层、3 号断层及其间的断层走向、倾向、规模、数量吻合较好；④NW 走向 4 号断层及其与上盘分支断层组成的帚状构造吻合较好，且具有左行走滑特征；⑤NE 向 1 号断层及其与上盘分支断层组成的帚状构造吻合较好，且具有右行走滑特征；⑥近 EW 向高柳断层及其分支断层的走向、倾向、规模吻合较好；⑦老爷庙构造带断层走向、倾向、规模与实际吻合较好；⑧4 号断层与柏各庄断层之间的 NE 向小断层局部吻合，4 号断层上盘南侧发育较多南倾与 4 号断层走向平行的小断层，与实际构造图上北倾的小断层走向及倾向有差异，可能是受南侧边界效应产生的影响。

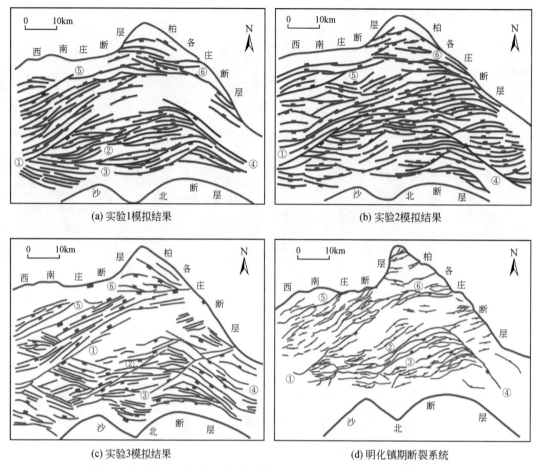

图 2.33　实验 1、实验 2、实验 3 模拟结果与明化镇期断裂系统对比图
①1 号断层；②2 号断层；③3 号断层；④4 号断层；⑤5 号断层；⑥高柳断层

（3）主控因素分析

上述模拟结果综合分析表明 Ed-Nm 期变形主控因素为：①南侧沙北断层、北西侧西南庄断层、北东侧柏各庄断层是必要的边界条件；②近 SN 向伸展是必要的应力条件；③1 号、2 号、3 号、4 号断层、高柳断层是先存断层条件；④中生界、石炭系—二叠系、寒武系—奥陶系、太古宇基底非均匀性分布是先存基底条件；⑤单、双向伸展对变形结果无明显影响，是非必要条件；⑥伸展速度对变形结果无明显影响，是非必要条件。

3）分期异向伸展变形叠加模拟

实验模拟结果和构造变形特征表明 Es 期变形受 NW-SE 向拉张应力作用控制，而 Ed 期至 Nm 期变形受近 SN 向拉张应力作用控制，所以，南堡凹陷现今表现出的构造格局是两种不同方向伸展变形分期叠加的结果。为了进一步证实这种认识，设置了分期异向伸展变形叠加实验模型进行模拟研究，实验在瑞典乌普萨拉大学构造动力学实验室与 Hemin Koyi 教授合作完成。

（1）实验装置

实验砂箱模型长为 50cm，宽 40cm，高 30cm。砂箱基底先铺设塑料席，在塑料席之上铺设等间距塑料条，其间用细线相连，北西、北东两侧放置挡板固定，北西侧与马达相连，南侧与另一马达相连（图 2.34）。先铺设 5cm 白色石英砂，在拉伸过程中铺设不同颜色的石英砂作为标志层。

实验温度 20℃，首先利用北西侧马达拉伸，拉伸速度为 0.5mm/min，拉伸 14cm 后停止，进行剥蚀后再铺设不同的黑色砂层作为标志层，再利用 S 侧马达进行拉伸，拉伸速度为 0.5mm/min，拉伸 10cm 后停止，用水浸湿后进行切片。

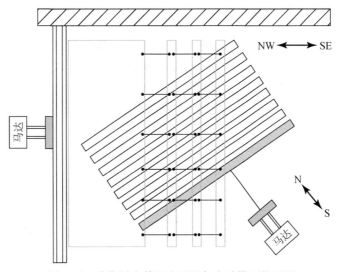

图2.34　分期异向伸展变形叠加实验模型装置图

（2）实验结果分析

模拟过程分两个阶段，早期在 NW 向拉伸作用下形成半地堑式组合，靠近拉伸端先形成 1 条倾向 SE 的主边界断层，然后开始发育倾向 NW 的阶梯状断层，与主断层构成半地堑式组合。随着伸展量的增加，沉积中心逐渐向伸展端迁移。晚期变形在近 SN 向拉伸应力作用下形成的近 EW 向变形叠加在早期变形之上，表现为斜列式地堑组合。剖面变形结果显示晚期断层切割不整合界面（黑色标志层）和早期断层，断距自上往下逐渐减小，但都切过最底部砂层。从切片 a-b 剖面经 c-d 剖面到 e-f 剖面，晚期地堑与早期主边界断层距离减小，体现斜向叠加特征。

将切片剖面变形结果与过高柳构造带主测线（inline1765）解释结果进行对比（图2.35）可以发现，模拟结果中的早期断层（黑色线）与 Es 期断层产状和形态相似；晚期断层（蓝色线）与 Ed 期断层产状

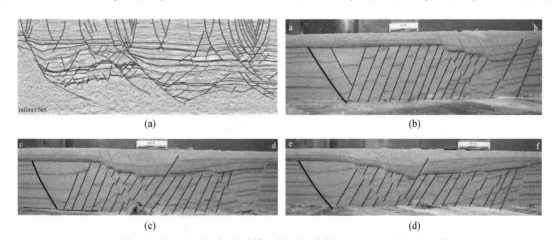

图2.35　分期异向伸展变形叠加实验模型结果切片剖面图与地震剖面解释结果对比图

和形态相似；晚期断层与早期断层切割关系及不整合面的分布特征也与地震剖面相似。平面和切片剖面模拟结果综合分析证实高柳构造带 NE 向断层是 Es 期 NW-SE 向伸展形成的断层；近 EW 向断层是 Ed 期近 SN 向伸展形成的断层；实验结果不仅证明高柳构造带的解释方案是合理的，也证明其变形样式是分期叠加的结果。

4）分期分层伸展变形叠加模拟

（1）实验装置

实验砂箱规格 80cm×20cm×17cm（图2.36）。右侧设置铲式泡沫边界，代表柏各庄铲式边界断层，左

侧（南侧）活动端连接马达金属挡板，底部将单层薄橡皮和单层厚橡皮相间铺设，南侧单层橡皮宽10cm，距南端挡板10cm，厚、薄橡皮以60°斜向相连（与边界断层间的夹角约为30°），代表先存2号断层，北侧在泡沫底部铺设薄层橡皮，并与厚层橡皮斜向相连，其右端固定在活动挡板上，并与右侧泡沫之上用棉布相连。在活动端开始拉伸时，棉布可以随挡板同步活动，将应力传递给上覆砂层。实验材料为粒径40~60目的黄色、白色石英砂和无色硅胶。实验开始前按实际地层厚度等比例缩小自下而上铺设Pz（1）、Mz（2）、Es_3^{5-2}（3）、Es_3^1（4）、Es_1（5），厚度分别为2.0cm、1.0cm、2.0cm、0.8cm、2.2cm，然后开始第一期拉伸。

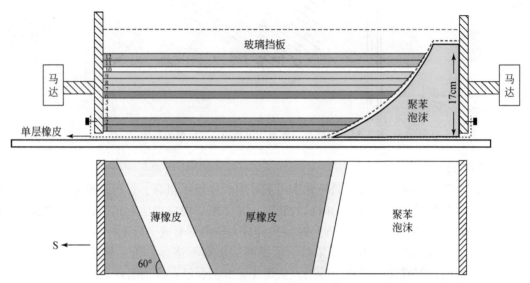

图2.36 分期分层伸展叠加实验装置图

（2）实验条件

实验分三个阶段进行：铺设Pz、Mz、Es_3^{5-2}、Es_3^1、Es_1五层黄色砂层后，开始第一期伸展，两侧马达同时拉张，转速为1.0mm/min。待2号、3号断层出现后停止伸展，将变形砂层剥平后，铺设1.0cm厚的无色硅胶层（黏度为2×10^4Pa·s）代表Ed_3底部的泥岩层，其上铺设3层黄色砂层，厚度都为0.8cm，代表Ed_3、Ed_2、Ed_1地层，然后开始第二期伸展，两侧马达同时拉张，转速为0.5mm/min。当高柳断层开始发育时停止拉伸。将变形的砂层剥平后，铺设最后3层黄色砂层，厚度分别为1.2cm、1.0cm、1.0cm，代表Ng、Nm地层，然后进入第三期伸展，转速为0.5mm/min。当2号、3号断层及高柳断层形成后停止拉伸。整个实验过程中实验温度为20℃，拍照间隔为1张/min。

（3）实验结果分析

A. 实验结果均较好地体现出分层伸展变形特征，Ed期、Nm期产生的断层向下基本不切割硅胶层，说明硅胶层（Ed底部泥岩层）是控制分层变形的主控物质条件（图2.37）。

B. 主要构造带断层组合样式与地震剖面解释的深、浅层断层组合样式相似，如模拟结果中的10号断层、11号断层与地震解释结果中的高柳断层、高北断层的产状、形成期次均相似；2号断层、3号断层模拟结果中深浅层断层组合样式与地震解释剖面也相似。

C. 地震解释剖面上3个构造带间距（d）与实验模拟结果中3个构造带间距（L）相似，L_1/d_1 = 0.92、L_2/d_2 = 1.12、L_3/d_3 = 1.01，说明实验模拟出的剖面结构与地震剖面解释出的结构基本一致（图2.38）。

D. 模拟结果表明高柳断层主要形成于Ed期和Nm期，2号断层、3号断层在Es期、Ed期、Ng-Nm期3期都有活动，但前两期具有控沉积作用。

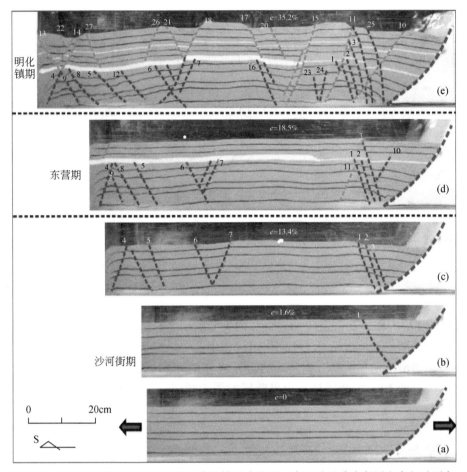

图 2.37　分期分层伸展叠加实验装置模拟结果演化图（断层编号代表断层发育相对顺序）

E. 模拟结果表明 Ed_3 底部厚层泥岩是产生分层叠加变形的主控物质因素。

上述四组实验模拟结果证明南堡凹陷现今的构造格局是分期异向分层伸展变形叠加的结果，Es 期为 NW–SE 向伸展，Ed–Nm 期为近 SN 向伸展。先存基底断层、基底非均匀性是形成 Es 期构造变形的主控因素；南北两侧边界断层、近 SN 向伸展、先存基底断层、基底非均匀性是形成 Ed 期、Ng–Nm 期构造变形的主控因素。Ed_3 底部厚层泥岩是分层伸展变形叠加的主控物质因素。

3. 南堡凹陷成因模式

南堡凹陷所发育的局部构造是在不同期次相同应力体制下形成的构造组合，在空间上具有合理的配套性。根据局部构造带变形主控因素和区域构造背景分析建立了南堡凹陷两期伸展变形模式。

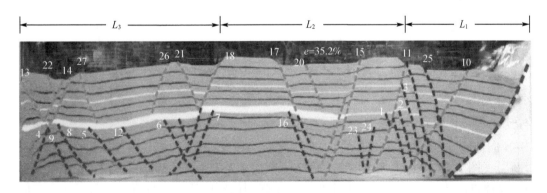

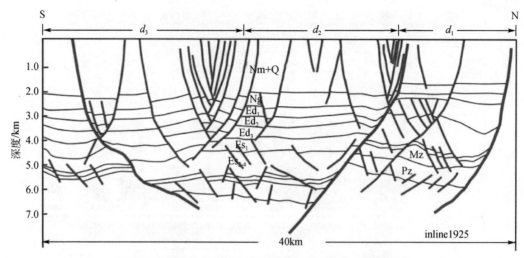

图 2.38　实验模拟结果与地震解释剖面相似性定量对比图

1）Es₃ 期成因模式

在 NW-SE 向伸展应力作用下，先存 NE-NEE 向 1 号断层、2 号断层、3 号断层和西南庄断层发生张性活动，形成控陷边界断层和控带断层，沙河街组沉积主要受这四条断层控制（图 2.39）。此时的 4 号断层和西南庄断层发生走滑活动，控制沉积盆地的边界或分割沉积充填空间，对沉积厚度的控制作用不显著。在高柳构造带发育的 NEE 向断层是主边界断层的派生断层，与主边界断层斜交，与 NW-SE 向拉张应力垂直。

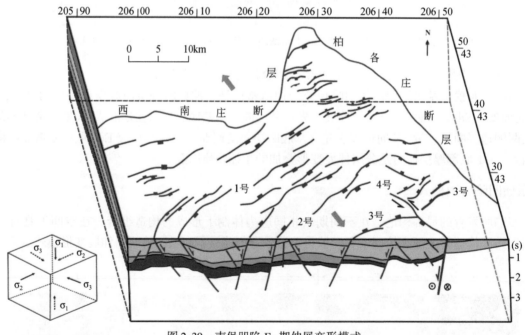

图 2.39　南堡凹陷 Es 期伸展变形模式

2）Es₁-Nm 期成因模式

在近 S-N 向伸展应力作用下，先存的 NE 向 1 号断层和 NW 向 4 号断层发生张扭作用，形成右旋和左旋正-走滑断层（图 2.40）。NEE 走向的 2 号和 3 号断层主要发生张性活动，形成大量平行排列的正断层组合。此时的高柳断层与伸展应力方向近垂直，发生强烈的断陷活动，与西南庄断层连为一体，控制东营组沉积充填过程。进入 Nm 期，近 SN 向应力再次活动，使 Ed 期形成的断层继承性活动，并有大量新生断层发育，但由于应力活动的时期在明化镇组沉积之后，所以，断层对沉积不具有控制作用。

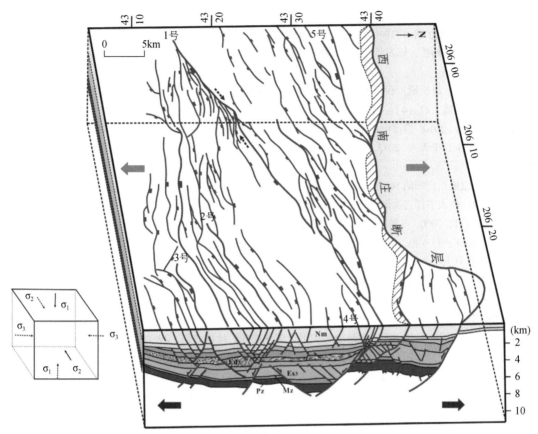

图 2.40 南堡凹陷 Ed-Nm 期伸展变形模式

参 考 文 献

蔡佳，姜华，甘华军，赵忠新，陈少平．2009．南阳凹陷南部边界大断裂活动性及其对沉积的控制．西安石油大学学报（自然科学版），24（4）：9-12.

董月霞，周海民，夏文臣．2000．南堡凹陷火山活动与裂陷旋回．石油与天然气地质，21（4）：304-307.

范柏江，刘成林，庞雄奇，张健，李晓辉，马俊宝．2011．渤海湾盆地南堡凹陷断裂系统对油气成藏的控制作用．石油与天然气地质，32（2）：192-198.

侯贵廷，钱祥麟，宋新民．1998．渤海湾盆地形成机制研究．北京大学学报（自然科学版），34（4）：503-509.

姜华，王华，林正良，方欣欣，赵淑娥，任桂媛．2009．南堡凹陷古近纪幕式裂陷作用及其对沉积充填的控制．沉积学报，27（5）：976-982.

蒋子文，王嗣敏，徐长贵，吴国强，牛新杰，潘龙，臧东升，王晓蕾．2013．渤海海域辽东带中南部郯庐断裂走滑活动的沉积响应．现代地质，27（5）：1005-1012.

李明刚，漆家福，童亨茂，于福生，王乃军．2010．辽河西部凹陷新生代断裂构造特征与油气成藏．石油勘探与开发，37（3）：281-288.

李显武，周新民．1999．中国东南部晚中生代俯冲带探索．高校地质学报，5（2）：164-169.

梁杰，于福生，刘国玺，王童奎，李定华，马奎．2014．南堡凹陷分期异向伸展变形叠加特征：来自砂箱物理模拟实验的启示．现代地质，28（1）：1-10.

林畅松，张燕梅，李思田，任建业，张英志．2004．中国东部中新生代断陷盆地幕式裂陷过程的动力学响应和模拟模型．地球科学——中国地质大学学报，29（5）：583-588.

马乾，张军勇，李建林，李文华，刘国勇，冯朝荣．2011．南堡凹陷扭动构造特征及其对油气成藏的控制作用．大地构造与成矿学，35（2）：183-189.

马杏垣，刘和甫，王维襄，汪一鹏．1983．中国东部中、新生代裂陷作用和伸展构造．地质学报，(1)：22-32.

穆龙新，韩国庆．2009．奥里诺科重油带构造成因分析．地球物理学进展，24 (2)：488-493.

平田隆幸，魏淳．1988．关于破裂、断层作用和分形的五个主要问题．国际地震动态，12：39-41.

漆家福．2004．渤海湾新生代盆地的两种构造系统及其成因解释，中国地质，31 (1)：15-23.

漆家福，张一伟，陆克政，杨桥，陈发景．1995．渤海湾新生代裂陷盆地的伸展模式及其动力学过程，石油实验地质，17 (4)：316-323.

漆家福，王德仁，陈书平，赵衍斌，程秀申，解宸，徐政强．2006．兰聊断层的几何学、运动学特征对东濮凹陷构造样式的影响．石油与天然气地质，27 (4)：451-459.

漆家福，周心怀，王谦身．2010．渤海海域中郯庐深断裂带的结构模型及新生代运动学．中国地质，37 (5)：1231-1242.

漆家福，李晓光，于福生，于天才．2013．辽河西部凹陷新生代构造变形及"郯庐断裂带"的表现．中国科学 (D辑)，43 (8)：1324-1337.

任建业．2004．渤海湾盆地东营凹陷S6′界面的构造变革意义．地球科学——中国地质大学学报，29 (1)：69-76.

任建业，李思田．2000．西太平洋边缘海盆地的扩张过程和动力学背景．地学前缘，7 (3)：203-213.

石振荣，葛云龙，秦风启，2000．南堡凹陷北部断裂特征动力学分析．断块油气田，7 (4)：1-6.

孙晓猛，王璞珺，郝福江，包亚范，马旭，韩国卿．2005．中国东部陆缘中区中-新生代区域断裂系统时空分布特征、迁移规律及成因类型．吉林大学学报，35 (5)：554-563.

索艳慧，李三忠，戴黎明，刘鑫．2012．东亚及其大陆边缘新生代构造迁移与盆地演化，岩石学报，28 (8)：2602-2618.

田艳丽，李相坤，段显超．2009．地层剥蚀量恢复方法浅述．科技创新导报，18：15-17.

童亨茂．2003．渤海湾盆地张巨河复杂断块区平面砂箱模拟实验及其启示．地质论评，49 (3)：305-310.

童亨茂．2010．"不协调伸展"作用下裂陷盆地断层的形成演化模式．地质通报，29 (11)：1606-1613.

童亨茂．2013．岩石圈脆性断层作用力学模型．自然杂志，35 (1)：56-63.

童亨茂，钱祥麟．1994．储层裂缝研究分析方法．石油大学学报 (自然科学版)，18 (6)：14-20.

童亨茂，孟令箭，蔡东升，吴永平，李绪深，刘明全．2009a．裂陷盆地断层的形成和演化——目标砂箱模拟实验与认识．地质学报，83 (6)：759-774.

童亨茂，聂金英，孟令箭，张红波，李晓宁．2009b．基底先存构造对裂陷盆地断层形成和演化的控制作用规律．地学前缘，(4)：97-104.

童亨茂，蔡东升，吴永平，李晓光，李绪深，孟令箭．2011a．非均匀变形域中先存构造活动性的判定．中国科学 (D辑)，41 (2)：158-168.

童亨茂，王明阳，郝化武，赵丹．2011b．最大有效力矩准则的理论拓展．地质力学学报，17 (4)：312-321.

童亨茂，赵宝银，曹哲，刘国玺，顿小妹，赵丹．2013．渤海湾盆地南堡凹陷断裂系统成因的构造解析．地质学报，87 (11)：1647-1661.

王家豪，王华，周海民，董月霞．2002．河北南堡凹陷老爷庙油田构造活动与油气富集．现代地质，16 (2)：205-208.

王毅，金之钧．1999．沉积盆地中恢复地层剥蚀量的新方法．地球科学进展，14 (5)：482-486.

王芝尧，卢昇，杨子玉，刘志英，赵勇刚，陈宪保．2013．古近系构造样式对油气成藏的影响——以歧口凹陷为例．天然气地球科学，24 (1)：85-92.

吴智平，薛雁，颜世永，宿雯，王昕，徐长贵，周心怀．2013．渤海海域渤东地区断裂体系与盆地结构．高校地质学报，19 (3)：463-471.

徐安娜，郑红菊，董月霞，汪泽成，殷积峰，严伟鹏．2006．南堡凹陷东营组层序地层格架及沉积相预测．石油勘探与开发，33 (4)：437-443.

徐杰，高战武，孙建宝，宋长青．2001．区域伸展体制下盆-山构造耦合关系的探讨——以渤海湾盆地和太行山为例．地质学报，75 (2)：165-174.

许浚远．1997．东亚陆缘新生代盆地的相似性．石油实验地质，19 (4)：297-304.

闫义，夏斌，林舸，刘宝明，阎贫，李忠诚．2005．南海北缘新生代盆地沉积与构造演化及地球动力学背景．海洋地质与第四纪地质，25 (2)：53-61.

于福生，漆家福，童亨茂，马宝军．2015．渤海湾盆地辽河西部凹陷古近纪两期变形特征及成因分析．石油与天然气地质，36 (1)：51-60.

臧绍先，宁杰远．2002．菲律宾海板块与欧亚板块的相互作用及其对东亚构造运动的影响．地球物理学报，45 (2)：188-197.

臧绍先，刘永刚，宁杰远．2002．华北地区岩石圈热结构的研究．地球物理学报，45 (1)：56-66.

赵卫，方念乔，詹华明，刘豪，宫少军，乔吉果.2013. 南海北部新生代构造迁移特征. 海洋地质前沿，29（4）：1-6.

周海民，范文科.2001. 高成熟探区深化勘探的潜力与措施——以冀东油田南堡凹陷陆地为例. 中国石油勘探，6（3）：63-70.

周海民，魏忠文，曹中宏，丛良滋.2000a. 南堡凹陷的形成演化与油气的关系. 石油与天然气地质，21（4）：345-349.

周海民，汪泽成，郭英海.2000b. 南堡凹陷第三纪构造作用对层序地层的控制. 中国矿业大学学报，29（3）：326-330.

周建勋.1999a. 半地堑反转构造的砂箱实验模拟. 地球物理学进展，14（3）：47-53.

周建勋.1999b. 基于平面砂箱实验对黄骅盆地新生代构造成因的新解释. 大地构造与成矿学，23（3）：281-287.

周建勋，陆克政.1999. 构造形成序列的砂箱实验研究——以黄骅盆地中区新生代构造为例. 大地构造与成矿学，23（1）：65-71.

周建勋，漆家福.1999a. 曲折边界斜向裂陷伸展的砂箱实验模拟. 地球科学——中国地质大学学报，24（6）：630-634.

周建勋，漆家福.1999b. 伸展边界方向对伸展盆地正断层走向的影响——来自平面砂箱实验的启示. 地质科学，4：491-497.

周建勋，周建生.2006. 渤海湾盆地新生代构造变形机制：物理模拟和讨论. 中国科学（D 辑），36（3）：507-519.

周天伟，周建勋.2008. 南堡凹陷晚新生代 X 型断层形成机制及其对油气运聚的控制. 大地构造与成矿学，32（1）：20-27.

周天伟，周建勋，董月霞，王旭东，常洪卫.2009. 渤海湾盆地南堡凹陷新生代断裂系统形成机制. 中国石油大学学报（自然科学版），33（1）：12-17.

朱炳泉，王慧芬，陈毓蔚，常向阳，胡耀国，谢静.2002. 岩石圈减薄与东亚边缘海盆构造演化的年代学与地球化学制约研究. 地球化学，31（3）：213-221.

Allen M，Macdonald D，Zhao X，Vincent S J，Brouet-Menzies C.1997. Early Cenozoic two-phase extension and Late Cenozoic thermal subsidence and inversion of the Bohai Basin，northern China. Marine and Prtroleum Geology，14（7）：951-972.

Anderson E M.1951. The Dynamics of Faulting（2nd edition）. Edingburgh：Oliver and Boyd.

Dooley T，McClay K R，Pascoe R.2003. 3D analogue models of variable displacement extensional faults，applications to the Revfallet fault system，offshore mid-Norway. Geological Society London Special Publications，212（1）：151-167.

Honza E，Fujioka K.2004. Formation of arcs and back-arc basins inferred from the tectonic evolution of Southeast Asia since the later Cretaceous. Tectonophysics，384（1-4）：23-53.

Karig D E.1971. Origin and development of marginal basins in the western Pacific. Journal of Geophysical Research，76：2542-2561.

Laubach S E，Reed R M，Olson J E，et al.2004. Coevolution of crack-seal texture and fracture porosity in sedimentary rocks：cathodoluminescence observations of regional fractures. Journal of Structural Geology，26（5）：967-982.

Maruyama S，Santosh M，Zhao D.2007. Superplume，supercontinent，and post-perovskite：Mantle dynamics and anti-plate tectonics on the Core-Mantle Boundary. Gondwana Research，11（1-2）：7-37.

McClay K R.1990. Extensional fault system in sedimentary basins：a review of analogue model studies. Marine and Petroleum Geology，7（3）：206-233.

Miyashiro A.1986. Hot regions and the origin of marginal basins in the western Pacific. Tectonophysics，122（3-4）：195-216.

Morley C K，Haranya C，Phoosongsee W S，et al.2004. Activation of rift oblique and rift parallel pre-existing fabrics during extension and their effect on deformation style：examples from the rifts of Thailand. Journal of Structural Geology，26（10）：1803-1829.

Qi J F，Yang Q.2010. Cenozoic Structural deformation and dynamic processes of Bohai Bay Basin province，China. Marine and Petroleum Geology，27（4）：757-771.

Ren J，Tamaki K，Li S，Zhang J.2002. Mesozoic and Cenozoic rifting and its dynamic setting in Eastern China and adjacent areas. Tectonophysics，344（3-4）：175-205.

Tapponnier P G，Peltzer Y，Dain L，Armijo R.1982. Propagating extrusion tectonics in Asia：new insight from simple experiments with plasticine. Geology，10：611-616.

Taylor B，Hayes D E.1983. Origin and history of the South China Sea Basin，in the tectonic and geologic evolution of Southeast Asia seas islands，Part 2. In：Hayes D E（ed）. Geoph Monogr Washington D C. AGU，27：23-56.

Tong H M，Yin A.2011. Reactivation tendency analysis：a theory for predicting the temporal evolution of preexisting weakness underuniform stress state. Tectonophysics，503（3-4）：195-200.

Tong H M，Cai D S，Wu Y D，Li X G，Li X S，Meng L J.2010. Activity Criterion of pre-existing fabrics in non-homogeneous deformation domain. Science China Earth Sciences，53（8）：1115-1125.

Tong H M，Kogi H M，Huang S，Zhao H T.2014. The effect of multiple pre-existing weaknesses on formation and evolution of faults in extended sandbox models. Tectonphysics，626（1）：197-212.

van der Pluijm B A，Marshak S.2004. Earth Structure：an Introduction to Structural Geology and Tectonics. New York：W W Norton & Company，Inc，420-427.

Zhang Y Q, Ma Y S, Yang N, Shi W, Dong S W. 2003. Cenozoic extensional stress evolution in North China. Journal of Geodynamics, 36: 591-613.

Zhou D, Ru K, Chen H Z. 1995. Kinematics of Cenozoic extension on the South China Sea continental margin and its implications for the tectonic evolution of the region. Tectonophysics, 251: 161-177.

第3章 南堡凹陷沉积建造与储层展布

3.1 层序地层格架划分及层序展布特征

综合地震、测井、录井、古生物等多种资料，对南堡凹陷进行了全面系统的层序地层研究。以地震资料识别层序界面，以钻井资料识别层序旋回特征，通过井–震标定确定南堡凹陷主要层序界面的地震和钻井识别标志，进行了井震骨架剖面的精细解释，在新生界共识别并解释出两个一级层序界面、两个二级层序界面、9 个三级层序界面，建立了南堡凹陷等时层序地层格架。

3.1.1 层序界面特征与判别标志

1. 层序地层单元分级及控制因素

Vail（1977）的层序地层学理论主要强调根据全球海平面升降旋回划分对比地层，认为可以识别出五个级别的沉积旋回及相应的层序单元。

其中，Ⅰ级旋回为巨层序，时间周期为 500～400Ma；层序成因是大陆的形成或解体，导致大洋体积的变化所引起的大陆海泛面旋回。Ⅱ级旋回为超层序，时间周期为 100～10Ma 或 50～3Ma，认为层序成因是大洋中脊扩张引起的大洋体积的变化，从而造成海侵与海退旋回。Ⅲ级旋回为通常意义上的层序，时间周期为 3～1Ma 或 3～0.3Ma；对于三级层序的成因，各家说法不一。一般认为可能与大陆冰川的生长消融有关；也有人认为与构造作用有关。Ⅳ级旋回为准层序组或体系域，时间周期为 0.5～0.2Ma 或 0.5～0.08Ma，其成因一般认为与冰川生长和消融或天体旋回有关。

从以上分级中可以看出，经典层序地层学的精华在于三级层序的定义与划分，它存在三个方面的问题：①在层序单元的分级中过于强调具有全球一致性的海平面升降旋回或天文旋回对层序的控制作用，在陆相盆地中难以应用；②一级和二级层序尺度太大，在通常的油气勘探地层层序划分中一般没有或难以确定与之相匹配的单元，而在油气勘探中迫切需要比三级层序更大的层序单元，来刻画不同演化阶段地层特征的差异与关联性；③忽略了横向影响范围相对较小的地区性构造作用即盆地形成演化过程的控制作用，而这种作用对地层特征的控制更加直接、更加强烈，因此应从盆地演化的旋回性和阶段性出发厘定层序的级别，划分的地层单元对盆地分析和油气勘探有更好的指导作用。

2. 层序地层单元划分

渤海湾盆地为陆相断陷盆地，与被动大陆边缘盆地不同。构造运动、气候旋回在层序形成过程中起重要作用，且构造对层序地层的形成有极为重要的意义，它比气候对层序形成的影响更大（Strecker et al.，1999；冯有良等，2000）。因此，本书研究主要从控制盆地沉积充填的构造演化阶段入手划分层序单元的级别。

本书所定义的一级层序为盆地演化完整旋回，层序界面对应区际不整合面，如对应于本区断陷的张裂幕，层序界面对应于区域不整合面（解习农等，1996a）。三级层序与盆地规模的基准面旋回相对应，表现为局部不整合面及可与之对比的整合面。四级层序与基准面旋回的特定阶段相对应，相当于体系域，以首次水进面和最大水进面为界，表现为特定的地层叠置模式特征，通常体系域与准层序组对应，但有时一个体系域也可能包含多个准层序组，在低位体系域多为如此。

3. 各级层序界面的地震响应与钻井识别特征

南堡凹陷古近系层序界面特征较为复杂,由于断陷盆地层序主要受控于构造活动与气候旋回,而断陷盆地在不同构造部位构造活动特点差异很大,因此,对于同一地层单元,其层序界面特征在不同构造带上可能会有不同的表现(徐安娜等,2006;张翠梅,2010;童亨茂等,2013)。但主要以经典层序的 I 型层序界面为主,其特征是在断裂坡折带以上和缓坡带等处基准面(湖平面)的沉降速度大于该处盆地的沉降速度,在该处产生了陆上暴露并发生陆上侵蚀。

地震反射界面是地层界面的地震响应。地层界面在地震上的表现主要可以划分为整合和不整合两种类型。而不整合接触关系通过地震反射终止关系划分为削截、上超、下超和顶超 4 种类型。在地震剖面上识别的这些不整合接触关系是层序地层界面最为可靠和客观的基础。不同级别的层序界面在地震剖面上显示出不同的特征(图 3.1)。

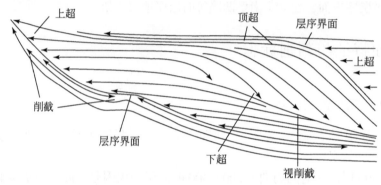

图 3.1 地震反射终止类型及层序界面处反射特征示意图(van Wagoner et al.,1987)

层序划分必须是界面与旋回的结合,地震资料的优势在于对界面的识别和横向分辨率高,特别是能够在三维空间上反映地层结构和构造古地貌背景。因此,地震剖面是进行层序地层界面识别的首选,在地震剖面上划分层序是层序地层学研究的基础,也是建立高等时层序地层格架的关键。

1)一级层序界面

地震剖面上,一级层序界面以广泛的削截和地层上超为主要特征,反映了由区域性构造运动产生的不整合面。它通常是沉积盆地的顶、底界面。本区的一级层序界面包括 SB1、SB13,分别对应古近系的底和顶界面,其中 SB1 相当于沙三段五亚段底。在大部分地区沙三段五亚段与中生界接触,在南部斜坡上直接与古生界接触,皆表现为角度不整合。地震剖面上,在界面之下表现为一套低频、中连续性和弱-强振幅的反射。中生界顶面反射较弱,古生界顶面反射较强。界面上下地震反射同相轴明显为不整合接触,表现为下部削截,界面之上为上超。SB1 作为古近系 Es_3^{4+5} 底界,这种上超下削的接触关系在全区可以追踪对比,它代表着断陷盆地的开始(图 3.2)。

SB13 相当于新近系馆陶组底,它是南堡凹陷由裂陷过程转化为拗陷过程的构造转换不整合。馆陶组底界面不仅在全渤海湾盆地范围内是等时的,并且在中国东部新生代盆地中都可能具有等时性,它是古近系和新近系之间的分界面,是重要的构造界面和区际的不整合面。馆陶组底界面在凹陷区以大面积的砾岩出现为特征,而在凹陷西南则以玄武岩出现在底部为特征。在地震剖面上表现为一组高频、连续性好的强反射的底界,反射特征基本稳定且易于追踪,玄武岩则表现为低频强反射特征,但对下伏地层的屏蔽现象很明显,其下出现低频低振幅反射特征。界面之下地层倾角较大,地层厚度受边界断层控制,与界面间削截关系明显。界面之上馆陶组沉积范围扩大,不受边界断层控制,反映了盆地的显著扩张和拗陷特征。在工区范围内,在北部边界断层上盘附近、高柳地区及南部斜坡带可见到大范围的削截不整合接触,其中尤其以北部的拾场次凹削截现象最为明显。

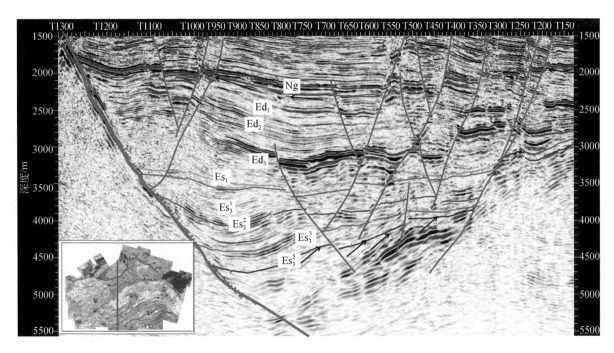

图 3.2　南堡凹陷 L1349 测线地震反射终止关系图

馆陶组底界面通常在全区范围表现为杂色或黄色的砂砾岩与玄武岩互层,与下伏泥岩呈不整合接触,界面处岩性和颜色均发生了变化;测井曲线上伽马曲线自下而上从高值跳到低值,电阻率曲线从低值跳到高值,表现出突变特征,呈"细脖子"形状,易于识别。

2)二级层序界面

古近系(Es—Ed)构造地层在古近纪—新近纪沉积期间,构造处于幕式裂陷阶段(张荣红等,1997),可明确地划分 3 个裂陷幕。二级层序界面是裂陷幕之间的分界面,与之相对应,南堡凹陷古近系包括 SB5 和 SB9 两个界面,可划分为 3 个二级层序。SB5 和 SB9 两个界面分别相当于沙二段(Es_2)和东营组(Ed)的底界。

SB5 界面前后凹陷的构造应力场有明显的变化,该界面结束了前期半地堑式盆地的发育。界面上地层在地震上表现为全区范围明显的上超特征,即从边界断层向斜坡方向沿该底面上超;其下的沙二段与界面为平行或亚平行状。从地震剖面上可以看出,该界面之下沙三段剖面上呈楔形形态,最大厚度在边界断层附近,向远离边界断层的斜坡方向较快地减薄。地震反射特征以一套低频、连续性中等–差的弱反射为主。

SB9 界面由沙河街组的第二裂陷幕转为东营组的第三裂陷幕,是凹陷同裂陷阶段充填序列中可以全区追踪的区域不整合界面,以该界面为界。该界面为全区范围内的不整合界面,代表了沙一段沉积末期湖盆萎缩与东营期湖盆扩展的构造转换界面,也是一个强烈火山喷发界面。界面之下表现为低角度的削截不整合接触关系,界面之上地层主要向南部斜坡上超,其下部地层沿上倾方向削截作用明显。在高柳断层以南的中、南部地区由于界面上广泛分布的层状火成岩屏蔽作用会影响地震接触关系的识别。

3)三级层序界面

三级层序是层序地层研究的最基本的单元。根据南堡凹陷二级层序内部局部不整合特征识别,并结合钻井和测井相特征,共识别出 9 个三级层序,其分布情况如图 3.3 所示。

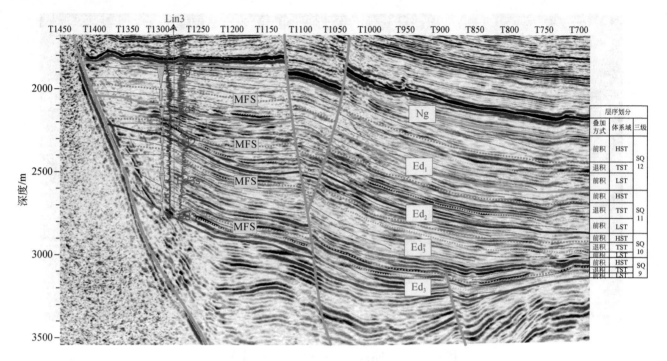

图 3.3　南堡凹陷 L1429 剖面地震反射特征

MFS. 最大湖泛面

三级层序界面包括：$SBEs_3^3$、$SBEs_3^2$、$SBEs_3^1$、$SBEs_2$、$SBEs_1^s$、$SBEs_1^z$、$SBEd_3^s$、$SBEd_2$、$SBEd_1$ 的底界面。界面各层序地层单元的内部反射结构各有特点，依据其变化特征可以很容易地识别出三级层序界面。$SBEs_2$ 内部反射结构为平行–亚平行反射，底部表现为区域性角度不整合；SQEd 的内部反射结构为斜交前积反射、平行–亚平行反射。SQEd 的各分界面全区普遍存在，在盆地边缘或局部构造带表现为不整合，而大部分地区表现为整合，由于高柳断层的活动和 Ng 界面形成时的强烈剥蚀作用，在高柳地区 $SQEd_2$、$SQEd_1$ 不发育；$SQEs_3$ 内部的分界面在东部普遍发育，向西部超覆在前古近系基底上自下而上逐渐扩大；$SQEs_1$ 内各三级层序界面除在高柳地区 $SQEs_1$ 地层不发育外，在全区普遍存在。三级层序由体系域组成，体系域是同期沉积体系的组合，层序一般二分，包括湖扩展体系域和湖收缩体系域，其间以最大湖泛面将体系域分开。

本次研究中，根据单井和地震反射特征，识别出了各三级层序的最大湖泛面。

4. 层序地层划分

在不同级次层序界面识别与划分基础上，可以在南堡凹陷古近系划分出以下层序单元：①一级层序，主要考虑南堡凹陷盆地演化旋回特征，以盆地演化的两个主要阶段断陷期和拗陷期为界将地层划分为两个一级层序；②二级层序，相当于层序组，两个二级层序界面 SB5 和 SB9 将古近系这个一级层序划分为 3 个二级层序，分别对应于南堡凹陷 3 个裂陷演化幕沙三段—沙二段、沙一段和东营组；③在二级层序内以三级层序界面划分出 9 个三级层序，其中在沙三段内划分出 4 个三级层序，即 $SQEs_3^{4+5}$、$SQEs_3^3$、$SQEs_3^2$、$SQEs_3^1$，沙二段为一个独立的三级层序，沙一段分为 3 个层序，东营组分出 4 个层序，即 $SQEd_1$、$SQEd_2$、$SQEd_3^s$、$SQEd_3^z$；④四级层序表现为体系域，在本区，由于首次洪泛面难以准确识别，所以，通常只划分出湖扩展体系域和湖扩张体系域（表 3.1）。

表3.1 南堡凹陷陡坡带层序地层划分方案

系	组	段	亚段	时间/Ma	一级	二级	三级	层序界面	接触关系	古生物化石组合
	馆陶组			23.8			SQ13	SB13	削截上超	
	东营组	东一段		25.3		III	SQ12	SB12	顶超上超	
		东二段		27.3			SQ11	SB11	顶超上超	
		东三段	上				SQ10	SB10	削截上超	双球脊东营介组合
			下	28.5			SQ9	SB9	削截上超	
古近系	沙河街组	沙一段	上		I	II	SQ8	SB8	削截上超	扁脊东营介组合
			中				SQ7	SB7	削截上超	惠民小豆介组合
			下	31			SQ6	SB6	顶超上超	
		沙二段		33.7			SQ5	SB5	削截上超	椭圆拱星介组合
		沙三段	一			I	SQ4	SB4	削截上超	中国华北介组合
			二				SQ3	SB3	顶超上超	
			三	42			SQ2	SB2	顶超上超	
			四				SQ1	SB1	削截上超	
			五	45.5						

3.1.2 层序地层格架特征

在关键井单井层序地层分析的基础上，利用钻井标定地震，对地震剖面进行层序地层解释，对层序地层单元进行划分，在此基础上识别并解释了最大洪泛面，划分了体系域。同时选取多个关键井进行了12条连井层序地层对比分析和对应的地震剖面层序分析，建立了南堡凹陷层序地层格架。

1. 层序单元特征

1）一级层序

南堡凹陷古近系（Es-Ed）为完整的构造地层，其北部以西南庄断层和柏各庄断层为发育边界，在周边凸起区基本不发育。该构造层顶和底均为不整合面，顶部与新近系在凹陷中心区多呈平行不整合接触，在凹陷边缘和内部构造掀斜部位可见明显角度不整合。地震剖面上表现为中频-中强振幅特征，局部受火山岩影响，可见异常强反射，在该构造层中上部反射外形多呈席状、中下部多呈楔状、丘型，内部被主要区域不整合面（二级层序界面）分成多个反射层系，总体上自上而下地震反射频率和振幅降低，连续性变差。

2）二级层序

古近系（Es-Ed）构造地层在古近纪—新近纪期间，构造处于幕式裂陷阶段，可明确地划分3个裂陷幕。与之相对应，南堡凹陷古近系可划分为3个二级层序。

沙三段为第I层序组，南堡凹陷面积小，东北部和西南部紧邻凸起区，在该幕发育了多个小型的扇三角洲沉积体系。这些扇三角洲具有继承性，从$SQEs_3^4$到$SQEs_3^1$都有发育。其中$SQEs_3^5$岩性为砂岩、含砾砂岩和砾岩集中发育段，以发育灰、灰白色砂岩为主，间夹有灰褐色、绿色、灰绿色、灰色泥岩，为沙三段沉积旋回底部的冲积扇-扇三角洲体系的产物。$SQEs_3^4$岩性以灰色、深灰色、灰黑色的泥岩、油页岩为主，夹有薄层砂岩，属扇三角洲及湖相沉积。在柳赞地区总体上为正旋回沉积特征，具明显的三分性，可分为三个岩性段。到$SQEs_2$，盆地趋于填平，发育了$SQEs_2$以含砾砂岩、红色泥岩、灰绿色泥岩为主的冲积扇沉积。

第Ⅱ层序组即沙二段—沙一段是南堡凹陷裂陷第二幕。该期盆地由沙二末期的隆升状态开始断陷，同时发育了碱性玄武岩，沉积了沙一段以灰色泥岩、砂岩和生物灰岩为主的沉积。这期的裂陷作用较裂陷第一幕弱，其沉积环境以浅湖和扇三角洲为主。

以高柳断层为界，在地震剖面上反射特征有一定差异。在拾场次凹，沙一段沉降中心向柏各庄断层上盘附近迁移，而向西南庄断层上盘方向上超，剖面上仍呈楔形形态，说明该时期拾场次凹的沉降主要受控于柏各庄断层。

第Ⅲ层序组即裂陷第三幕，相当于东营组。此时边界断层活动减弱，高柳断裂活动加强，沉积中心转移到高柳断层的下降盘，沉积了以砂泥岩为主的地层，其最大厚度超过1500m。据分析，其沉积环境主要是扇三角洲和湖泊体系。东营末期，该区整体抬升受到剥蚀，结束了古近系裂陷发育阶段，进入了新近系拗陷阶段。

3）三级层序

三级层序是层序地层研究的最基本单元。根据南堡凹陷二级层序内部局部不整合特征识别，并结合钻井和测井相特征，共识别出三级层序12个。

$SQEs_3^{4+5}$（SQ1）：下部$SQEs_3^5$以灰色、灰白色砂岩、含砾砂岩和砾岩为主，间夹有灰褐色、绿色、灰绿色、灰色泥岩，为一套冲积扇-扇三角洲体系沉积。电性特征呈现一组高泥岩基值与长刺刀状高峰电阻率曲线，自然电位曲线幅度差异较明显。分布范围局限，目前主要是柳赞地区钻井显示，相当于该层序低位体系域沉积。

$SQEs_3^3$（SQ2）：为一套粗碎屑岩、含砾砂岩与深灰色泥岩段，砂泥比大于50%，属扇三角洲和湖泊沉积的产物。在地震剖面上表现为一套弱反射，向南部斜坡上超明显，局部可见不整合。

$SQEs_3^2$（SQ3）：岩性细，以深灰色泥岩为主夹砂岩，属扇三角洲-滨浅湖沉积，厚度为180~310m，向柳东地层减薄。总体上，由上下两个岩性段组成。下部砂岩发育，为冲积扇-扇三角洲沉积，上部为暗色泥岩发育段。在地震剖面上反射强度与连续性好，其顶界明显有削截现象。

$SQEs_3^1$（SQ4）：为砂岩与暗色泥岩互层，砂岩较发育，地层厚度大，主要为扇三角洲沉积体系。地震反射特征在区域上变化较大。

$SQEs_2$（SQ5）：为一套砂砾岩夹红色泥岩地层，主要为扇三角洲体系沉积。综上研究可以认为，沙三末期至沙二早期南堡凹陷曾位于沉积基准面之上，因而，不仅部分沙三段顶部的地层受到剥蚀，而且沙二段下部的地层也基本缺失。沙二中后期，在南堡凹陷低洼部位沉积形成了一套河流冲积体系。

$SQEs_1$（SQ6+SQ7+SQ8）：总体形成于湖水较浅、构造较平静的沉积环境之中，其岩性可分为上、下两段。上段为灰白色、浅灰色的砂砾岩、细砂岩、粉砂岩与浅灰色、深灰色泥岩呈不等厚互层，并在高尚堡地区发育一定程度的生物灰岩；下段为浅灰色细砂岩、粉砂岩与浅灰色泥岩的薄互层。地层厚度横向变化较小，地震反射特征较强、连续性好。

$SQEd_3^x$（SQ9）：东三段可以划分为两个亚段，其中底部Ed_3^x为该层序的低位体系域，沉积组合以粗碎屑的冲积体系为特征。

$SQEd_3^s$（SQ10）：为由扇三角洲、前扇三角洲相组成的沉积序列。

$SQEd_2$（SQ11）：代表本区东营期的最大水侵期，沉积了厚达200~400m的加积型泥岩段。

$SQEd_1$（SQ12）：代表本区东营期的湖泊萎缩期，形成了一套以粗碎屑为主的冲积体系。地震剖面上进积作用明显。

2. 层序地层格架特征

综合钻井、三维地震数据，通过层序界面识别、层序界面标定与追踪、层序地层剖面对比分析等，建立了南堡凹陷古近系等时层序地层格架。南堡凹陷虽然面积不大，但结构复杂，在不同构造演化阶段构造格局发生了明显的变化。（图3.4）。

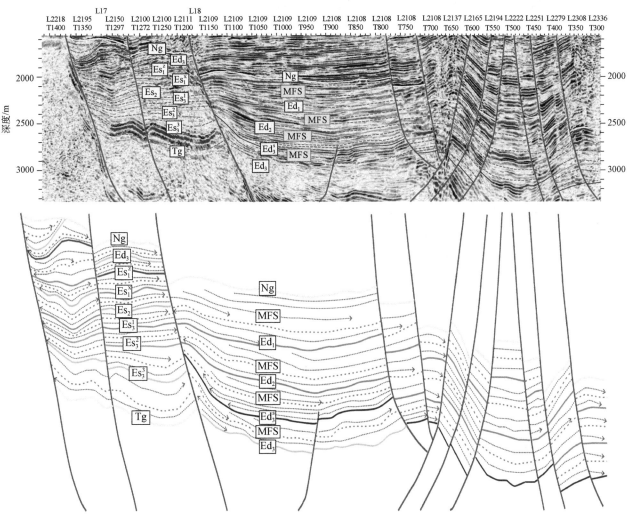

图 3.4 过高柳地区及南堡 4 号构造带典型地震剖面层序地层分析

MFS. 最大湖泛面

1）沙河街组

沙河街组沉积期主要受 NNE 向西南庄断层控制，但由于 NW 向柏各庄断层的发育，南堡凹陷表现为"两面断陷"特征，这种凹陷结构在北部拾场次凹表现更为明显。该时期湖盆汇水区较小，以近源沉积为主，长轴沉积体系不发育。在西南庄主控断层控制下，陡坡带地层厚度较大，而向远离断层的缓坡带减小。与海相地层相比，断陷盆地层序内部体系域构成上也有独特之处。陡坡带由于断层活动强烈，沉降速率大，湖扩展体系域更为发育；当然，沿西南庄断层走向上，由于断层活动速率仍有较大差异，因此，层序内部构造特征上会表现出不同的特点。在南堡 5 号构造、老爷庙构造等横向褶皱发育区，由于边界断层活动较弱，层序内部高位体系域和低位体系域发育，剖面上进积沉积体系非常发育，而横向褶皱周围常常发育低位体系域砂体。

而横向褶皱之间的区段，由于边界断层活动强度大，层序内部更多地表现出加积的特征，高位域砂体不发育。在向缓坡带，由于构造沉降量相对较小，长期处于较小的可容纳空间，而高位域更为发育。

2）东营组

东营组沉积期由于沉降中心南移，北部边界断层统一，凹陷内部分隔性减弱，这种特征有利于大型物源水系的发育。同时由于沙北断层的发育，南堡凹陷出现"三面断陷"特征，致使东营组早期物源供应不足，东三、东二段泥岩发育，东一段时期由于控边断层活动减弱，大型水系发育。这些构造背景反映在层序内部构成特征上表现为东三、东二段层序湖扩展体系域非常发育;而东一段时期层序湖收缩体系域非常发育。

3.1.3 层序展布特征与演化分析

南堡凹陷沙三段沉积期,盆地处于古近系—新近系裂陷早期,西南庄断层和柏各庄断层活动强烈。受其控制,沿西南庄断层主要有北堡断裂、老爷庙断裂及拾场次凹三个沉积中心。沿柏各庄断层发育柳北及柳南两个沉降中心。地层厚度中心线整体呈近 EW 向分布,厚度由北向南逐步减薄。

1. SQEs$_3^{4+5}$(SQ1)层序展布特征

凹陷沉降中心主要分布在西南庄断层上盘附近,其中主要沉降中心位于西南庄断层中段,最大厚度约 800m。层序地层厚度展布呈 NNE 向,与西南庄断层近于平行,且呈现多厚度中心的特征,厚度高带与低带相间分布,高柳断层西北段明显控制地层厚度。柏各庄断层上盘也存在两个沉降中心,分别位于柳赞北部与南部,而柳赞地区地层厚度较薄,反映出凹陷早期柏各庄断层对南堡凹陷具有很强的控制作用。但整体上地层厚度分布具有西厚东薄、北厚南薄的分布特征,显示出该层序时期地层分布主要受西南庄断层控制。

2. SQEs$_3^3$(SQ2)层序展布特征

该层序与前期相比沉降范围扩大,尤其在凹陷西南方向扩大最为明显。主要沉降中心分布格局与前期相似,仍主要沿西南庄断层走向分布于上盘附近。但主沉降区范围明显沿走向向两端扩大,北东方向越过高柳断层到达西南庄断层最北段;西南到达 5 号构造区,高柳断层对沉积控制作用不明显。最大厚度中心位于老爷庙构造南侧,厚达 900m。柏各庄断层上盘沉降中心分布与前期相似,但面积有所减小。层序厚度西厚东薄、北厚南薄的分布特征更加明显,显示出西南庄断层对凹陷沉降与沉积的控制作用进一步增强。

3. SQEs$_3^2$(SQ3)层序展布特征

层序沉积范围进一步向南部沙垒田方向扩大,凹陷沉降主要受西南庄断层与柏各庄断层控制。层序最大沉积中心位于西南庄断层中段老爷庙构造带 4 井与高柳断层之间以及西段 5 号构造带,最大沉积厚度分别为 360m 和 400m,厚度带呈 NEE 向,沿西南庄断层分布。柏各庄断层上盘存在 2 个沉积中心,分别为其北段与南段。北段沉降中心位于拾场次凹,其最大沉积厚度约 340m,厚度带长轴方向近平行于柏各庄断层的北段;南段即柳赞以南也发育了两个沉降中心,最大地层厚度可达 400m。总体上看,层序厚度呈"北厚南薄"的特征,并且柏各庄断层对凹陷的控制作用明显加大,尤其是柏各庄断层南段即柳赞以南活动性加强。

4. SQEs$_3^1$(SQ4)层序展布特征

该层序厚度分布特征基本继承了前期格局,凹陷主要发育三个沉积中心,分别位于西南庄断层中段与北段,最大的沉积中心位于 5 号构造与高柳断层间及拾场次凹,最大的沉积厚度约 650m,厚度带呈NNW 走向,受西南庄断层控制;柏各庄断层南段活动也较强。

总体上看,沙河街组层序分布主要受西南庄断层控制,其次受柏各庄断层控制,沉降中心紧邻边界断层发育,而向远离断层面方向减薄;沉降和沉积范围随着构造演化不断扩大。

5. SQEs$_2$(SQ5)层序展布特征

南堡凹陷沙二段沉积时期,南堡凹陷整体抬升遭受剥蚀,造成沙二段和沙三段的假整合或局部角度不整合接触。沙二段在全区分布比较稳定，平面上分布多个明显的沉降中心。其中在西南庄断层上盘存在 3 个沉降中心，分别位于其西、中、北段；最大的沉积中心为 5 号构造带北部即西南庄断层最西段，最大沉积厚度约 400m。柏各庄断层上盘的柳赞构造南北存在 2 个沉降中心，最大厚度约 280m。另外两个沉积中心分别为：林雀次凹和曹妃甸次凹，其最大沉积厚度分别为 300m 和 360m。高柳地区由于剧烈的抬升导致地层大量的剥蚀，最大残余地层厚度约 160m。南部滩海地区 NP1-5 井附近受南堡 1 号潜山影响，该地区无地层沉积。

6. $SQEs_1^x$（SQ6）层序展布特征

随着高柳断层活动加强，高柳断层以北的西南庄断层与柏各庄断层活动减弱，拾场次凹沉降减弱，沉降中心总体南移明显。凹陷沉降中心主要受西南庄断层中西段、高柳断层及柏各庄断层南段控制，沉降中心走向与它们基本一致，而柏各庄断层南段活动减弱，高柳断层对凹陷控制作用增强。该期层序的最大沉积厚度达 650m，厚度中心位于柳赞构造以南柏各庄断层上盘附近。由于 4 号断层发育，另一个沉降中心为曹妃甸次凹，最大沉积厚度约 360m。

7. $SQEs_1^z$（SQ7）层序展布特征

该层序共发育三个主要的厚度中心，主要位于西南庄断层中段上盘附近以及柏各庄断层北段与南段上盘附近。前者最大沉积厚度约 800m，厚度中心位于老爷庙地区西侧附近。这些沉降中心基本沿 NE 向分布，近平行于西南庄断层，反映沉积地层厚度受西南庄断层的控制；后者沉降中心位于拾场次凹和柳赞构造以南，最大沉积厚度约 800m，厚度带沿 NW 向，其沉积厚度明显受柏各庄断层北段的控制。

8. $SQEs_1$（SQ7+SQ8）层序展布特征

南堡凹陷沙二段沉积之后，整个凹陷再次抬升遭受剥蚀，然后沉积了沙一段。该时期是区域应力场由 NW-SE 向拉张向 SN 向拉张的过渡时期。西南庄断层北段由于走向同伸展方向夹角小而逐渐废弃；柏各庄断层北段走向由 NW 向 NWW 偏转，从而使得拾场次凹沉降中心向柏各庄断层上盘转移。SN 向伸展使得高柳断层活动加强，从而使得南堡凹陷沉降中心出现向南迁移的趋势，一个典型特征是高柳断层上盘沉降强度加大，初步形成了西至北堡以东，东到柳南的近 EW 向大型凹陷带，同时曹妃甸次凹开始发育。整体上看，沉降中心规模扩大，沉降中心分隔性减弱，整个凹陷内部各沉降中心统一趋势增强。

9. $SQEd_3$（SQ9+SQ10）层序展布特征

东三段主要发育三个沉降中心。最明显的变化是曹妃甸次凹的发育，它是该层序期面积最大、沉降最深的地区，最大地层厚度可达 1300m，主要受到 4 号断层控制。其他沉降中心位于老爷庙构造南北两侧；拾场次凹地层厚度和范围减小，尤其是高柳断层下盘地层厚度明显较小。

10. $SQEd_2$（SQ11）层序展布特征

东二段沉积期南堡凹陷湖盆再一次发生湖侵，是东营组沉积期的最大湖泛期。断裂活动强度减弱，此时期层序发育范围进一步缩小。沉降中心也发生了变化，有三大地层厚度中心。第一个位于西南庄断层西端南堡 5 号构造带北部，并沿西南庄断层展布，最大厚度值约 700m；第二个位于曹妃甸次凹，较前期向南移动，最大厚度约 600m；第三个位于林雀次凹，最大厚度约 500m。柏各庄断层上盘、高柳断层西段及西南庄断层西段附近地层厚度明显减小。此时期沉降带的另一特征是层序厚度开始出现沿凹陷长轴展布趋势。

11. $SQEd_1$（SQ12）层序展布特征

东一段沉积时期是湖盆发育的晚期阶段，湖盆逐渐萎缩，地势趋于平缓，主要发育三个地层厚度中心,最大厚度中心位于林雀次凹和北堡构造带南部,最大厚度为1025m。其次是柏各庄断层东段上盘,地层厚度约1000m。此时期层序发育范围与前期基本一致,在继承前期层序发育特征的基础上,厚度中心逐渐靠近,基本成为一体,反映统一湖盆的形成,凹陷沉降中心进一步南移,形成一个弧形的沉降带并位于凹陷中部。

3.1.4 层序地层成因模式

断陷盆地是一种典型的断层活动控制型盆地,表现为时间上的阶段性、幕式性,以及空间上的差异沉降造成盆地内构造古地貌的极大变化,由此导致了盆地内不同构造部位发育不同类型的构造坡折带,且其控制的层序边界类型构成样式发生显著的变化。研究认为:陆相断陷盆地层序地层主要受控于可容纳空间变化、物源供应及气候变化旋回(焦养泉和周海民,1996;解习农等,1996b;张世奇和纪友亮,1996;姜华等,2009)。南堡凹陷主要受控于北部边界断层即西南庄断层、柏各庄断层及高柳断层,剖面上具有北断南超的"箕状"特征。尽管不同地质时期盆地格局会发生较大的变化,但总体上在盆地大部分时期可以划分为陡坡带、缓坡带和深洼带三个构造单元。

1. 陡坡带

陡坡带在边界断层上盘附近,它是箕状断陷盆地边界断层活动形成的下盘凸起与凹陷带间的突变带。这种地形突变在沉积水系注入凹陷盆地过程中是影响沉积物展布的重要因素,实际上相当于"构造坡折带"(林畅松等,2000,2003;周海民等,2000;王英民等,2003;任建业等,2004)。构造坡折带宽度及古地貌特征与边界断层的产状及运动学特征有关。但是沿边界断层产状和运动学特征常常发生变化,这会引起坡折带几何特征发生变化,进而引起物源入湖盆通道位置及最终的沉积分异。考虑陡坡带边界断层几何学、运动学及古地貌特征,可以将陡坡带的"构造坡折带"分为3种类型。

1)断崖式坡折带

断崖式坡折带是南堡凹陷陡坡带主要的坡折带类型,它是指陡坡带边界断层活动性相对强而断距相对极大的区段(孙思敏等,2003a,2003b),断面陡而平直。发育断崖式坡折带处断层强烈活动,在上盘强烈沉降的同时,下盘由于均衡作用而隆升,主要发生剥蚀作用,不利于水系的汇聚,物源供给能力相对较弱,入盆水系短小、分散,以砂砾质粗碎屑物为主。砂砾岩体一般垂直厚度大,而在平面规模小,常呈裙边状产出,沉积相类型以水下扇或冲积扇为主。

2)断坡式坡折带

断坡式坡折带发育于断陷盆地陡坡带盆内横向背斜或转换斜坡型发育区,在该区段边界断层倾角变小,断层位移减小,断层上盘沉降量减小,从而在上盘形成横向背斜。由于断层位移小,则下盘相应的隆升幅度也减小,因而对于断层下盘而言,它是相对的低地势区,而对于断层上盘则是相对的高地势区,从而在下盘凸起与上盘凹陷间形成一个相对平缓的宽度较大的古地貌,该处通常是边界断层下盘凸起水系及其搬运的碎屑物质进入盆地的通道,因而是各种富砂扇体发育的有利场所(孙思敏等,2003a;陈发景等,2004)。

虽然处于陡坡带的边界断层上盘,但由于断层活动相对较弱,盆地基底构造沉降量较小,加之物源供应更为充足,因而在这个区段上,层序内部常常表现出可容纳空间向上减小的特征,在沉积相上显示出向上"变浅"的演化趋势,层序内部构成样式以进积式准层序组为主。

3)断阶式坡折带

断阶式坡折带是指由两条以上的同向同沉积断层构成的阶梯式构造坡折带,多级断层可产生出沉积物多级输送的路径。断阶式坡折带型层序样式一般表现为多级断裂坡折在盆地不同的充填演化时期控制着多个相带的展布。在陡坡带,与边界断层走向一致的多条断层的发育实际上减缓了古地貌的坡度,有效延长了沉积路径的长度,有利于碎屑物质向盆地内部输送,而逐级下降的断阶也为沉积物保存提供了保存空间。研究区最典型的断阶坡折带发育在北堡构造区。

2. 缓坡带

缓坡带是指受断陷盆地差异沉降作用的影响形成的向边界断层断面附近倾没而向其远离方向抬升的一种古地貌。在本区,沙河街组沉积期凹陷表现为"两面断陷"的结构特征,而在东营组时期,由于沙北断层的发育,南堡凹陷呈现"三面断陷"的特征。由于其两面或三面以断层为界与凸起接触,南堡凹陷缓坡带并不如典型断陷那样发育。分析认为,1 号与 2 号构造是本区典型的缓坡区。本区缓坡带并不完整,由于同期或后期断层切割作用,使之表现出 2 种不同的构造或古地貌特征,并发育 2 种不同的断层坡折带,对层序及沉积的控制作用也有所不同。

1)同向断层坡折带

由 2 条以上与斜坡上地层倾向一致的断层组成多级台阶状地貌,在平缓的斜坡上产生多个古地形突变带;穿过坡折带,地形坡度明显突变,从而使坡折带两侧古水深和沉积相类型不同。这也是盆地可容纳空间的突变带,在每个坡折带以下都为低位体系域砂体的保存提供了有利条件。

2)反向断层坡折带

而在 1 号构造带,控制斜坡的主要同沉积断层走向为 NE 向,与边界断层走向一致,与斜坡上地层倾向相反。这样将原本 NE 向的斜坡切割成多个平行的局部半地堑与半地垒构造。其中半地堑位于断层上盘,而半地垒构造位于断层下盘。这种"沟-垒"相间组合不利于沿斜坡倾向的水系形成,反而会起到阻碍作用。构造带上同沉积断层向 NE 向延伸到同样 NE 向的林雀次凹,这样断层上盘的垒间沟实际上形成了小型的轴向水系。

3. 深洼轴向带

位于断陷盆地陡坡带与缓坡带间的深洼带一般是构造沉降量最大的地区,相应层序地层厚度也最大。深洼带构造与地层发育特征相对较为简单,通常以深水细粒沉积为主。对于典型断陷盆地而言,其走向与边界断层走向方向一致,有利于大型物源水系发育,常常发育大型轴向进积三角洲,如著名的东营凹陷轴向三角洲。对于南堡凹陷而言,由于在沙河街组及东营组沉积期分别表现为"两面断陷"和"三面断陷",因此,不利于大型轴向水系的形成。但是在西南庄断层西段及柏各庄断层东段还是有轴向物源水系的形成,只是受盆地构造格局及边界断层分段作用的影响,其规模较小。在轴向带,层序内部以进积式或加积式准层序组为主;相带结构表现为沉积相带向盆地中心迁移;古地貌特征常常表现为沿轴向方向发育构造坡折,断裂落差逐渐增大,其成因与断层沿走向活动速率差异有关。

3.2 南堡凹陷有利砂体发育特征与控砂模式

3.2.1 南堡凹陷古物源特征

1. 物源分析的内容及方法

物源分析已经成为连接沉积盆地与物源区的纽带,研究内容包括物源区的方向、侵蚀区与母岩区的位置、母岩的性质及组合特征,同时包括沉积物的搬运距离及搬运路径等。运用机械分异原理,有助于查明盆地发育过程中侵蚀区与沉积区、隆起与拗陷等方面的关系(刘国臣等,1996;Galloway and Hobday,1996;赵俊兴,2001;周雁,2005)。在物源分析的基础之上,还能够进一步了解物源区的气候及大地构造背景,进行沉积体系分析(沈吉等,2001;赵红格和刘池洋,2003)。

碎屑岩类分析法主要对目的层位的砂岩样品进行石英、长石、岩屑三组分的统计，并绘制 Dickinson 碎屑骨架三角图，通过不同的岩类特征来区分不同物源类型。沉积法通常是在层序格架建立的基础之上，绘制地层厚度图、砂岩百分含量图等，由此来分析物源区的相对位置及沉积物的搬运方向。通过稳定重矿物百分含量的递变趋势便可以推测沉积物搬运的方向（表 3.2），如利用 ZTR 指数等值线图推测物源方向。不同类型的重矿物矿物组合特征还可以反映母岩的类型（表 3.3），如红柱石、石榴子石、电气石、绿帘石含量较高的碎屑岩，其母岩可能为变质岩，锆石、白钛石、赤铁矿含量较高的碎屑岩，其母岩可能为沉积岩。

表 3.2 常见稳定与不稳定重矿物类型

矿物	矿物组合
稳定重矿物	石榴子石、锆石、刚玉、电气石、金红石、白钛石、磁铁矿、榍石、十字石、蓝晶石、独居石
不稳定重矿物	重晶石、磷灰石、绿帘石、黝帘石、阳起石、红柱石、硅线石、黄铁矿、透闪石、普通角闪石、透辉石、普通辉石、斜方辉石、橄榄石、黑云母

表 3.3 常见重矿物组合及其母岩类型

母岩	重矿物组合
酸性岩浆岩	磷灰石、角闪石、独居石、金红石、榍石、电气石、锆石
基性、超基性侵入岩	橄榄石、普通辉石、紫苏辉石、角闪石、磁铁矿、铬尖晶石、钛铁矿、铬铁矿、尖晶石
中基性喷出岩	辉石、角闪石、磁铁矿、锆石、石榴子石、磷灰石
变质岩	红柱石、刚玉、蓝晶石、夕线石、十字石、黄玉、硅灰石、绿帘石、黝帘石、石榴子石、电气石、蓝闪石
沉积岩	重晶石、赤铁矿、白钛石、金红石、电气石、锆石、石榴子石

2. 沙一段物源分析

沙一段重矿物资料显示（图 3.5），共存在三个物源区，其中①为南部沙垒田物源区，锆石含量较大，电气石及金红石含量较少；②为柏各庄凸起物源区，在稳定的重矿物中锆石和石榴子石占比最大；③为

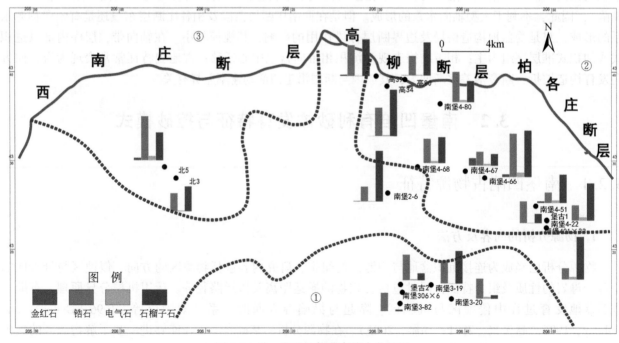

图 3.5 沙一段重矿物分布综合分析图

西南庄凸起物源区，石榴子石和锆石为其中的重要组成部分。碎屑组分数据显示，岩屑长石砂岩和长石岩屑砂岩为南堡凹陷沙一段岩石类型的主要成分（图 3.6）。沙一段可以识别出三个物源区域与重矿物统计结果一致。

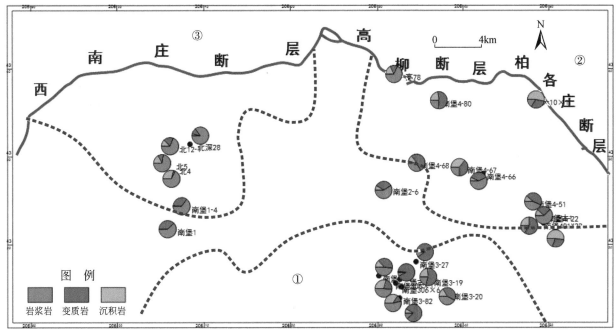

图 3.6　沙一段岩屑类型分布综合分析图

3. 东三段物源分析

东三段重矿物分布图显示（图 3.7），共存在四个物源区，其中①为南部沙垒田物源区，石榴子石含量要高于锆石，电气石及金红石含量较少；②为西南庄凸起物源区，在稳定的重矿物中锆石和石榴子石

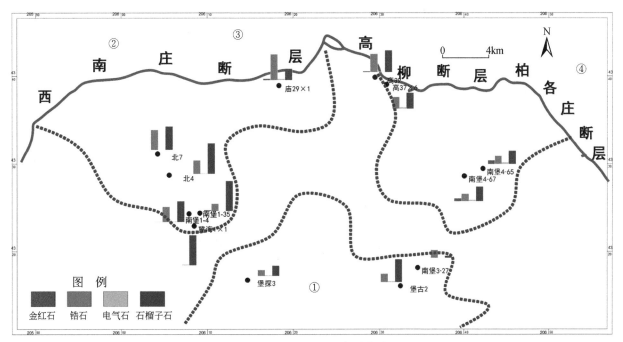

图 3.7　东三段重矿物分布综合分析图

占比最大；③为老爷庙区域，四种稳定透明重矿物含量呈现均一的特征；④为柏各庄凸起物源区，石榴子石和锆石是其中的重要组成部分。东三段矿物成分显示岩石主要成分为岩屑长石砂岩和长石岩屑砂岩，根据其岩屑类型特征显示存在四个物源区域：①为南部沙垒田物源区，该物源区主要岩屑成分为岩浆岩；②为西南庄凸起物源区，该物源区与南部沙垒田源区岩屑成分特征类似；③号物源区为老爷庙区域，岩屑类型主要为岩浆岩；④为柏各庄凸起物源区，各个岩屑类型含量比较均一（图3.8）。

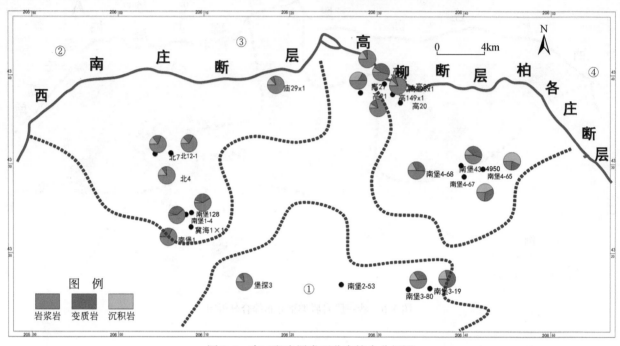

图3.8 东三段岩屑类型分布综合分析图

4. 东二段物源分析

根据东二段重矿组合特征可以识别出3个物源区域（图3.9），其中①为南堡1、2、3号构造带，该

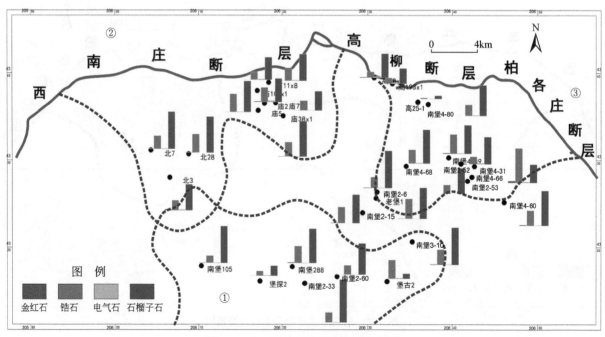

图3.9 东二段重矿物分布综合分析图

物源区重矿物类型的主要成分为石榴子石、锆石；②为西南庄凸起区域，总体石榴子石的含量依然高于锆石含量；③为柏各庄凸起物源区，该物源区重矿物组合特征与①号相比具有相似的特征。根据东二段轻矿物特征显示，可以划分为3个物源区域。①为南部沙垒田物源区，石英与岩屑在含量上总体大致一样；②为北堡、老爷庙、5号构造区域，同属西南庄凸起物源区，矿物组分中长石含量要高于石英含量；③号物源区为柏各庄凸起物源区（图3.10）。

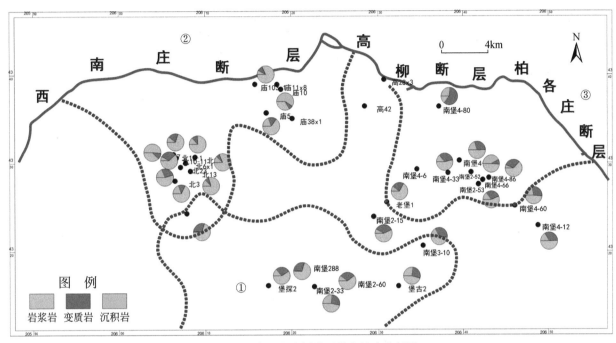

图3.10 东二段岩屑类型分布综合分析图

3.2.2 南堡凹陷沉积体系类型及特征

通过钻井取心、测井、录井及三维地震资料分析，认为南堡凹陷发育扇三角洲、湖泊、辫状河三角洲、重力流4种沉积相，并进一步划分出6种沉积亚相及11种沉积微相（表3.4）。

表3.4 南堡凹陷古近系东营组沉积相类型

沉积相	沉积亚相	沉积微相
扇三角洲	扇三角洲平原	辫状分流河道、漫滩沼泽
	扇三角洲前缘	水下分流河道、水下分流河道间、河口坝、席状砂
湖泊	滨浅湖	滩坝
	半深湖-深湖	
辫状河三角洲	辫状河三角洲平原	辫状分流河道、越岸沉积
	辫状河三角洲前缘	水下分流河道、水下分流河道间、河口坝、席状砂
重力流沉积		砂质碎屑流、浊流

1. 扇三角洲沉积体系

扇三角洲沉积体系主要发育于凹陷北部地区，西南庄断层与高柳断层下降盘，其次为柏各庄断层以西地区。扇三角洲发育于地形坡度较陡、构造活动频繁的地区，扇三角洲发育有辫状分流河道、漫滩沼泽、水下分流河道、水下分流河道间、河口坝、前缘席状砂等沉积微相。

扇三角洲是指冲积扇由相邻高地进入浅水后形成的扇形砂体，主要发育在盆地边缘地形高差较大、构造活动频繁的地区。研究区北部地区西南庄、高柳断层以及柏各庄断层东段地形高差较大，自古近系以来构造活动频繁，南堡凹陷主要的沉积体系为粗粒沉积的扇三角洲体系，该体系可划分为4种沉积微相，分别为水下分流河道、河口坝、席状砂、漫滩沼泽。

1）扇三角洲平原亚相

平原亚相为扇三角洲相的水上部分，形态与扇形相似，方向则向盆地方向进积。在南堡凹陷的北堡、老爷庙近西南庄断层下降盘、近高柳断层、柏各庄断层东段下降盘等地区均有分布。扇三角洲平原亚相与冲积扇沉积相比较类似，发育有漫滩沼泽沉积、辫状分流河道两种沉积微相。

（1）辫状分流河道

辫状分流河道岩性粒度较粗，其岩石类型主要为砂岩和砾岩，以南堡凹陷4号构造堡探1井沙一段为例［图3.11（a）、（b）］，在河道底部可见冲刷面，大量砾石堆叠在一起呈现叠瓦状构造，分流河道的岩性成分与结构成熟度都比较低，主要沉积构造类型有粒序层理、块状层理，表现为重力流的沉积特征；在辫状河道上部主要发育有细粒沉积，沉积构造类型过渡为槽状交错层理、平行层理，牵引流构造特征逐渐发育；由于河道频繁的变道，间歇性发育，GR曲线呈现微齿化箱形、钟形。

（2）漫滩沼泽

漫滩沼泽位于河道间地势低洼区域，如高18井，沉积物多为褐色、灰色的粉砂岩或泥岩［图3.11（d）］，顶部常被分流河道冲刷侵蚀。在垂向序列上，呈薄互层状与各个扇体或者辫状河道旋回序列呈突变接触。在测井曲线上，GR曲线呈锯齿状，反映水动力条件迅速变化的特征。

(a)含砾粗砂岩	(b)粒序层理	(c)含砾粗砂岩	(d)灰黑色泥岩
堡探1井 4113.8m	堡探1井 4115.35m	高86×5井 4520.95m	高18井 3525.19m
沙一段	沙一段	沙一段	东三下亚段

图3.11　扇三角洲平原亚相沉积构造

2）扇三角洲前缘亚相

扇三角洲前缘位于湖平面和浪基面之间的浅水过渡区域，受波浪、河流的相互作用影响，在南堡凹陷北部陡坡带分布最为广泛，可以进一步划分为水下分流河道、河口坝、席状砂沉积微相。在地震剖面上呈现中-强振幅、连续-断续前积反射特征，在电测曲线上呈现渐变的趋势，形态与漏斗形、钟形、锯齿形相似，其中漏斗形呈现一个突变接触的关系，从整体上看，粒序从上到下逐渐变细，为反韵律，在扇三角洲前缘亚相中以牵引流沉积构造为主，发育有槽状交错层理、平行层理、波状层理。沉积物的供给在扇三角洲沉积过程中是暂时的，所以在洪水间歇期，沉积物接受波浪水动力改造，致使河口坝普遍被改造成席状砂。

（1）水下分流河道

水下分流河道是扇三角洲前缘的重要组成部分，是一种水下的延伸，砂岩粒度主要为中、细砂岩，底部可见冲刷泥砾，垂向序列上与平原辫状分流河道具有相似的特征。以堡古1井沙一段为例，水下分流河道砂岩颜色主要以灰色为主，比平原辫状分流河道砂岩偏暗，受波浪、水流等牵引流的改造作用，发育交错层理、平行层理等牵引流构造。由于各期河道迁移频率快，呈现切割叠置的特征，因此在测井曲线特征上，GR 曲线呈现与底部突变接触的箱形或钟形的特征（图 3.12）。

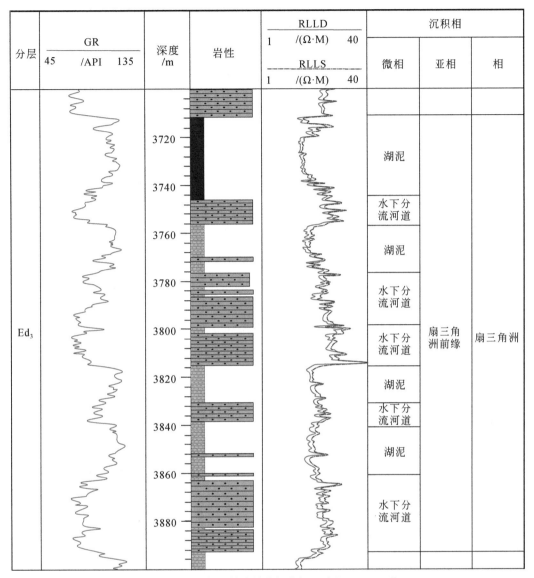

图 3.12　扇三角洲前缘单井相分析（南堡 401×33 井）

（2）河口坝

受冲积扇洪水间歇暴发的影响，在洪水间歇期，河口坝被普遍改造，扇三角洲的河口坝规模要小于正常的三角洲河口坝。以堡古 1 井为例，在 3350~3450m 深度之间，发育河口坝沉积微相（图 3.13），岩性主要以细砂岩、粉砂岩为主，在湖平面变化的影响下，砂泥频繁互层 [图 3.14（c）]。在垂向沉积序列上，表现出反韵律的特征。由于河口坝位置特殊，同时受到波浪与水流的作用力，而且水体较浅，所以生物扰动比较明显，沉积构造主要有交错层理、波状层理、强水动力下的平行层理 [图 3.14（d）]。其中伽马测井曲线在形态上呈现漏斗形、箱形，底部为渐变接触。

（3）席状砂

席状砂是在波浪进一步改造下形成的，尤其是在气候干旱、缺乏物源供给的条件下，更为发育。席状砂由于长期反复的淘洗，分选变得越来越好。岩性主要以粉、细砂岩为主，成熟度较高，在垂向序列上呈现反粒序的特征，砂泥岩频繁互层，发育有波状层理、小型交错层理等沉积构造，可见生物扰动构造，GR 曲线常表现成指状或锯齿状（图 3.13）。

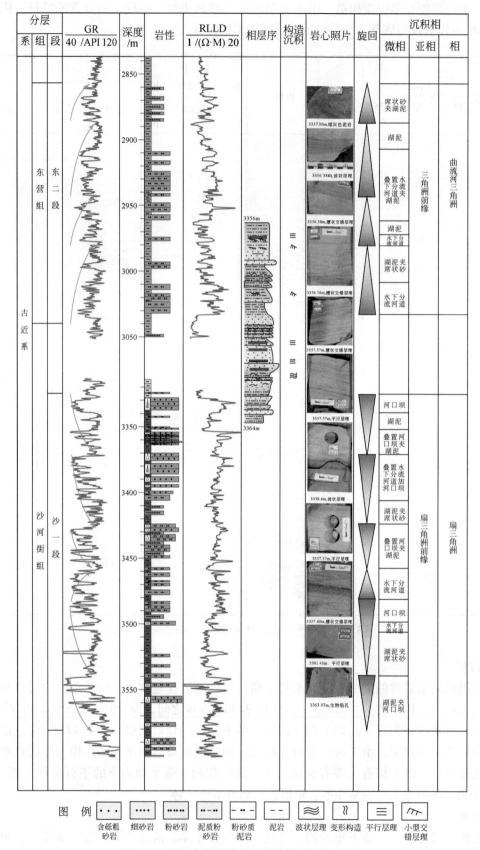

图例

含砾粗砂岩　细砂岩　粉砂岩　泥质粉砂岩　粉砂质泥岩　泥岩　波状层理　变形构造　平行层理　小型交错层理

图 3.13　扇三角洲前缘岩心相分析（堡古 1 井）

(a)平行层理	(b)交错层理	(c)砂泥互层	(d)平行层理
堡古1井 3362.85m	堡古1井 3357.57m	南堡4-19井 3951.19m	南堡4-31井 3949.59m
沙一段	沙一段	沙一段	沙一段

图3.14　扇三角洲前缘亚相沉积构造

2. 辫状河三角洲沉积体系

辫状河三角洲是指辫状河流由相邻高地进入浅水后形成的粗粒砂体，主要发育于研究区南部缓坡带的滩海地区。由于工区范围限制，物源沙垒田凸起在工区范围之外，因此研究工区内近物源的辫状河三角洲平原亚相并没有观察到，因此本次论文仅对工区内广泛发育的辫状河三角洲前缘亚相进行论述。

该亚相可细分为三种微相：河口坝、水下分流河道与席状砂，岩性粒度较粗，主要为中砂岩、含砾砂岩、细砂岩，其中水下分流河道最为发育。发育有少量的生物扰动构造，自然电位曲线呈现为钟形、锯齿形、漏斗形，其中漏斗形为突变接触（图3.15、图3.16），地震剖面上，可见连续叠瓦前积反射。

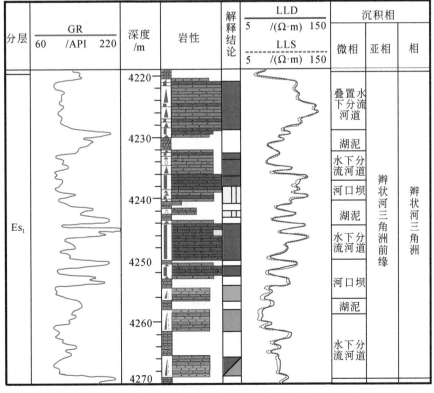

图3.15　辫状河三角洲前缘单井相分析（南堡306×1井）

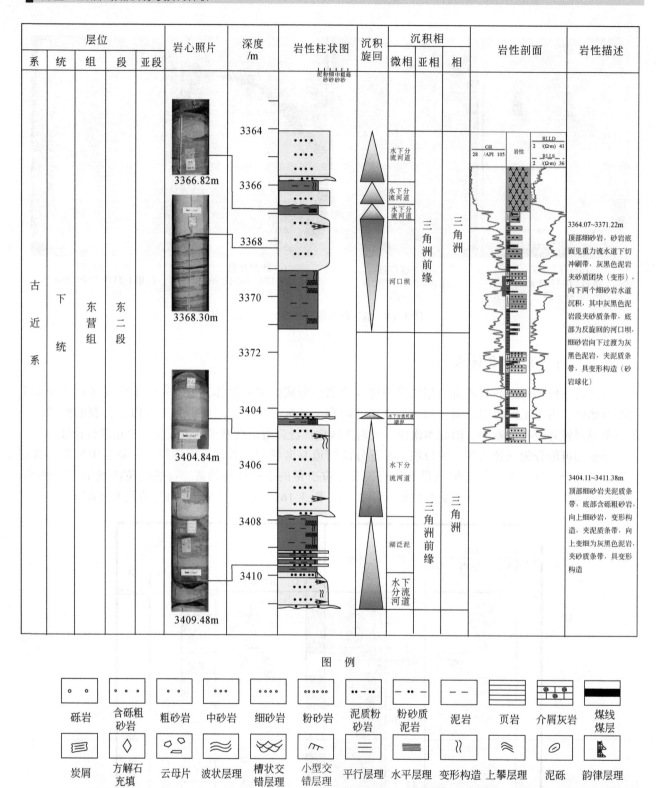

图 3.16 辫状河三角洲前缘岩心相分析（南堡 288 井）

1）水下分流河道

水下分流河道是辫状河三角洲前缘的主要组成部分。以南堡 288 井为例，根据岩心观察可知 3405m ～

3408m为水下分流河道沉积，主要以灰色中、细砂岩为主，发育有牵引流沉积构造，如平行层理［图3.17（a）、（b）］，在水下分流河道底部发育冲刷面构造和冲刷泥砾［图3.17（c）、（d）］。垂向序列上，底部粒度较粗，层理构造不发育，分流河道微相的上部岩性粒度较细，各期河道迁移频率快，在测井曲线特征上，GR曲线呈现与底部突变接触的箱形或钟形的特征。

2）河口坝

辫状河三角洲的供源机制与扇三角洲相类似，因此在间洪期，河口坝易被波浪改造成前缘席状砂。测井曲线形态呈现中-高幅漏斗形、箱形（图3.15），岩性以灰色细中砂岩、粉砂岩为主，其中夹杂着泥质粉砂岩的薄互层［图3.17（g）、（h）］，沉积物粒度从下到上呈现出变粗的反韵律规律，发育平行层理、交错层理等沉积构造［图3.17（e）、（f）］。

3）席状砂

研究区席状砂岩性偏细，以粉砂岩、泥质粉砂岩为主，受湖平面变化影响与泥岩呈薄互层的特征。席状砂在测井曲线上呈现中-低幅指形或锯齿状，常与湖泛泥岩伴随发育（图3.16）。

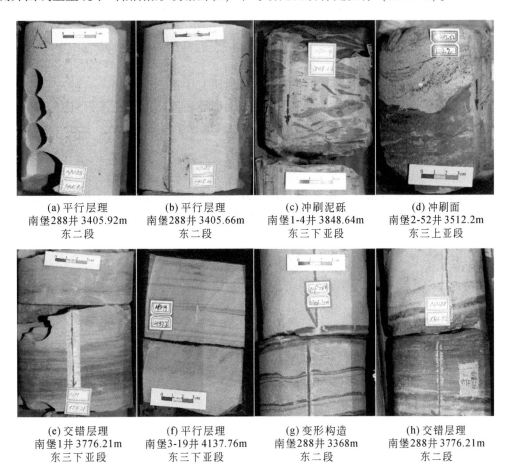

(a) 平行层理 南堡288井 3405.92m 东二段	(b) 平行层理 南堡288井 3405.66m 东二段	(c) 冲刷泥砾 南堡1-4井 3848.64m 东三下亚段	(d) 冲刷面 南堡2-52井 3512.2m 东三上亚段
(e) 交错层理 南堡1井 3776.21m 东三下亚段	(f) 平行层理 南堡3-19井 4137.76m 东三下亚段	(g) 变形构造 南堡288井 3368m 东二段	(h) 交错层理 南堡288井 3776.21m 东二段

图3.17 辫状河三角洲前缘亚相沉积构造

3. 湖泊沉积体系

在非河口区及盆地内部，由于没有河流作用，湖浪与沿岸流成为主要的沉积动力。研究区东营组沉积时期，湖泊沉积以粉砂岩、泥岩为主，在滩坝发育地区见细砂岩，根据水动力情况差异，在研究区识别出滨浅湖和半深湖-深湖两个亚相。

1）滨浅湖

在靠近湖岸线的非河口区，浪基面之上，沉积物受湖泊水动力影响大，是滨浅湖沉积区，在地形适当的地区,如继承性水下隆起、地形变化,常发生滩坝沉积。研究区滩坝相主要发育于4号构造东二段沉积时期,岩心上发育冲洗交错层理与生物扰动构造。

2)半深湖-深湖

半深湖-深湖沉积主要发育于研究区的几个沉积中心处,以暗色泥岩发育为特征,由于平行层理发育,泥岩在岩心上多断成泥饼状(图3.18)。

图3.18 研究区半深湖-深湖沉积岩心特征

暗色泥岩,水平层理形成泥饼,NP306X1井,第一次取心,Ed_3^3

4. 重力流沉积体系

重力流作为沉积物搬运的一种重要形式,在裂谷盆地研究中被广泛重视。通过对研究区岩心进行系统观察与描述,认为凹陷内主要存在两大类重力流类型,即砂质碎屑流与浊流,对应于两类重力流沉积形式,即块状搬运型湖底扇与近岸水下扇。研究区内重力流沉积主要发育于各三级层序低位沉积时期。

1)重力流沉积特征

(1)砂质碎屑流沉积特征

砂质碎屑流属于黏滞型塑性流体,流动时呈层流状态,沉积后形成连续的块状沉积体。研究区内砂质碎屑流通常为细砂岩,具块状构造,顶部常发育平行分布的泥砾(图3.19)。

(a)灰色细砂岩,泥岩撕裂屑, NP2-15井,3527.23m,Ed_2　　(b)灰色细砂岩,泥岩撕裂屑, B26井,3155.27m,Ed_3^8　　(c)灰色细砂岩,泥岩撕裂屑, NP2-52井,3425.09m,Ed_2

图3.19 研究区砂质碎屑流沉积岩心特征

(2)浊流沉积特征

浊流是重力流沉积物密度最低的一类,其内部颗粒以颗粒间流体扰动支撑,呈紊流状态。鲍马层序是浊积岩所特有的沉积构造,其中正粒序层理是鉴别浊流的重要依据,在研究区正粒序层理常以叠覆冲刷的形式出现,即"AAA"的组合序列,有时常伴有下伏地层的冲刷变形。

2)成因分析

通常认为重力流的产生需要一定的触发机制,地震、风暴、海啸及水下火山喷发等地质活动或极端天气会造成重力流沉积的发生,并且重力流在流动过程中受控于沉积物浓度、体积及坡度变化会发生流体转换。这是重力流,尤其是碎屑流,是流动过程中的一种重要现象,很多学者对其机制及控制因素进行了大量研究(Shanmugam,2000,2013;Mulder and Alexander,2001;Curtis,2002;姜华等,2010)。基于这一机制,Shanmugam 将一次重力流事件分为滑动、滑塌、碎屑流和浊流 4 个部分(Shanmugam,2013)。

　　凹陷内主要发育两类重力流沉积物:砂质碎屑流、浊流。砂质碎屑流通常为砂级沉积物,为塑性流体,可以类比于沉积过程中碎屑流阶段,是沉积物经过滑动、滑塌后形成的,并且未向浊流转化。由滑动到浊流的沉积过程,实际上是沉积物由固结状态向流体转化,由层流向紊流转化,沉积物浓度逐渐降低的过程。通过对研究区两类重力流沉积物发育地区与沉积物特点的分析,认为主要受控于沉积时古地貌及沉积物自身性质。坡度增大、沉积物粒度变粗会使重力流内部剪切应力增加,从而导致泥质成分所形成的黏结力不足以将颗粒固结在一起,致使外部水体进入重力流中,降低流体的浓度,最终形成浊流,以扇体发育为特征 [图 3.20(a)];反之容易形成砂质碎屑流,由于砂质碎屑流为塑性流体,故沉积形态为块状 [图 3.20(b)]。

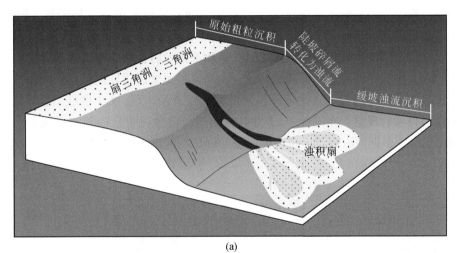

(a)

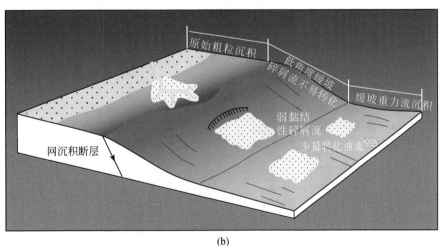

(b)

图 3.20　研究区重力流沉积模式图

　　通过对砂质碎屑流沉积区与浊流沉积区进行地层切片,上述沉积物平面展布特征在地震属性图中亦有良好的对应关系。本次研究分别对老爷庙与高尚堡地区东二段低位体系域进行地层切片,从高尚堡地区的地层切片中可以发现,高柳断层下降盘处,具有良好的扇体形态反射,代表浊流沉积,而老爷庙地区的地层切片显示,在扇三角洲沉积前方,存在高振幅反射区,并且呈块状分布,对应于砂质碎屑流沉积。

3.2.3　南堡凹陷沉积体系的时空展布

在层序地层格架内，以物源分析为基础，结合区域地质资料、钻井、测井以及三维地震数据，对研究区内沉积体系在不同沉积时期的分布范围有了明确认识。利用连井对比、砂岩百分含量变化趋势、地震属性提取等方法，编绘了层序格架内的沉积体系平面分布图，总结了纵横向上沉积体系的演化规律。

1. 沉积体系剖面展布特征

南堡凹陷 1 号构造带内河道与河口坝砂体叠置出现，早期沉积河口坝砂体遭受后期河道冲刷，且距物源越近，河道下蚀作用越强，导致早期河口坝砂体被河道完全冲刷改造，只能在远离物源区域（河道砂体尖灭处）才能观察到河口坝砂体沉积特征，此时砂体类型逐渐过渡为河口坝、席状砂。从切物源剖面上看，南部存在两个辫状河三角洲朵叶体，一处位于南堡 1-68 井井区附近，另一处位于堡探 3 井井区附近。从砂体叠置关系来看，河道砂体呈透镜状，常常切割冲刷早期沉积河口坝砂体，河道砂体尖灭处常常过渡到河口坝砂体、席状砂砂体、湖泥。

由于 3 号构造在沙一段沉积时期物源供给充足，近物源区域岩性为含砾不等粒砂岩、中砂岩，河道砂体厚度一般为 5~8m，可见多期河道叠置冲刷特征，由于河道频繁迁移导致河口坝砂体不发育；随着与物源之间距离的增加，河道的冲刷作用开始下降，河口坝砂体开始出现，GR 曲线呈漏斗形或箱形的特征，可见河道冲刷叠覆河口坝的现象；在南堡 3-27 井井区附近，过渡为席状砂和湖泥沉积（图 3.21）。垂直物源剖面内（图 3.22），多期河道叠置以及晚期河道冲刷早期河口坝的现象均有存在。在南堡 306×1 井井

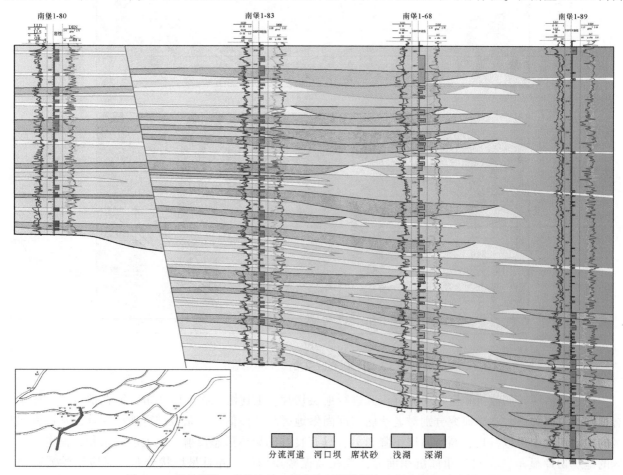

图 3.21　南堡凹陷 3 号构造沙一段高位域顺物源方向沉积微相对比剖面图

区附近，发育几套较厚砂体，经过连井对比分析，认为这些砂体并不是单一河道砂体，是由晚期河道冲刷早期河道以及河口坝形成的，这是造成单井局部砂体厚度大的原因。

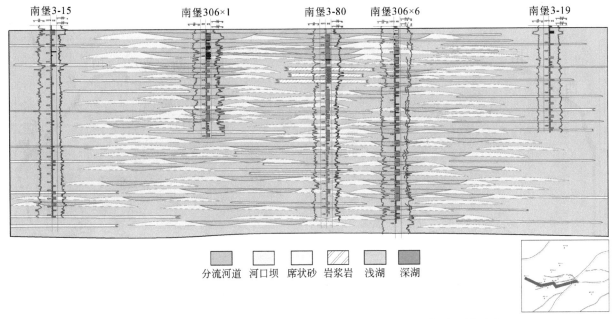

图3.22　南堡凹陷3号构造沙一段高位域切物源方向沉积微相对比剖面图

如图3.23所示，剖面位置横切4号构造发育的扇三角洲朵叶体。从砂体形态来看，剖面上砂体主要呈透镜状，厚度在8~10m之间，砂体之间连通性较好，各期河道以及河口坝存在冲刷、叠覆的特征；测井曲线的形态呈现箱形和钟形的特征，也可见漏斗形以及指状突起的形态，主要发育两种沉积微相，早期为河口坝沉积微相；在晚期时河道冲刷早期河口坝，水下分流河道砂体叠置在早期河口坝砂体之上，导致砂体类型在砂体边缘处常常由河道砂体过渡为河口坝砂体。

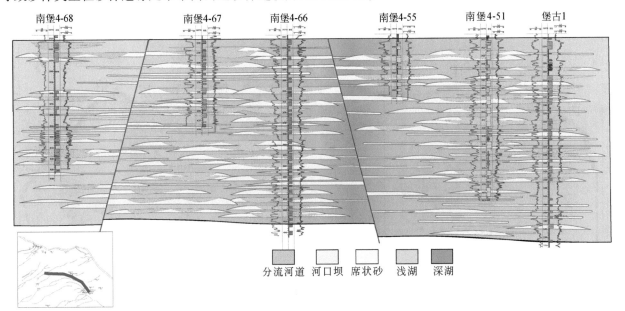

图3.23　南堡凹陷4号构造沙一段高位域切物源方向沉积微相对比剖面图

2. 沉积体系平面展布特征

南堡凹陷沙一段高位域沉积时期存在7个物源砂体，砂体厚度主要分布在30~100m之间，存在5个砂岩厚度高值区，南堡凹陷沙一段高位域沉积时期沉积体系主要分为两大部分，北部陡坡带的扇三角洲–湖泊沉积体系，南部缓坡带辫状河三角洲–湖泊沉积体系（图 3.24）。

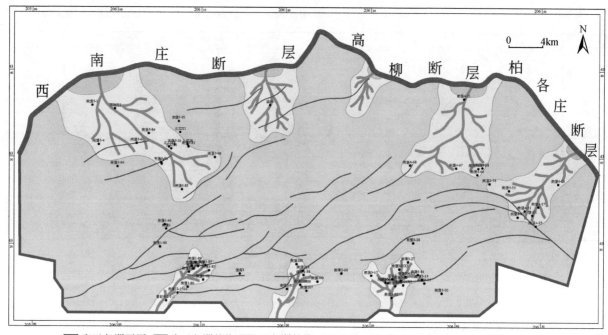

图 3.24　沙一段高位域沉积相图

　　南堡凹陷东三下亚段低位域沉积时期，砂体延伸范围与沙一段高位域沉积时期相比较广。砂体厚度在 30～90m 之间，存在 5 个砂岩厚度高值区，南堡凹陷东三下亚段低位域沉积时期（图 3.25），沉积体系格局与沙一段高位域相类似，其中扇三角洲–湖泊沉积体系发育在凹陷北部陡坡带，而在南部的缓坡带则发育辫状河三角洲–湖泊沉积体系。

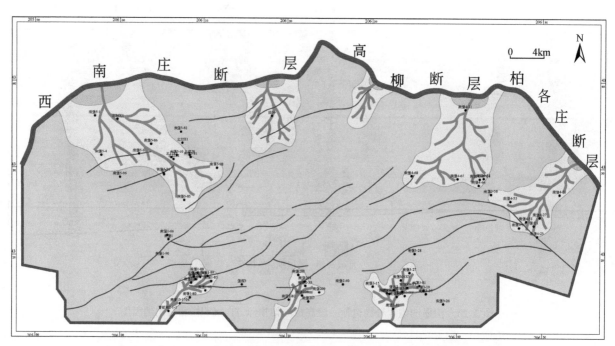

图 3.25　东三下亚段低位域沉积相图

南堡凹陷东三下亚段高位域沉积时期，砂体分布区域、展布方向与低位域沉积时期具有继承性，但近物源的砂体累计厚度较低位域沉积时期有所提高，在 7 个物源砂体之中，存在 3 个砂岩厚度高值区，南堡凹陷东三下亚段高位域沉积时期（图 3.26），沉积相的展布特征与东三下低位域沉积时期相类似，由于湖平面下降，物源供给加强，北部扇三角洲沉积体系进积，展布范围、延伸距离逐渐增加。

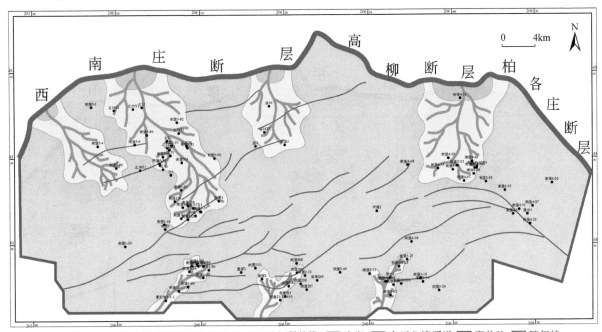

图 3.26　东三下亚段高位域沉积相图

南堡凹陷东三上亚段低位域沉积时期盆地沉降格局与东三下亚段高位域差异比较大，主要表现在边界断层的活动性减弱、凹陷内部 1、2 号断层继续活动，沉积物向沉积中心推进距离增大。边界断层构造活动强度在东三上亚段时期开始逐渐减弱，该时期的地形高度差异减小，高柳断裂继续活动，在功能上取代了柏各庄断裂，成为凹陷北缘的主要边界断裂，南堡凹陷的沉积和沉降中心迁移到高柳断裂以南地区（图 3.27）。

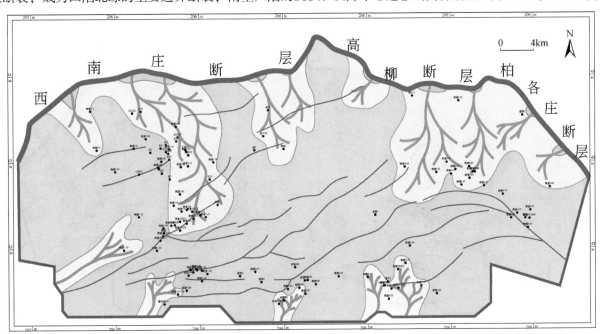

图 3.27　东三上亚段低位域沉积相图

南堡凹陷东三上亚段高位域沉积时期盆地沉降格局与低位域沉积时期相比具有继承性，在这个沉积时期，湖泊面积缩小，砂体向沉积中心进积，各个方向的砂体开始汇聚。南堡凹陷东三上亚段高位域沉积时期沉积相的展布特征与低位域沉积时期相类似，由于湖平面变化，导致了沉积物开始向沉积中心进积。凹陷北部扇三角洲沉积体系与南部的辫状河三角洲沉积体系呈现进一步向盆地沉积中心进行延伸，砂体覆盖范围明显扩大的特征（图3.28）。

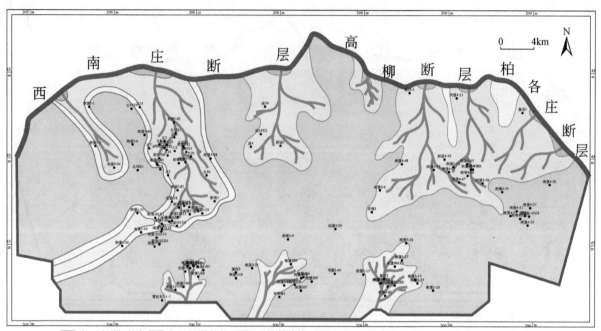

扇三角洲平原　扇三角洲前缘　三角洲前缘　浅湖　水下分流河道　席状砂　矿权线

图3.28　东三上亚段高位域沉积相图

东二段低位域沉积时期水体整体变浅，物源供给充足，沉积物持续向盆地内部推进。该沉积时期发育多个物源砂体，总体砂岩厚度分布在45～105m之间，东二段低位域沉积时期沉积体系依然呈现北部陡坡带为扇三角洲沉积体系，南部缓坡带为辫状河三角洲前缘沉积体系的特征（图3.29）。

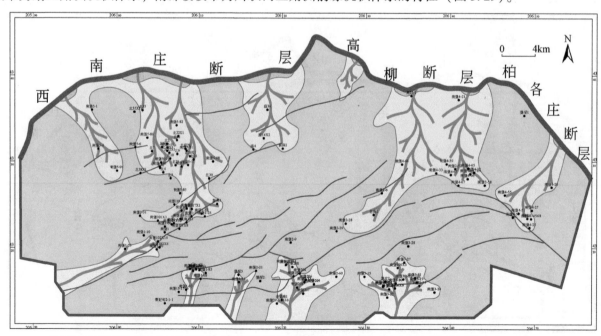

扇三角洲平原　扇三角洲前缘　辫状河三角洲前缘　浅湖　水下分流河道　席状砂　矿权线

图3.29　东二段低位域沉积相图

3.2.4　南堡凹陷古地貌控砂模式

在断陷湖盆之中，优势砂体的分布受地貌特征、断层分布、沉积体系类型等多种因素控制。其中，边界断层活动与演化特征影响了凹陷内古地貌特征变化，是沉积中心位置变迁重要因素，控制了砂体类型与展布特征。本次论文在前人研究的基础上，通过统计边界断层分段活动性，确定边缘凸起沟谷以及盆地内部次生断层的分布特征，认为南堡凹陷存在构造调节带控源、盆缘沟谷输砂、断槽控砂 3 种构造 - 古地貌控砂模式。

1）构造调节带控源

通过统计各个测线边界断层上下盘各地层断点时深间距，来模拟断层在展布过程中起伏构造形态，断距小的位置即为物源输入口（图 3.30）。Line165 - Line1450 为西南庄断层各层段断点地层深度，在 Line581、Line837、Line1221 处西南庄断层上盘明显呈现低洼的特征，因此判定在 5 号构造、老爷庙构造存在物源输入，与扇三角洲朵叶体分布相匹配（图 3.31）。

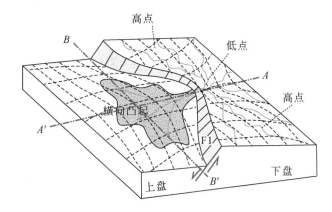

图 3.30　构造调节带控源输砂模式

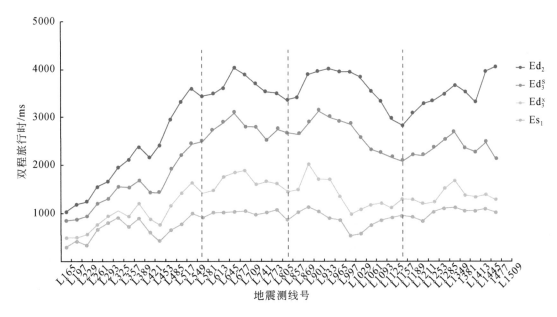

图 3.31　南堡凹陷西南庄断层分段特征

2）盆缘沟谷输砂

南堡凹陷盆缘沟谷输砂模式主要发育在柏各庄凸起以及南部沙垒田凸起。柏各庄断层早期具有明显的走滑性质，沿断裂走向形成了许多与之斜交的次级断裂，形成地貌上的薄弱带，易于剥蚀形成沟谷地貌，成为沉积物进入盆地的优势通道，沉积物进入盆地后，主要受到柏各庄断裂伸展活动所形成的断裂坡折所控制，由于柏各庄断层垂向落差较小，地势落差不大，断面较缓，因而主要发育了扇三角洲砂体（图 3.32），根据柏各庄凸起地震剖面可以识别出 6 个沟谷位置（图 3.33）。在地震属性图上，剖面上显示沟谷位置与朵叶体位置呈现良好的匹配关系。

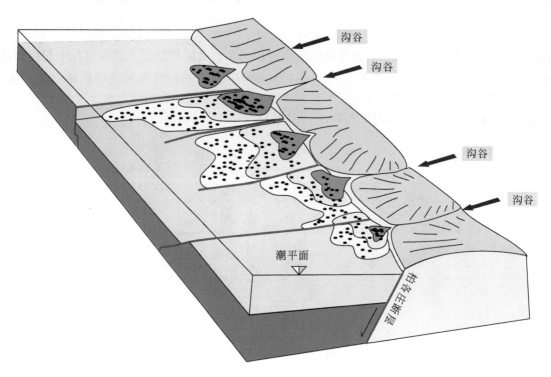

图 3.32　沟谷输砂模式

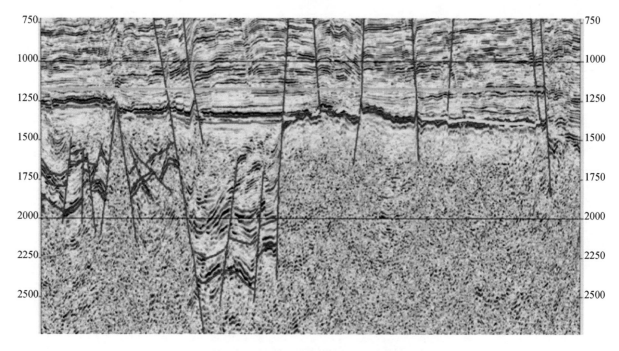

图 3.33　柏各庄凸起沟谷地震反射特征

3）断槽控砂

南堡凹陷古近系沉积体系主要分为两大部分，北部陡坡带的扇三角洲-湖泊沉积体系，南部缓坡带辫状河三角洲-湖泊沉积体系。北部地区由于西南庄断层、高柳断层分段活动性的差异，导致在分段断层连接点处下降盘形成横向背斜，上升盘则形成凹陷，成为物源输入口，发育扇三角洲沉积体系；柏各庄凸起受次级断裂影响，易于剥蚀形成沟谷地貌，成为沉积物进入盆地的优势通道，主要发育了扇三角洲砂体；南部滩海地区，发育有继承性北东向控沉积断层（南堡1、2、3号断层）形成砂体输送通道，碎屑物质沿断槽通道向盆地内部进行延伸，形成辫状河三角洲沉积体系（图3.34）。

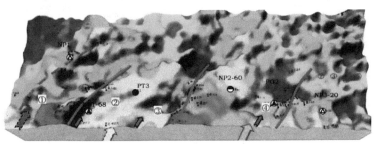

(a) 沙一段下降半旋回沉积时期古地貌图

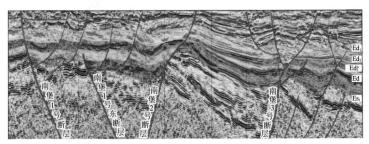

(b) 过南堡1号-3号构造带近E-W向地震剖面图

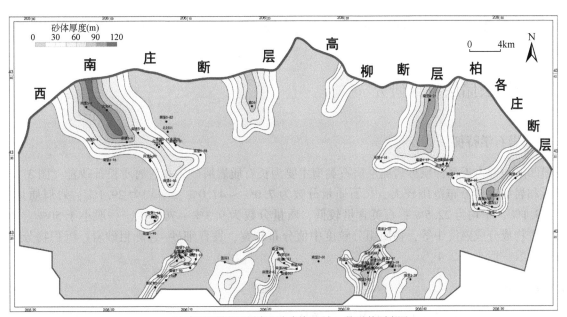

(c) 南堡凹陷SQ6层序下降半旋回(沙一段)砂体厚度图

图3.34　南堡凹陷断槽输砂模式

南堡凹陷古近系沉积体系展布综合模式如图3.35所示。

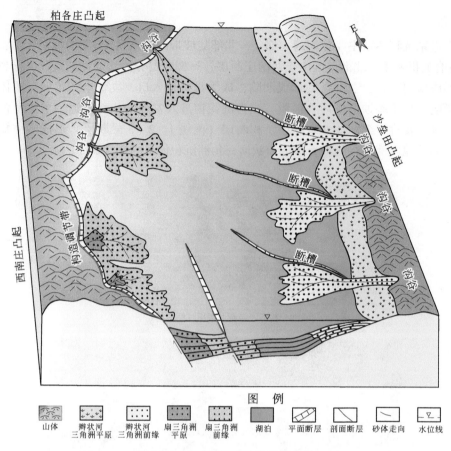

图例

| 山体 | 辫状河三角洲平原 | 辫状河三角洲前缘 | 扇三角洲平原 | 扇三角洲前缘 | 湖泊 | 平面断层 | 剖面断层 | 砂体走向 | 水位线 |

图3.35　南堡凹陷砂体分布模式图

3.3　南堡凹陷中深层有效储层成因机制及分布预测

3.3.1　中深层储层特征研究

1. 储层岩石学特征

南堡凹陷南部古近系深层砂岩储层岩石类型主要为长石质岩屑砂岩和岩屑质长石砂岩（图3.36）。砂岩中长石和岩屑含量分布范围较大，长石质量分数为7.0%～47.0%，平均为29.1%；岩屑质量分数为7.7%～59.1%，平均为22.5%；石英含量较低，质量分数为9.3%～70.5%，一般小于50%。整体上，砂岩岩石矿物成分成熟度中等，物质组分粒度中值分布较宽，发育细砂-含砾粗砂岩；沉积物分选差-中等，分选系数一般小于2.4。

2. 储层物性特征

对南堡凹陷南部古近系深层1829块砂岩样品实测物性统计（图3.37），结果表明，孔隙度分布为0.1%～29.5%，平均值为13.76%；频率分布主体为5%～25%；累计频率分布曲线表明，有99.07%的实测孔隙度值小于25%［图3.37（a）］。渗透率分布在0.002～966.148mD①，平均值为29.589mD；频率

① 1mD=0.987×10⁻³μm²。
————————————————

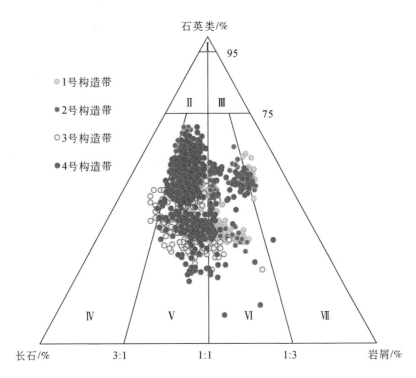

图 3.36　南堡凹陷南部古近系中深层储层岩石类型三角图

累计曲线表明，有 88.41% 的实测渗透率值小于 50mD，有 72.85% 的实测渗透率值小于 10mD，有 37.47% 的实测渗透率值小于 1mD，仅仅有约 12% 的实测渗透率值大于 50mD［图 3.37（b）］。依据国家石油行业储层评价标准，南堡凹陷南部古近系深层砂岩为中、低孔–低渗型储层，局部发育中高渗型储层，即在普遍低渗背景下存在部分物性相对较好的优质储层。相对于 3 号构造带，4 号构造带古近系深层砂岩储层孔隙度和渗透率之间相关性较弱（R^2 为 0.1881），揭示储集空间连通性较差，自生黏土矿物形成的微孔比例相对较高［图 3.37（c）］。

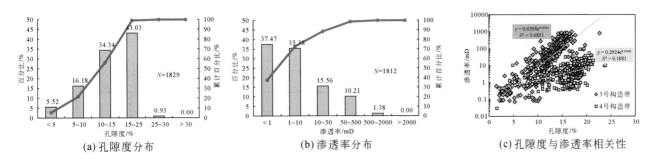

(a) 孔隙度分布　　　(b) 渗透率分布　　　(c) 孔隙度与渗透率相关性

图 3.37　南堡凹陷南部古近系深层砂岩储层物性特征

3. 储层孔隙结构特征

　　南堡凹陷南部古近系深层储层发育多种储集空间类型，包括原生孔隙和次生孔隙（图 3.38）；次生孔隙包含粒内溶蚀孔、晶间微孔和少量微裂缝。经过压实、胶结作用等改造后的原生粒间孔呈现为颗粒边缘平直、孔隙形状较为规则［图 3.38（a）］。次生孔隙主要为长石和岩屑溶蚀形成不规则状的粒内孔隙［图 3.38（b）］；此外还可见少量的颗粒边缘溶蚀孔隙［图 3.38（c）］，次生溶蚀孔隙连通性相对较差；微裂缝整体在研究区发育相对较少，但在 3 号构造带则相对发育［图 3.38（c）］，主要为一些脆性矿物（石英、长石等）颗粒等受构造应力作用破裂所致。微孔主要为一些自生黏土矿物和微晶石英形成的晶间

孔隙 [图3.38 (d) ～ (f)]。

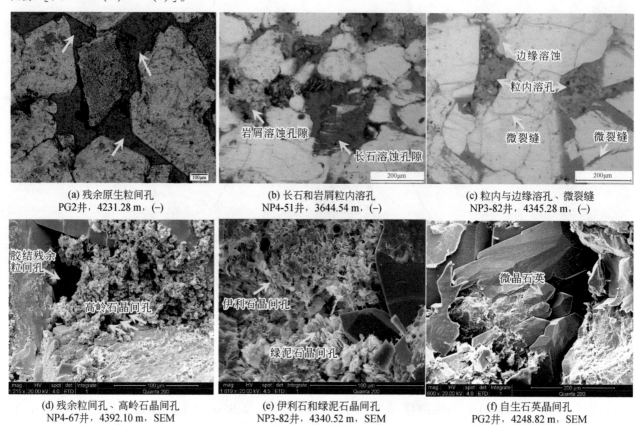

(a) 残余原生粒间孔
PG2井，4231.28 m，(−)

(b) 长石和岩屑粒内溶孔
NP4-51井，3644.54 m，(−)

(c) 粒内与边缘溶孔、微裂缝
NP3-82井，4345.28 m，(−)

(d) 残余粒间孔、高岭石晶间孔
NP4-67井，4392.10 m，SEM

(e) 伊利石和绿泥石晶间孔
NP3-82井，4340.52 m，SEM

(f) 自生石英晶间孔
PG2井，4248.82 m，SEM

图3.38　南堡凹陷南部古近系深层砂岩储层储集空间镜下特征

通过对实测岩心物性及与之配套的铸体薄片资料分析，依据储层孔隙发育类型和相对含量（以50%为界限），对南堡凹陷南部古近系深层异常高孔带的类型进行了确定。结果表明，不同构造带深层储层异常高孔带发育类型不同。其中，3号构造带其储集空间以次生孔隙为主，次生孔隙百分比为50%～83%，属于次生孔隙主导型异常高孔带 [图3.39 (b) (c)]；4号构造带储集空间以原生孔隙为主，原生孔隙百分比为50%～92.3%，属原生孔隙主导型异常高孔带 [图3.39 (d) (e)]。

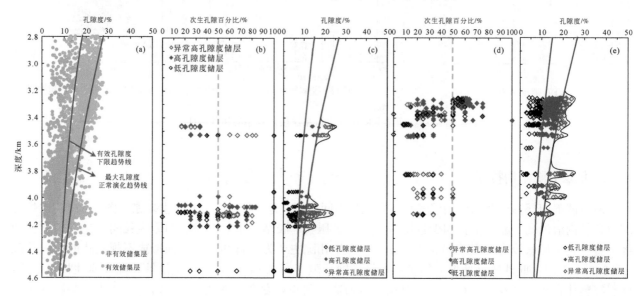

图3.39　南堡凹陷南部古近系深层砂岩储层孔隙度及储集空间垂向分布特征

3.3.2　中深层有效储层成因机制及演化模式

1. 有效储层成因机制

1）沉积条件是深层储层物性差异的基础

沉积作用控制着沉积微相类型及储层的成分和结构，研究区砂岩储层成分差异不显著，但沉积物分选和颗粒大小（岩性）对储层物性的控制具有一定的差异。

南堡凹陷南部古近系深层储层物性随着沉积微相的变化而变化，物性较好的储层往往来自水下分流河道和河口坝（图3.40）。水下分流河道和河口坝砂岩储层形成时水动力能力较强，沉积物粒径较大、抗压能力较强、分选较好且杂基含量较低，使得储层物性较好。远砂坝由于其颗粒粒径较小，多为粉砂岩和细砂岩，虽然分选性相对较好，初始孔隙度相对较高，但由于抗压实能力较差，使得物性相对较差。

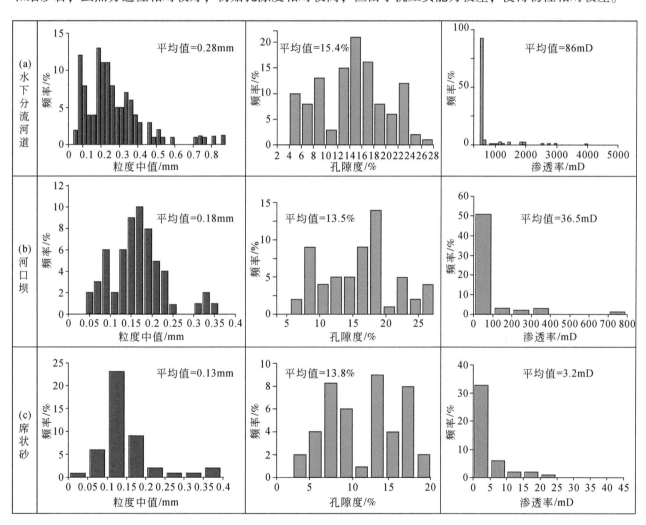

图 3.40　南堡凹陷不同沉积微相砂岩孔隙度和渗透率分布特征

2）成岩作用对深层储层物性的影响

对于不同岩性之间，储层物性具有差异性；对于同一种岩性，储层物性仍然表现出强的非均质性，这是由于在沉积作用的基础上不同成岩作用对储层物性进一步改造的结果。

（1）压实作用对储层物性的影响

粒间孔隙体积是储层压实程度的良好指示参数，其主要响应于垂向有效应力，随着压实作用进行，粒间孔隙体积减小。假设南堡凹陷南部分选好的砂岩初始孔隙度为40%，压实作用损失的原生孔隙占总孔隙的百分比为10%~90%（平均70.5%），表明压实作用是破坏储层物性的主要因素之一 [图3.41（a）]。此外，不同岩石类型的压实减孔效应不同，统计表明长石质岩屑砂岩的压实减孔量明显高于长石砂岩的减孔量。此外，当视压实率大于约0.5时，储层物性与视压实率呈现负相关性；当视压实率小于0.5，随着视压实率增大储层物性有增大的趋势；这表明尽管在埋藏早期，原生孔隙度的损失主要是由于软岩屑等受压实所造成，然而压实作用可以被早期充填一定量的碳酸盐或硅质胶结物所抑制 [图3.41（b）（c）]。虽然相对较高的粒间胶结物体积可以弱化压实作用，但是胶结物的大量存在同样会导致储层物性变差。

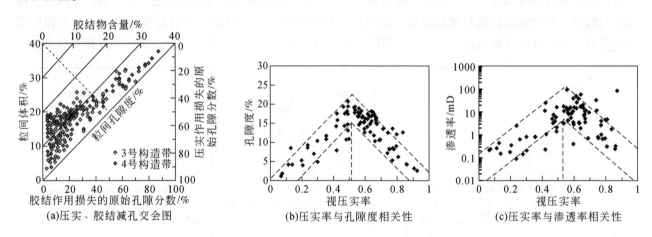

图3.41　压实作用对南堡凹陷南部古近系深层砂岩储层物性的控制

（2）胶结作用对储层物性的影响

胶结作用是影响南堡凹陷南部古近系深层储层物性的又一个关键成岩因素。胶结物主要为碳酸盐和黏土矿物，不同类型的胶结物对孔隙和喉道都有堵塞，使得储层物性变差。

碳酸盐胶结物通常沉淀在原生孔和次生颗粒溶孔内，主要以孔隙充填和交代碎屑颗粒的形式出现。储层中碳酸盐胶结物含量与孔隙度和渗透率相关性表明，碳酸盐胶结物质量分数在约6%时为一个门槛阈值 [图3.42（a）（b）]；当碳酸盐胶结物质量分数小于6%时，碳酸盐胶结物含量与孔隙度和渗透率没有明显的相关性，然而当碳酸盐胶结物质量分数大于6%时，随着碳酸盐胶结物含量的增大，孔隙度和渗透率具有减小的趋势。此外，在整个砂体单元里可以发育不同程度的碳酸盐胶结，从贫胶结到强胶结。碳酸盐胶结物在砂体中的分布表明，碳酸盐胶结物优先沉淀在砂体的顶部和底部附近，沿着与夹层泥岩的接触面。以NP306X1井为例，在靠近砂泥岩接触面4229.15m和4249.69m的样品中碳酸盐胶结物含量远大于在4223.76m和4244.59m砂体中部样品中的碳酸盐胶结物含量（图3.43）。

样品X衍射数据表明，南堡凹陷南部3号构造带深层砂岩中黏土矿物质量分数为1.7%~13.8%，平均为5.45%；4号构造带深层砂岩中黏土矿物质量分数为7.3%~26.9%，平均为13.53%。3号构造带黏土矿物含量相对较低对储层物性影响较弱；而4号构造带则含量较高，黏土矿物主要以孔隙衬边和填充孔隙为主，随着黏土矿物含量的增大储层物性变差 [图3.42（c）（d）]。4号构造带自生黏土矿物主要为伊蒙混层，高岭石次之，少量伊利石和绿泥石。不同类型黏土矿物对储层物性具有不同程度的影响。具体表现为随着伊蒙混层和伊利石含量增加，储层物性逐渐变差；这是由于伊蒙混层和伊利石主要形成于成岩中-晚期，纤维状、丝缕状的产状堵塞了孔隙和喉道，使得一些大孔隙被分割成微孔隙，破坏储层物性。高岭石则与储层物性呈现出较弱的正相关性 [图3.42（i）（j）]；绿泥石与孔隙度为负相关关系 [图3.42（k）]，与渗透率相关系较弱 [图3.42（l）]；而前人研究认为砂岩中绿泥石的存在往往会对储

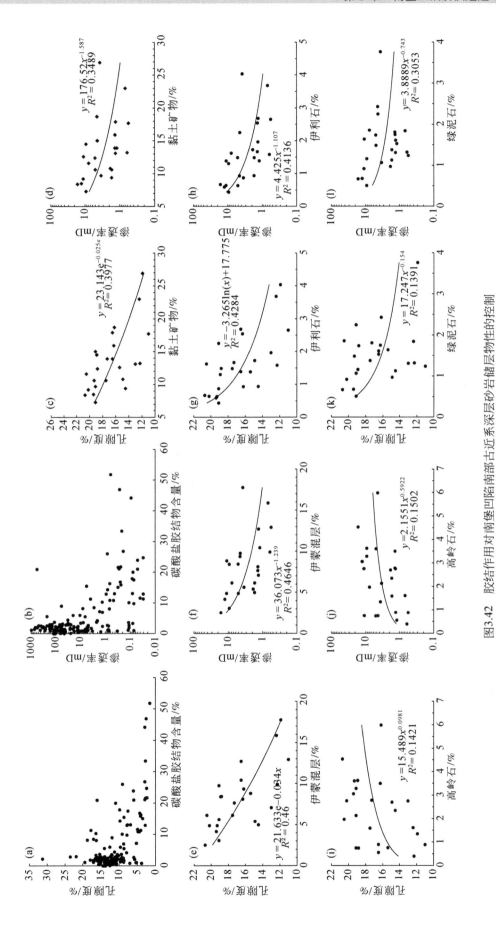

图3.42　胶结作用对南堡凹陷南部古近系深层砂岩储层物性的控制

层起到保存作用。造成绿泥石与储层物性的这种负相关可能是由于：第一，绿泥石含量在4号构造带深层砂岩中含量较低，主要是以孔隙充填而不是以孔隙衬里形式产出，因此不足以起到保孔效果；第二，前人认为绿泥石不是保孔的关键因素，只是其形成的相对高能条件下沉积的岩石学特点所决定；此外，绿泥石形成的晶间孔相对于所充填的粒间孔隙可以说微不足道，其不能增加有效孔隙度，通过堵塞孔喉体系而降低储层物性。

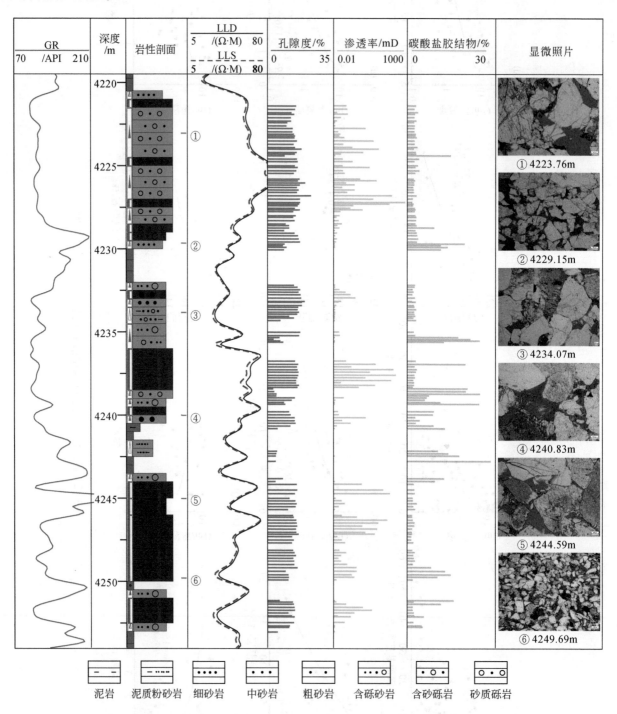

图3.43 南堡凹陷南部 NP306X1 井古近系深层储层特征综合柱状图

（3）溶蚀作用对储层物性的影响

溶蚀作用对于沉积之后储层物性的改善非常重要。随着压实作用的进行，深部砂岩的原生粒间孔部分或者彻底被破坏。然而,溶蚀可以提高或改善储层物性。南堡凹陷南部深层储层溶蚀作用类型有碳酸盐胶结物、长石和岩屑溶解,且以长石溶解最为重要。在成岩阶段期间,从沙一段烃源岩中释放出的流体富含有机酸和 CO_2,这可以使砂岩中的硅铝盐矿物发生溶解,形成大量的骨架颗粒溶蚀次生孔隙,酸性溶蚀增加的孔隙度分布在0.49%~7.37%;成岩序列研究表明溶蚀作用之后会继续存在胶结和压实作用,为此实际溶蚀增加的孔隙度也许大于观测值。整体上,长石在纵向上的含量变化与热演化密切相关,长石溶蚀量在有机酸生成高峰期时达到最大,使得长石含量相对较低,相应的伴生矿物高岭石等含量则相对较高。在南堡凹陷南部,溶蚀主要发生在相对高能环境(分流河道和河口坝)的砂体中,因为其形成的砂体厚度相对较厚、砂体原始物性好,后期酸性水易于流通、溶蚀作用易于发生。

3) 油气充注抑制晚期胶结,利于孔隙保存

油气充注对于储层物性的演化具有一定的影响。据统计,南堡凹陷南部古近系深层88%的干层为低孔隙度储层,孔隙度与有效孔隙度下限差值平均为-3.1%;而油层、油水同层和水层的孔隙度与有效孔隙度平均差值分别为5.8%,5.17%和5.03%,均为高孔隙度储层[图3.44(a)]。通过绘制不同含油级别储层与其物性相关性[图3.44(b)(c)],可知油浸和油斑储层物性最好,油迹储层物性次之,荧光和不含油储层物性最差;而碳酸盐胶结物含量在油浸和油斑储层中含量最低,在含油级别低的储层中含量相对高。因此,当油气注入到砂岩孔隙中,可以通过抑制或者弱化成岩作用(尤其晚期碳酸盐胶结)的进行起到保孔作用,进而利于有效储层的发育和形成;以NP3-26井古近系深层砂岩密闭取心为例,随着含油饱和度的增加,储集层的孔渗增大[图3.44(d)(e)],而碳酸盐胶结物含量逐渐减小[图3.44(f)]。此外,前人研究认为油气充注对于成岩作用的抑制与含油饱和度密切相关,含油饱和度越高,抑制成岩作用和保孔效应才越明显。至于油气充注对能够抑制压实作用,这种影响需要分常压、超压和石油沥青化进行研究,认为只有在超压下,油气充注对于储层物性的影响才起到积极作用,油气充注与超压相互影响。

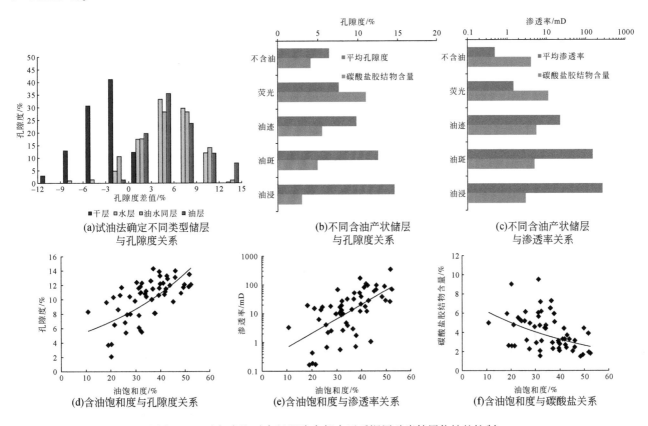

图3.44　油气充注对南堡凹陷南部古近系深层砂岩储层物性的控制

4）异常高压抑制压实，利于孔隙保存

在地层超压带声波时差表现为比正常趋势偏高，出现偏离正常压实趋势的异常（图3.45）。统计表明南堡凹陷南部古近系深层储层整体以常压为主，在局部发育弱超压–中超压。地层古压力数值模拟结果表明在沙河街组沉积后，由于东营组初期发生了一次快速沉降，致使沙一段产生欠压实；南堡凹陷南部古近系沙河街组在距今约31Ma开始发育地层超压，超压形成时间较早，且持续时间长，有利于保孔。前人研究认为早期异常高压对于孔隙的保孔机制主要表现为：第一，异常高压为后期次生孔隙的发育提供了有利条件；第二，异常高压可以削弱垂向有效应力，抑制压实作用减缓成岩作用进程，进而保存储集空间。如PG2井沙一段储层发育中超压环境（图3.45），平均孔隙度为12.3%；NP3-26井沙一段储层为弱超压环境，平均孔隙度为9.58%。

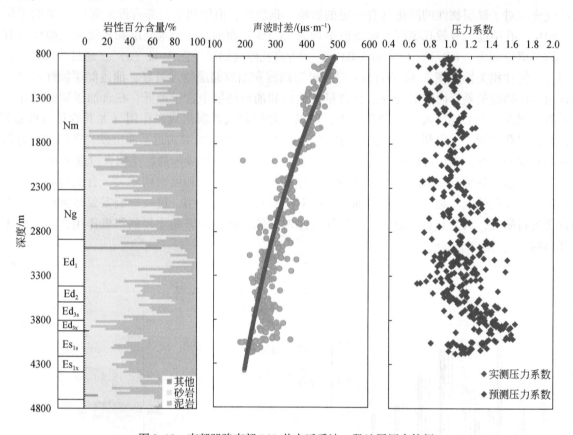

图3.45 南部凹陷南部PG2井古近系沙一段地层压力特征

2. 有效储层成岩演化模式

在优质储层主控因素分析的基础上，建立了南堡凹陷优质储层演化模式（图3.46）。随着成岩水体环境的变化，储层成岩作用的进行也随之改变。南堡凹陷南部储层成岩早期，流体性质主要受沉积水环境控制，呈现碱性，这样利于早期碳酸盐胶结物的沉淀；在砂泥岩接触面附近胶结强度大，在距砂泥岩接触面较远的砂体中心，碳酸盐胶结物沉淀逐渐减小。这样就会造成在早成岩期，主要有三种成岩作用改造的储层：第一为被早期碳酸盐强胶结减孔的储层；第二为沉积粒度较细受压实作用主导逐渐减孔的储层；第三是在砂体中部受胶结影响弱，颗粒相对较粗，压实减孔较细粒储层小。随着埋藏深度的增大，在中成岩早期，有机质大量产生有机酸，早成岩期三种类型的储层就会产生不同的成岩演化（图3.46）。当有机酸没有能改造早期碳酸盐胶结物时，这类储层将沿着图3.46中①孔隙演化路径进行，此外由于细粒沉积物抗压实能力弱，早期压实减孔使得在中成岩期时，粒间孔隙被大量衰减，甚至消失殆尽，这样有机酸不能大量进入储层中，致使储层孔隙演化也将沿着①进行。当早期碳酸盐胶结物被大量溶蚀后，在油气充注期如果有油气注入，那么储层孔隙将会得到一定程度保存，储层孔隙演化将沿着图 3.46 中②→⑤路径进行；如果没有油气充注，晚期碳酸盐胶结将会破坏孔隙，储层孔隙度演化沿着②→④路径进行。图 3.46 中③→⑤型储层孔隙度演化路径主要发生在砂体中部，在中成岩期，储层中的长石和岩屑等被溶蚀，孔隙得到一定的增加；在有油气充注时则同②的演化类似。储层孔隙度的演化沿着路径⑤的均为优质储层；此外，除了受油气充注的影响外，在距今约 31Ma（中成岩早期）异常高压也进一步保护了粒间孔隙，为后期溶蚀的发育提供有利条件。

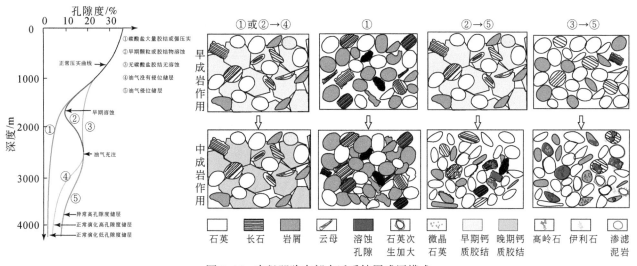

图 3.46　南堡凹陷南部古近系储层成因模式

1）1 号、2 号构造早期弱压实、后期溶蚀增孔型

南堡凹陷 1 号构造带和 2 号构造带主要经历中成岩 A_1 期有机酸充注溶蚀，从而形成大量次生孔隙，进而形成优质储层。首先，在浅层由于相对较弱的压实作用，保证了大量的原生孔隙的保存。在后期地层水进入地层，由于大量原生孔隙的存在，地层水中的碳酸盐矿物能够沉淀形成早期钙质胶结物，为中成岩期有机酸充注时溶蚀作用的发生提供了物质基础。当地层沉积至中成岩 A_1 期时，此时大量的有机酸随地层水进入地层之中，通过溶蚀作用，将之前储层中的早期钙质胶结物溶蚀产生大量次生溶蚀孔隙，进而形成优质储层（图 3.47）。

2）3 号构造带早期弱压实、后期溶蚀+烃类充注孔隙保存型

3 号构造带最主要的保孔机制是油气对孔隙的保存作用，且由于 3 号构造带相对 1 号、2 号构造带，其岩屑主要由变质岩岩屑组成，其颗粒相对更硬，导致早期的压实作用对储层的减孔作用较 1 号、2 号构造带更弱；在进入中成岩期时，由于 3 号构造带的长石含量较高，从而发生溶蚀作用产生大量的次生溶蚀孔隙；之后由于油气的充注，油气对于孔隙的保孔作用，导致 3 号构造带内次生孔隙大量赋存（图 3.48）。

3）4 号构造带早期弱压实、后期超压保存孔隙型

由于在 4 号构造带内普遍发育超压，压力系数最高可达 1.6 以上，故在 4 号构造带内超压对中深层孔隙的保存起着至关重要的作用。浅层发育的弱压实作用导致原生孔隙减少，之后地层水进入储层之后，在孔隙内发育早期胶结作用，包括碳酸盐胶结、黏土胶结作用等；至中成岩 A_1 期时，有机酸的充注导致颗粒、早期碳酸盐胶结发生溶蚀作用，从而产生大量的次生溶蚀孔隙，当地层继续向下埋深时，此时的异常高压对孔隙的保存起着至关重要的作用，由于超压的影响，4 号构造带内中深层储层残留大量的原生孔隙，因此为优质储层的形成提供了基础（图 3.49）。

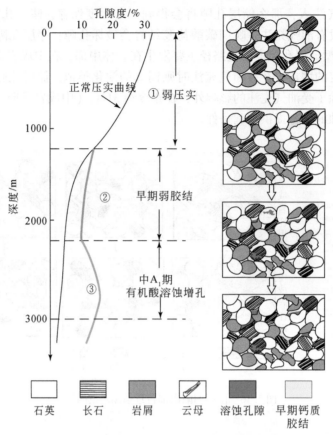

图 3.47　南堡凹陷 1 号、2 号构造带成岩演化模式

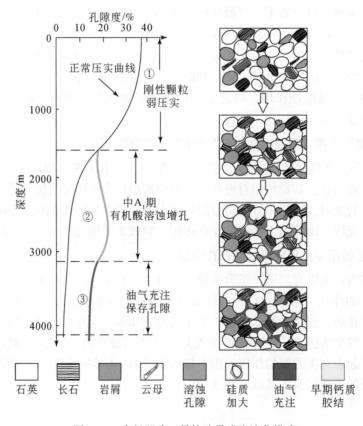

图 3.48　南堡凹陷 3 号构造带成岩演化模式

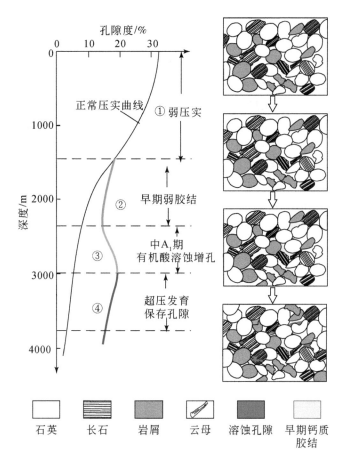

图 3.49　南堡凹陷 4 号构造带成岩演化模式

3.3.3　有效储层判别标准及分布规律

1. 有效储层的定义

关于有效储层的定义，目前大多数外国公司认为是指储集了烃类流体，并在现有经济、技术条件下能够采出油气的储集层，它是一个动态的概念，随着石油开采技术的进步，有效储层的范围越来越宽。物性下限，即储层达到商业开采价值的一个门槛值（cutoff），通常用能够储集和渗透流体的最小孔隙度和最小渗透率来度量，即用孔隙度和渗透率的某个确定值来表述。油气藏储层临界物性的确定不仅影响着储量计算和油藏的正确评价，而且还直接关系到油气田的勘探速度和开发成效，是储层研究中的难点问题之一。国内外已经发展了多种方法确定有效储层物性下限值，包括岩心分析、经验统计、测试等传统方法和核磁共振、渗流能力模拟、岩心产能模拟实验等新技术方法。

虽然目前物性下限的确定方法很多，但每一种方法都是从数学的角度，用一种方法来求取的，它只反映了储层的某方面的统计特征和实验结果，不能从原理上解释为什么不同地区不同层位有效储层物性下限值有差异，也没有统一的标准。

在对有效储层物性下限进行研究时，发现碎屑岩油气藏储层的临界物性值变化范围较大，随油层埋藏深度的增加，流体能进出的孔喉半径越来越小，油层物性下限值变小。本项研究认为，有效储层是指实际地质条件下能够形成具有工业价值油气藏的储层。高孔渗储层能够形成工业价值的油气藏，低孔渗储层在一定的地质条件下也能够形成工业价值的油气藏，这说明评价储层的有效性不能只考虑绝对孔渗条件，还需要考虑周边的介质环境。

2. 有效储层的判别标准

1）有效储层孔隙度的下限随埋藏深度的增大而变小

通过对南堡凹陷 822 口探井钻遇的 8520 个目的层的孔隙度统计表明，含油气目的层存在有效孔隙度下限，低于这一下限不能富集油气和成藏。南堡凹陷砂岩目的层的有效孔隙度下限随埋深不同而变化，最低有效孔隙度为 2%。埋深小于 1500m，目的层的有效孔隙度下限为 20%；埋深在 1500~3500m，有效孔隙度下限为 5%；埋深在 3500~5500m，有效孔隙度下限为 3%。含油气盆地的砂岩目的层存在一个有效最大埋深，超过这一埋深后探井钻遇干层的概率高达 100%，依据干层比率随埋深变化的特征可预测南堡凹陷砂岩目的层的有效最大埋深约为 5500m［图 3.50（a）］。

通过对南堡凹陷 582 口探井钻遇的 1781 个目的层的油气饱和度统计表明：砂岩目的层的含油气饱和度随埋深增大呈现出先增大然后再减少的总体变化趋势。埋深小于 1500m，S_o 普遍低于 20%；埋深在 1500~4000m，S_o 可高达 60%；埋深超过 4500m，S_o 低于 40%。因此，太深或太浅均不利于油气富集成藏［图 3.50（b）］。

对南堡凹陷 296 口探井 798 个目的层的试产结果统计表明：砂岩目的层的油气产能随埋深增大也呈现出先增大再减少的规律性变化。埋深小于 1500m，Q 普遍低于 20t/d；埋深在 1500~4000m，Q 可高达 25t/d；埋深超过 4500m，Q 低于 20t/d。因此，太深或太浅均不利于油气富集与高产［图 3.50（c）］。

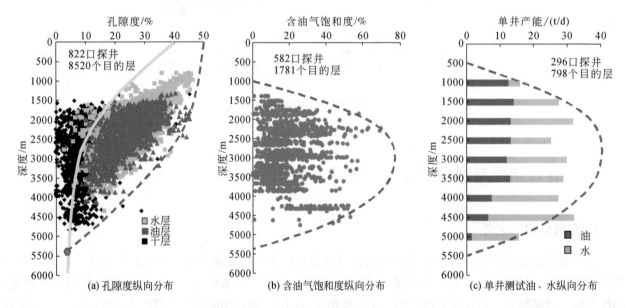

图 3.50　南堡凹陷油气富集程度随埋深变化情况

2）圈闭成藏基本条件是圈闭周边泥岩势能高于内部储层势能 2 倍以上

在微观条件下，当油气在运移通道中处于与储集层近似深度范围时，如图 3.51 所示，储集砂体的 A 点与运移通道中的 B 点基本处于同一深度 Z、同一压力系统内，因此在计算 A 与 B 点相对流体势时，可以取深度 Z 为基准面，计算两点之间的流体势，相对流体势中圈闭内外相对位能、相对弹性势能以及动能都为 0。最终，相对流体势取决于 Φ_{P_c} 的大小。

也就是说当油气流由 B 点向 A 点运移时，驱使油由围岩进入砂体的主要是毛细管压力差 ΔP_c 的作用，其表达式为

$$\Delta P_c = 2\sigma\cos\theta\left(\frac{1}{\gamma} - \frac{1}{R}\right) \tag{3.1}$$

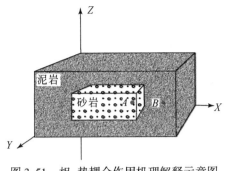

图 3.51　相-势耦合作用机理解释示意图

同时，油气进入储层后，受到砂体内毛细管阻力 P_f 的作用和其他阻力，阻力 P_f 的表达式为

$$P_f = 2\sigma\cos\theta\frac{1}{R} + f \qquad (3.2)$$

式中，ΔP_c 为毛管压力差，N；P_f 为阻力，N；σ 为界面张力，N/m^2；θ 为界面张力与水平夹角，°；R 为砂岩孔喉半径，μm；f 为其他阻力，指圈闭内油排水的阻力，主要包括黏滞阻力和启动阻力，N。

如果油气能够突破圈闭砂体内的阻力成藏，动力必须大于阻力，则需满足以下关系式：

$$\Delta P_c \geqslant P_f \qquad (3.3)$$

即

$$2\delta\cos\theta\left(\frac{1}{\gamma} - \frac{1}{R}\right) \geqslant 2\delta\cos\theta\frac{1}{R} + f \qquad (3.4)$$

$$\frac{1}{r} - \frac{1}{R} \geqslant \frac{1}{R} \qquad (3.5)$$

圈闭内外的毛细管力之差是制约油气富集成藏的关键，式（3.5）说明，导致油气成藏的关键是储层的平均孔喉半径必须满足大于其围岩（泥岩）孔喉半径的 2 倍以上，油气成藏的动力才能大于阻力。

根据前面的公式推导结果可知，只有圈闭外部围岩（主要是泥岩）的毛细管力大于等于圈闭内部砂岩的毛细管力的 2 倍时，油气才可能突破砂体内部阻力进入圈闭聚集成藏，否则油气无法聚集。即在浅层（地表条件）储层围岩的界面势能与砂岩储层界面势能的比值界限值为 2，也就是说储层的平均孔喉半径必须满足大于其围岩（泥岩）孔喉半径的 2 倍以上，油气成藏的动力才能大于阻力，此时流体流动的黏滞阻力和启动压力较小，可以忽略不计。物理模拟实验结果也表明，在常温常压条件下，外部致密砂体向其内部高孔渗砂体输送油气的前提条件是外部砂粒间的毛细管力或界面势能较内部富油气砂体高 2 倍以上，两者力差或势差越大，内部砂体聚集油气量越多。这表明不能用中浅层有效储层的判别和评价指标来判别和评价深层储层的有效性和品质。深层砂岩储层尽管孔隙度小，但只要能够保存内、外势差在一定范围内其就能构成有效储层。

图 3.52 表明了实际地质条件下砂岩内、外势差的变化特征及其有效性和品质的变化规律：埋藏太浅时，储层孔隙度虽然大，但内、外势差小而不能构成有效储层；随埋深增大，储层内、外势差不断增大并在约 3000m 埋深处达到极大值，表明储层聚集油气能力达到最佳；而后随埋深增大，储层内、外势差不断减小直到成藏作用结束，表明储层品质不断降低并失去有效性。

3. 有效储层势指数（PI）定量评价方法

对于深层低渗-致密储层而言，储层孔喉结构复杂，此时浮力不再是运移的主要动力，而毛细管压力被认为是一种驱动液体通过孔隙喉道并驱替孔隙间流体的压力。对于地下岩石中的非混溶流体油气和水来说，两相流体的界面总是明显弯曲的，界面弯曲的程度取决于毛细管压力差，随着孔喉的减少，毛细管压力增大。岩石内孔喉大小及分布特征控制着毛细管压力的大小。反过来，毛细管压力影响着岩层中液体的流动。在砂泥岩界面处孔喉半径值相差越大，毛细管压力差越大，也就是说作用在油或气界面处的力就越大，越有利于油（气）从泥岩中的小孔隙进入砂岩中的大孔隙运聚成藏，即界面能控油气作用的地质特征表现为：毛管压力作用控制下的高孔渗处油气聚集成藏。应用流体势的概念，由于在地层各部位流体势的差异，油气由相对高势区向相对低势区流动的趋势。

对源内岩性油气藏而言，势能的变化主要为砂岩和泥岩的界面势能的大小。根据毛管力和界面能的表征公式，式中界面能的大小除了跟界面张力有关外，主要取决于岩石颗粒孔喉半径的大小。因此首先需要计算砂岩及泥岩的孔喉半径、界面张力，然后才能计算出界面势能的大小。

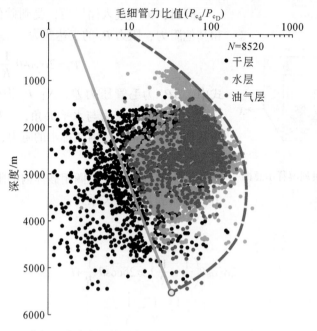

图 3.52 南堡凹陷砂岩目的层内、外毛细管压力比率随埋深变化情况

在此基础上，根据实际地质条件下目的层系的岩石物性分布图，对毛管压力低界面能区的分布进行预测。根据岩石物性的大小计算孔喉半径，再结合实际测试的岩石孔喉半径大小，计算相对势能的大小，即通过统计值计算出目的层系储层可能的最大界面能所对应的孔喉半径大小，并计算出目的层系最小界面能对应的最大孔喉半径，通过归一化计算，由式（3.6）就可以得到相对界面势能指数（P_{SI}）（图 3.53）。该指数具有相对性的概念，数值位于 0~1 范围内，数值越低越接近 0，表明储层的物性越好，越有利于形成岩性油气藏；数值越大越接近 1，表明储层物性越差，很难形成岩性油气藏。

$$P_{SI} = (P - P_{min}) / (P_{max} - P_{min}) \tag{3.6}$$

式中，P_{SI} 为相对界面势能，J；P 为储层自身的界面势能，J；P_{max} 为埋深条件下的泥岩界面势能，J；P_{min} 为埋深条件下的孔喉半径最大的砂岩界面势能，J。

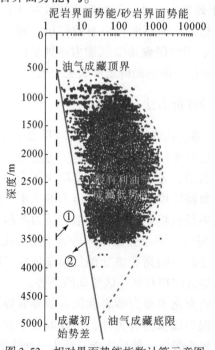

图 3.53 相对界面势能指数计算示意图

根据相-势耦合控藏机制，油气藏形成在优相带，但不同地质条件下，优相带的分布范围有差异，优相的概念应该为相对优相，即在相同的地质背景下，高孔优相的地方有利于油气的运聚。在浅埋藏作用下，地层孔隙度均较高，油气要成藏，必然会聚集在相对高孔高渗的部位，因此表现出储层的临界物性值较高；在中等埋藏的情况下，地层孔隙度降低，油气聚集在孔隙度相对较高的部位，但此时的孔隙度较浅埋藏条件下的孔隙度低，临界的物性下限也就有所降低；当地层埋藏进一步加深，达到深埋成岩作用阶段，地层的孔隙度急剧下降，但此时砂岩体内部仍然有部分储层的孔隙度相对较高，仍然能够作为有效储层。当砂岩的孔隙度为最优质储层的 1/2 时，砂体的成藏阻力（毛细管压力）是其两倍。从势的角度分析，高孔渗部位砂体的界面势能较低，比较周边的围岩环境来说，低势易于油气成藏，但成藏动力要大于成藏阻力，要求低势值达到一定的范围。随埋藏深度的增加，不仅砂岩的孔隙性降低，泥岩的孔隙性也要降低，只有圈闭砂岩内部的孔喉半径值大于等于其围岩（主要是泥岩）的孔喉半径值的 2 倍时，油气才可能突破砂体内部阻力成藏，否则油气无法聚集。

4. 有效储层分布规律

在利用势指数进行有效储层研究过程中，根据大量的圈闭和油气藏的实际情况，利用势指数（PI）将储层划分为四个级别（表 3.5），其中Ⅲ级和Ⅳ为差储层和非储层，Ⅰ级和Ⅱ级为优质储层和有效储层。编制南堡凹陷东二、东三和沙一段有效储层分布图（图 3.54 ~ 图 3.56）。

表 3.5　南堡凹陷势指数法（PI）有效储层评价标准

储层类型	势指数 PI	PI* = (1−PI)	含油饱和度/%	P_{c_d}/P_{c_D}
Ⅰ类	<0.15	>0.85	>70	>2000
Ⅱ类	0.15 ~ 0.25	0.75 ~ 0.85	50 ~ 70	500 ~ 2000
Ⅲ类	0.25 ~ 0.55	0.45 ~ 0.75	40 ~ 50	10 ~ 500
Ⅳ类	>0.55	<0.45	<40	<10

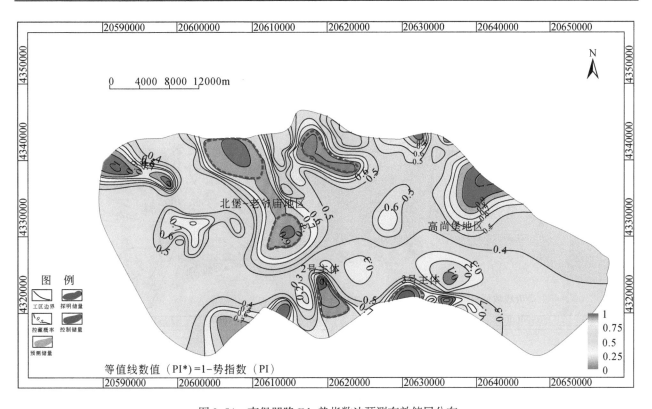

图 3.54　南堡凹陷 Ed$_2$ 势指数法预测有效储层分布

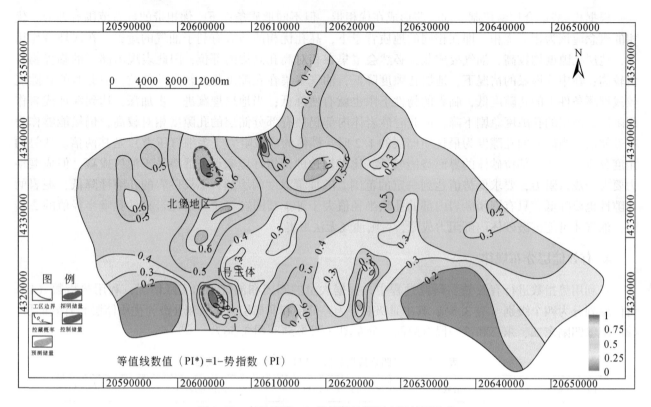

图 3.55 南堡凹陷 Ed_3 势指数法预测有效储层分布

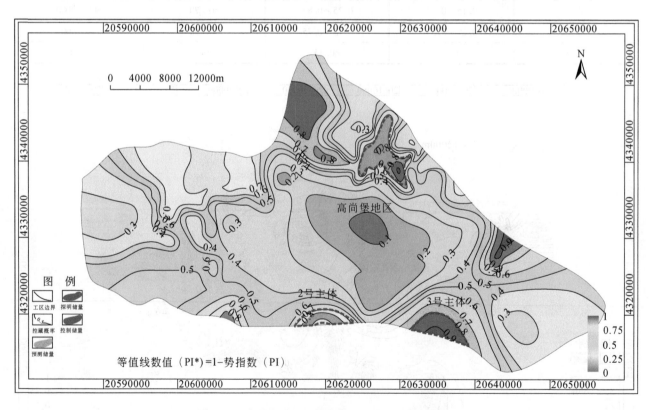

图 3.56 南堡凹陷 Es_1 势指数法预测有效储层分布

东二段优质储层主要为Ⅰ类和Ⅱ类储层，势指数<0.25，主要分布在2号构造主体、3号构造主体以及北部高尚堡地区和北堡-老爷庙地区（图3.54）。储层沉积微相类型以辫状河三角洲水下分流河道和河

口坝微相为主,此处溶蚀作用发育,压实作用和胶结作用较弱。

东三段优质储层主要为Ⅰ类和Ⅱ类储层,势指数<0.25,分布范围较东二段明显缩小,主要分布在1号构造主体以及北部北堡地区(图3.55)。1号构造带的有利沉积微相内(辫状河三角洲水下分流河道和河口坝微相),后期伴随溶蚀作用发育,可形成物性较好的储层。

沙一段相对东三段,Ⅰ类储层的发育相对集中,主要分布在3号构造带、4号构造带和高尚堡地区(图3.56),沉积砂体主要为水下分流河道叠置厚砂体,且粒度相对较粗。而在北物源沉积的高尚堡地区和北堡一带优质储层则以发育Ⅱ类储层为主。

参 考 文 献

陈发景,贾庆素,张洪年.2004.传递带及其在砂体发育中的作用.石油与天然气地质,25(2):144-148.

陈萍,方念乔,胡超通.2005.浮游有孔虫壳体氧同位素的古水温及古盐度意义.海洋地质与第四纪地质,25(2):141-145.

丛良滋,周海民.1998.南堡凹陷主动裂谷多幕拉张与油气关系.石油与天然气地质,04:30-35.

董月霞,汪泽成,郑红菊,等.2008.走滑断层作用对南堡凹陷油气成藏的控制.石油勘探与开发,04:424-430.

范柏江,刘成林,庞雄奇,等.2011.渤海湾盆地南堡凹陷断裂系统对油气成藏的控制作用.石油与天然气地质,02:192-198+206.

冯有良,李思田,解习农.2000.陆相断陷盆地层序形成动力学及层序地层模式.地学前缘,7(3):119-132.

刚文哲,仵岳,高岗,等.2012.渤海湾盆地南堡凹陷烃源岩地球化学特征与地质意义.石油实验地质,01:57-65.

管红,朱筱敏.2009.南堡凹陷滩海地区古近系砂岩孔隙类型、分布及其控制因素.中国石油大学学报(自然科学版),04:22-26.

姜福杰,董月霞,庞雄奇,等.2013.南堡凹陷油气分布特征与主控因素分析.现代地质,05:1258-1264.

姜华,王华,林正良,等.2009.南堡凹陷古近纪幕式裂陷作用及其对沉积充填的控制.沉积学报,05:976-982.

姜华,王建波,张磊,等.2010.南堡凹陷西南庄断层分段活动性及其对沉积的控制作用.沉积学报,06:1047-1053.

姜在兴.沉积学.2010.北京:石油工业出版社.

焦养泉,周海民.1996.断陷盆地多层次幕式裂陷作用与沉积充填响应.地球科学,21(6):633-636.

林畅松,郑和荣,任建业,等.2003.渤海湾盆地东营、沾化凹陷早第三纪同沉积断裂作用对沉积充填的控制.中国科学(D辑),33(11):1025-1036.

刘国臣,金之钧,李京昌.1996.沉积盆地沉积–剥蚀过程定量研究的一种新方法——盆地波动分析应用之一.沉积学报,13(3):23-31.

刘澍.2009.南堡凹陷高柳构造带馆陶组辫状河沉积特征研究.内蒙古石油化工,20:137-140.

任建业,陆永潮,张青林.2004.断陷盆地构造坡折带形成机制及其对层序发育样式的控制.地球科学,29(5):596-602.

沈吉,王苏民,Matsumoto R,等.2001.内蒙古岱海古水温定量恢复及其古气候意义,31(12):1017-1023.

孙思敏,彭仕宓,汪新文.2003a.东濮凹陷长垣断层系中转换斜坡的特征与油气勘探.石油勘探与开发,30(1):12-15.

孙思敏,彭仕宓,汪新文.2003b.东濮凹陷兰聊断层的分段特征及其石油地质意义.石油学报,24(4):26-30.

谭丽娟,田世澄.2001.南堡凹陷第三纪构造特征及火山作用.石油大学学报(自然科学版),04:1-9.

童亨茂,赵宝银,曹哲,等.2013.渤海湾盆地南堡凹陷断裂系统成因的构造解析.地质学报,87(11):1647-1661.

王华,姜华,林正良,等.2011.南堡凹陷东营组同沉积构造活动性与沉积格局的配置关系研究.地球科学与环境学报,01:70-77.

王苗,廖远涛,邓大飞,等.2012.南堡凹陷1号构造带东一段储层物性特征及其控制因素.油气地质与采收率,04:14-17.

王毅,金之钧.1999.沉积盆地中恢复地层剥蚀量的新方法.地球科学进展,14(5):482-486.

王英民,金武弟,刘书会,等.2003.断陷湖盆多级坡折带的成因类型、展布及其勘探意义.石油与天然气地质,24(3):199-204.

吴铁壮.2006.南堡凹陷古近系东营组层序地层研究与有利区带预测.北京:中国地质大学(北京).

肖军,王华,郭齐军,等.2003.南堡凹陷温度场、压力场及流体势模拟研究——基于Basin2盆地模拟软件.地质科技情报,01:67-74.

解习农,程守田,陆永潮.1996a.陆相盆地幕式构造旋回与层序构成.地球科学,21(1):81-87.

解习农，任建业，焦养泉，等.1996b. 断陷盆地构造作用与层序样式. 地质论评，42 (3)：239-244.

徐安娜，郑红菊，董月霞，等.2006. 南堡凹陷东营组层序地层格架及沉积相预测. 石油勘探与开发，04：437-443.

袁选俊，薛叔浩，王克玉.1994. 南堡凹陷第三系沉积特征及层序地层学研究. 石油勘探与开发，04：87-121.

张翠梅.2010. 渤海湾盆地南堡凹陷构造–沉积分析. 武汉：中国地质大学.

张翠梅，刘晓峰.2012. 南堡凹陷边界断层及成盆机制. 石油学报，04：581-587.

张荣红，余素玉，邹金华.1997. 陆相湖盆中沉积物供给因素对层序地层分析的影响. 地球科学，22 (2)：40-45.

张新亮.2005. 南堡凹陷沙河街组高精度层序地层与有利目标预测. 北京：中国地质大学（北京）.

张英芳.2010. 南堡凹陷古近系东营组孢粉植物群研究. 北京：中国地质大学（北京）.

赵红格，刘池洋.2003. 物源分析方法及研究进展. 沉积学报，21 (3)：409-415.

赵俊兴.2001. 古地貌恢复技术方法及其研究意义——以鄂尔多斯盆地侏罗纪沉积前古地貌研究为例. 成都理工学院学报，28 (3)：260-266.

赵莉莉，郑恒科，万维，等.2013. 南堡凹陷古近纪古湖泊学研究. 特种油气藏，05：57-153.

赵彦德，刘洛夫，王旭东，等.2009. 渤海湾盆地南堡凹陷古近系烃源岩有机相特征. 中国石油大学学报（自然科学版），05：23-29.

郑红菊，董月霞，朱光有，等.2007. 南堡凹陷优质烃源岩的新发现. 石油勘探与开发，04：385-391.

周海民，汪泽成，郭英海.2000. 南堡凹陷第三纪构造作用对层序地层的控制. 中国矿业大学学报，29 (3)：326-330.

周海民，丛良滋，董月霞，等.2005. 断陷盆地油气成藏动力学与含油气系统表征——以渤海湾盆地南堡凹陷为例. 北京：石油工业出版社.

周雁.2005. 楚雄晚三叠世前陆盆地沉积——剥蚀特点. 石油与天然气地，26 (5)：680-702.

朱光有，张水昌，王拥军，等.2011. 渤海湾盆地南堡大油田的形成条件与富集机制. 地质学报，85 (01)：97-113.

Shanmugam G. 2000. 50 years of the turbidite paradigm (1950s–1990s) deep-water processes and faces models a critical perspective. Marine and Petroleum Geology，17：285-342.

Shanmugam G. 2013. 深水砂体成因研究新进展. 石油勘探与开发，40 (3)：294-301.

Galloway W R, Hobday D K. 1996. Terrigenous clastic depositional systems (2nd edition). New York: Springer Verlag Berlin Heidberg, 6-326.

Curtis J B. 2002. Fractured shale-gas systems. AAPG Bulletin, 86 (11)：1921-1938.

Gawthorpe R L, Sharp I, Underhill J R et al. 1997. Linked sequence stratigraphic and structural evolution of propagating normal faults. Geology, 25 (9)：795-798.

Fisher R V. 1983. Flow transformations in sediment gravity flows. Geology, 11 (5)：273-274.

Strecker U, Steidtmann J R, Smithson S B. 1999. A conceptual tectonostratigraphic model for seismic facies migrations on a fluvio-lacustrine in extensional basin. AAPG Bulletin, 83 (1)：43-61.

Mulder T, Alexander J. 2001. The physical character of subaqueous sedimentary density flows and their deposits. Sedimentology, 48：269-299.

Vail P R, Mitchum R M, Thompson S. 1977. Seismic stratigraphy and global changes of sea level, part 3: relative changes of sea level from coastal onlap. In: Clayton C E (ed). Seismic stratigraphy-applications to hydrocarbon exploration: Tulsa, Oklahoma. American Association of Petroleum Geologists Memoir, 26：63-81.

van Wagoner J C, Mitchum R M, Posamentier H W, Vail P R. 1987. Seismic stratigraphy interpretation using sequence stratigraphy, part 2: key definitions of sequence stratigraphy. In: Bally A W (ed). Atlas of Seismic Stratigraphy. AAPG, Studies in Geology, 27：11-14.

Surdam R C, Crossey L J, Lahamn R. 1984. Mineral oxidants and porosity enhancement. Aapg Bulletin, 68：532.

第4章　南堡凹陷油气来源与资源潜力

4.1　油气地化特征与成因分类

4.1.1　油气地球化学特征

南堡凹陷现已开采原油主要分布在高尚堡、柳赞、老爷庙、北堡和滩海地区的 1 号构造带、2 号构造带、5 号构造带，其中高尚堡地区主要产油层分布在沙三段（Es_3^{2+3}、Es_3^1）、沙一段（Es_1）、东三段（Ed_3）、东一段（Ed_1）、馆陶组（Ng）和明化镇组（Nm）；柳赞地区原油主要分布在沙三段（Es_3^5、Es_3^4、Es_3^{2+3}、Es_3^1）、沙一段（Es_1）、馆陶组（Ng）和明化镇组（Nm）；老爷庙地区原油主要分布在东营组（Ed）、馆陶组（Ng）和明化镇组（Nm）；北堡地区原油主要分布在东营组（Ed）；滩海地区原油主要分布在馆陶组（Ng）、明化镇组（Nm）和东营组（Ed_1）。

高尚堡地区馆陶组、明化镇组原油密度多数分布在 0.9g/cm³ 左右，而东营组和沙河街组原油密度较小，小于 0.85g/cm³ 的居多，其中，东营组的原油密度最小，一般为 0.83g/cm³，沙河街组原油密度一般介于二者之间，主要分布在 0.83~0.85g/cm³；高尚堡地区馆陶组和明化镇组的原油黏度较大，而东营组和沙河街组原油黏度较小。北堡地区大部分原油密度均小于 0.82g/cm³，黏度小于 20mPa·s，分布较集中。柳赞地区馆陶组、明化镇组平均原油密度比东营组、沙河街组高，柳南地区馆陶组和明化镇组原油、柳中地区 Es_3^3 和 Es_3^2 密度较高，主要分布在 0.85g/cm³ 以上。老爷庙地区馆陶组、明化镇组原油密度明显高于东营组原油密度，前者主要分布在 0.79~0.93g/cm³，后者主要分布在 0.76~0.87g/cm³，原油黏度的分布特征与密度相类似。

沙河街组和东营组原油都显示出了低等水生生物和陆源高等植物双重输入的特征，研究区已测试原油样品的 CPI 值大都分布在 1.1 左右，属正常成熟的原油，Pr/nC_{17} 与 Ph/nC_{18} 值具有正相关关系（图 4.1），Pr/Ph 主要为 1.0~1.5，指示弱氧化-弱还原的环境，滩海地区部分油砂和原油样品 Pr/Ph 达到了 2.0 以上，反映个别母源性质存在差别，馆陶组和明化镇组原油气相色谱图显示存在生物降解现象。

主要由烃类和非烃类气体组成，以烃类气体为主，主要包括甲烷、乙烷直到己烷以上的重烃组分，随碳数增加，烃类组分含量越来越低，非烃类气体主要包括氮气和二氧化碳。烃类气体中甲烷含量最高，主要为 65%~95%，少量在 60% 以下，个别最高可接近 100%（图 4.2）。重烃气含量主要在 0~35%，多数低于 20%（图 4.3）。二氧化碳含量小于 20%，绝大多数为 0~2%，少数为 2%~20%，氮气与二氧化碳含量特征相似。天然气干燥系数主要为 0.75~1.00，多数小于 0.95，少数为大于 0.95。

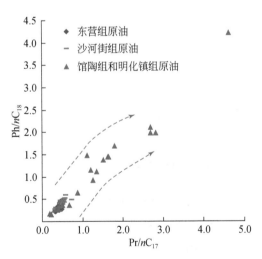

图 4.1　南堡凹陷原油 Pr/nC_{17} 与 Ph/nC_{18} 关系图

天然气组分碳同位素组成以甲烷总体偏轻，重烃组分总体偏重为特征（图 4.4），从中可看出甲烷碳同位素组成（$\delta^{13}C_1$）分布范围介于 −48.20‰~−31.00‰，乙烷碳同位素组成（$\delta^{13}C_2$）分布范围介于

-30.38‰~-19.60‰，丙烷碳同位素组成（$\delta^{13}C_3$）分布范围介于-28.12‰~-15.00‰，丁烷碳同位素组成（$\delta^{13}C_4$）分布范围主要介于-27.03‰~-18.30‰。

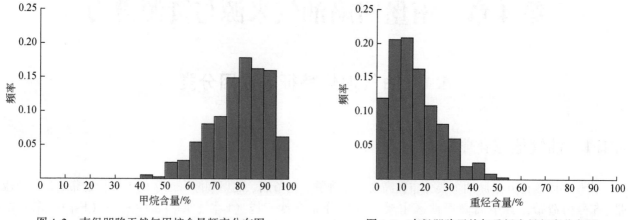

图4.2　南堡凹陷天然气甲烷含量频率分布图　　　　　　图4.3　南堡凹陷天然气重烃含量频率分布图

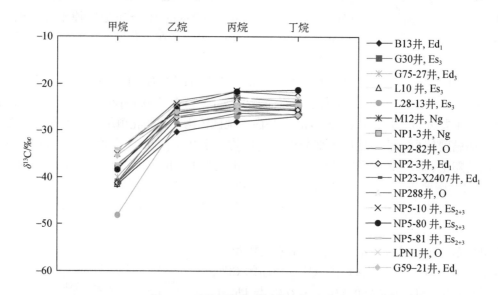

图4.4　天然气组分碳同位素值对比图

4.1.2　油气成因分类

1. 原油类型划分

因此，综合这些分析，将伽马蜡烷指数、重排甾烷、C_{30}4-甲基甾烷、Ts/Tm、规则甾烷分布形态作为主要参考依据对原油类型进行划分，可将南堡凹陷原油划分为三大类，每一类原油都有不同特征。

1）A 类原油

A 类原油典型特征是 C_{30}4-甲基甾烷含量非常高，伽马蜡烷含量很低。此类原油分布在陆上高尚堡、柳赞和老爷庙油田。A 类原油可以分为 A1、A2 两个亚类。

A1 类原油。A1 类原油主要特征是 C_{30}4-甲基甾烷含量非常高，明显高于其他两类原油，C_{30}4-甲基甾烷通常被认为是湖相淡水甲藻生源（细菌来源）（图4.5）；伽马蜡烷含量很低，伽马蜡烷/C_{30}藿烷数值多数分布在 0.06~0.08，显示出很低的水体盐度（图4.6）；Ts/Tm 分布在 1.00~2.24，而且此类原油中所采的沙河街组原油的 Ts/Tm 多数分布在 2.00 以上，显示出稍高的成熟度（图4.7）；Pr/Ph 显示沉积环境为弱还原环境；重排甾烷/规则甾烷分布在 0.10 ~ 0.12，只有少量油样高于 0.15（图 4.6）；有一定的孕甾烷和升孕甾烷存在；C_{27}、C_{28}、C_{29} 规则甾烷主要呈 "V" 形分布，大多数 C_{29} 含量相对较高，说明低等水生生物和高等植物对生源都有贡献（图 4.5）。A1 类原油的沉积环境为淡水湖相，水体含盐度很低，低等水生生物和高等植物都有生源贡献。此类原油主要分布在高尚堡地区和柳赞地区的 Es_3（图 4.8）。

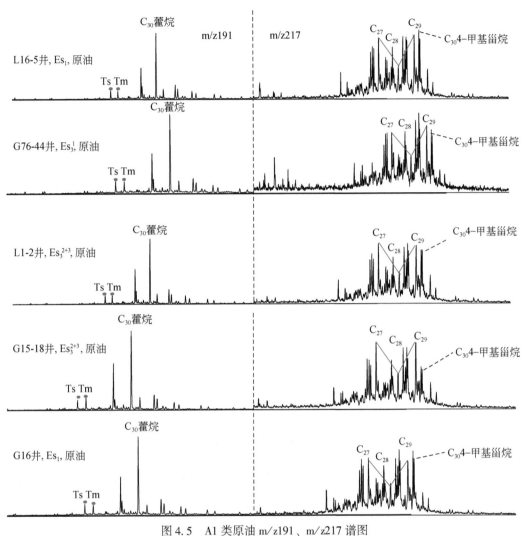

图 4.5　A1 类原油 m/z191、m/z217 谱图

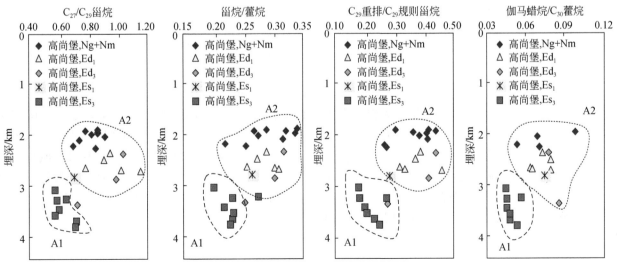

图 4.6　A1、A2 两类原油地球化学参数对比示意图

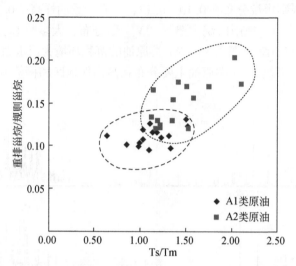

图 4.7　A1、A2 两类原油重排甾烷/规则甾烷与 Ts/Tm 关系图

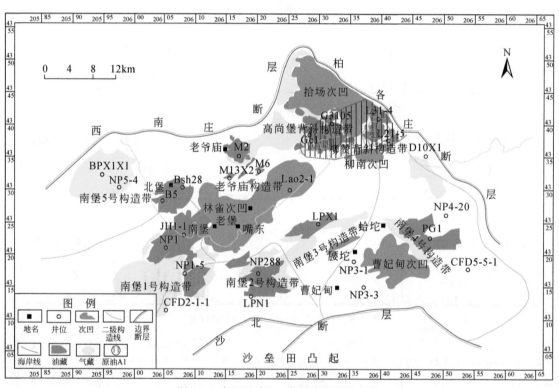

图 4.8　南堡凹陷 A1 类原油平面分布图

A2 类原油。此类原油的沉积环境为淡水湖相，水体含盐度很低，主要显示低等水生生物生源。主要地球化学特征表现在：重排甾烷含量从相对中等到相对较高，重排甾烷/规则甾烷数值分布在 0.15 ~ 0.17，明显高于 A1 类原油（图 4.6）；C_{30}4-甲基甾烷含量稍微高一些，但是和 A1 类相比还是有很大差距（图 4.9）；伽马蜡烷含量很低，伽马蜡烷/C_{30}藿烷数值分布在 0.06 ~ 0.15（图 4.6）；Ts/Tm 值分布在 1.14 ~ 1.58，说明原油的成熟度在所有原油中处于中等偏上水平（图 4.7）（A1 与 A2 两亚类原油的成熟度对比）。此类原油主要分布在老爷庙地区的 Nm、Ng、Ed_1、Ed_3，柳赞地区的 Ng，高尚堡地区的 Ed_1、Ed_3，也就是南堡凹陷陆上油田的中浅层（图 4.10）。

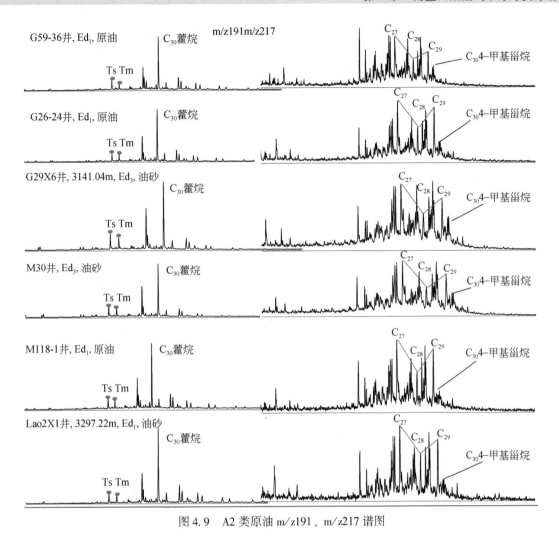

图 4.9　A2 类原油 m/z191、m/z217 谱图

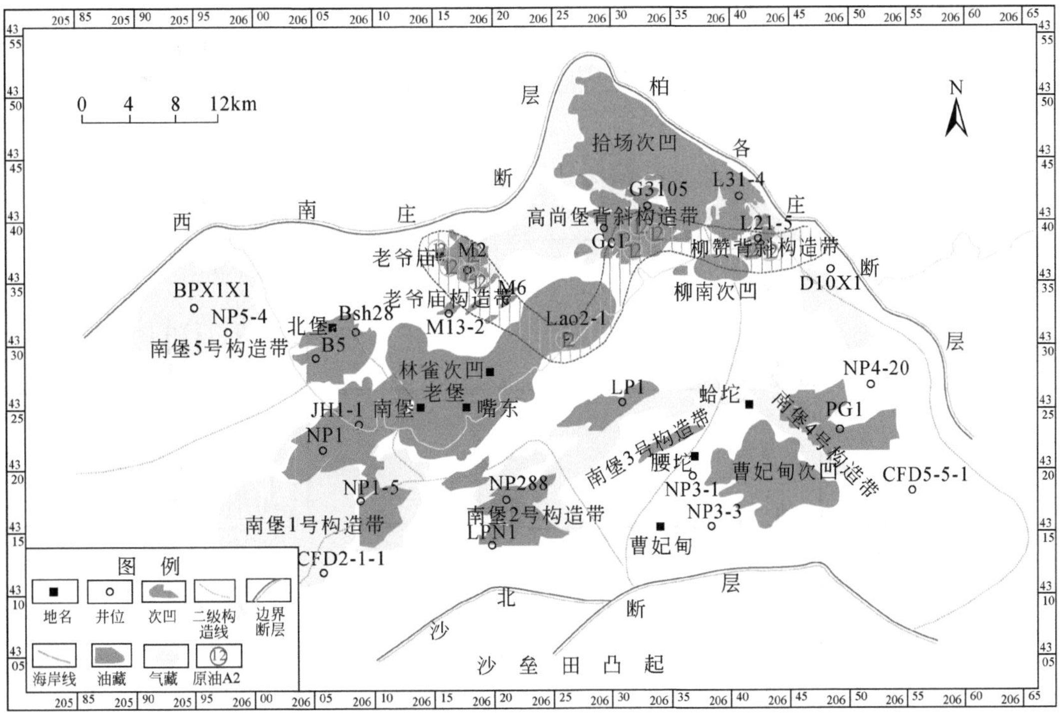

图 4.10　南堡凹陷 A2 类原油平面分布图

从原油分布来看，A1、A2两亚类原油主要分布在高北断层两侧，A1类原油主要分布在断层的下盘，断裂起到沟通源岩和储集层的作用，深部沙河街组源岩贡献较大；A2类源岩与临近东三段和沙一段源岩侧向供烃关系密切，断层的是影响两类原油存在差异性的主要原因。

2）B类原油

此类原油来源的环境水体含盐度很低，主要来源于低等水生生物。主要地化特征表现在：$C_{30}4-$甲基甾烷含量很少（图4.11）；伽马蜡烷含量很低，伽马蜡烷/C_{30}藿烷数值分布在0.06~0.13，说明水体含盐度较低；C_{27}、C_{28}、C_{29}规则甾烷主要呈"L"形分布，C_{27}含量高于C_{29}含量（图4.11），说明低等水生生物以生源为主；重排甾烷/规则甾烷数值分布在0.11~0.19，处于低到中等水平；Ts/Tm值分布在0.92~

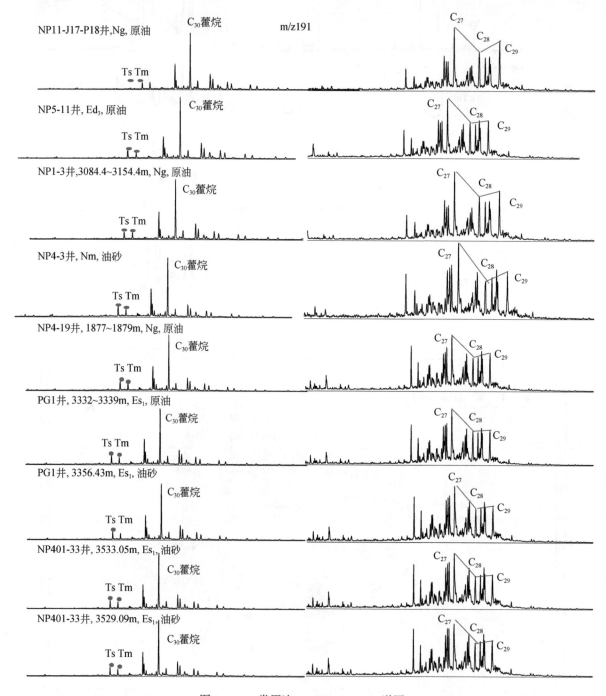

图4.11　B类原油 m/z191、m/z217 谱图

1.72，大多数分布在 1.00~1.50 之间，原油的成熟度在所有原油中处于低到偏中等水平。此类原油主要分布在滩海地区（1、2、4、5 号构造所采原油和油砂）的 Nm、Ng、Ed_1、Ed_2、Ed_3（图 4.12）。

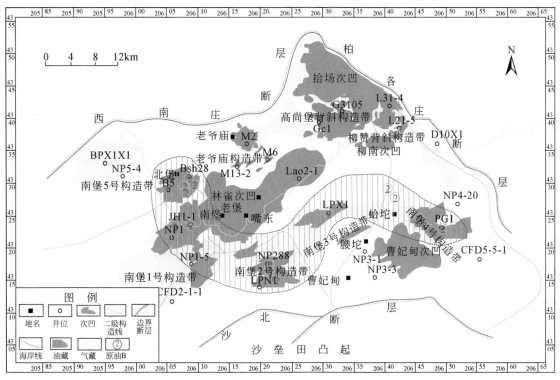

图 4.12 南堡凹陷 B 类原油平面分布图

3）C 类原油

此类原油来源的环境水体含盐度很高，主要来源于低等水生生物。C 类原油的最明显的特征是伽马蜡烷含量很高，伽马蜡烷/C_{30}藿烷数值分布在 0.16~0.47，说明沉积环境的盐度较高；C_{30}4-甲基甾烷含量相对较低（图 4.13）；C_{27}、C_{28}、C_{29} 规则甾烷主要呈 "L" 形分布，C_{27} 含量略高于 C_{29} 含量，说明生源以低等水生生物为主（图 4.13）；重排甾烷/规则甾烷数值分布在 0.09~0.15，处于低到中等水平；Ts/Tm 值分布在 0.96~1.50，大多数分布在 1.00~1.20，说明原油的成熟度在所有原油中处于低到偏中等水平。此类原油主要分布在滩海地区（1、2、5 号构造所采原油和油砂）的 Nm、Ng、Ed_1、Ed_3。

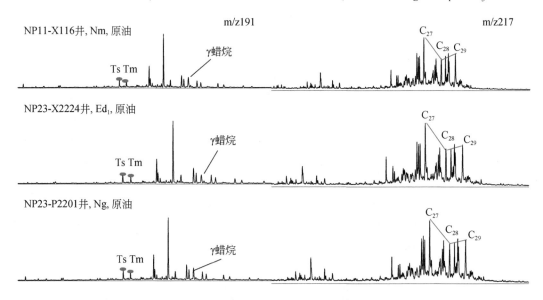

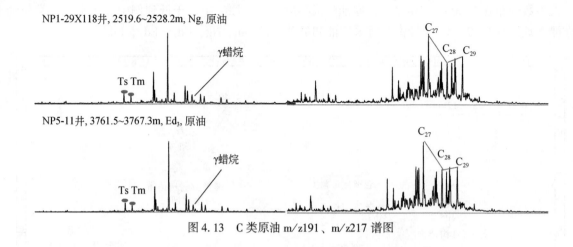

NP1-29X118井, 2519.6~2528.2m, Ng, 原油

Ts Tm

γ蜡烷

C₂₇ C₂₈ C₂₉

NP5-11井, 3761.5~3767.3m, Ed₃, 原油

Ts Tm

γ蜡烷

C₂₇ C₂₈ C₂₉

图 4.13　C 类原油 m/z191、m/z217 谱图

2. 天然气类型划分与分布特征

天然气类型的划分与选择划分标准有密切关系，可以从成因、存在状态、成熟度或化学组成等方面进行划分，从天然气生成角度来说，成因类型划分最关键。天然气组分碳同位素是判断成因及来源的重要依据，甲烷碳同位素易受成熟度影响，高成熟的油型裂解气与煤成热解气甲烷碳同位素往往重叠在同一区域内。重烃气的碳同位素具有较强的母质类型继承性，其中乙烷受成熟度影响较小（James，1983），具有明显的母质继承性，是天然气成因类型判识的最好方法（戴金星等，1986）。本书主要在乙烷、丙烷碳同位素组成类型划分基础上，确定不同类型天然气的特征。

戴金星等（2003）对天然气的划分标准为腐殖型气 $\delta^{13}C_2$ 值大于-25.1‰、$\delta^{13}C_3$ 值大于-23.2‰，腐泥型气 $\delta^{13}C_2$ 值小于-28.8‰、$\delta^{13}C_3$ 值小于-25.5‰。根据这一标准，将已有天然气类型划分类型如下表 4.1。根据划分结果，研究区的天然气类型既有腐泥型气，也有过渡型气、腐殖型气。从乙烷与丙烷碳同位素组成关系图（图 4.14）中，可以看出腐殖型气、过渡型气较多，腐泥型气较少。由于甲烷碳同位素值的大小能够体现天然气的成熟度，因此根据甲烷与乙烷碳同位素组成关系，将天然气类型按成熟度进行划分(图 4.15)，可知研究区天然气主要为成熟气，即热降解气（原油伴生气）。

表 4.1　天然气组分碳同位素数据及其成因类型划分表

井号	层位	深度/m	$\delta^{13}C_1$/‰	$\delta^{13}C_2$/‰	$\delta^{13}C_3$/‰	$\delta^{13}C_4$/‰	天然气成因类型
B13	Ed₁	2556.6 ~ 2563.1	-41.75	-30.38	-28.12	-27.00	腐泥型气
NP23-X2407	Ed₁	2364.5 ~ 2394.8	-41.24	-29.02	-26.34	-26.63	腐泥型气
PG1	Es₁	3266.4 ~ 3273.1	-46.40	-30.20	-28.50	-28.10	腐泥型气
G30	Es₃	3472.4 ~ 3692.6	-41.03	-24.82	-22.99	-23.99	腐殖型气
LPN1	O	4017.4 ~ 4183.2	-34.20	-24.60	-23.20	-23.10	腐殖型气
L13	Es₃	3100.2 ~ 3100.9	-31.80	-19.60	-21.20	-26.50	腐殖型气
NP1-4A3-P238	Ed₁	2290.5 ~ 2376.1	-35.60	-24.40	-22.50	-22.80	腐殖型气
NP21-X2460	Ed₃	3711.8 ~ 3758.7	-31.00	-24.91	-23.63	-24.05	腐殖型气
NP288	O	4767.8 ~ 4827.3	-35.00	-23.80	-21.60	-22.40	腐殖型气
NP5-10	Es₂₊₃	4290.4 ~ 4682.1	-35.00	-24.40	-21.50	-21.90	腐殖型气
NP5-11	Ed₃	3657.6 ~ 3663.3	-35.20	-24.30	-22.40	-22.80	腐殖型气
NP5-80	Es₂₊₃	4842.5 ~ 4851.3	-38.50	-24.90	-21.60	-21.30	腐殖型气
NP5-85	Es₂₊₃	4786.6 ~ 4792.5	-35.71	-23.99	-20.35	-21.00	腐殖型气
G3102-6	Es₃	3345.5 ~ 3846.6（斜深）	-40.60	-25.70	-23.40	-23.50	过渡型气

井号	层位	深度/m	$\delta^{13}C_1/‰$	$\delta^{13}C_2/‰$	$\delta^{13}C_3/‰$	$\delta^{13}C_4/‰$	天然气成因类型
G59-21	Ed_1	2235.3~2389.7	-35.40	-26.10	-25.70	-26.80	过渡型气
G62-32	Ed_1	2453.5~2506.6（斜深）	-38.60	-27.00	-26.50	-26.30	过渡型气
G75-27	Ed_3	2465.5~2532.4	-40.00	-26.40	-25.50	-25.40	过渡型气
G91-4	Es_3	2916.0~2985.0（斜深）	-42.40	-25.20	-23.90	-24.00	过渡型气
L10	Es_3	3367.4~3641.5	-41.51	-26.44	-23.57	-24.67	过渡型气
L16	Es_1	2503.6~2519.6	-45.11	-27.99	-26.08	-25.12	过渡型气
L28-13	Es_3	2823.5~2905.9	-48.20	-28.50	-27.00	-26.60	过渡型气
M101	Ng	2126.4~2133.4（斜深）	-38.55	-25.48	-24.24	-24.48	过渡型气
M12	Ng	2211.6~2227.6	-38.06	-26.63	-25.00	-25.74	过渡型气
NP101X2	Ed_1	2381.7~2530.5	-36.62	-26.59	-25.79	-25.60	过渡型气
NP1-15	Ng	2176.1~2200.4	-37.13	-27.44	-26.36	-26.02	过渡型气
NP118-X12	Ng	2812.6~2828.0（斜深）	-36.78	-27.40	-25.78	-25.98	过渡型气
NP11-A26-P152	Nm	1783.2~1791.3	-41.50	-26.30	-15.00	-18.30	过渡型气
NP11-C9-X205	Nm	1668.7~1670.7	-42.10	-26.33	-26.11	-26.26	过渡型气
NP11-K8-X224	Ed_1	2368.4~2373.1	-37.41	-27.81	-26.92	-26.22	过渡型气
NP11-X121	Nm	1786.6~1806.0	-40.87	-26.36	-24.56	-25.40	过渡型气
NP11-X129	Ng	1888.6~1911.3	-41.08	-27.75	-24.16	-24.69	过渡型气
NP1-3	Ng	2318.7~2365.6	-37.69	-25.76	-24.73	-25.30	过渡型气
NP2-3	Ed_1	2480.1~2847.1	-41.30	-27.40	-25.80	-25.50	过渡型气
NP23-P2201	Ng	2924.4~3020.0（斜深）	-38.87	-27.12	-26.39	-27.03	过渡型气
NP2-82	O	4400.1~4475.7	-33.93	-26.15	-24.26	-24.66	过渡型气
NP5-81	Es_{2+3}	4758.2~4763.2	-37.24	-27.09	-24.90	-24.38	过渡型气

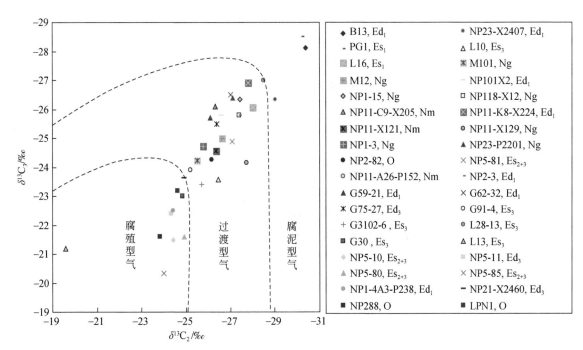

图 4.14　南堡凹陷天然气乙烷与丙烷碳同位素组成关系图

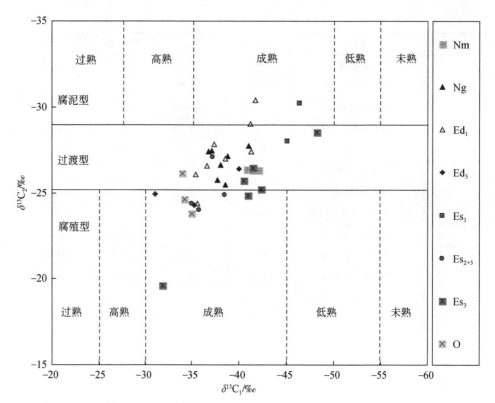

图 4.15　南堡凹陷天然气甲烷与乙烷碳同位素组成关系图

4.2　油气主要来源及其地质地化特征

4.2.1　烃源岩类型划分

1. A 类烃源岩

A 类烃源岩主要分布在陆上的高柳地区和柳南次凹，层位主要分布在东三段和沙三段，典型特征是 $C_{30}4$-甲基甾烷含量很高，伽马蜡烷含量低。结合其他地化参数，可进一步将 A 类烃源岩划分为 A1、A2 两亚类。

A1 类烃源岩。A1 类烃源岩主要分布在高尚堡地区的 Es_3 段（图 4.16），沉积环境以淡水湖相为主。地球化学指标表现为：$C_{30}4$-甲基甾烷含量相对较高，伽马蜡烷含量很低，说明水体含盐度很低；Ts/Tm 分布在 1.00 ~ 1.87，显示出较高的成熟度；Pr/Ph 分布在 1.00 ~ 1.45，沉积介质具有弱氧化弱还原特征；重排甾烷含量低；C_{27}、C_{28}、C_{29} 规则甾烷主要呈 "V" 形分布，说明陆生高等植物和水生低等生物均有贡献（图 4.17）。

A2 类烃源岩。A2 类烃源岩主要分布在柳南次凹和高尚堡地区的 Ed_3（图 4.16），在北堡的 Ed_3 也发现了此类特征的烃源岩，但是成熟度很低。地球化学特征表现在：$C_{30}4$-甲基甾烷含量中等，低于 A1 类烃源岩（图 4.18）；但其最明显的特征是重排甾烷含量非常高，明显高于 A1 类烃源岩；伽马蜡烷含量很少；成熟度处于中上等（图 4.18）。

2. B 类烃源岩

B 类烃源岩主要分布在北堡和滩海地区的 Ed_3 和 Es_1（图 4.19），主要为三角洲-湖泊沉积体系，B 类烃源岩典型特征为 $C_{30}4$-甲基甾烷为少量—基本没有，明显低于 A 类烃源岩；伽马蜡烷含量较低；C_{27}、C_{28}、C_{29} 规则甾烷主要呈 "L" 形分布，物源以低等水生生物生源为主（图 4.20）；重排甾烷含量从相对较低到相对中等；Ts/Tm 大多分布在 0.50 ~ 1.52，源岩成熟度处于低-偏中等水平。

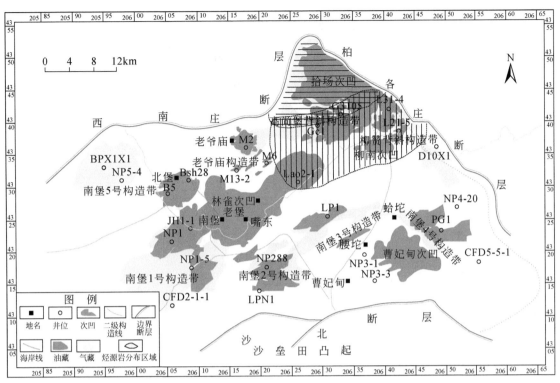

图 4.16　南堡凹陷 A1、A2 两类烃源岩平面分布图

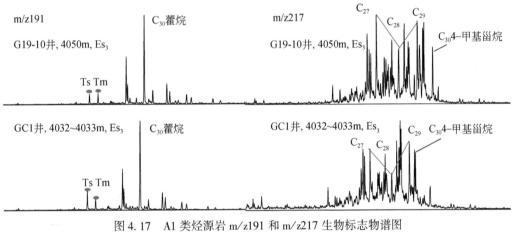

图 4.17　A1 类烃源岩 m/z191 和 m/z217 生物标志物谱图

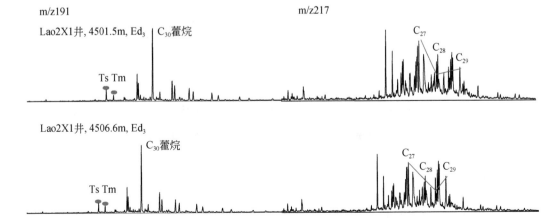

图 4.18　A2 类烃源岩 m/z191 和 m/z217 生物标志物谱图

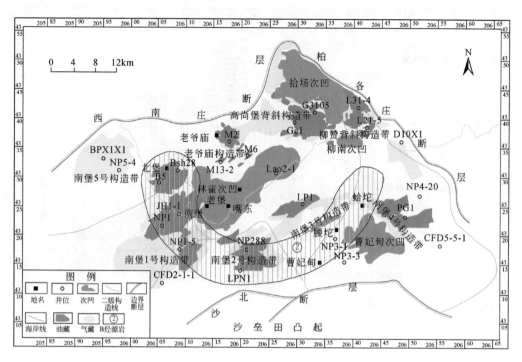

图 4.19　南堡凹陷 B 类烃源岩平面分布图

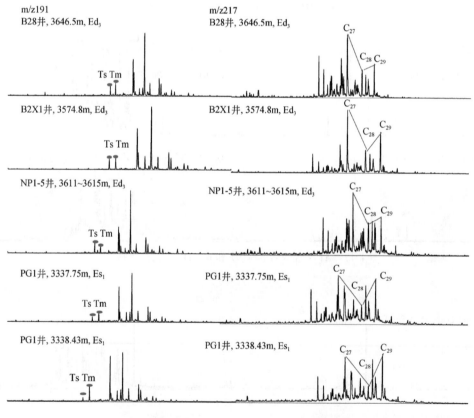

图 4.20　B 类烃源岩 m/z191 和 m/z217 生物标志物谱图

3. C 类烃源岩

C 类烃源岩主要分布在滩海的 Es₃（图 4.21），在高尚堡和柳赞地区的 Es₃ 也发现两个样品具有 C 类烃源岩特征，但是 TOC 含量非常低，烃源岩评价结果为差烃源岩，因此在此不做讨论。C 类烃源岩典型特征是伽马蜡烷含量很高，具有较高的水体盐度；$C_{30}4$-甲基甾烷含量相对较低；C_{27}、C_{28}、C_{29}规则甾烷主要呈"L"形分布；重排甾烷含量相对较低–相对中等（图 4.22）；Ts/Tm 大多分布在 0.04 ~ 1.25，烃源岩成熟度低–偏中等。

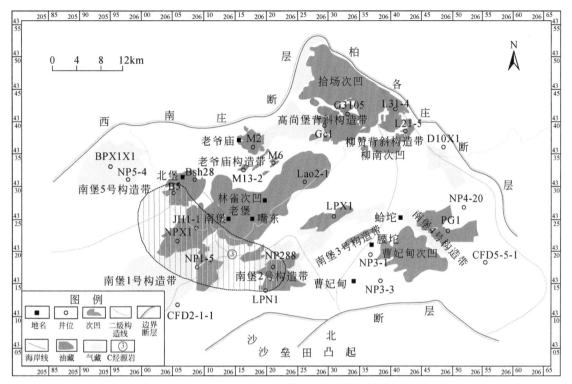

图 4.21　南堡凹陷 C 类烃源岩平面分布图

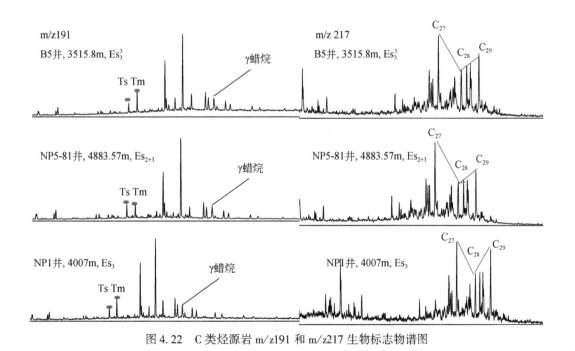

图 4.22　C 类烃源岩 m/z191 和 m/z217 生物标志物谱图

综上所述，A1 类烃源岩主要分布在高尚堡的 Es_3（拾场次凹 Es_3）；A2 类烃源岩分布在高柳的 Ed_3 及柳南次凹的 Ed_3；B 类烃源岩分布在北堡及滩海地区的 Ed_3 – Es_1；C 类烃源岩分布在滩海地区的 Es_3（Es_{2+3}）。

4.2.2 油源对比

通过对南堡凹陷原油和烃源岩地球化学特征进行分析，发现原油和烃源岩有很好的对应关系，另外，依据烃源岩评价和前人所做的沉积相成果，对南堡凹陷的原油和烃源岩进行了精细油源对比。

A1 类原油主要分布在高柳地区的 Es_3，A1 类烃源岩主要分布在拾场次凹的 Es_3（图 4.23）。A1 类烃源岩与 A1 类原油有相似的谱图特征（图 4.24）：高 C_{30}4-甲基甾烷含量，低伽马蜡烷值，中等重排甾烷

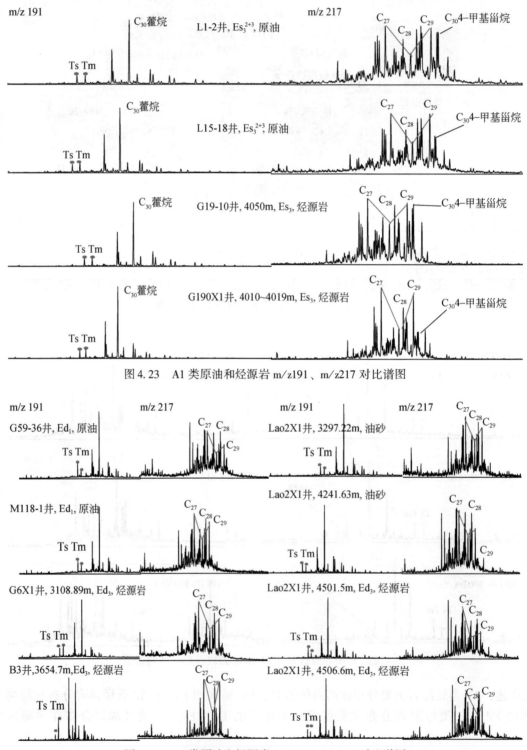

图 4.23 A1 类原油和烃源岩 m/z191、m/z217 对比谱图

图 4.24 A2 类原油和烃源岩 m/z191、m/z217 对比谱图

含量，规则甾烷都呈"V"形分布，说明沉积环境以淡水湖相为主，水体稳定，弱氧化弱还原环境适宜水生生物生存，并有陆生高等植物输入。

A2 类原油主要分布在高柳地区和老爷庙地区的 Ed_3 到 Nm 的中浅层，A2 类烃源岩主要分布在柳南次凹和高尚堡地区的 Ed_3，在北堡地区的 Ed_3 也发现有此类特征的烃源岩，但成熟度略低。A2 类烃源岩与 A2 类原油有相似的谱图特征：中等 $C_{30}4-$甲基甾烷含量，低伽马蜡烷值，高重排甾烷甾烷含量，规则甾烷呈"L"形分布（图 4.24），说明该期湖水退却，湖平面下降，低等水生生物繁盛。

B 类原油主要分布在滩海地区（1、2、4、5 号构造所采原油和油砂）的 Nm、Ng、Ed_1、Ed_2、Ed_3，其来源的环境水体含盐度很低，主要来源于低等水生生物。B 类烃源岩主要分布在北堡和滩海地区的 Ed_3-Es_1，主要为三角洲-湖泊沉积体系，以低等水生生物生源为主。B 类烃源岩与 B 类原油都有相似的地球化学特征（图 4.25）：$C_{30}4-$甲基甾烷少量-基本没有，明显低于 A 类烃源岩与原油；伽马蜡烷含量较低；C_{27}、C_{28}、C_{29} 规则甾烷主要呈"L"形分布；重排甾烷含量从低到中等。

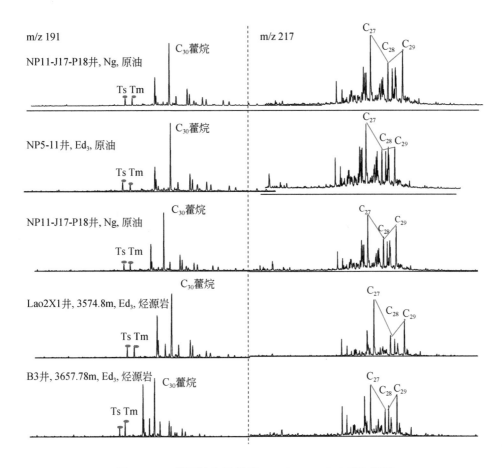

图 4.25　B 类原油和烃源岩 m/z191、m/z217 对比谱图

C 类原油主要分布在滩海地区（1、2、5 号构造所采原油和油砂）的 Nm、Ng、Ed_1、Ed_3，其最明显的特征是伽马蜡烷含量很高，伽马蜡烷/C_{30}藿烷数值分布在 0.16~0.47，说明沉积环境的盐度较高。C 类烃源岩主要分布在滩海的 Es_3，沉积环境表现为具有较高盐度。C 类烃源岩与 C 类原油都有相似的地球化学特征（图 4.26）：$C_{30}4-$甲基甾烷含量相对较低；C_{27}、C_{28}、C_{29} 规则甾烷主要呈"L"形分布；重排甾烷含量低-中等。

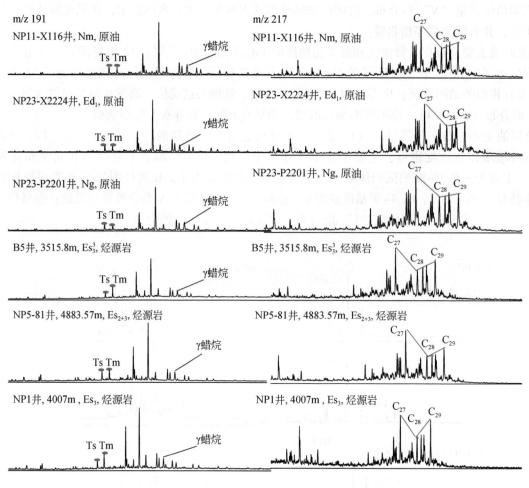

图 4.26　C 类原油和烃源岩 m/z191、m/z217 对比谱图

4.2.3　气源对比

对南堡凹陷烃源岩的分析，我们采用天然气碳同位素气源对比、通过伴生原油的生物标志物进行间接地气源对比，并与地质特征相结合的方法进行气源分析。

腐殖型气、腐泥型气的甲烷碳同位素组成受控于气源母质类型和母质热演化程度，随母质类型变好而变轻，对于腐泥型甲烷及腐殖型甲烷，其甲烷同位素值均有随气源岩成熟度的增加而增大的特征，而且具有可以相对确定的变化区间。因此，本次主要是通过对不同类型的天然气样品分别计算天然气相应烃源岩的镜质体反射率值。戴金星等（1987）推导出了我国腐殖型气和腐泥型气 $\delta^{13}C_1$-R^o 关系回归方程。

腐泥型气：

$$\delta^{13}C_1(\permil) \approx 14.12\log R^o - 34.39 \tag{4.1}$$

腐殖型气：

$$\delta^{13}C_1(\permil) \approx 15.80\log R^o - 42.20 \tag{4.2}$$

徐永昌等（2001）也利用了大量实际资料归纳出我国腐殖型气和腐泥型气的 $\delta^{13}C_1$-R^o 关系式。

腐泥型气：

$$\delta^{13}C_1(\permil) \approx 21.72\log R^o - 43.31 \tag{4.3}$$

腐殖型气：

$$\delta^{13}C_1(\permil) \approx 40.49\log R^o - 34.00 \tag{4.4}$$

由于徐永昌等（2001）推出的公式是根据松辽、四川、鄂尔多斯盆地的数据拟合的，而戴金星推出的公式是根据全国范围的样品数据拟合的。利用戴金星等（1987）的公式计算南堡凹陷天然气对应的 R^o，偏差过大，频频出现 2~6 的数值。而利用徐永昌等推出的公式计算，得出的南堡凹陷天然气气源岩生烃时的 R^o 都在 0.5~1.25，偏差很小，因此，采用徐永昌等（2001）的 $\delta^{13}C_1 - R^o$ 关系回归方程计算本区天然气气源岩生烃时的 R^o（表 4.2）。

表 4.2　南堡凹陷天然气甲烷碳同位素 $\delta^{13}C_1$ 与 R^o 相关表

井号	层位	深度/m	$\delta^{13}C_1$/‰	天然气成因类型	回归计算 R^o 值/%
B13	Ed$_1$	2556.6~2563.1	-41.75	腐泥型气	1.18
NP23-X2407	Ed$_1$	2364.5~2394.8	-41.24	腐泥型气	1.25
PG1	Es$_1$	3266.4~3273.1	-46.40	腐泥型气	0.72
G30	Es$_3$	3472.4~3692.6	-41.03	腐殖型气	0.67
LPN1	O	4017.4~4183.2	-34.20	腐殖型气	0.99
L13	Es$_3$	3100.2~3100.9	-31.80	腐殖型气	1.13
NP1-4A3-P238	Ed$_1$	2290.5~2376.1	-35.60	腐殖型气	0.91
NP21-X2460	Ed3	3711.8~3758.7	-31.00	腐殖型气	1.19
NP288	O	4767.8~4827.3	-35.00	腐殖型气	0.94
NP5-10	Es$_{2+3}$	4290.4~4682.1	-35.00	腐殖型气	0.94
NP5-11	Ed$_3$	3657.6~3663.3	-35.20	腐殖型气	0.93
NP5-80	Es$_{2+3}$	4842.5~4851.3	-38.50	腐殖型气	0.77
NP5-85	Es$_{2+3}$	4786.6~4792.5	-35.71	腐殖型气	0.91
G3102-6	Es$_3$	3345.5~3846.6（斜深）	-40.60	过渡型气	0.69
G59-21	Ed$_1$	2235.3~2389.7	-35.40	过渡型气	0.92
G62-32	Ed$_1$	2453.5~2506.6（斜深）	-38.60	过渡型气	0.77
G75-27	Ed$_3$	2465.5~2532.4	-40.00	过渡型气	0.71
G91-4	Es$_3$	2916.0~2985.0（斜深）	-42.40	过渡型气	0.62
L10	Es$_3$	3367.4~3641.5	-41.51	过渡型气	0.65
L16	Es$_1$	2503.6~2519.6	-45.11	过渡型气	0.68
L28-13	Es$_3$	2823.5~2905.9	-48.20	过渡型气	0.52
M101	Ng	2126.4~2133.4（斜深）	-38.55	过渡型气	0.77
M12	Ng	2211.6~2227.6	-38.06	过渡型气	0.79
NP101X2	Ed$_1$	2381.7~2530.5	-36.62	过渡型气	0.86
NP1-15	Ng	2176.1~2200.4	-37.13	过渡型气	0.84
NP118-X12	Ng	2812.6~2828.0（斜深）	-36.78	过渡型气	0.85
NP11-A26-P152	Nm	1783.2~1791.3	-41.50	过渡型气	0.65
NP11-C9-X205	Nm	1668.7~1670.7	-42.10	过渡型气	0.63
NP11-K8-X224	Ed$_1$	2368.4~2373.1	-37.41	过渡型气	0.82
NP11-X121	Nm	1786.6~1806.0	-40.87	过渡型气	0.68
NP11-X129	Ng	1888.6~1911.3	-41.08	过渡型气	0.67
NP1-3	Ng	2318.7~2365.4	-37.69	过渡型气	0.81
NP2-3	Ed$_1$	2480.1~2847.1	-41.30	过渡型气	0.66
NP23-P2201	Ng	2924.4~3020.0（斜深）	-38.87	过渡型气	0.76
NP2-82	O	4400.1~44757	-33.93	过渡型气	1.00
NP5-81	Es$_{2+3}$	4758.2~4763.2	-37.24	过渡型气	0.83

对于过渡型气，具体计算时分别利用煤型气和油型气的拟合公式来求 R^o 值，然后取平均值来代表源岩生烃时的 R^o 值。根据 $\delta^{13}C_1 - R^o$ 回归方程计算出的相应烃源岩的 R^o，与源岩 R^o 进行对比，找出天然气的来源。通过伴生原油的生物标志物进行间接地气源对比，是指找出与天然气伴生的同层位原油，利用原油的生物标志物特征与源岩进行油源对比，则找出了相应天然气的来源。

利用以上两种方法，再结合研究区的地质剖面、储盖组合及沉积因素等一系列的地质特征，进行综合的气源对比。对南堡凹陷各构造区块的具体气源对比分析结果如下：南堡 5 号构造以腐殖型天然气为主，主要来源于 Es_1、Es_3 源岩；南堡 1 号构造的浅层天然气主要来源于深层 Es_1 源岩的贡献；南堡 2 号构造的天然气主要来源于 Es_3 源岩；高尚堡构造、柳赞构造的 Es_3 天然气主要来源于高尚堡、柳赞的 Es_3 源岩。

4.2.4　烃源岩地球化学特征

本书对研究区 30 口井进行了采样工作，累计测试实验数据点 107 个，并结合前人的测试数据，对南堡凹陷烃源岩的综合地球化学特征进行了较为细致的研究。

1. 烃源岩有机质丰度特征

按照我国普遍采用的湖相泥岩有机质丰度评价标准，对南堡凹陷发育的主要烃源岩的有机质丰度进行研究，主要对包括烃源岩有机碳百分含量、岩石热解生烃潜力特征、氯仿沥青 "A" 与总烃含量等参数。研究表明：南堡凹陷共发育三套（东三段、沙一段、沙三段）主要烃源岩层系，尤其以沙三段烃源岩分布最为广泛，东三段的烃源岩次之。

1）南堡凹陷烃源岩有机碳特征

南堡凹陷各主要烃源以古近系沙河阶组沙三段（Es_3）和东营组的东三段（Ed_3）有机碳含量 TOC 最高，其中，有机碳含量低于 0.4% 的样品数分别占到了 19% 和 6%（图 4.27）。

东二段（Ed_2）相对有机碳的样品数为 357 个，TOC 含量主要分布在 0.01%～3.67% 之间，平均约为 0.82%，其中，低于 0.4% 的样品数占 4%，普遍认为是较差的烃源岩。东三段（Ed_3）有机碳的样品数为 813 个，TOC 含量主要分布在 0.03%～7.80%，均值约为 1.15%，其中，低于 0.4% 的样品数仅占 5% 左右。沙一段（Es_1）有机碳的样品数为 281 个。这类烃源岩主要分布在拾场次凹和柳南次凹附近，有机质丰度较高。TOC 含量主要分布在 0.05%～5.31%，均值约为 0.97%，其中，低于 0.4% 的样品数仅占 13% 左右。沙二段（Es_2）有机碳的样品数较少（58 个），但是样品的有机质丰度较高，TOC 主要分布在 0.01%～5.45%，均值约为 0.84%，其中，低于 0.4% 的样品数仅占 19% 左右。沙三段（Es_3）层段实际钻遇井较少，代表井为南堡 1 井、南堡 1-5 井、老南堡 1 井和南堡 5-4 井，累计样品数达 472 个。该时期，水体较为稳定，在林雀次凹和曹妃甸次凹发育有机质相对富集的厚层泥岩，不仅具有演化程度高，同时，也具有较高的有机质丰度，TOC 主要分布在 0.04%～8.78% 之间，均值约为 1.32%。其中，低于 0.4% 的样品数仅占 19% 左右。

研究区沙三段有机碳含量均值较高，其次为东三段和沙一段，东二段和沙二段总体较差。由此可见，古近系下部烃源岩明显好于上部。

2）南堡凹陷烃源岩岩石热解特征

不同层段的热解 S_1+S_2 存在不同的差异（图 4.28），东二段（Ed_2）相对高有机碳含量的样品明显较少，热解 S_1+S_2 主要分布在 0.01～11.5mg/g，均值约为 1.6mg/g，其中，低于 0.5mg/g 的样品数占 14% 左右。东三段（Ed_3）相对高有机碳含量的样品明显较少，热解 S_1+S_2 主要分布在 0.04mg/g～19.37mg/g 之间，均值约为 4mg/g，其中，低于 0.5mg/g 的样品数占 8% 左右。沙一段（Es_1）相对高有机碳含量的样品明显较多，热解 S_1+S_2 含量主要分布在 0.03～12.11mg/g 之间，均值约为 2.68mg/g，其中，低于 0.5mg/g 的样品数占 10% 左右。沙二段（Es_2）相对高有机碳含量的样品明显较少，热解 S_1+S_2 含量主要

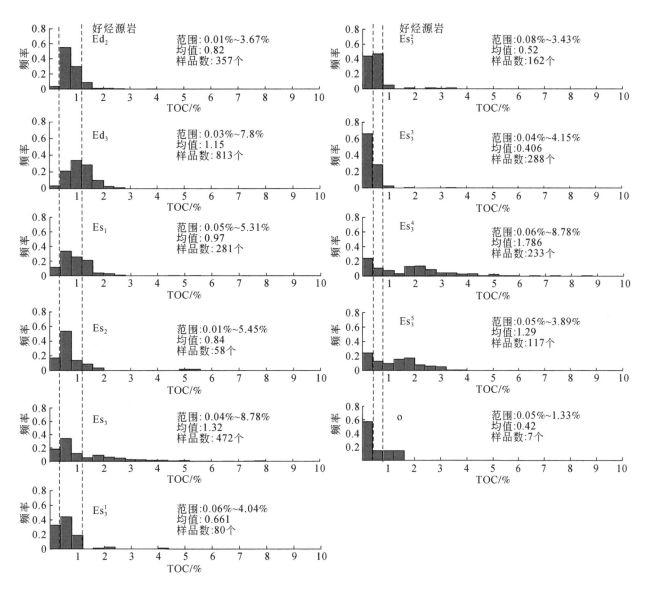

图 4.27　古近系不同层段泥岩 TOC 频率分布图

分布在 0.02 ~ 13.3mg/g 之间，均值约为 2.15mg/g，其中，低于 0.5mg/g 的样品数占 38% 左右。沙三段（Es$_3$）相对高有机碳含量的样品明显较少，但是样品含量较高。热解 S_1+S_2 含量主要分布在 0.01 ~ 75.69mg/g，均值约为 6.56mg/g，其中，低于 0.5mg/g 的样品数占 35% 左右。综上可见，热解含量特征整体上与有机碳百分含量分布特征相似。

3）南堡凹陷烃源岩氯仿沥青"A"含量和总烃含量特征

不同层段的烃源岩氯仿沥青"A"含量对比发现（图 4.29），沙三段的氯仿沥青"A"含量约为 0.149%，明显高于其他层段，说明分布与盆地东部的这一层段烃源岩具有好的生烃能力。沙一段氯仿沥青"A"含量平均为 0.131%，东三段为 0.091%，单以此来看，主要为好-中等烃源岩。不同层段的总烃含量对比发现（图 4.30），沙三段的总烃含量平均值最高，为 1100×10^{-6}，明显高于其他层段，为好烃源岩，说明分布与盆地东部的这一层段烃源岩具有好的生烃能力。沙一段总烃含量平均值为 1022.7×10^{-6}，东三段为 671.3×10^{-6}，单以此来看，主要为好-中等烃源岩。

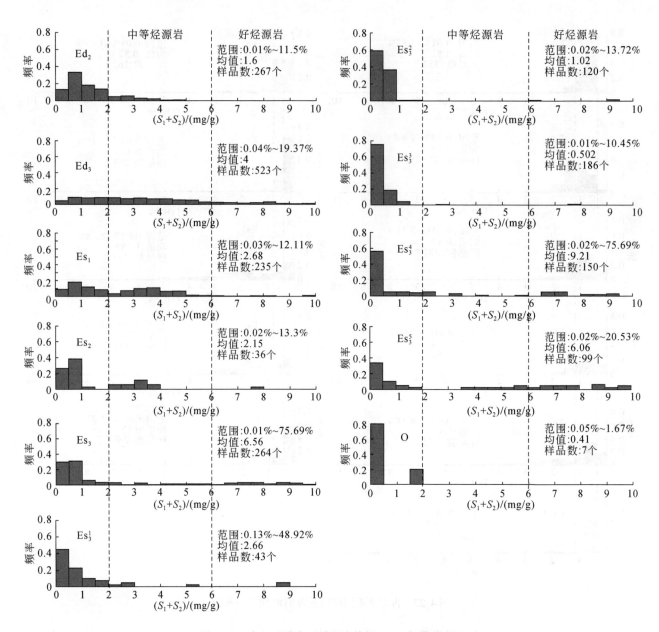

图 4.28 南堡凹陷古近系泥岩热解 S_1+S_2 频率分布图

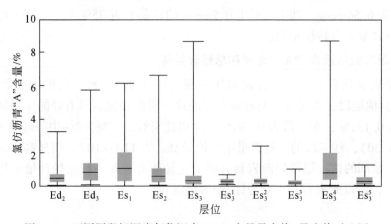

图 4.29 不同层段烃源岩氯仿沥青 "A" 含量最大值-最小值对比图

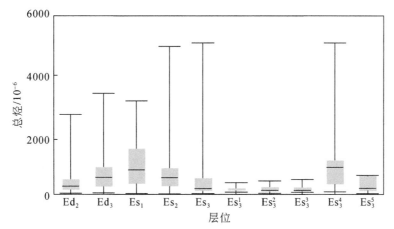

图 4.30　不同层段烃源岩总烃含量最大值–最小值对比图

2. 烃源岩有机质类型

1）南堡凹陷烃源岩有机碳特征有机质显微组分特征

根据有机质显微组分组成可以确定有机质类型，一般根据显微组分相对百分含量计算类型指数，再根据类型指数划分类型。类型指数的计算公式为 $TI = 100A + 50B - 75C - 100D$，其中 A、B、C 和 D 分别为有机显微组分中的无定形（腐泥组）、壳质组、镜质组和惰质组相对百分含量，单位为 %。TI 大于 80 为 I 型有机质，介于 40～80 为 II_1 型，介于 0～40 为 II_2 型，小于 0 为 III 型。

根据计算和划分结果，研究区有机质类型主要为 II_2 型和 II_1 型，部分 II_1 型，少量 I 型。其中东三段主要为 II_2 型，少量为 II_1 型和 III 型；沙一段以 II_2 型和 III 型为主，仅个别为 I 型；沙二段主要为 II_2 型和 III 型有机质；沙三段以 II_2 型和 III 型为主，仅个别为 I 型。上述有机质类型特征显示了沙三段有机质类型较好，其次为东三段和沙一段，沙二段有机质类型最差（图 4.31）。

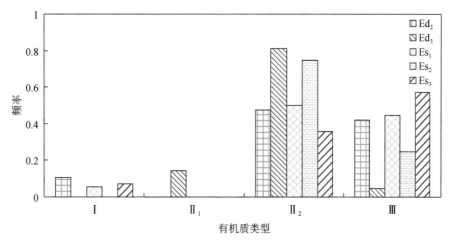

图 4.31　南堡凹陷烃源岩有机质类型分布图

2）干酪根元素组成特征

元素分析表明，干酪根分子结构中主要由 C、H、O 元素组成，N 与 S 元素也是其中常见元素。

渐新统泥岩干酪根 H/C 原子比普遍较低，主要低于 1.5，仅个别样品超过该值，O/C 原子比主要为 0.03～0.25，仅个别超过 0.2，显示了有机质类型以 II_1 型和 II_2 型为主的特点（图 4.32）。

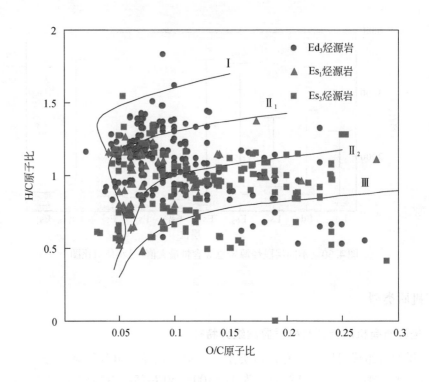

图 4.32　南堡凹陷烃源岩干酪根 O/C 原子比与 H/C 原子比关系图

3）干酪根与可溶有机质碳同位素组成特征

在生物的化学组成中，纤维素、木质素和类脂物组成一个逐渐富集轻碳同位素的序列，即其碳同位素值是逐渐变轻的。一般 I 型干酪根富含类脂物，以含轻碳同位素（^{12}C）为特征，腐殖型干酪根、木质素、镜质体等以含重碳同位素（^{13}C）为特征。也就是说，有机质类型越好，生烃潜力越高，其碳同位素值越低；反之，则碳同位素值越高。从不同层段的泥岩干酪根同位素比值来看，东二段泥岩干酪根比值主要分布在−27‰～−24‰之间，主峰在−26‰～−25‰之间；东三段泥岩干酪根比值主要分布在−27.5‰～−24.5‰之间，主峰在−27‰～−25‰之间；沙一段泥岩干酪根比值主要分布在−26.5‰～−22‰之间，主峰在−26.5‰～−24.5‰之间；沙二段泥岩干酪根比值主要分布在−25.5‰～−24.5‰之间，主峰在−25.5‰～−24.5‰之间；沙三段泥岩干酪根比值主要分布在−27.5‰～−22‰之间，主峰在−26‰～−24.5‰之间。不同层段泥岩干酪根碳同位素组成显示，东二段以 II_2 型为主，部分为 II_1 型和 III 型；东三段以 II_1 型和 II_2 型为主；沙一段以 II_2 型为主，部分为 II_1 型和 III 型；沙二段以 II_2 型为主；沙三段以 II_2 型为主，部分为 II_1 型和 III 型（图 4.33）。总之，全盆干酪根碳同位素组成显示了以 II 型和 III 型为主的特征，缺少 I 型干酪根。

3. 烃源岩有机质演化特征

南堡凹陷烃源岩镜质体反射率（R°）实测数据（图 4.34）主要分布在 0.25%～1.75%。R° 分布深度在 2000～5500m 之间，似乎与深度的关系不是很清晰，甚至浅部位比深部位的 R° 还要高。如果不考虑相对较浅部位一些高的 R°，则 R° 随深度的变化也有一定趋势，据此变化趋势推测，传统的石油生成高峰对应深度大致应在 4200m 深度左右，生气阶段更深。据 R° 变化趋势看，显示不出未成熟阶段，低成熟与成熟阶段的界限在 3100m 深度左右。

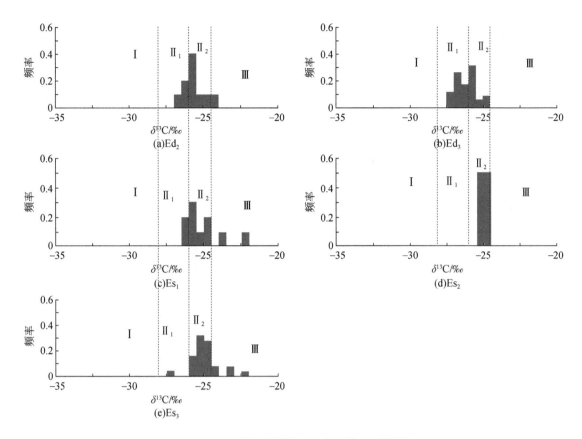

图 4.33　干酪根碳同位素组成（δ^{13}C）特征图

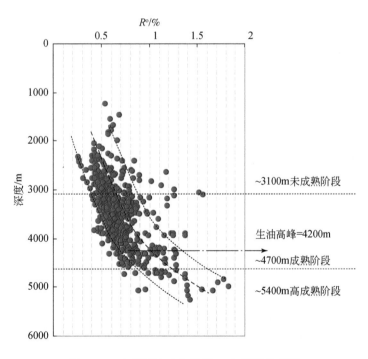

图 4.34　南堡凹陷暗色泥岩 R^o 与深度关系图

4.2.5 源岩生排烃特征

1. 生烃潜力法研究源岩排烃门限与排烃特征的有效性

从物质平衡的角度出发，对于源岩中可转化成烃的有机质来说，如果在演化过程中没有与外界发生任何形式的物质交换，其物质总量必然是一定的（图4.35）。其生烃潜力可以看成由以下三部分组成：尚未转化成烃的干酪根或残余有机质；已生成并残留于源岩中的烃类；可能已排出源岩的烃类。

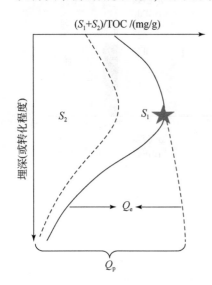

图4.35 生烃潜力法研究排烃特征概念模型

S_1. 可溶烃量；S_2. 裂解烃量；TOC. 有机碳含量；

Q_e. 各阶段源岩排出烃量；Q_p. 源岩生烃潜量

不难看出，无论存在于源岩中的有机母质是以何种方式成烃（可溶有机质早期生物降解或干酪根晚期热降解），在源岩演化过程中，当源岩中生成的烃类没有满足自身的各种残留以前，它的生烃潜力保持不变，而使源岩生烃潜力减小的唯一原因就是源岩中有烃类排出。

根据排烃门限控油气理论，烃源岩在埋深演化过程中，其生烃量在满足了自身吸附、孔隙水溶、油溶（气）和毛细管封闭等多种形式的残留需要后就开始大量向外排出，而开始以游离相大量排出的临界点就称为排烃门限（庞雄奇，1995）。根据这一理论可以知道，无论在哪一阶段生成的油气要排出源岩，必须先饱和岩石本身各种形式的残留需要。

在源岩热解定量评价中，通常用可溶烃（S_1）与裂解烃（S_2）的和表示源岩的生烃潜力。本节采用一个综合热解参数，生烃潜力指数 [$(S_1+S_2)/\text{TOC}$]，来表征源岩的生烃潜力。源岩的生烃潜力指数在演化过程中开始减小时，则表明有烃类开始排出，而开始减小时所处的埋深正代表了源岩的排烃门限。

通过研究源岩生烃潜力指数在地质剖面上的变化关系还可以研究源岩的其他排烃特征，包括排烃速率、排烃量及排烃效率等。

2. 生烃潜力法研究源岩排烃门限与排烃特征技术路线

第一步，整理 S_1、S_2 和 TOC 数据，建立烃源岩生烃潜力指数随埋深的变化模式图。

第二步，根据下式确定排烃门限，最大原始生烃潜力指数减去某深度的生烃潜力指数可计算出该深度烃源岩的排烃率（单位有机碳的排烃量）。

$$\text{HCI}_0 - \text{HCI}_p \begin{cases} >0 & Z<Z_0 & \text{未进入排烃门限} \\ =0 & Z=Z_0 & \text{处于排烃门限} \\ >0 & Z<Z_0 & \text{进入排烃门限} \end{cases} \tag{4.5}$$

式中，HCI_0 为最大原始生烃潜力指数，mg/g；HCI_p 为现今任一演化阶段下源岩的生烃潜力指数，mg/g；Z 为埋深，m；Z_0 为最大原始生烃潜力所对应的埋深，m。

第三步，结合烃源岩厚度、有机碳含量及岩石密度等，根据下列公式计算出排烃强度：

$$E_{hc} = \int_{Z_0}^{z} q_e(Z) \cdot H \cdot \rho(Z) \cdot \text{TOC} \cdot \text{d}Z \tag{4.6}$$

式中，E_{hc} 为排烃强度，10^4t/km^2；Z 为埋深，m；Z_0 为排烃门限，m，$q_e(Z)$ 为单位质量有机碳的排烃量，mg/g；$\rho(Z)$ 为烃源岩密度，g/cm^3；TOC 为有机碳含量，%；H 为烃源岩厚度，m。

第四步，将排烃强度进行面积积分，即可得到某区域的排烃量。

3. 南堡凹陷源岩层排烃模式

在实际地质条件下，源岩不可避免地存在非均质性。同一套源岩，其有机质丰度、有机质类型、有机质成熟度在地质空间的分布都具有差异。就各项影响因素而言，有机质类型是影响源岩排烃门限和排烃量的最重要因素之一。不同类型有机母质的生烃量、残留烃量不同，其排烃模式和排出的烃量也不相同。按照生烃潜力法研究源岩排烃门限和排烃特征的技术路线，分别针对四种不同类型的有机母质建立了其排烃模式（图4.36），并建立起南堡凹陷东三段、沙一段和沙三段三套源岩的排烃模式（图4.37）。本书中，源岩生烃门限按照我国陆相生油气门限的标准，取 R^o 等于 0.5% 为生烃门限的判别标准，只要源岩的 R^o 达到 0.5% 即可以生烃。

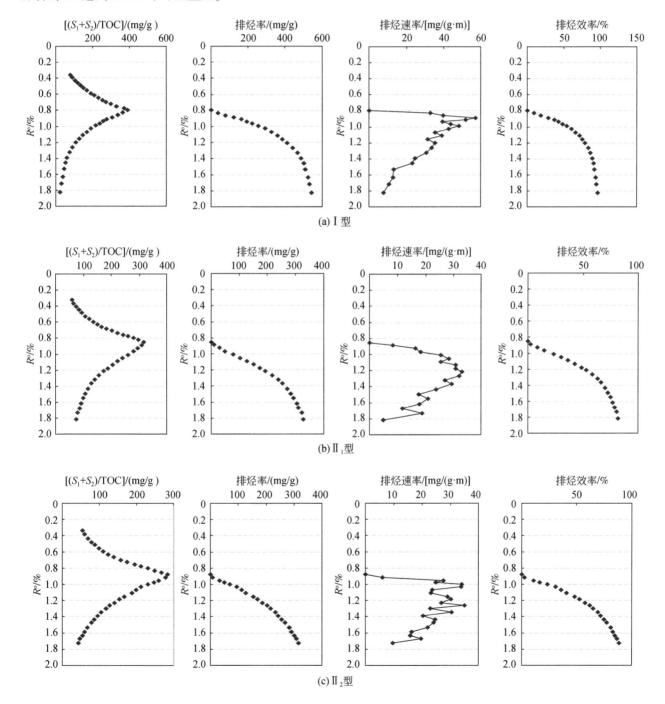

(a) I 型

(b) II₁ 型

(c) II₂ 型

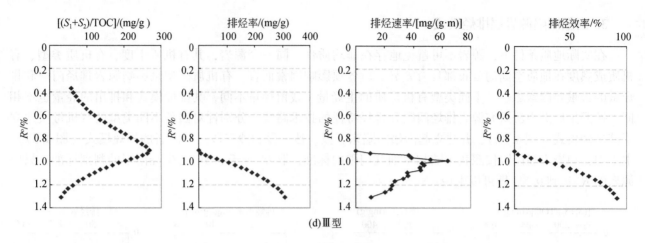

(d)Ⅲ型

图 4.36　南堡凹陷不同类型有机质排烃模式图

Ⅰ型有机质：75<干酪根指数<100；Ⅱ₁型有机质：50<干酪根指数<75；Ⅱ₂型有机质：25<干酪根指数<50；Ⅲ型有机质：0<干酪根指数<25

从不同类型有机质的排烃模式图（图 4.36）可以看出，烃源岩排烃门限与有机质类型关系密切。对南堡凹陷Ⅰ型有机质而言，其排烃门限对应 R^o 为 0.80%；对Ⅱ₁型有机质而言，其排烃门限对应 R^o 为 0.83%；Ⅱ₂型有机质其排烃门限对应 R^o 为 0.86%；Ⅲ型有机质排烃门限对应 R^o 为 0.94%。由此可见，南堡凹陷源岩排烃门限随有机质类型的不同而改变，具体表现在类型好的源岩排烃门限早；类型差的源岩排烃门限相对较晚。造成这一现象的根本原因是有机质类型变好增大了源岩的生烃量，使其能够提前达到大量排烃前要求的残留烃临界饱和量。同时，由于类型差的有机质以产气为主，液态烃难以满足源岩残留需要而难以排出，但其产生的甲烷气却可以排出。

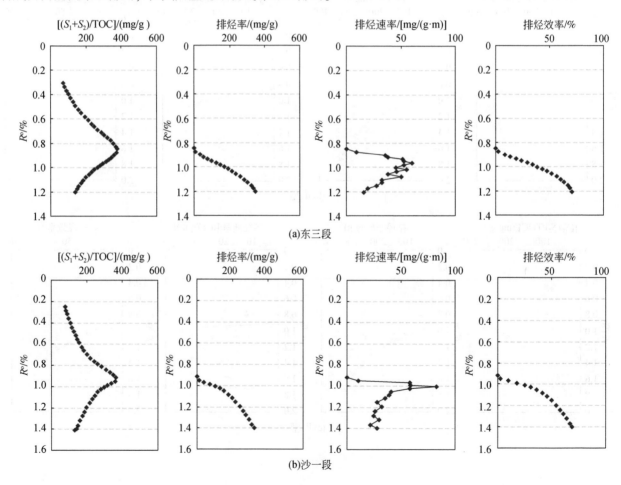

(a)东三段

(b)沙一段

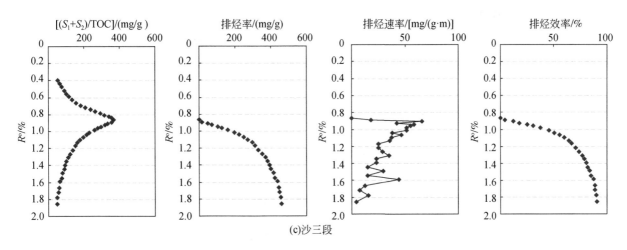

图 4.37 南堡凹陷各源岩层段排烃模式图

从排烃速率对比上分析，随热演化程度的增加，本区Ⅰ型有机质与Ⅲ型有机质排烃速率整体上表现为先增大后减小的变化趋势，$Ⅱ_1$型有机质与$Ⅱ_2$型有机质排烃速率呈多峰跳跃式变化。究其原因，Ⅰ型有机质以生排液态烃为主，热演化程度到达一定阶段，液态烃会裂解为气排出。Ⅲ型有机质以生气态烃为主，热演化程度到达一定阶段，气态烃大量生成并排出，后期生成的烃量少，不可能再出现排烃高峰。而$Ⅱ_1$型有机质与$Ⅱ_2$有机质处于Ⅰ型与Ⅲ型之间，所以表现出多峰式变化特征。

从排烃效率对比分析，随热演化程度的增加，各类型的有机质其排烃效率均增大。但类型好的有机质排烃速率增加相对缓慢，而类型差的有机质排烃速率增加相对较快。例如，当 R^o 从 1.0% 增大到 1.2%时，Ⅰ型有机质排烃效率从 60% 增加到 80%；$Ⅱ_1$型有机质排烃效率从 30% 增加到 55%；$Ⅱ_2$型有机质排烃效率从 25% 增加到 60%；Ⅲ型有机质排烃效率从 20% 增加到 80%。造成这一现象的根本原因是有机质类型好的源岩以生液态烃为主，有机母质不断热解生烃并排烃；有机质类型差的源岩以生气态烃为主，在达到一定的热演化程度后，有机母质迅速裂解生气并大量排出。

南堡凹陷东三段、沙一段和沙三段源岩的排烃门限如前所述，排烃门限点对应的 R^o 分别为 0.85%、0.90% 和 0.86%，图 4.37 中的生烃潜力指数剖面为三个源岩层段实际生烃潜力剖面的理想化模型。从三个源岩层段排烃模式的对比分析，东三段源岩在 R^o 为 0.85% 时，生烃潜力指数约 380mg/g，排烃率为 0mg/g；随热演化程度的升高，烃类逐渐排出，生烃潜力指数下降，排烃率增大，排烃效率增高；当 R^o 为 1.20% 时，生烃潜力指数降至约 150mg/g，排烃率增大至约 350mg/g。沙一段源岩在 R^o 为 0.90% 时，生烃潜力指数 385mg/g，排烃率为 0mg/g；随热演化程度的升高，烃类逐渐排出，生烃潜力指数下降，排烃率增大，排烃效率增高；当 R^o 为 1.42% 时，生烃潜力指数降至约 140mg/g，排烃率增大至约 360mg/g。沙三段源岩在 R^o 为 0.86% 时，生烃潜力指数约 380mg/g，排烃率为 0mg/g；随热演化程度的升高，烃类逐渐排出，生烃潜力指数下降，排烃率增大，排烃效率增高；当 R^o 为 1.90% 时，生烃潜力指数降至约 50mg/g，排烃率增大至约 480mg/g。

4. 生排烃强度

以 R^o 等于 0.5% 作为南堡凹陷源岩进入生烃门限的标准，结合全区埋藏条件与生烃潜力变化曲线，可得到南堡凹陷任一源岩层段的累积生排烃强度。南堡凹陷东三段、沙一段、沙三段源岩的累积生烃强度如图 4.38～图 4.40 所示，三套源岩层系的生烃中心与其源岩的空间展布相对应。东三段源岩存在 3 个生烃中心，两个生烃中心位于凹陷中部，其最大生烃强度均超过 $700×10^4 t/km^2$；另外一个生烃中心位于凹陷西部，其最大生烃强度超过 $700×10^4 t/km^2$。沙一段源岩的生烃中心位于凹陷中部（存在四个小规模的生烃中心），其最大生烃强度均超过 $420×10^4 t/km^2$。沙三段源岩的生烃中心位于凹陷中部，其最大生烃强度超过 $900×10^4 t/km^2$，南堡凹陷周边地区，沙三段源岩的生烃强度较弱，尤其是南部的滩海地区缺失沙三段源岩。但就整体而言，沙三段源岩的生烃强度仍然十分巨大。

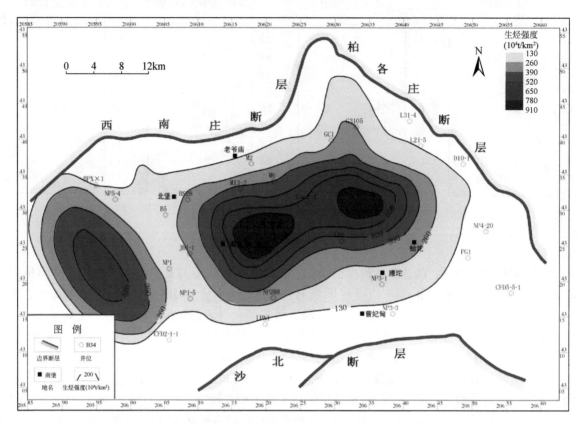

图 4.38　南堡凹陷东三段现今累积生烃强度图

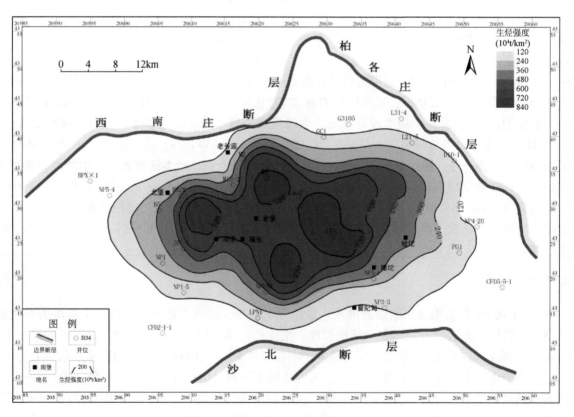

图 4.39　南堡凹陷沙一段现今累积生烃强度图

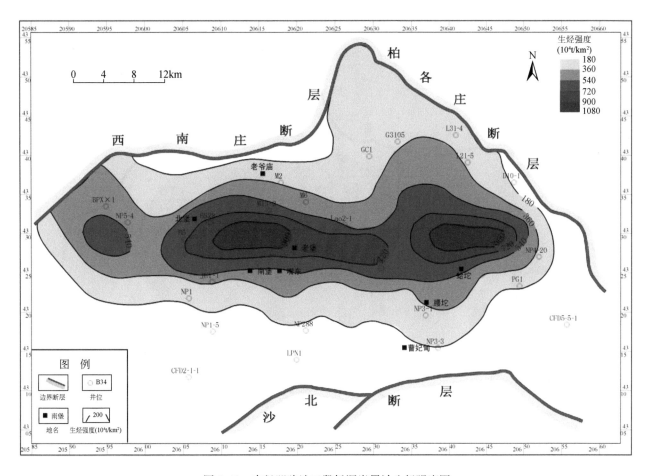

图 4.40　南堡凹陷沙三段烃源岩累计生烃强度图

通过图 4.41 可见，东三段有效源岩的累积排烃强度集中在 $70×10^4 \sim 280×10^4 t/km^2$。受有效源岩空间展布的控制，东三段有效源岩的累积排烃强度存在 3 个排烃中心，两个排烃中心位于凹陷中部，其最大排烃强度均超过 $350×10^4 t/km^2$；另外一个排烃中心位于凹陷西部，其最大排烃强度超过 $280×10^4 t/km^2$。南堡凹陷周边地区由于东三段有效源岩发育条件较差，排烃强度较小。通过对南堡凹陷排烃强度图进行三维网格化处理，结合其分布面积（$1932km^2$），得出其排烃量为 $22.23×10^8 t$，东三段有效源岩的平均排烃强度为 $115.06×10^4 t/km^2$。

通过图 4.42 可见，沙一段有效源岩的累积排烃强度集中在 $90×10^4 \sim 270×10^4 t/km^2$。受有效源岩空间展布的控制，沙一段有效源岩的排烃中心位于凹陷中部（存在四个小规模的排烃中心），其最大排烃强度均超过 $360×10^4 t/km^2$。南堡凹陷周边地区，沙一段有效源岩的排烃强度较弱，但相对于东三段有效源岩的排烃强度而言稍大。通过对南堡凹陷沙一段有效源岩的排烃强度图进行三维网格化处理，结合分布面积（$1932km^2$），得出其排烃量为 $30.65×10^8 t$，沙一段有效源岩的平均排烃强度为 $158.64×10^4 t/km^2$。

通过图 4.43 可见，沙三段有效源岩的累积排烃强度集中在 $100×10^4 \sim 400×10^4 t/km^2$。受有效源岩空间展布的控制，沙三段有效源岩的排烃中心位于凹陷中部，其最大排烃强度超过 $700×10^4 t/km^2$。南堡凹陷周边地区，沙三段有效源岩的排烃强度较弱，尤其是南部的滩海地区，缺失沙三段有效源岩，但就整体而言，沙三段有效源岩的排烃强度较东三段和沙一段有效源岩都较大。通过对南堡凹陷沙三段有效源岩的排烃强度图进行三维网格化处理，结合其分布面积（$1932km^2$），得出其排烃量为 $62.99×10^8 t$，沙三段有效源岩的平均排烃强度为 $326.04×10^4 t/km^2$。

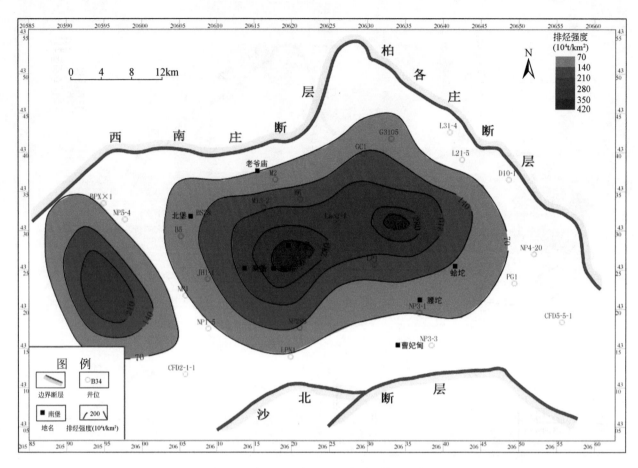

图 4.41　南堡凹陷东三段现今累积排烃强度图

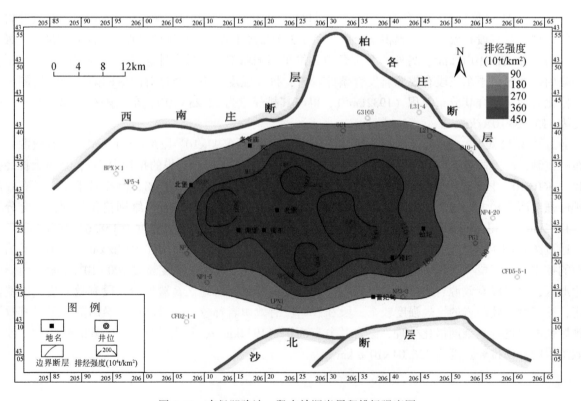

图 4.42　南堡凹陷沙一段有效源岩累积排烃强度图

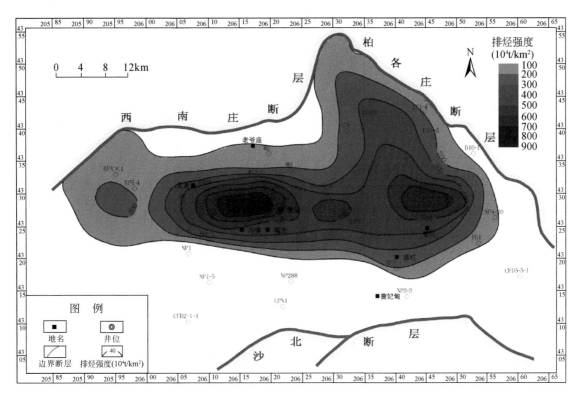

图 4.43　南堡凹陷沙三段有效源岩累积排烃强度图

利用南堡凹陷三套源岩层系在各地质历史时期的排烃强度，结合本区的埋藏历史，即可得到三套源岩层系在不同地质历史时期的排烃量（表 4.3，图 4.44）。南堡凹陷三套源岩层系的累积排烃量为 115.86 $\times 10^8$ t。其中，东营组沉积时期的排烃量为 14.99 $\times 10^8$ t，该时期沙一段源岩排烃量为 2.88 $\times 10^8$ t，沙三段源岩排烃量为 12.11 $\times 10^8$ t；馆陶组沉积时期排烃量为 50.91 $\times 10^8$ t，该时期东三段有效源岩排烃量为 4.37 $\times 10^8$ t，沙一段有效源岩排烃量为 12.29 $\times 10^8$ t，沙三段有效源岩排烃量为 34.25 $\times 10^8$ t；明化镇组沉积时期排烃量为 39.55 $\times 10^8$ t，该时期东三段有效源岩排烃量为 11.69 $\times 10^8$ t，沙一段有效源岩排烃量为 12.66 $\times 10^8$ t，沙三段有效源岩排烃量为 15.20 $\times 10^8$ t；第四系沉积时期排烃量为 10.41 $\times 10^8$ t，该时期东三段源岩排烃量为 6.16 $\times 10^8$ t，沙一段有效源岩的排烃量为 2.82 $\times 10^8$ t，沙三段有效源岩的排烃量为 1.43 $\times 10^8$ t（表 4.3）。

表 4.3　各有效源岩层系不同地质时期排烃量对比

排烃时期	东三段/10^8t	沙一段/10^8t	沙三段/10^8t	排烃总量/10^8t
Es	0.00	0.00	0.00	0.00
Ed	0.00	2.88	12.11	14.99
Ng	4.37	12.29	34.25	50.91
Nm	11.69	12.66	15.20	39.55
Q	6.16	2.82	1.43	10.41
总计	22.22	30.65	62.99	115.86

东三段有效源岩排烃时间相对较晚，排烃高峰期在明化镇组沉积时期；沙一段有效源岩排烃高峰期在馆陶组—明化镇组沉积时期；沙三段有效源岩排烃时间较早，排烃高峰期在馆陶组沉积时期（图 4.44）。

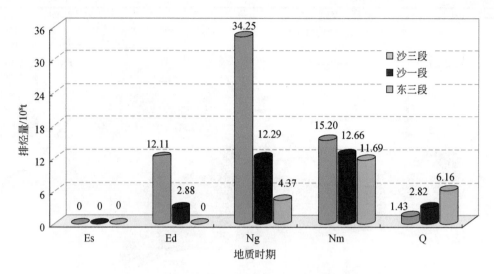

图 4.44　各有效源岩层系不同地质时期排烃量对比

4.3　油气资源潜力

4.3.1　油气资源评价存在的问题与本次研究的技术路线

南堡凹陷历经 40 多年的勘探，已发现高尚堡、柳赞、老爷庙、唐海等油气田，滩海地区还落实了南堡 1 号—南堡 5 号 5 个油气富集区带。截至 2020 年底，在南堡凹陷及周边凸起地区已发现了明化镇组、馆陶组、东营组、沙河街组、侏罗系、奥陶系、寒武系等多套含油层系，累计上报探明石油地质储量 68437.94×10⁴t；控制石油地质储量 15278.75×10⁴t；预测石油地质储量 9746.87×10⁴t。发现多种类型油气藏，包括断块油藏、断鼻油藏、背斜油藏、岩性油藏、古潜山油藏及构造-岩性油藏等。

从 20 世纪 80 年代开始，针对南堡凹陷的油气资源评价工作，总共开展了 7 次。2006 年冀东油田第四次资评认为，南堡凹陷的油气资源量为 11.79×10⁸t（油当量）。2007 年底，南堡凹陷已探明的石油储量（三级储量）就接近于 2006 年计算的油气资源量。同年，中国石油勘探开发研究院计算南堡凹陷生油量为 149.01×10⁸t，评价资源量为 19.37×10⁸t；而 2010 年中国石油大学（北京）计算南堡凹陷生油量达 207.3×10⁸t，资源量为 20.1×10⁸t。虽然历次评价结果呈现出增大的趋势，但历次资源评价的结果都存在巨大的差异。同时，历次资源评价使用方法较单一，以成因法为主，辅以统计法。结合南堡凹陷勘探现状和资源评价现状，可总结出南堡凹陷剩余资源分布预测存在以下三个方面的问题。

1. 已有的资源评价结果不能进一步指明勘探方向

虽然自 1985 年以来，南堡凹陷共进行了多轮资源评价，但是评价结果差异大。单一的评价结果过于笼统，没有考虑资源评价结果的风险性（变化范围或上下限），应该给出的是最大值、最小值和最可靠值，这使得结果更加可信。同时，石油资源量与天然气资源量并没有分开进行系统的评价。

2. 已发现的储量分布与实际地质情况差异大

南堡凹陷已发现的储量分布表明，源上成藏组合（东二段—明化镇组）已发现的三级储量为 11.61×10⁸t，所占比例为 80%，源内成藏组合（沙三段—东三段）已发现的三级储量为 2.78×10⁸t，所占比例为 19%；源下成藏组合（潜山）已发现三级储量为 0.12×10⁸t，所占比例为 1%。已发现的油气储量主要分布在中浅层东二段及以上地层中。石油主要分布在东营组之上，天然气分布广泛，在深部和浅部地层中均有发现。深浅层油气资源分布不均匀。而南堡凹陷的主要烃源岩为沙三段、沙一段和东三段，其中深部沙三段烃源岩埋深大、厚度大、成熟度高为最主要的烃源岩。已有的勘探发现与实际地质情况存在明显差异，而以往的资源评价结果空间分布不清。

3. 油气资源结构与剩余资源潜力预测不清

以往资源评价单元的划分缺乏系统的理论指导，由于南堡凹陷具多套烃源岩，含油气系统划分难度很大，而按二级构造带划分评价单元，不能很好地说明油气聚集性。因此资源评价结果平面特征不清。同时以往评价方法多以成因法为主，对评价单元内资源量计算精度不足，参数选取主观因素影响大，评价结果不能落实到空间分布及油藏类型，也不能分清常规资源潜力和非常规资源潜力。因此剩余资源潜力不同层位分布特征不清，构造油气藏、岩性油气藏、地层油气藏、潜山油气藏等不同类型油气藏剩余资源潜力不清，浅部常规油气剩余资源潜力和深部非常规资源潜力同样不清。

鉴于当前南堡凹陷资源评价存在的问题，根据南堡凹陷的特点及目前的勘探状况，选择合适的评价方法为：油田规模序列法预测油气资源的下限，定量类比法确定油气资源的期望值，物质平衡法预测油气资源的上限体积法评价非常规油气资源。技术路线如图 4.45 所示。

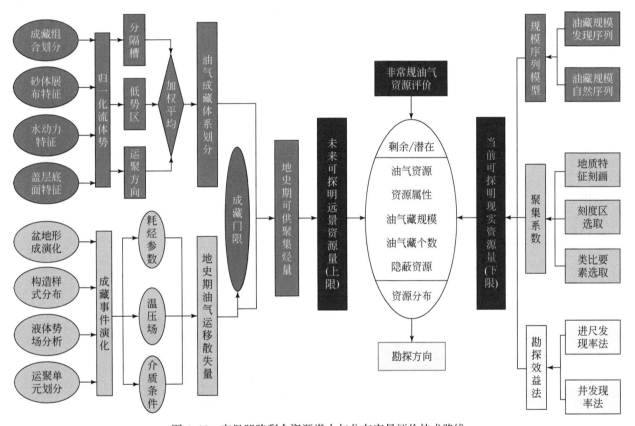

图 4.45 南堡凹陷剩余资源潜力与分布定量评价技术路线

4.3.2 油气资源评价单元划分

本次研究综合分析南堡凹陷主要储集层发育的构造环境、沉积环境，主要储集层岩性和岩相，以及储盖层纵向发育特征，在纵向上将南堡凹陷划分成两套成藏组合：上部成藏组合和下部成藏组合。在此基础上，通过对南堡凹陷主要砂岩储层厚度、水压头、区域盖层底面形态 3 方面信息的分析和归一化处理，获得南堡凹陷正规化流体势等值线图。根据正规化流体势变化趋势，将南堡凹陷上部成藏组合和下部成藏组合分别划分为 5 个成藏体系和 6 个成藏体系（图 4.46 ~ 图 4.48）。

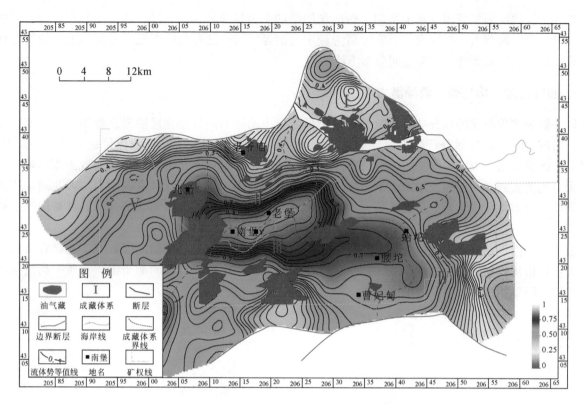

图4.46　南堡凹陷上部成藏组合油气成藏体系划分平面图

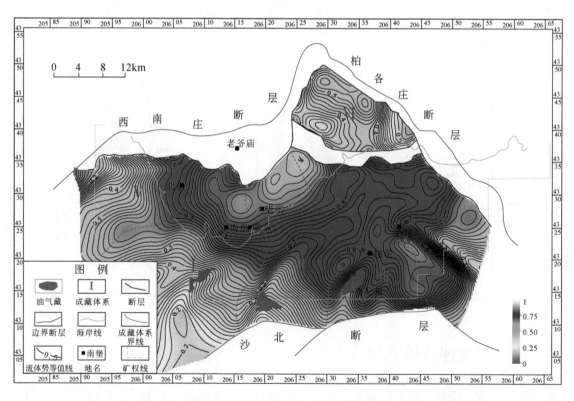

图4.47　南堡凹陷下部成藏组合油气成藏体系划分平面图

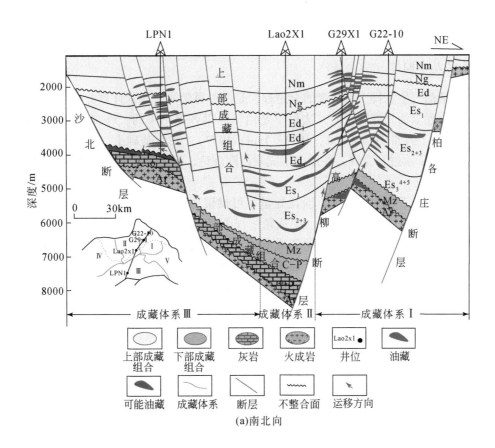

(a) 南北向

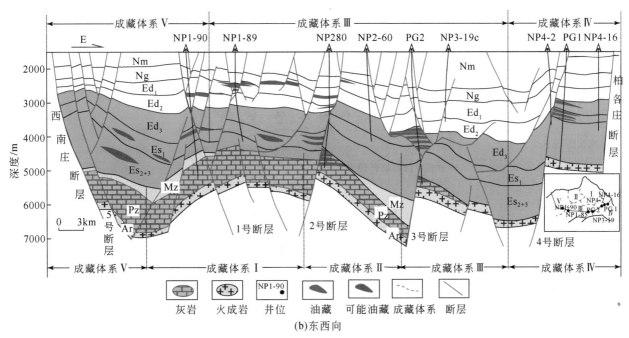

(b) 东西向

图 4.48　南堡凹陷油气成藏体系划分剖面图

4.3.3 物质平衡法评价油气资源上限

1. 物质平衡法基本原理

物质平衡法包括油气生、排、运、聚的全过程，是一种科学的资源量计算方法。

利用物质平衡原理求油气资源量的方法最早是由苏联学者提出来的，许多地球化学家为了改进这种方法曾做过大量工作（例如 Tissot et al., 1971；Dow, 1977），在此基础上，庞雄奇（1995）、庞雄奇等（2000）对该方法进行了改进和完善，并提出了成藏门限理论，运用物质平衡基本原理研究成藏门限及可供聚集烃量。

在门限控烃理论指导下建立生烃量、损耗烃量、可供聚集烃量及各种形式资源量相互关联的计算模型。门限控烃作用系指油气在生、排、运、聚成藏过程中存在四个地质门限（图4.49），这四个地质门限对油气生、排、运、聚成藏起控制作用。油气成藏体系只有进入了各个地质门限后才能形成具有工业价值的油气藏而构成油气勘探远景区。这四个地质门限分别是生烃门限、排烃门限、成藏门限和资源门限，每一个门限代表了油气运聚成藏过程中损耗烃量的临界下限值。

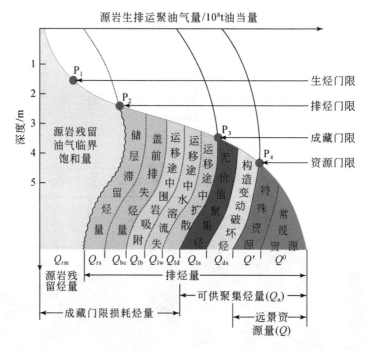

图 4.49 油气成藏过程中的地质门限及其控烃作用概念模型

油气成藏体系内形成油气藏的过程中所必须耗散的最小烃量（Q_{min}）可以表示为

$$Q_{min} = Q_{rm} + Q_{rs} + Q_{bc} + (Q_{lb} + Q_{lw} + Q_{ld})\qquad(4.7)$$

而油气成藏体系内可供聚集烃量（Q_a）可以表示为

$$Q_a = Q_p - Q_{min} = Q_p - Q_{rm} - Q_{rs} - Q_{bc} - (Q_{lb} + Q_{lw} + Q_{ld})$$
$$= Q_e - Q_{rs} - Q_{bc} - (Q_{lb} + Q_{lw} + Q_{ld})\qquad(4.8)$$

式中，Q_{min}为油气成藏体系内形成油气藏的过程中所必须耗散的最小烃量，即成藏门限；Q_p、Q_e和Q_a分别为源岩提供的生烃量、排烃量和可供聚集烃量；Q_{rm}为源岩自身残留烃临界饱和量；Q_{rs}和Q_{bc}分别为储层滞留量和盖前排失量；Q_{ld}、Q_{lw}和Q_{lb}分别为二次运移途中以扩散、水溶流失和吸附三种形式损耗的烃量。

因此成藏门限判别方程可以表示为

$$Q_{\mathrm{a}}\begin{cases}<0 & \text{未进入成藏门限}\\ =0 & \text{处于成藏门限}\\ >0 & \text{进入成藏门限}\end{cases} \tag{4.9}$$

物质平衡法的原理是聚集起来的油气量等于生成量与各种耗散量之差，其地质模型如图 4.50 所示。

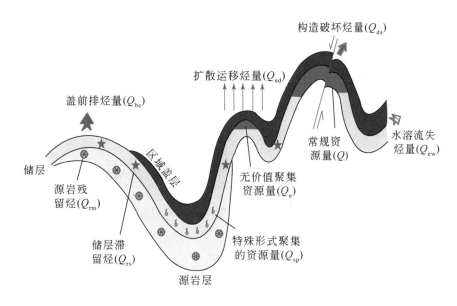

图 4.50　物质平衡法计算油气资源地质模型

2. 油气资源量计算

前已述及，已经计算出西部凹陷各个成藏体系的排烃量，按照物质平衡原理，只要求出各个成藏体系的储层滞留油量、储层滞留气量、盖前排失烃量、水溶流失烃量、扩散损失烃量、无价值聚集烃和构造破坏烃量即可得到各个成藏体系的资源量。

1）储层滞留烃量

储层滞留烃主要指油气排出源岩后滞留在区域盖层下储层中的烃量，包括吸附残留烃、水溶残留烃、油溶残留气和游离相残留气等多种形式。

（1）储层残留油

储层残留油量的大小主要取决于运载层中油气流域面积、储层厚度、储层孔隙度、通道内残留油饱和度、油密度。Luo 等（2007，2008）在实验模拟和数值模拟的基础上刻画了油气在二次运移过程中平面特征和剖面特征（图 4.51，图 4.52），并提出了储层滞留油计算模型。

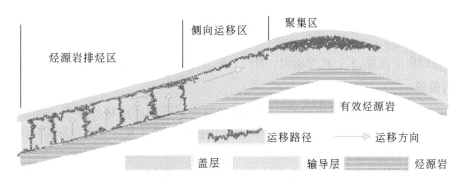

图 4.51　油气二次运移过程在剖面上的表现（Luo et al., 2007）

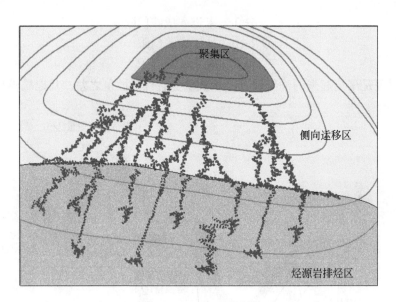

图 4.52　油气二次运移过程在平面上的表现（Luo et al.，2007）

烃源岩排烃范围内运移通道中损耗油量为

$$Q_{1+2}=\phi \cdot S_r \cdot S_t \cdot S_c \cdot h/L_m^2+\phi \cdot S_r \cdot S_2 \cdot S_t \cdot S_c \tag{4.10}$$

烃源岩排烃范围外运移通道中损失油量为

$$\begin{cases} Q_3 = \phi S_2 W L_d & L_d \leqslant 0.125 \\ Q_3 = \phi S_2 W \left(0.125 + 0.445 \displaystyle\int_{0.125}^{L_{tl}} L^{-0.3853}\,\mathrm{d}L \right) & L_d > 0.125 \end{cases} \tag{4.11}$$

式中，W 为烃源岩供烃范围的宽度，m；S_2 为烃源岩范围边缘向外发生侧向运移时的平面径道比初始值；L_d 为距烃源岩范围边缘的特征距离，m；ϕ 为储层孔隙度，%；S_t 为烃源岩范围的面积，m²；S_r 为运移路径内残余烃饱和度，%；h 为输导层厚度，m；L_m 为独立运移单元的长度度量，m；S_c 为实验室尺度上垂向运移路径占通道的平均比例。

（2）储层滞留气

储层滞留气量主要包括以吸附态残留于储层中的气、以水溶相溶解于储层孔隙水中的气和以游离相态残留于储层孔隙空间的气。其计算模型为

$$Q_{rg}=S' \cdot H_{rg} \cdot q_{rg} \cdot k_{path} \tag{4.12}$$

$$q_{rg}=q_{wg} \cdot \phi \cdot S_w+q_{og} \cdot S_{ro} \cdot \phi+S_{rg}\phi \cdot P \cdot T \cdot \frac{T_0}{T} \cdot K_z \tag{4.13}$$

式中，Q_{rg} 为储层滞留气量，kg；S' 为运聚单元面积，m²；H_{rg} 为残留气厚度，m；q_{rg} 为单位体积储层滞留气量，m³/m³；k_{path} 为优势通道系数；q_{wg} 为单位体积水溶解气量，m³/m³；q_{og} 为单位体积油中溶解气量，m³/m³；ϕ 为储层孔隙度，%；S_w 为含水饱和度，%；S_{ro} 为残余油饱和度，%；S_{rg} 为残余气饱和度，%；T_0 为地表温度，℃；T 为储集层温度，℃；P 为压力，MPa；K_z 为气体压缩因子，取值为 1；Z 为埋深，m。

2）运移流散烃量

运移流散烃量是指在区域盖层形成后的可供运移烃量在成藏前的运移过程中的损失量，包括在进入圈闭途中随水流流失的烃量、进入运载层后由于扩散作用损失的烃量及被围岩自身滞留的烃量。

（1）油气运移过程中水溶流失烃量

油气在运移过程中随水流流失烃量主要取决于油气在水中溶解度的大小。相关参数包括运聚单元面积、厚度、运载层孔隙度和含水饱和度。计算模型为

$$Q_{wl}=q_{ew} \cdot S_L \cdot H \cdot \Delta\phi \cdot S_w \tag{4.14}$$

式中，Q_{wl} 为水溶流失烃量，kg；S_L 为油气流域，m^2；H 为运载层厚度，m；$\Delta\phi$ 为孔隙度变化值，小数；S_w 为孔隙含水饱和度，小数；q_{ew} 为油气在水中的溶解度。

（2）油气运聚过程中扩散烃量

扩散烃量的大小取决于烃浓度梯度、扩散系数、扩散面积和扩散时间等。扩散气量的计算模型为

$$Q_{ed} = \int_0^t S \cdot D \cdot \frac{dc}{dz} \cdot dt \tag{4.15}$$

式中，Q_{ed} 为扩散烃量，m^3；dc/dz 为烃浓度梯度；D 为扩散系数，m^2/s；S 为扩散面积，m^2；t 为扩散时间，s。

在多套储盖组合的天然气扩散量计算时，上覆源岩生排烃期应为下伏源岩天然气扩散的终止时期。

3）盖前排失烃量

如果源岩进入排烃门限之后其上覆盖层还没有形成，则其排出的油气将全部溢散掉。盖前排失烃量是指源岩层之上的第一套区域性盖层形成前源岩的排烃量，这些烃量由于受不到保护而散失。某一地区内源岩盖前排失烃量计算模型为

$$Q_{ebc} = \int_{t_0}^{t_1} q_e \cdot S_n dt \tag{4.16}$$

式中，Q_{ebc} 为盖前排失烃总量；q_e 为源岩排烃强度；S_n 为源岩层分布面积；t_0 为源岩达到排烃门限的时间；t_1 为第一套区域性盖层形成的时间。

4）构造破坏烃量

关于构造破坏烃量的计算，目前主要有两大类方法，即正演法和反演法。构造变动破坏烃量的计算主要考虑构造变动强度与期次，区域盖层塑性及其之间的匹配关系。构造变动强度重点考虑褶皱、断裂和剥蚀三种作用。

首先依据断距、剥蚀量和褶皱倾角确定出同一构造变动的裂度系数（k），分别记为 k_f、k_e 和 k_α。三方面特征均表现强烈的地区破坏的烃量大。$k=1$ 表明全部破坏，$k=0$ 表明完全不破坏；断裂、剥蚀和褶皱三种构造变动形式破坏的最大烃量不能超过 100%。设 Q_m^1 为第一次构造变动前成藏体系内的有效运移烃量，经过第一次断裂、剥蚀和褶皱三种形式的构造变动后剩余的烃量为 ΔQ_m^1，则

$$\Delta Q_m^1 = Q_m^1 (1-k_f^1)(1-k_e^1)(1-k_\alpha^1) \cdot k_{cap}^I \tag{4.17}$$

式中，k_{cap}^I 为源岩之上的第 I 套区域盖层保存烃量校正系数。对于同一次构造变动，区域盖层厚度和岩性不同，则剩余烃量可以完全不同。例如，盐岩柔性大，同样强度和方式的构造变动下能够保护油气的量远大于泥岩。对于不同盖层保护烃量校正系数的值可以通过类比法确定，也可以通过物理模拟实验获得。

第二次构造变动后系统内剩余的烃量为第一次构造变动破坏后的剩余烃量（ΔQ_m^1）和第一次构造变动后系统内再次提供的有效运移烃量（Q_m^2）共同受到第二次构造变动破坏后的剩余烃量（ΔQ_m^2），计算模型为

$$\Delta Q_m^2 = (\Delta Q_m^1 + Q_m^2)(1-k_f^2)(1-k_e^2)(1-k_\alpha^2) \cdot k_{cap}^1 \tag{4.18}$$

依此类推：第 n 次构造变动后系统内的剩余烃量（ΔQ_m^n）为第 $n-1$ 次构造变动后的剩余烃量（ΔQ_m^{n-1}）和第 $n-1$ 次构造变动后系统内再次提供的有效运移烃量（Q_m^n）同时受到第 n 次构造变动破坏后的剩余烃量（ΔQ_m^n），计算模型为

$$\Delta Q_m^n = (\Delta Q_m^{n-1} + Q_m^n)(1-k_f^n)(1-k_e^n)(1-k_\alpha^n) \cdot k_{cap}^1 \tag{4.19}$$

整理后得到：

$$\Delta Q_m^n = \sum_{n=1}^n \left(Q_m^n - k_{ds}^n \sum_{i=1}^n Q_m^i \prod_{r=i}^{n-1} (1 - k_{ds}^{\overline{\gamma}}) \cdot k_{cap}^1 \right) \tag{4.20}$$

式中，ΔQ_m^n 为第 n 次构造变动后系统内剩余运移烃量；Q_m^i 为第 i 次构造变动前系统内提供的运移烃量，$i=$

1，2，…，n；k_{ds}^i 为第 i 次构造变动综合裂度系数；n 为构造变动的总次数。

当系统内存在多套区域性盖层和目的层时，则第一套区域性盖层受构造变动后破坏的运移量可作为第二套区域性盖层护盖下的第二套目的层的有效运移烃量，它们的破坏烃量计算方法同前所述。第三套、第四套区域性盖层下的目的层的运移烃量及破坏烃量依此类推。

5）无价值聚集烃量

无价值聚集烃量是指单个油气藏规模小于某一临界经济下限值的所有油气藏的储量之和。计算的基本原理是先应用油气藏规模序列理论和经济评价方法确定出研究区的油气藏规模序列 q_i（$i=1$，2，…，代表油气藏序号）和工业油气藏最小下限标准 q_{min}，然后利用下列公式计算：

$$Q_{ls} = Q_a - \sum_{i=1}^{n} \frac{q_{max}}{i^\alpha} \tag{4.21}$$

式中，Q_{ls} 为无价值聚集烃量；q_{max} 为研究区可能形成的最大的油气藏规模；α 为油气藏规模序列变化因子，一般为 1~2；n 为最小工业油气藏（q_{min}）对应的油气藏序号；Q_a 为研究区可供聚集烃量，它可取前述方法的理论计算值，也可对已确定的油气藏规模序列统计求和计算，即

$$Q_a = \sum_{i=1}^{N} \frac{q_{max}}{i^\alpha} \tag{4.22}$$

式中，N 为研究区能够形成的油气藏总个数。

3. 南堡凹陷油气资源空间分布

对于南堡凹陷而言，东三段、沙一段、沙三段是三套主力烃源岩，由南堡凹陷各源岩排烃结果可知，源岩大量排烃阶段主要集中在馆陶组和明化镇组沉积时期，其中沙一段和沙三段源岩在东营组沉积末期开始大量排烃，而此时东营组区域盖层已经形成，对沙河街组的排烃起到了封堵作用；东三段源岩在馆陶组沉积末期开始大量排烃，馆陶组区域盖层对东三段的排烃起到了封堵作用。因此可以认为，南堡凹陷的盖前排失烃量为零。

构造研究结果表明，研究区内构造具有两期分层变形的特征，沙三段沉积时期 NW-SE 向伸展断陷作用和沙一段沉积时期以后的 SN 向伸展断拗作用共同控制形成了南堡凹陷现今以东营组为界，上下断层组合样式迥异的构造特征。在馆陶组和明化镇组主要排烃期，研究区断裂以 SN 向伸展断拗作用为主，该时期凹陷内的区域性盖层已经形成，构造破坏烃量有限，本次研究过程中不予考虑。

通过求出南堡凹陷各损耗烃量并结合南堡凹陷源岩排烃特征，即可求出南堡凹陷可能最大资源量（表4.4）。

表4.4 西部凹陷各成藏体系各级损耗烃量 （单位：10^8t 油当量）

成藏体系	排烃量		储层滞留烃量		水溶流失烃量	扩散损失烃量	总损耗油量	总损耗气量	无价值聚集油量	无价值聚集气量	油远景资源量	气远景资源量
	排油量	排气量	滞留油	滞留气								
Ⅰ	10.52	8.12	5.52	2.69	0.31	1.80	5.52	4.80	1.58	0.27	3.43	3.05
Ⅱ	4.89	3.76	2.71	1.25	0.15	0.76	2.71	2.15	0.78	0.13	1.40	1.48
Ⅲ	12.21	9.72	3.02	1.37	0.21	1.15	3.02	2.73	1.32	0.22	7.88	6.76
Ⅳ	10.56	8.89	2.18	1.03	0.19	0.84	2.18	2.06	0.92	0.16	7.46	6.68
Ⅴ	11.71	9.35	4.56	1.97	0.24	1.59	4.56	3.80	1.02	0.17	6.13	5.37
合计	49.89	39.84	17.99	8.31	1.10	6.14	17.99	15.54	5.62	0.95	26.30	23.34

南堡凹陷烃源岩排烃结果表明，上部成藏组合三套源岩的总排烃量为 89.73×10^8t，其中排油量为 49.89×10^8t，排气量为 39.84×10^8t。各种损耗烃计算结果显示，南堡凹陷储层滞留烃量 26.29×10^8t，占排烃量的 29.3%；水溶流失烃量 1.10×10^8t，占排烃量的 0.01%；扩散损失烃量 6.14×10^8t、占排烃量的

0.07%；盖前排失烃量为0，构造破坏烃量为0；无价值聚集烃量0.95×10⁸t，占排烃量的0.01%；油远景资源量为26.30×10⁸t，气远景资源量为23.34×10⁸t，总资源量49.64×10⁸t。

南堡凹陷各成藏体系各级损耗烃量计算结果列于表4.3中。南堡凹陷油、气远景资源量分别为26.30×10⁸t和23.34×10⁸t，总烃量为49.64×10⁸t。其中成藏体系Ⅲ（南堡2号、南堡3号构造）最大，占总资源量的29.5%；其次是成藏体系Ⅳ（南堡4号构造），占总资源量的28.5%；第三是成藏体系Ⅴ（南堡5号、南堡1号构造），占总资源量的23.2%；第四是成藏体系Ⅰ（高尚堡构造、柳赞构造），占总资源量的13.1%；成藏体系Ⅱ（老爷庙构造）资源量最，只占总资源量的6.7%。南堡凹陷各成藏体系油气远景资源量分布见图4.53。

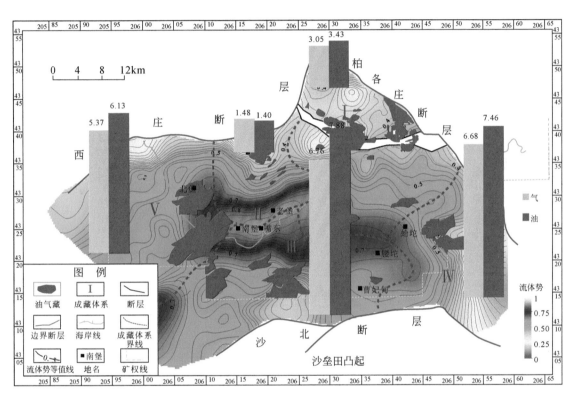

图4.53　南堡凹陷各成藏体系油气资源平面分布

4.3.4　地质条件定量类比法评价（平均）现实资源量

1. 研究思路及技术路线

类比法是一种根据已知区（刻度区）和未知区（评价区）地质特征的相似性进行资源预测的方法（金之钧和张金川，2002）。作为油气资源评价三大方法之一，其优势为在有系统刻度区解剖的条件下，类比法是预测成熟区块的油气资源规模的最佳方法，非常适合已开发过的地区的剩余资源潜力预测。目前，已有的地质类比法根据类比思想的不同，可以概括为两大类：基于资源丰度的体积丰度、面积丰度法和基于油气生排运聚成因演化思想的聚集系数类比法，其中聚集系数类比法已经成为我国油气资源评价的主要方法之一，在历届全国性油气资源评价中被广泛应用。

根据生烃潜力法求得评价区各评价单元的排烃量，依据上述多因素定量回归方法求取油气聚集系数，两者的乘积即为各评价单元的资源量，即

$$Q = Q_e \cdot K_a(X_1, X_2, \cdots, X_n) \tag{4.23}$$

式中，Q 为最大可能（现实）资源量（当前认识与技术条件下）；Q_e 为源岩层排出烃量；K_a 为聚集系数（主要受地质条件 X_1，X_2，…，X_n 控制）。

本次评价以凹陷为单元，所以刻度区选取勘探程度比较高的拗陷或凹陷，这样的拗陷或凹陷无论是地质条件还是油田的开发都处在相对较高的成熟阶段，认识比较深入。而各油气运聚单元地质参数的选取是准确获得油气聚集系数的关键。

2. 南堡凹陷油气聚集系数定量类比

1）类比刻度区的选取

刻度区解剖的目的是通过对地质条件和资源潜力认识较清楚的地区进行分析，总结地质条件与资源潜力的关系，建立两者之间的参数纽带，进而为资源潜力的类比分析提供参照依据。为了正确和客观地认识地质条件和资源潜力，刻度区的选取应符合"三高"原则，即：①勘探程度较高；②对地质条件的研究认识程度较高；③资源探明率较高。根据刻度区的选取原则，本书选取辽河西部凹陷和东营凹陷为南堡凹陷的刻度区。辽河西部凹陷、东营凹陷和南堡凹陷都属渤海湾盆地，都为陆相断陷凹陷，且辽河西部凹陷和东营凹陷勘探程度高，含油气丰富，因此东营凹陷和辽河西部凹陷作为本书类比法的类比刻度区。

2）类比刻度区单因素拟合及筛选

整理辽河西部凹陷和东营凹陷（刻度区）的资料，综合对比发现，聚集系数可能与包括烃源岩条件、储层条件、保存条件、运移条件和配套史条件在内的 13 个地质参数有一定的相关性（表 4.5）。

表 4.5　地质参数表

一级参数	二级参数
烃源岩条件	排烃强度（$10^4/km^2$）
储层条件	储层空间展布
	储层厚度（m）
	储层砂岩百分比（%）
	孔隙度（%）
保存条件	盖层厚度（m）
	断层密度
	最大断距/盖层厚度
	断层活动速率（m/Ma）
运移条件	储层砂体面积
	成藏体系面积
	疏导体系类型
配套史条件	排烃高峰期/盖层形成时间

而通过详细地统计辽河西部凹陷、东营凹陷中最大断距/盖层厚度、排烃高峰期/盖层形成时间和断层活动速率的数据（表 4.6）发现，这三项地质参数与聚集系数具有较高程度的相关性，R^2 都大于 0.53（图 4.54），所以，选取这三项参数作为影响聚集系数的主控地质参数。

表 4.6　辽河西部凹陷与东营凹陷三项主控地质参数数据表

凹陷	成藏体系	最大断距 /m	盖层厚度 /m	最大断距/ 盖层厚度	排烃时间 /Ma	盖层形成 时间/Ma	排烃高峰期/ 盖层形成时间	断层活动 速率/(m/Ma)	聚集系数 /%
辽河西部凹陷	高升上	64	260	0.25	21.5	31.4	0.68	47.28	26.1
	欢齐锦上	53	198	0.27	20.1	32.5	0.62	115.72	31.4
	牛心坨上	107	97	1.10	24.5	30.8	0.8	164.37	16.5
	曙北	56	380	0.15	19.8	30.1	0.66	61.59	34.1
	双海月	89	110	0.81	20.4	30.5	0.67	107.54	21.8
	兴冷	72	310	0.23	17.3	31.2	0.55	29.45	34.1
	杜曙	75	270	0.28	23.5	32.3	0.73	124.79	21.6
	高升下	92	260	0.35	23.9	36.4	0.66	76.51	19.1
	欢齐锦下	108	347	0.31	24.3	36.7	0.66	84.69	20.9
	冷洼海	127	141	0.90	22.6	35.6	0.63	187.54	11.2
	牛心坨下	49	110	0.45	20.9	33.7	0.62	57.92	22.7
东营凹陷	东营中央背斜带	60	380	0.16	5.1	12.0	0.43	45.40	51.4
	王家岗-八面河	50	200	0.25	4.5	12.0	0.38	36.80	38.7
	乐安-纯化鼻状构造	80	320	0.25	6	12.0	0.5	37.30	46.5
	博兴凹陷斜坡	40	243.5	0.16	5.8	12.0	0.48	7.55	31.8
	青城低凸起北坡	100	248	0.40	5.8	12.0	0.48	18.87	32.6
	平方王-大芦湖	40	160	0.25	5.5	12.0	0.46	38.50	51.3
	滨县凸起南坡	100	340	0.29	6.2	12.0	0.51	13.50	47.4
	东营凹陷北带	80	300	0.27	7.0	12.0	0.58	49.80	38.9

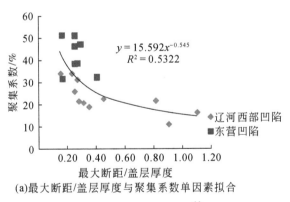

(a)最大断距/盖层厚度与聚集系数单因素拟合

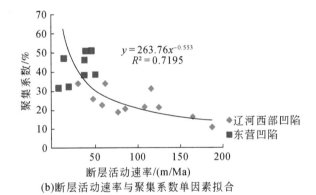

(b)断层活动速率与聚集系数单因素拟合

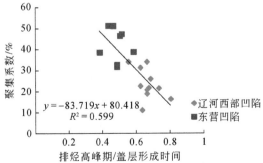

(c)排烃高峰期/盖层形成时间与聚集系数单因素拟合

图 4.54　拟合度高的地质参数与聚集系数关系图

3) 类比定量关系模式的建立及聚集系数的求取

确定以上三项主控地质参数后，采用多元回归的方法，利用 SPSS 统计软件拟合出最大断距/盖层厚度、排烃高峰期/盖层形成时间和断层活动速率与聚集系数的综合定量关系式：

$$y = 58.558 + 8.635x_1^{-0.545} - 70.869x_2 - 19.506x_3^{-0.553} \tag{4.24}$$

$$R^2 = 0.699$$

式中，y 为聚集系数；x_1 为最大断距/盖层厚度；x_2 为排烃高峰期/盖层形成时间；x_3 为断层活动速率。

把辽河西部凹陷和东营凹陷的三项主控地质参数的数据代入式（4.24）中，求出刻度区中各评价单元的聚集系数，与已知的聚集系数实际值进行回归验证。从验证结果可以看出，预测的聚集系数值与实际的聚集系数值趋势一致，各评价单元的结果均相差不大，达到了预期的效果（图 4.55），此定量预测模型计算的结果可靠，证明通过多因素回归拟合出的定量类比关系式可以在南堡凹陷应用。

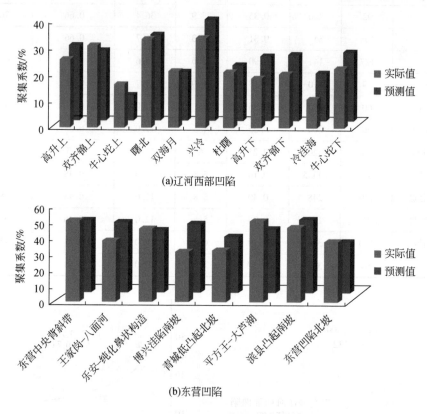

图 4.55　刻度区聚集系数回归验证

3. 聚集系数法计算资源量

1）主控地质参数取值

南堡凹陷的断层非常发育，一般根据断层的规模对构造、沉积及油气的控制作用，可将南堡凹陷内的断层分为二级断层（控凹断层）、三级断层（控带断层，也即通源断层）（刚文哲等，2013）和四级断层（刘建国等，2009）三个级别。二级断层（控凹断层）控制南堡凹陷的发育和古近系的沉积，三级断层（控带断层）控制构造系统内的二级构造带的发育，二级和三级断层均对油气的运移和聚集起控制作用（王平，1994）。四级断层分布普遍，数量最多，大多数为沉积盖层内部的断层，影响油气的保存条件（刘建国等，2009）。

故此次最大断距的取值，将排除南堡凹陷的控凹断层和控带断层。其中，控凹断层包括西南庄断层、柏各庄断层、高柳断层和沙北断层（位于工区之外），控带断层包括南堡 1 号断层、南堡 2 号断层、南堡 3 号断层、南堡 4 号断层和南堡 5 号断层（李宏义等，2010；童亨茂等，2013）。主要选取四级断层。

取各成藏体系除控凹和控带断层外的断层的最大断距，比相对应的明化镇组、馆陶组和沙二段+沙三段三套盖层厚度的和，即为最大断距/盖层厚度的取值。

断层活动速率是一个影响油气保存和聚集的综合地质参数，王平（1994）认为二级、三级断层控制油气的运移和聚集。所以，断层活动速率取值时考虑二级、三级和四级断层数据。Ⅰ–Ⅴ成藏体系的断层活动速率取每个成藏体系的平均值，其取值见表4.7。

表4.7　最大断距/盖层厚度与断层活动速率数据表

成藏体系	主要构造	断层	断距层位	最大断距/m	盖层厚度/m	最大断距/盖层厚度	断层活动速率/(m/Ma)
Ⅰ	高尚堡、柳赞	高北断层	Es_3	407	1230	0.33	27.62
Ⅱ	老爷庙	老爷庙断层	Es_3	338	1410	0.24	8.19
Ⅲ	南堡2号、南堡3号	南堡3-2断层	Es_3	399	1390	0.29	13.77
Ⅳ	南堡4号	南堡4-8断层	Es_3	592	1790	0.33	33.48
Ⅴ	南堡5号、南堡1号	南堡1-6断层	Es_3	601	1495	0.40	13.90

东三段有效源岩排烃时间较晚，集中在明化镇组—第四系沉积时期，沙一段有效源岩排烃时间集中在馆陶组—明化镇组沉积时期，沙三段有效源岩排烃时间较早，集中在东营组—馆陶组沉积时期。本书取排烃高峰期的顶界沉积时间和底界沉积时间的平均值作为各套烃源岩的排烃高峰期值（表4.8）。

表4.8　南堡凹陷三套烃源岩排烃高峰期

烃源岩层段	排烃高峰期	排烃高峰期顶界沉积时间/Ma	排烃高峰期底界沉积时间/Ma	排烃高峰期平均值/Ma
Ed_3	Nm–Q	0	9.0	4.50
Es_1	Ng–Nm	2	23.3	12.65
Es_3	Ed–Ng	9	29.3	19.15

通常认为，盖层层段在沉积完其总厚度的三分之二后才能起到封盖油气的作用，所以本书均将各盖层层段沉积到三分之二的时间作为盖层的形成时间。由于沙三段既是烃源岩又是盖层，沙三段在完全沉积完后才能起到封盖作用，所以 Es_{2+3} 盖层考虑沙三段底界沉积时间和沙二段盖层的形成时间，即 Es_{2+3} 盖层的形成时间取沙二段盖层形成时间（表4.9）。

表4.9　南堡凹陷区域盖层形成时间

区域盖层层段	选取盖层层段	盖层顶界沉积时间/Ma	盖层底界沉积时间/Ma	盖层形成时间/Ma
Nm	Nm	2.0	9.0	4.33
Ng	Ng	9.0	23.3	13.77
Es_{2+3}	Es_2	35.4	36.4	35.73

在计算排烃高峰期/盖层形成时间时，各套烃源岩分别取其上覆区域盖层与之配套，即 Ed_3 烃源岩的上覆区域盖层为 Ng 盖层，Es_1 烃源岩的上覆区域盖层为 Ng 盖层，Es_3 烃源岩的上覆区域盖层为 Es_{2+3} 盖层。最后取三套烃源岩与盖层组合的排烃高峰期/盖层形成时间的平均值作为南堡凹陷上部组合5个成藏体系的排烃高峰期/盖层形成时间的值（表4.10）。

表4.10 南堡凹陷排烃高峰期/盖层形成时间

烃源岩层段	区域盖层层段	排烃高峰期平均值/Ma	盖层形成时间/Ma	排烃高峰期/盖层形成时间
Ed$_3$	Ng	4.50	13.77	0.33
Es$_1$	Ng	12.65	13.77	0.92
Es$_3$	Es$_{2+3}$	19.15	35.73	0.54
排烃高峰期/盖层形成时间的平均值				0.59

2) 南堡凹陷资源量计算结果

将南堡凹陷各成藏体系的三项主控地质参数的数据代入式（4.24），可求得南堡凹陷各成藏体系的聚集系数（表4.11）。

表4.11 南堡凹陷上部组合油气成藏体系聚集系数及资源量

成藏体系	主要构造	最大断距/盖层厚度	排烃高峰期/盖层形成时间	断层活动速率/(m/Ma)	聚集系数/%	上部组合油气成藏体系排烃量/10^{8}t	资源量/10^{8}t
Ⅰ	高尚堡、柳赞	0.33	0.59	27.62	29.13	18.65	5.43
Ⅱ	老爷庙	0.24	0.59	8.19	29.18	8.65	2.52
Ⅲ	南堡2号、南堡3号	0.29	0.59	13.77	28.94	21.93	6.35
Ⅳ	南堡4号	0.33	0.59	33.48	29.45	19.45	5.73
Ⅴ	南堡5号、南堡1号	0.40	0.59	13.90	26.11	21.06	5.50
合计							25.53

将南堡凹陷各成藏体系的聚集系数值与辽河西部凹陷、东营凹陷各成藏体系的聚集系数值整体拟合进行回归验证，从拟合结果（图4.56）可以看出，根据式（4.24）求取的聚集系数，符合各单参数与聚集系数相关性的整体趋势，达到了预期的回归效果，证明通过多元回归建立的定量关系式可以在南堡凹陷应用。

结合南堡凹陷上部组合各成藏体系的聚集系数和排烃量，计算得出南堡凹陷的资源量结果（表4.10）。通过定量类比法计算出南堡凹陷油气总资源量为25.53×10^{8}t。其中，南堡2号–南堡3号构造成藏体系（Ⅲ）排烃量最高，其预测的资源量最大，达到了6.35×10^{8}t；其次是南堡4号构造成藏体系（Ⅳ），其聚集系数最大，预测资源量为5.73×10^{8}t；排在第三位的是南堡5号–南堡1号构造成藏体系（Ⅴ），其预测资源量为5.50×10^{8}t；排在第四位的是高尚堡–柳赞成藏体系（Ⅰ）其预测资源量为5.43×10^{8}t；老爷庙成藏体系（Ⅱ），由于排烃量小，其预测资源量不足3×10^{8}t。

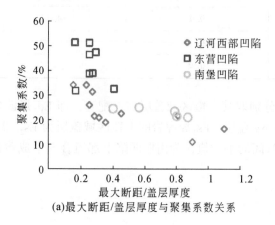

(a)最大断距/盖层厚度与聚集系数关系

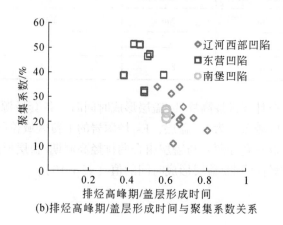

(b)排烃高峰期/盖层形成时间与聚集系数关系

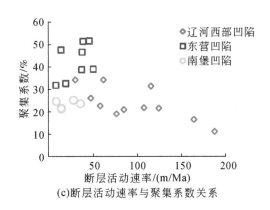

图 4.56 聚集系数与主控地质参数回归验证图

4.3.5 油气藏规模序列法评价油气资源下限

1. 多参数约束的规模序列法基本原理与操作流程

油气藏规模序列法适用于一个完整的、独立的油气地质体系。完整的、独立的油气地质体系是指油气生成、运移、聚集及以后演化都是在体系内进行的，与外界没有联系。盆地、凹陷、油气系统及油气运聚单元都是这样的油气地质体系，都可以使用油气藏规模序列法。但是，传统的油气藏规模序列法存在着明显的不确定性：①预测序列存在不确定性。如用误差分析，小于误差的序列不止一个，且每个序列的资源总量差异大；②最大单一油气藏具有不确定性。目前发现的油气藏是否就是该评价单元中的最大规模，还是第二、第三……该怎么样确定？目前发现的最大油气藏在预测规模序列中的位置对预测总资源量和序列具有重要的影响；③油气藏个数的确定比较困难，预测序列的多解性使得预测的油气藏个数具有不确定性。

针对规模序列法存在的问题，姜振学等（2009）提出多参数约束规模序列法，即在对一个研究区进行成藏单元划分和成藏条件分析的基础上，从预测的资源总量、最大单一规模和油气藏个数等方面对预测结果进行约束和修正，使预测结果更符合地质实际。其具体步骤如下：

（1）对运聚单元（盆地、凹陷、成藏体系）进行确定。建议盆地油气资源预测以油气田储量规模为评价参数，凹陷或成藏体系预测则以油气藏储量规模为评价参数。

（2）对研究区油气藏进行统计分析。统计分析时注意区分油气藏储量和油气藏储量级别。

（3）依据改进模型进行初步预测。依据实际油气藏规模与预测油气藏误差约束，误差大于给定值，修正模型重新预测；误差小于给定值，给出预测油气藏序列，可能有 N_1 个符合误差范围内的油气藏序列。

（4）应用其他方法（成因法等）约束油气资源总的规模。大于给定误差（与其他方法预测结果相比）的资源序列去掉，保留接近成因法预测总的资源序列可能也有 N_2 个。

（5）最大单一规模约束。依据高勘探程度的类似盆地或研究区油气资源总量与最大单一油气藏的统计关系来约束最大单一油藏规模，这样的序列可能有 N_3 个。

（6）油气藏个数约束。在满足前面约束条件后的油气藏序列中，再应用研究区可能存在的圈闭数（包含隐蔽圈闭数）来约束获得的油气藏序列中的油气藏个数，获得满足上面几项约束条件的油气藏序列 N_4。

（7）最后综合地质分析，确定研究区油气藏规模序列。

2. 油藏规模序列参数约束条件

1) 总地质资源量约束（Q）

依据成因法得到的地质资源量对各成藏体系的规模序列法预测资源量进行上限约束。也即在运用规模序列法对各成藏体系的资源进行预测时，把各成藏体系的成因法预测结果作为一个上限值。本次采用物质平衡法计算的油气资源量作为多参数约束油气藏规模序列法预测总地质资源量的上限约束（表4.12）。

表4.12　南堡凹陷上部成藏组合各成藏体系总资源量和最大单一油气藏规模约束

成藏体系		地质门限法计算的资源量/10^8t	可能最大单一规模/10^8t
序号	名称		
I	高尚堡-柳赞成藏体系	8.72	1.88
II	老爷庙成藏体系	4.24	1.04
III	南堡2号-南堡3号构造成藏体系	6.39	1.46
IV	南堡4号构造成藏体系	3.47	0.88
V	南堡5号-南堡1号构造成藏体系	7.08	1.58

2) 最大单一油藏规模约束（q_{max}）

本次研究主要依据高勘探程度区各成藏体系地质资源量与最大单一油气藏规模的统计拟合关系来约束各成藏体系的最大单一油气藏规模。

庞雄奇等（2003）对渤海湾盆地勘探程度相对较高且最大油气藏已被发现的研究区地质资源量与最大单一油气藏规模的关系进行拟合回归，得到二者之间的统计拟合关系为（图4.57）

$$Q_{max} = 0.3197 \cdot Q^{0.8177} \tag{4.25}$$

式中，Q 为评价单元地质资源量，10^8t；Q_{max} 为评价单元最大单一油气藏规模，10^8t。

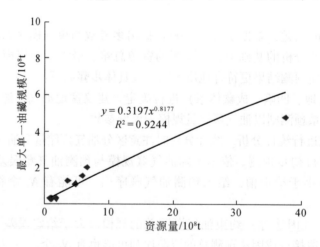

图4.57　渤海湾盆地高勘探程度区资源量与最大单一油田储量的关系图（庞雄奇等，2003）

3) 最小油气藏规模约束（q_{min}）

最小油气藏规模是指当一个油气藏规模低于此下限值时将不值得勘探和开采。根据目前勘探成本、技术经济条件、南堡凹陷地质条件及油气的价格等因素，本书对研究区评价最小油气藏规模取值为15×10^4t，即在预测序列中，将规模小于15×10^4t的油气藏视为无价值油气藏。

4) 油气藏个数约束（N）

由以上约束再加上依据研究区储层厚度、各成藏体系构造单元个数、各成藏体系面积与最大单一油气藏规模丰度和最小油气藏规模丰度比值等因素综合分析得到的油气藏个数区间，最终得到各成藏体系的油气藏规模序列及各成藏体系的资源预测结果。

南堡凹陷油藏个数的约束，用东营凹陷牛庄凹陷的资源丰度来约束。因为牛庄凹陷勘探程度非常高，地质条件与南堡凹陷相似，所以可以把牛庄凹陷的资源丰度作为南堡凹陷资源丰度的一个上限值。通过统计，东营凹陷牛庄凹陷累计探明储量为 $8.37 \times 10^8 t$，面积为 $600 km^2$，资源丰度为 $139.54 \times 10^4 t/km^2$。

3. 不同规模油气藏序列预测结果

由于油气藏规模序列法应用的前提条件是在评价单元内所发现的油气藏个数必须不少于3个，且南堡凹陷上部油气成藏组合各油气成藏体系油气藏发现均大于3个，因此可以用此方法对上部油气成藏组合的各油气成藏体系进行有效的资源量预测。而下部油气成藏组合作为一个评价单元进行资源量预测。在以上4个条件的约束下，k 值采用直接拟合和间接拟合方法共同确定，对于高勘探程度的评价单元，如上部组合的成藏体系Ⅰ、Ⅱ、Ⅲ、Ⅴ，由于已发现油藏足够多，因此采用直接拟合的方法确定 k 值，而对于成藏体系Ⅳ和下部成藏组合，则是采用间接拟合方法。

对于下部成藏组合，由于下部成藏组合勘探程度低，而且未发育烃源岩，油藏类型均为古潜山油藏，因此下部成藏组合最大单一规模油藏大小及 k 值由地质条件类似的探区来确定。

在成藏体系划分的基础上，通过对各成藏体系总量约束、最大单一规模约束、油藏个数约束，预测南堡凹陷上部油气成藏组合5个油气成藏体系和下部油气成藏组合的油气资源量（表4.13）。

表 4.13　南堡凹陷多参数规模序列法油气资源预测结果

上部成藏组合油气成藏体系	探明油藏特征			预测油藏特征			综合特征		
	个数	最大规模油藏 /$10^4 t$	探明储量 /$10^8 t$	个数	最大规模油藏 /$10^4 t$	预测储量 /$10^8 t$	个数	最大规模油藏 /$10^4 t$	总储量 /$10^8 t$
Ⅰ	210	1013.0	1.84	167	26.0	0.32	377	1013.0	2.16
Ⅱ	89	198.6	0.40	143	588.2	0.53	232	588.2	0.93
Ⅲ	32	4936.3	2.19	467	451.9	2.24	499	4936.3	4.43
Ⅳ	4	328.9	0.07	322	3338.7	2.47	326	3338.7	2.54
Ⅴ	56	2015.5	2.36	200	91.8	0.58	256	2015.5	2.94
小计	391	—	6.86	1299	—	6.14	1690	—	13.00
下部成藏组合	13	250.8	0.10	139	2217.7	1.16	152	2217.7	1.26
合计	405	—	6.96	1438	—	7.30	1842	—	14.26

评价结果表明，预测南堡凹陷的总剩余探明储量为 $7.30 \times 10^8 t$，上部油气成藏组合中，成藏体系Ⅲ、Ⅳ剩余探明储量最多，分别为 $2.24 \times 10^8 t$ 和 $2.47 \times 10^8 t$，占总剩余可探明储量的30.68%和33.83%；成藏体系Ⅱ、Ⅴ也超过 $0.5 \times 10^8 t$，分别占总剩余可探明储量的7.26%和7.94%；成藏体系Ⅰ剩余探明储量最小，为 $0.32 \times 10^8 t$，仅占剩余可探明储量的4.38%。预测的最大油气藏规模中，成藏体系Ⅳ预测最大单一规模油藏储量最大，达 $3338.7 \times 10^4 t$。成藏体系Ⅱ、Ⅲ预测最大单一规模油藏储量约为 $500 \times 10^4 t$，成藏体系Ⅰ待发现的最大单一规模油藏储量最小，为 $26.0 \times 10^4 t$。就预测油藏个数而言，成藏体系Ⅲ待发现油藏个数最多，为467个；其次为成藏体系Ⅳ，待发现油藏个数为322个。成藏体系Ⅲ、Ⅳ待发现油藏个数占总剩余可探明油藏个数的54.86%；就各成藏体系已发现油藏个数占剩余油藏个数的比例而言；成藏体系Ⅲ、Ⅳ和Ⅴ已发现油藏个数占剩余的油藏个数比例最小，分别为6.41%、1.22%和21.87%。上述数据表明南堡凹陷滩海地区剩余资源潜力较大，具有良好的勘探前景。

下部油气成藏组合剩余可探明储量约是上部油气成藏组合的15.89%，预测油藏个数也少，仅为139个，占总预测油藏个数的不到10%。因此下部成藏组合也具良好的勘探前景。

从各成藏体系规模序列图（图4.58）可见，上部油气成藏组合成藏体系Ⅱ、Ⅲ、Ⅳ及下部油气成藏组合还有一些规模较大的油藏有待发现；而其他油气成藏体系主要剩余中小规模的油藏。综上所述，上部油气成藏组合成藏体系Ⅳ和下部油气成藏组合可在较短时间内得到较高的勘探效益。其次，发现成藏体系Ⅲ、Ⅴ规模序列，在双对数坐标上明显分为多段，段与段衔接处为明显的拐点。这种现象，认为是由勘探过程的不连续造成的。

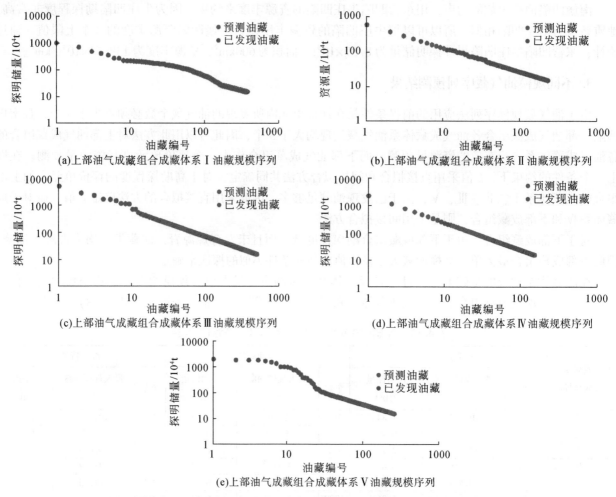

(a)上部油气成藏组合成藏体系Ⅰ油藏规模序列　　(b)上部油气成藏组合成藏体系Ⅱ油藏规模序列

(c)上部油气成藏组合成藏体系Ⅲ油藏规模序列　　(d)上部油气成藏组合成藏体系Ⅳ油藏规模序列

(e)上部油气成藏组合成藏体系Ⅴ油藏规模序列

图4.58　南堡凹陷上部油气成藏组合各成藏体系油藏规模系列法资源评价结果

下部油气成藏组合剩余可探明储量约是上部油气成藏组合剩余可探明储量的15.89%，但预测油藏个数也少，仅为139个，占总预测油藏个数的不到10%（图4.59）。因此下部成藏组合也具良好的勘探前景。

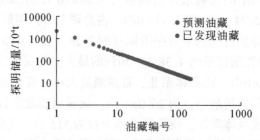

图4.59　南堡凹陷下部油气成藏组合规模系列法资源评价结果

4.4　剩余资源潜力与潜在勘探领域

根据4.3节中对南堡凹陷油气资源评价的结果，南堡凹陷最可靠资源量为$13.00 \times 10^8 \mathrm{t}$，最可能资源量为$25.53 \times 10^8 \mathrm{t}$，最大资源量为$49.64 \times 10^8 \mathrm{t}$。而就目前南堡凹陷已探明石油储量在各层位的分布情况来看，南堡凹陷已发现的油气资源主要分布在较浅的层位上，如明化镇组、馆陶组和东一段，总体上，东二段以下油气储量分布较少，沙三段相对较多一些，而沙三段以下油气储量的分布十分有限。因此可知，南堡凹陷油气剩余资源的潜力在较深的层系，如上部成藏组合中深层的东三段、沙一段，深层的沙三段及下部成藏组合的奥陶系等。从源岩生烃的角度来看，南堡凹陷埋藏最深的沙三段烃源岩排烃量占总排烃量的54％之多，而该套烃源岩又为南堡凹陷源内成藏体系和源下成藏体系的主力烃源岩，可见，南堡凹陷深层剩余资源潜力更大。将南堡凹陷与同处渤海湾盆地的济阳拗陷和辽河西部凹陷对比可见，南堡凹陷在沙河街组及以深地层中油气探明储量远远低于济阳拗陷和辽河西部凹陷（图4.60），这说明南堡凹陷深层勘探程度低、油气探明率低，深部剩余油气资源潜力大。

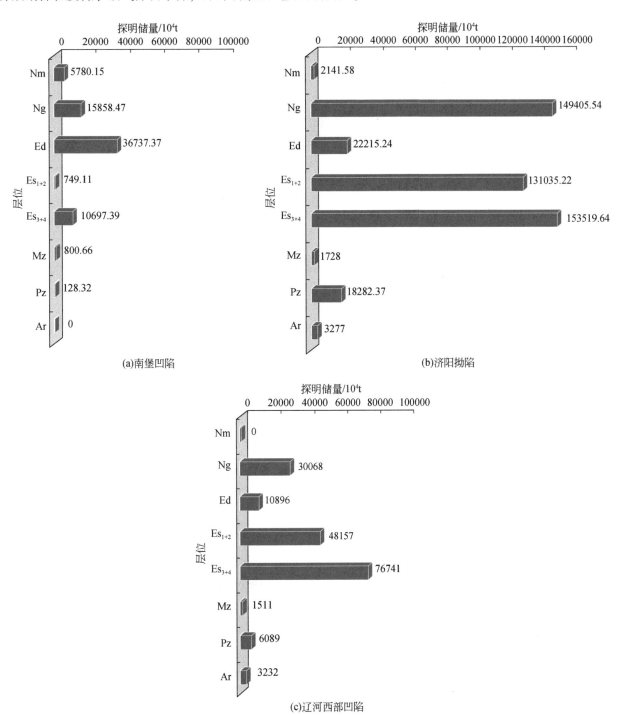

图 4.60　南堡凹陷与邻区各层位油气储量发现对比图

在区域上，根据油藏规模序列法对上部成藏组合的常规油气藏探明储量预测结果分布情况来看（表4.12），成藏体系Ⅲ（南堡2号构造和南堡3号构造）和成藏体系Ⅳ（南堡4号构造）剩余探明储量最大，为上部成藏组合最具勘探潜力区域。从构造和沉积的角度来看，南堡2号构造、南堡3号构造和南堡4号构造带受沙垒田古隆起控制，形成缓坡沉积体系，沉积范围大，分选磨圆好，能够发育优质储层，为岩性、地层油气藏勘探的有利区域。对于下部成藏组合，南堡1号构造和南堡2号构造是潜山油气勘探的最有利领域。首先，这两个区域源储相接，源岩排烃量大；其次，这两个区域古生宇和太古宇断裂发育，油气运移和储存条件好；最后，潜山圈闭的类型多种多样。

就目前的发现来看，南堡凹陷已发现的油气基本都是常规油气藏，在今后很长一段时间内，常规油气勘探依然是南堡凹陷油气勘探的重中之重。但根据 Holditch（2006）提出的油气资源三角图的概念，拥有丰富常规油气资源的沉积盆地必将拥有更加丰富的非常规油气资源。值得高兴的是，南堡凹陷的非常规油气勘探也有一些好的苗头，如发现高尚堡地区沙三段四亚段具有致密油气的勘探潜力，1997年完钻井 G80-12 井，完井后沙三段四亚段 3592~3605m 地层测试，酸化射流泵排液，日产油 0.26t，累计产油 0.7t，无水。证实高尚堡地区沙三段四亚段具有进一步开展致密砂岩油气勘探的潜力。G165X1、G11、G18 等井地层对比显示，沙三段四亚段中部发育一套细粒砂岩、粉砂岩，被上下优质的油页岩夹持，符合致密砂岩油气成藏特征。另外，南堡凹陷发育沙三段、沙一段和东三段三套优质的泥页岩，是否具有一定的页岩油气勘探的潜力呢？在当今油气勘探从源外"储层"走向"源岩"内部的大形势下，南堡凹陷陆相泥页岩的页岩气成藏条件和资源潜力值得进一步深入研究。因此，南堡凹陷非常规油气资源具有一定的勘探前景南堡凹陷非常规油气资源潜力评价采用体积法，总体思路是先计算单位体积页岩中页岩油的含量，然后根据页岩的体。

积计算总的页岩油资源量。在计算单位体积页岩油的含量时，一般有氯仿沥青"A"法、热解 S1 法和含油饱和度法等方法。

4.4.1 致密砂岩夹层油气资源评价参数优选

含油饱和度法是借鉴常规油气勘探中储量计算的方法，从方法原理上说，含油饱和度法最接近油气勘探中的储量计算，是最可取的一种方法。计算公式为 $N = 100 \times A \times H \times \phi \times S_o \times \rho_o / B_{oi}$。其中 N 为原油地质储量，10^4t；A 为含油面积，km^2；H 为有效厚度，m；ϕ 为有效孔隙度，%；S_o 为原始含油饱和度，%；ρ_o 为原油密度，t/m^3；B_{oi} 为原油体积系数。根据冀东油田实测资料显示，原油密度为 $0.8305g/cm^3$，含油饱和度为 46%，体积系数为 1.399。

4.4.2 致密砂岩夹层中可动油气资源潜力评价

1. 可动系数

调研全国致密油可动烃量比率的文献（表4.14），结合南堡凹陷勘探开发实际情况，参考得到南堡凹陷致密砂岩夹层可动油比例最小值为 16.1%，最大值为 63.9%，平均值为 38.4%。

2. 可采系数

调研国内外含油气盆地致密类油气资源现实采收率的相关文献（表4.15），结合南堡凹陷勘探开发实际情况，参考得到南堡凹陷致密砂岩夹层可采系数最小值为 9.6%，最大值为 18.5%，平均值为 14.8%。

表 4.14　致密油可动烃量比率研究结果统计表

(可动油/气比率)/%	样本数	研究区及层位	数据资料来源	主要变化范围/%
8.61~57.5，平均30.7	12	/	雷浩，2017	
50.47	/	川西马井气田蓬莱镇组	司马立强等，2016	
53.22~73.3，平均63.9	8	鄂尔多斯盆地延长组	高辉等，2018	
34.5~83.2	/	鄂尔多斯盆地延长组	王伟等，2017	
9.7~29.83，平均16.1	6	马岭油田延长组	黎盼等，2018	最小值：16.1
29.44~68.92，平均46.7	21	吉木萨尔凹陷芦二段	李闽等，2018	平均值：38.4
2.16~46.55，平均19.6	9	辽河西部凹陷沙三段	陈广志，2015	最大值：63.9
20.78~45.67，平均34.2	4	鄂尔多斯盆地延长组	高洁等，2018	
16.27~65.67，平均44.9	24	鄂尔多斯盆地延长组	吴长辉和赵习森，2017	
10.73~81.86，平均48.35	264	鄂尔多斯盆地延长组	—	
2.16~55.94，平均27.48	15	鄂尔多斯盆地延长组	—	
10.99~61.99，平均34.86	26	鄂尔多斯盆地延长组	—	

表 4.15　国内外含油气盆地致密类油气资源现实采收率变化范围综合统计表

可采系数/%	地区	资料来源	平均可采系数/%
9.6	中国	李建忠等，2012	
17.5	中国	邹才能等，2012	最小值：9.6
18.2~18.5	中国	邹才能等，2012	平均值：14.8
14.7	西加拿大沉积盆地	郑民等，2017	最大值：18.5
10	西加拿大沉积盆地	谌卓恒和Osadetz，2013	

3. 资源潜力评价结果

沙一段致密砂岩夹层油气资源量为 $0.84 \times 10^8 t$，现实资源量为 $0.031 \times 10^8 t$，期望资源量为 $0.048 \times 10^8 t$，远景资源量为 $0.060 \times 10^8 t$。沙三段致密砂岩夹层资源量为 $1.53 \times 10^8 t$，现实资源量为 $0.056 \times 10^8 t$，期望资源量为 $0.087 \times 10^8 t$，远景资源量为 $0.109 \times 10^8 t$（表 4.16）。

表 4.16　南堡凹陷沙一段、沙三段砂岩夹层油气资源量计算结果

层位	可动系数/%	可采系数/%		现实资源量/$10^8 t$	期望资源量/$10^8 t$	远景资源量/$10^8 t$
沙一段	38.4	9.6	14.8 18.5	0.031	0.048	0.060
沙三段				0.056	0.087	0.109

4.4.3　页岩油资源评价可动油模型

通过人工岩心核磁共振实验分析等方法，建立了南堡凹陷非常规储层中可动油评价模型为 $Y = 15.89 + 2.295X_1 - 3.114X_8 - 2.162X_6$（$X_1$ 为孔隙度，X_6 为蒙脱石，X_8 为干酪根，Y 是原油可动比率）（图 4.61）。其中三个参数的限定条件为：孔隙度 X_1 介于 2%~13% 之间，蒙脱石相对含量 X_6 介于 3%~22% 之间，干酪根含量 X_8 介于 0.5%~4% 之间；其余参数的限定条件：渗透率 X_2 变化范围为 0.002×10^{-3}~$1432.770 \times 10^{-3} \mu m^2$，伊利石 X_3、高岭石 X_4 和绿泥石 X_5 相对含量变化范围分别为 3%~15%，原油黏度

X_7 变化范围为 $4 \sim 12\text{mPa} \cdot \text{s}$。

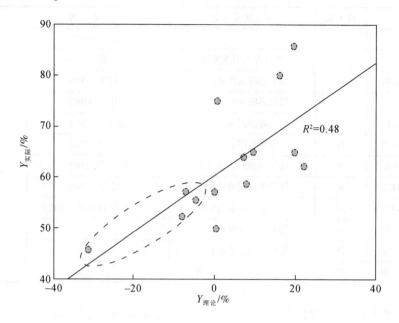

图 4.61　页岩油可动比率实际值与可动油比率理论值的交汇图

4.4.4　页岩油气资源评价参数优选

氯仿沥青"A"法是应用氯仿沥青"A"作为页岩中页岩油含量的指标来进行，其计算公式为 $Q_{a油} = V \times \rho \times A \times K_a$。热解 S_1 法是应用热解 S_1 参数作为页岩油含量的衡量指标，计算公式为 $Q_{s油} = V \times \rho \times K_{s_1} \times S_1$。其中 $Q_{a油}$、$Q_{s油}$ 分别为基于氯仿沥青"A"法和基于热解 S_1 法计算得到的页岩油量；V 为不同级别页岩的体积；ρ 为泥页岩密度；A 为不同级别页岩单位岩石氯仿沥青"A"含量,%；S_1 为热解 S_1 参数；K_a 为氯仿沥青"A"轻烃补偿系数，K_{s_1} 为热解 S_1 轻烃补偿系数与演化程度有关；TOC 为总有机碳含量,%。

1. 氯仿沥青"A"校正系数

氯仿沥青"A"是常规油气勘探中常用的指标，其分析方法成熟，基础资料丰富。由于氯仿沥青"A"的组成与原油接近，能较好地衡量页岩中油的含量，且能较好地消除页岩非均质性问题。氯仿沥青"A"也存在较严重的轻烃损失，在应用氯仿沥青"A"进行资源量计算过程中，轻烃补偿系数是关键性的参数。

通过调研国内其他盆地的有关文献，得到氯仿沥青"A"轻烃校正系数与 R^o 的拟合关系，作沙一段和沙三段氯仿沥青"A"轻烃校正系数等值线图（图 4.62、图 4.63）。

2. S_1 校正系数

热解是常规油气勘探中常用的分析方法之一，具有方法成熟、分析精度高、经济快捷、样品用量少、获取比较方便等优点。在页岩油气的评价中，热解 S_1 是重要的评价参数，热解 S_1 的量值直接影响到页岩含油量的值。在热解分析前的样品粉碎过程中，易挥发的气态烃极容易损失，因此热解 S_1 仅能代表部分残烃量，在应用热解 S_1 进行页岩油量定量分析时，也应该进行轻烃恢复。

通过调研国内其他盆地的有关文献，得到 S_1 轻烃校正系数与 R^o 的拟合关系，作沙一段和沙三段 S_1 轻烃校正系数等值线图（图 4.64、图 4.65）。

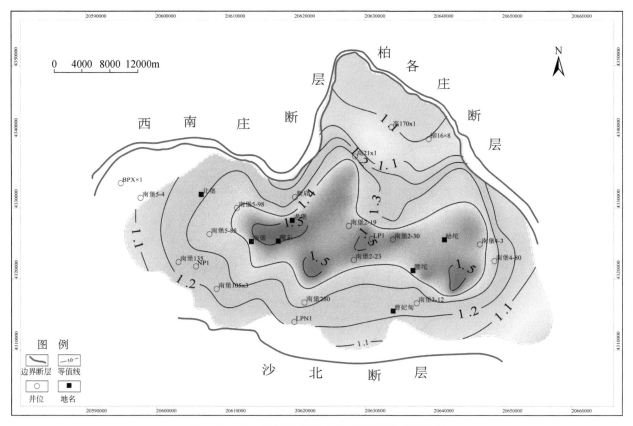

图 4.62　沙一段氯仿沥青"A"校正系数等值线图

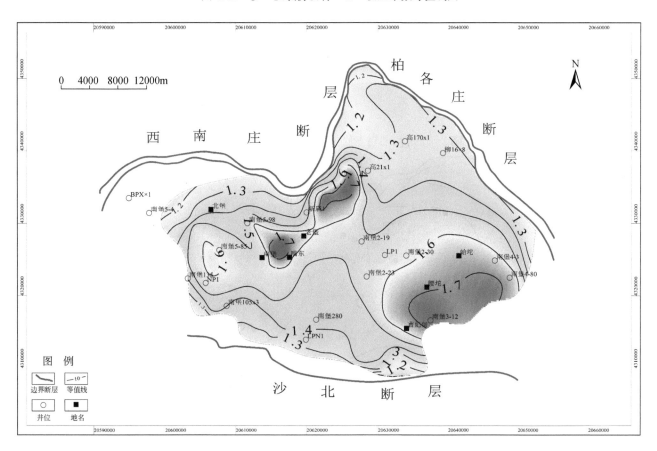

图 4.63　沙三段氯仿沥青"A"校正系数等值线图

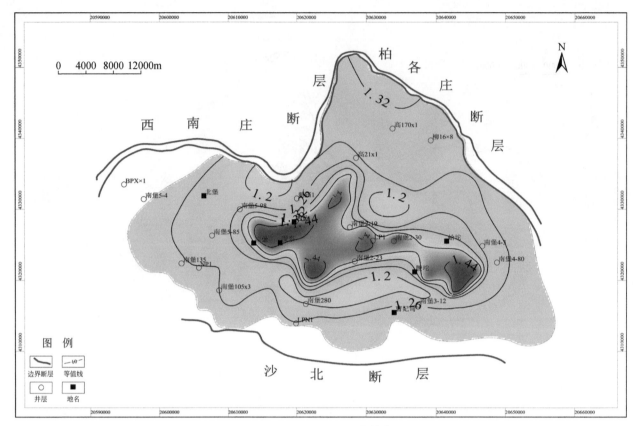

图 4.64　沙一段 S_1 校正系数等值线图

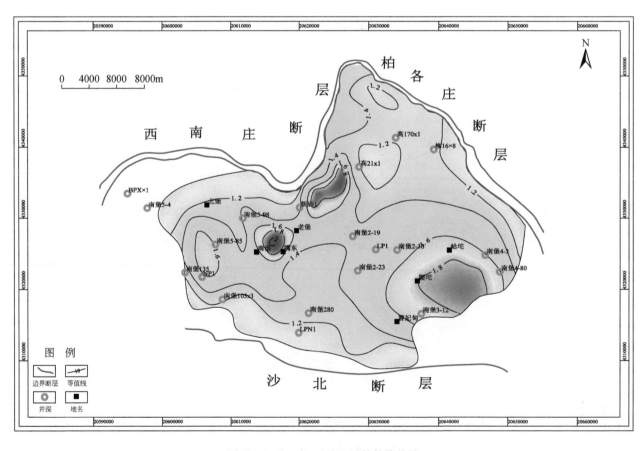

图 4.65　沙三段 S_1 校正系数等值线图

3. 泥页岩密度

根据冀东油田实测资料显示，沙一段泥页岩密度为 $2.28 \times 10^8 t/km^3$，沙一三段泥页岩密度为 $2.31 \times 10^8 t/km^3$。

4.4.5 页岩油气资源可动资源潜力评价

1. 可动系数

调研全球页岩油可动烃量比率的文献（表 4.17），结合南堡凹陷勘探开发实际情况，参考得到南堡凹陷页岩油气可采系数最小值为 9.4%，最大值为 60.4%，平均值为 24.9%。

表 4.17 全球页岩油可动烃量比率研究结果统计表

研究区及层位	（可动油/气比率）/%	样本数	数据资料来源	主要变化范围/%
东营凹陷沙河街组	25.33~97.57，平均 60.37	30	Li M，et al.2018	最小值：9.4 平均值：24.6 最大值：60.4
巴尼特（Barnett）页岩	13.54~89.11，平均 29.36	17	—	
萨克森（Saxony）盆地	4.2~16.63，平均 9.4	50	—	
波西多尼亚（Posidonia）页岩	>10%	—	—	
巴卡穆尔塔（Vaca Muerta）页岩	>30%	—	—	
济阳凹陷	3.06~16.25	—	桑茜等，2017	
东营凹陷沙四段	24.3~24.7	2	李钜源，2014	
渤海湾盆地沙三段	8~28	—	张林晔等，2014	
渤海湾盆地沙四段	9~30	—		

2. 可采系数

调研国内外含油气盆地页岩油资源现实采收率的相关文献（表 4.18），结合南堡凹陷勘探开发实际情况，参考得到南堡凹陷页岩油可采系数最小值为 3.0%，最大值为 10.0%，平均值为 7.2%。

表 4.18 国内外含油气盆地致密类油气资源现实采收率变化范围综合统计表

可采系数/%	地区	资料来源	平均可采系数/%
5.0（4.3~5.7）	世界	EIA，2013	最小值：3.0 平均值：7.2 最大值：10.0
3~10	美国、加拿大/西西伯利亚盆地	—	
7~7.8	中国渤海湾盆地	张骞，2014	

3. 资源潜力评价结果

分别利用氯仿沥青 "A" 法和 S_1 法分别计算南堡凹陷沙一段和沙三段泥页岩资源潜力（表 4.19）。沙一段泥页岩可动油气资源量为 $4.98 \times 10^8 t$，可采资源量为 $0.359 \times 10^8 t$。沙三段泥页岩可动资源量为 $11.18 \times 10^8 t$，可采资源量为 $0.805 \times 10^8 t$。

表 4.19 沙一段、沙三段页泥页岩资源量计算结果

层位	氯仿沥青 "A" 法	热解 S_1 法	平均可动资源量/$10^8 t$	平均可采资源量/$10^8 t$
沙一段	4.94	5.01	4.98	0.359
沙三段	11.31	11.06	11.18	0.805

参 考 文 献

陈广志 . 2015. 致密砂岩储层可动流体赋存特征及影响因素 . 科学技术与工程, 15 (21): 12-17+22.

戴家权, 王勇, 冯恩民, 等 . 2003. 深盆气成藏机理及动态分布的定量研究 . 石油学报, 24 (1): 39-43.

戴金星, 戚厚发, 宋岩, 等 . 1986. 我国煤层气组份、碳同位素类型及其成因和意义 . 中国科学 (B辑), 12: 1317-1326.

戴金星, 等 . 1987. 煤成气地质研究 . 北京: 石油工业出版社 .

戴金星, 陈践发, 钟宁宁, 等 . 2003. 中国大气田及其气源 . 北京: 科学出版社 .

付晓泰, 王振平, 卢双舫 . 1996. 气体在水中的溶解机理及溶解度方程 . 中国科学 (B辑), 26 (2): 124-130.

付晓泰, 卢双舫, 王振平, 等 . 1997. 天然气组分的溶解特性及其意义 . 地球科学, 26 (3): 60-66.

刚文哲, 高岗 . 2012. 南堡凹陷常规油气藏成因机制与模式及其有利勘探区预测 . 北京: 中国石油大学 (北京).

刚文哲, 邹俭巍, 高岗 . 2013. 渤海湾盆地南堡凹陷滩海区油气立体输导模式——以南堡1号构造带为例 . 山东科技大学学报 (自然科学版), 32 (2): 9-16.

高辉, 何梦卿, 赵鹏云, 窦亮彬, 王琛 . 2018. 鄂尔多斯盆地长7页岩油与北美地区典型页岩油地质特征对比 . 石油实验地质, 40 (02): 133-140.

高洁, 任大忠, 刘登科, 孙卫, 时建超 . 2018. 致密砂岩储层孔隙结构与可动流体赋存特征: 以鄂尔多斯盆地华庆地区长6_3致密砂岩储层为例 . 地质科技情报, 37 (04): 184-189.

姜振学, 林世国, 庞雄奇, 等 . 2006. 两种类型致密砂岩气藏对比 . 石油实验地质, 28 (3): 210-219.

姜振学, 庞雄奇, 周心怀, 等 . 2009. 油气资源评价的多参数约束改进油田 (藏) 规模序列法及其应用 . 海相油气地质, 3 (14): 53-59.

蒋有录 . 2010. 南堡凹陷输导体系控藏模式研究 . 青岛: 中国石油大学 (华东).

金之钧, 张金川 . 1999. 油气资源评价技术 . 北京: 石油工业出版社 .

金之钧, 张金川 . 2002. 油气资源评价方法的基本原则 . 石油学报, 23 (1): 19-23.

金之钧, 张一伟, 王捷, 等 . 2003. 油气成藏机理与分布规律 . 北京: 石油工业出版社 .

雷浩 . 2017. 致密砂岩毛管压力和电性参数及可动流体饱和度研究 . 成都: 西南石油大学 .

黎盼, 孙卫, 李长政, 高永利, 白云云, 杜堃 . 2018. 低渗透砂岩储层可动流体变化特征研究——以鄂尔多斯盆地马岭地区长8储层为例 . 地球物理学进展, 33 (06): 2394-2402.

李宏义, 姜振学, 董月霞, 等 . 2010. 渤海湾盆地南堡凹陷断层对油气运聚的控制作用 . 现代地质, 24 (4): 755-761.

李建忠, 郑民, 张国生, 等 . 2012. 中国常规与非常规天然气资源潜力及发展前景 . 石油学报, 33 (S1): 89-98.

李钜源 . 2014. 东营利津洼陷沙四段页岩含油气量测定及可动油率分析与研究 . 石油实验地质, 36 (03): 365-369.

李闯, 王浩, 陈猛 . 2018. 致密砂岩储层可动流体分布及影响因素研究——以吉木萨尔凹陷芦草沟组为例 . 岩性油气藏, 30 (01): 140-149.

李明诚, 李伟 . 1995. 油气聚集量模拟的研究 . 石油勘探与开发, 22 (6): 6-12.

李亚辉 . 2000. 高邮凹陷北斜坡辉绿岩与油气成藏 . 地质力学学报, 62 (2): 17-22.

刘成林, 车长波, 朱杰, 等 . 2009. 油气资源可采系数研究 . 石油学报, 30 (6): 856-861.

刘建国, 刘延峰, 黎有炎, 等 . 2009. 惠民凹陷西部断层活动性研究 . 石油天然气学报 (江汉石油学院学报), 31 (4): 195-199.

庞雄奇 . 1995. 排烃门限控油气理论与应用 . 北京: 石油工业出版社 .

庞雄奇, 陈章明, 陈发景 . 1993. 含油气盆地地史、热史、生留排烃史数值模拟研究与烃源岩定量评价 . 北京: 地质出版社 .

庞雄奇, 姜振学, 李建青, 等 . 2000. 油气成藏过程中的地质门限及其控油气作用 . 石油大学学报 (自然科学版), 24 (4): 53-58.

庞雄奇, 金之钧, 姜振学, 等 . 2003. 油气成藏定量模式 . 油气成藏机理研究系列丛书 (卷八). 北京: 石油工业出版社 .

庞雄奇, 刚文哲, 高岗, 等 . 2010. 南堡凹陷烃源岩评价与精细油气源对比 . 北京: 中国石油大学 (北京).

桑茜, 张少杰, 朱超凡, 等 . 2017. 陆相页岩油储层可动流体的核磁共振研究 . 中国科技论文, 12 (09): 978-983.

谌卓恒, Osadetz K G. 2013. 西加拿大沉积盆地Cardium组致密油资源评价 . 石油勘探与开发, 40 (03): 320-328.

寿建峰, 朱国华 . 1998. 砂岩储层孔隙保存的定量预测研究 . 地质科学, 33 (2): 244-250.

司马立强, 王超, 王亮, 吴丰, 马力, 王紫娟 . 2016. 致密砂岩储层孔隙结构对渗流特征的影响——以四川盆地川西地区上侏罗统蓬莱镇组储层为例 . 天然气工业, 36 (12): 18-25.

童亨茂, 赵宝银, 曹哲, 等 . 2013. 渤海湾盆地南堡凹陷断裂系统成因的构造解析 . 地质学报, 87 (11): 1647-1661.

万从礼, 金强 . 2003. 东营凹陷纯西辉长岩对烃源岩异常生排烃作用研究 . 长安大学学报（地球科学版）, 25（1）: 20-25.

万涛, 蒋有录, 董月霞, 等 . 2012. 南堡凹陷断层活动与油气成藏和富集的关系 . 中国石油大学学报（自然科学版）, 36（2）: 60-67.

王明, 姜福杰, 庞雄奇, 等 . 2010. 正规化流体势基本原理及应用 . 新疆地质, 28（3）: 339-342.

王平 . 1994. 为什么二、三级断层对油气聚集起控制作用 . 断块油气田, 1（5）: 1-5.

王涛 . 2002. 中国深盆气田 . 北京: 石油工业出版社 .

王伟, 牛小兵, 梁晓伟, 淡卫东 . 2017. 鄂尔多斯盆地致密砂岩储层可动流体特征: 以姬塬地区延长组长 7 段油层组为例 . 地质科技情报, 36（01）: 183-187.

王学军 . 2007. 油藏规模序列法在垦东地区资源预测中的应用 . 油气地质与采收率, 14（2）: 7-9.

王有孝, 范璞, 程学惠, 等 . 1990. 异常地热对沉积有机质生烃过程的影响——以辉绿岩侵入体为例 . 石油与天然气地质, 11（1）: 73-77.

翁文波 . 1984. 预测论基础 . 北京: 石油工业出版社 .

吴长辉, 赵习森 . 2017. 致密砂岩油藏核磁共振 T2 截止值的确定及可动流体喉道下限——以吴仓堡下组合长 9 油藏为例 . 非常规油气, 4（02）: 91-94+102.

徐永昌, 刘文汇, 沈平, 等 . 2001. 含油气盆地油气同位素地球化学研究概述 . 沉积学报, 19（2）: 161-168.

袁波, 朱健伟 . 2003. 松辽盆地布海–合隆地区天然气烃源岩特征及资源量计算 . 世界地质, 22（4）: 352-356.

张林晔, 包友书, 李钜源, 等 . 2014. 湖相页岩油可动性——以渤海湾盆地济阳坳陷东营凹陷为例 . 石油勘探与开发, 41（06）: 641-649.

张骞 . 2014. 页岩气藏压裂水平井优化设计研究 . 成都: 成都理工大学 .

郑民, 王文广, 李鹏, 等 . 2017. Dodsland 油田致密油成藏特征及关键参数研究 . 西南石油大学学报（自然科学版）, 39（01）: 53-62.

邹才能, 朱如凯, 吴松涛, 杨智, 陶士振, 袁选俊, 侯连华, 杨华, 徐春春, 李登华, 白斌, 王岚 . 2012. 常规与非常规油气聚集类型、特征、机理及展望——以中国致密油和致密气为例 . 石油学报, 33（02）: 173-187.

Dow W G. 1977. Kerogen studies and geological interpretations. Journal of Geochemical Exploration, 7: 79-99.

EIA. 2013. International Energy Outlook.

Haven H L, Rohmer M, Rullkotter J, Bisseret P. 1989. Tetrahymanol, the most likely precursor of gammacerane, occurs ubiquitously in marine sediments. Geochimica et Cosmochimica Acta, 53: 3073-3079.

Holditch S A. 2006. Tight gas sands. Journal of Petroleum Technology, 58（6）: 86-93.

Hubbert M K. 1953. Entrapment of petroleum under hydrodynamic conditions. AAPG Bulletin, 37（8）: 1954-2026.

Hunt J M. 1968. How gas and oil form and migrate. World Oil, 167（4）: 140-150.

James A T. 1983. Correlation of natural gas by use of the carbon iso topic distribution between hydrocarbon components. AAPG Bulletin, 67（7）: 1176-1191.

Li M, Chen Z, Ma X, et al. 2018. A numerical method for calculating total oil yield using a single routine Rock-Eval program: a case study of the Eocene Shahejie Formation in Dongying Depression, Bohai Bay Basin, China. International Journal of Coal Geology, S0166516218300594.

Luo X R, Zhou B, Zhao S X, Zhang F Q, Vasseur G. 2007. Quantitative estimates of oil losses during migration, part I: Measurement of the residual oil saturation in migration pathways. Journal of Petroleum Geology, 30: 375-387.

Luo X R, Yan J Z, Zhou B, Hou P, Wang W, Vasseur G. 2008. Quantitative estimates of oil losses during migration, part II: Measurement of the residual oil saturation in migration pathways. Journal of Petroleum Geology, 31: 179-190.

Tissot B P, Welte D H. 1984. Petroleum Formation and Occurrence. New York: Springer Verlag: 46-285.

Tissot B P, Califet D Y, Deroo G, et al. 1971. Origin and evolution of hydrocarbons in early toarcian shales, Paris Basin, France. AAPG Bulletin, 55: 2177-2193.

Venkatesan M I. 1989. Tetrahymanol: Its widespread occurrence and geochemical significance. Geochimica et Cosmochimica Acta, 53: 3095-3101.

第5章 南堡凹陷构造、岩性油气藏地质特征与成因模式

5.1 南堡凹陷油气藏地质特征剖析方法原理

5.1.1 油气藏地质特征剖析的基本内容

为了弄清油气成藏机制与油气分布规律，必须进行油气藏地质解剖。油气藏地质特征剖析的基本内容主要包括静态地质特征和动态成藏特征两个方面，其中，静态地质特征主要包括油气藏圈闭类型、储层和盖层特征、流体性质、温度和压力等；动态成藏特征主要包括油气来源、油气成藏时间、油气运移等。本书主要对南堡凹陷已发现的高尚堡油田、柳赞油田、老爷庙油田及南堡1~5号构造油田（图5.1）的油气藏地质特征进行剖析。

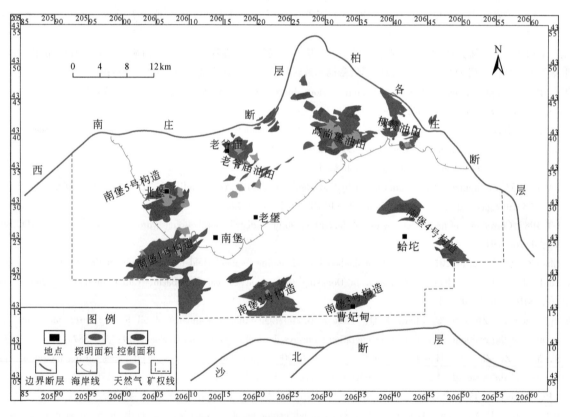

图5.1 南堡凹陷油气分布平面图

5.1.2 油气藏静态地质特征剖析方法与技术

油气藏静态地质特征主要从圈闭与油气藏类型、储层和盖层特征、流体性质、温度和压力等方面进行解剖。

1. 油气藏类型研究

油气藏主要根据圈闭的成因进行分类，因为圈闭成因的分类方案能够充分反映各个类型油气藏的形成条件，能够充分反映各种类型油气藏之间的圈闭和联系，能够科学预测一个新区可能出现的油气藏类型，能够针对不同类型油气藏采用不同的勘探方法及不同的勘探开发部署方案（张厚福和徐兆辉，2008）。南堡凹陷油气藏主要为背斜油气藏、断层油气藏、岩性油气藏、地层油气藏和复合油气藏等（图5.2）。

大类	类型	亚类	典型井、地区	剖面图	平面图
构造油气藏	背斜油气藏	挤压背斜油气藏	M101井馆陶组柳中北斜沙三段	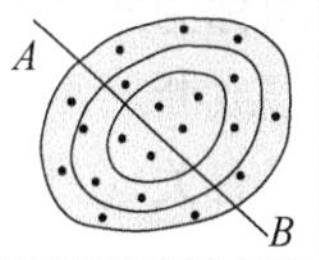	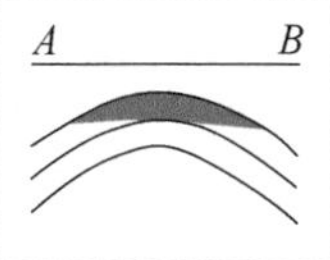
		逆牵引背斜油气藏	庙北东三段L103区块	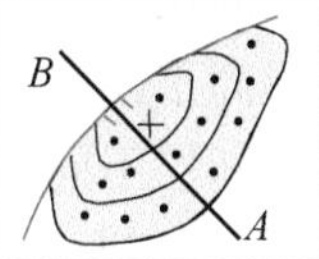	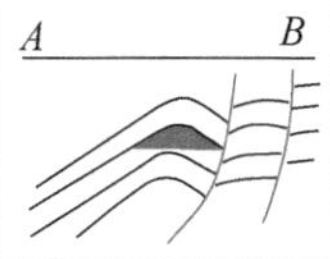
	断层油气藏	断鼻油气藏	M38X1井东营组M39X1井馆陶组	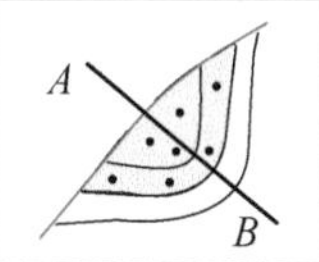	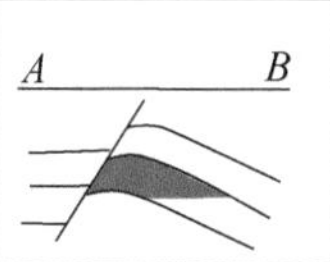
		断块油气藏	庙北地区普遍发育，M36X1井明化镇组、馆陶组	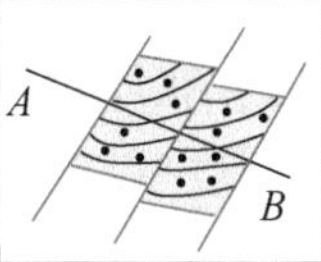	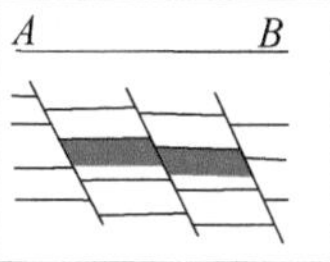
地层油气藏		地层超覆油气藏	高尚堡G17井区	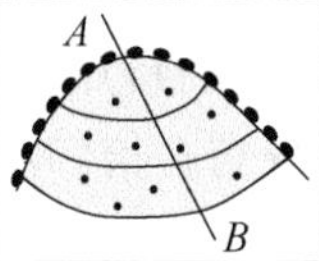	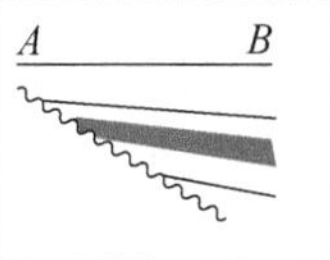
		地层不整合油气藏	高尚堡G78井区	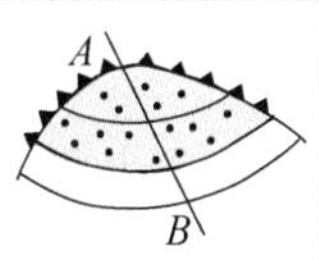	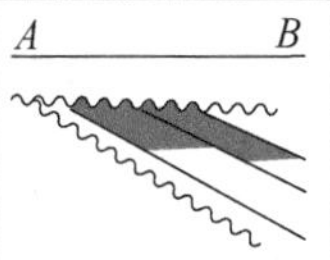
岩性油气藏		砂岩上倾尖灭油气藏	庙中东营组	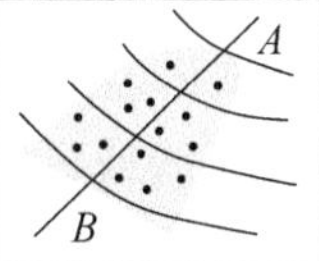	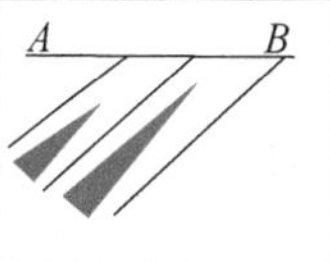
		砂岩透镜体油气藏	庙中东营组	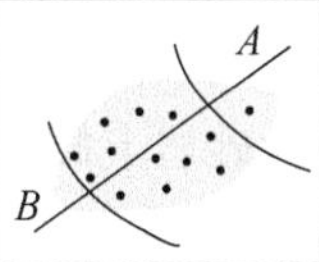	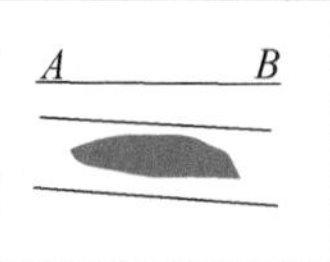
复合油气藏		构造-岩性油气藏	M27-4井东营组	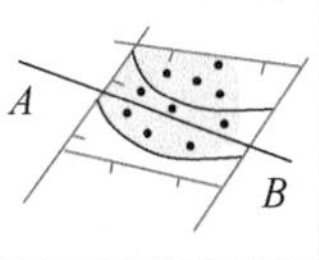	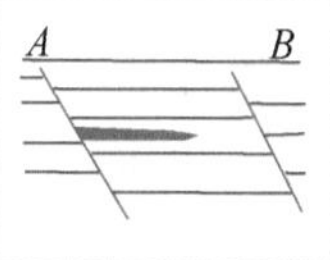
火成岩油气藏		火成岩裂缝油气藏	北堡地区和南堡5号构造带沙一段和沙三段	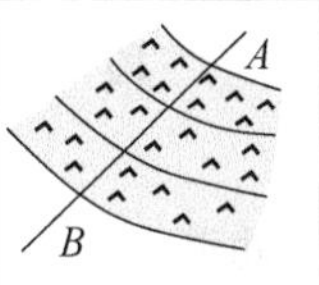	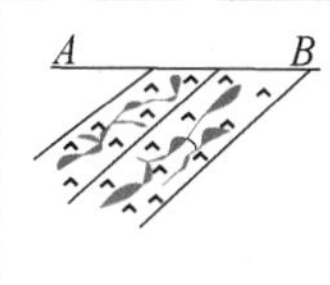

图5.2　南堡凹陷油气藏类型

1）背斜油气藏

背斜油气藏按照背斜圈闭成因可分为挤压背斜油气藏、基底隆升背斜油气藏、底辟拱升背斜油气藏、披覆背斜油气藏和滚动背斜油气藏五种基本类型（张厚福和徐兆辉，2008）。南堡凹陷主要发育滚动背斜油气藏和披覆背斜油气藏，如老爷庙构造和北堡构造，受西南庄断层控制，在断块活动和重力滑脱作用下，边断边沉积，东营组沉积发生逆牵引，形成滚动背斜圈闭，而馆陶组和明化镇组沉积受断层控制弱，在东营组沉积上形成低幅度披覆背斜，如高尚堡构造则是在基底上形成的披覆背斜。

2）断层油气藏

聚集油气的断层圈闭称为断层油气藏（李丕龙，2003）。断层圈闭是指储层上倾方向被断层切割，并被断层另一侧的不渗透层或断层泥等遮挡形成的圈闭。断层封闭性主要与断层的性质、产状、活动强度和断穿地层的岩石性质等有关（吕延防等，2007；付广和袁大伟，2009）。同沉积断层具有较好的断层侧向封闭性，如高柳断层，断层上盘地层松软，多为砂泥互层，随着断层的发育，沉积厚度不断增加，压实作用不断增强，从而提高了断层的封闭性能，在高柳断层下降盘发育一系列同向断层油气藏。断层封闭性具有差异性，即同一断层不同位置封闭性能不同，同一断层不同地质历史时期封闭性能不同（吕延防等，2007）。高柳断层新近纪断裂对沉积控制较弱，明化镇组沉积时期断裂活动导致断层开启，有利于深层油气向浅层运移。

3）砂岩透镜体油藏

砂岩透镜体岩性圈闭是由透镜状的储集岩体或其他不规则储集岩体的四周被非渗透性岩层包围形成的圈闭（李丕龙等，2003；张厚福等，2008）。作为其储集层的有浊积扇砂体、前三角洲亚相的滑塌浊积岩砂岩、河流相砂体等，其中以各种类型的透镜状砂岩圈闭为主（李丕龙等，2003）。各种浊积岩砂体，四周被良好的烃源岩包围，具有优越的油源条件和自生自储自盖的特点，油气资源比较丰富（李丕龙等，2003）。它们具有成带分布的特点，原油性质好，油藏原始压力高（李丕龙等，2003）。南堡凹陷已发现的砂岩透镜体油藏主要分布在拾场次凹沙三段和林雀次凹东三段，如高20井东三段油藏和老2X1井东三段油藏。

4）砂岩上倾尖灭油藏

砂岩上倾尖灭圈闭的形成主要有以下两种情况：一种是在盆地的斜坡区和边缘地带，由于沉积条件的改变，相带变化快，形成频繁的砂泥韵律互层。在横向上，沿地层上倾方向很容易出现砂岩含量减小、泥岩含量增加的现象，形成砂岩向盆地边缘或古隆起方向的尖灭，即上倾尖灭，这类砂岩上倾尖灭圈闭往往沿盆地边缘的地层尖灭线或砂岩尖灭线分布；另一种情况是在盆地边缘的斜坡区沉积的一些砂体，如水下扇、扇三角洲等，其中砂体很快向泥岩尖灭，在沉积时往往是下倾尖灭，后来由于构造的反转作用变为上倾尖灭，形成圈闭。南堡凹陷高北拾场次凹沙三段扇三角洲沉积后期经历构造掀斜作用，使其中砂体变为上倾尖灭，为砂岩上倾尖灭圈闭提供了有利的构造背景，如高5井区沙三段油藏。

5）断层-岩性复合油气藏

断层-岩性油藏以断层封闭为主，当断块面积较大、砂岩体宽度较小时，砂岩体的空间分布受断块和构造限制，一般而言，砂岩向构造顶部或者底部尖灭，当被断层错断时，便形成断层-岩性圈闭，当有油气聚集时形成断层-岩性复合油气藏（李丕龙等，2003）。断层-岩性复合油气藏在各个层位均有发现，特别是在沙三段、沙一段和东三段等低砂地比层段，油气分布主要受断层和岩性共同控制，如拾场次凹高22井区沙三段油藏。

6）地层不整合遮挡油藏

剥蚀突起或剥蚀构造被后来沉积的非渗透层覆盖，形成地层不整合遮挡圈闭，油气在其中聚集就形成地层不整合遮挡油藏。油气可来源于其下倾方向或侧向的烃源岩，也可以来源于古油藏。原油普遍遭受氧化，油质较重，相油层下倾方向油质变轻。油层以层状为主（李丕龙等，2003；张厚福和徐兆辉，

2008）。柳北地区 Es_3^3 段Ⅲ油组油藏是南堡凹陷已发现的典型不整合油气藏，南堡 4 号构造堡古 1 井区沙一段原油分布可能受上覆不整合遮挡控制。

2. 储层、盖层特征研究

油气藏储层特征分析内容主要包括层位、类型和物性等方面。主要从钻井、岩性录井、测井资料、岩心分析及地震解释成果等方面对储层、盖层特征及其配置关系进行分析。具有相对较高孔隙度和渗透率的储层为油气提供了储集空间，是油气聚集成藏所必需的基本要素。储集层的层位、类型、发育特征、内部结构、分布范围及物性变化规律等，是沉积盆地油气分布情况、油层储量及产能的主要控制因素（张厚福和徐兆辉，2008）。盖层特征分析主要包括岩性和厚度，特别是厚度大、面积广且分布较稳定的区域性盖层对盆地或凹陷的油气运移聚集起重要作用，而分布在某些局部构造部分的盖层只对局部油气运聚起控制作用（李丕龙，2003；张厚福和徐兆辉，2008）。

（1）流体性质研究

油气藏流体特征分析主要包括油气密度、黏度和气油比等物理性质，以及地层水矿化度等方面。油气物理性质在一定程度上可反映油气源特征、油气运移聚集成藏过程和保存条件等（张厚福，1999），主要从单井测试获取的流体分析数据入手进行流体特征研究。地层水是油气运移聚集的重要动力和载体，在油气生成、运移、聚集、保存和散失过程中都起着重要作用，其化学组成特征蕴含了许多与油气成藏相关的重要信息（曾溅辉和左胜杰，2002；查明等，2003；李梅等，2010）。

（2）温度-压力研究

主要从单井测试温度对油气藏温度特征进行研究，从测试压力及单井声波时差预测资料进行压力分析。油气藏的温度、压力对油气聚集特征和开发特征的研究、开发参数的确定均有重要意义。

5.1.3　油气藏成因特征剖析方法与技术

油气藏动态成藏特征剖析主要包括油气来源、油气成藏时间、油气运移等内容。

1. 油气来源研究

油气来源研究主要在油气地球化学特征、成因类型分析等的基础上，结合具体烃源岩条件、地质等条件，综合确定不同油气藏的油气来源。南堡凹陷主要发育沙三段、沙一段和东三段烃源岩，纵向上从古近系沙三段到新近系明化镇组均有分布油气，平面上各主要构造带均有分布。油气源对比样品纵向涉及各个层位，平面上涉及各个构造带，取样遵循均匀取样原则。

2. 油气成藏时间研究

油气成藏时间的确定不仅对研究油气藏的形成和分布具有理论意义，而且对指导油气勘探具有重要的实践意义（张厚福和徐兆辉，2008）。一般情况下，油气成藏期以前形成的圈闭对油气聚集有利，之后形成的圈闭对油气聚集不利。沉积盆地内油气能否成藏，主要取决于烃源岩生排烃作用、输导体系断层活动、圈闭形成及油气藏保存等在时间和空间上的配置。储层流体包裹体均一温度结合埋藏史和热演化史特征可以直观地确定油气运移-成藏的期次和时间（李丕龙，2003；张厚福和徐兆辉，2008）。南堡凹陷油气成藏时间的确定主要采用构造演化史、断裂发育史、成藏事件时间匹配法和储层流体包裹体均一温度法综合确定。

3. 油气运移研究

在油气充足的条件下，圈闭能否聚集油气，主要取决于两个方面：一是圈闭形成的时间与油气区域运移时间的关系；二是圈闭位置与油源区的关系。

1）油气运移通道和方向的确定

油气运移通道主要包括砂体、断层和地层不整合面。油气主要沿砂体和地层不整合进行侧向运移，沿断裂进行垂向运移，油源断裂的输导油气时间、输导能力等影响源岩上覆层系油气成藏时间、分布规律和富集程度等。油气运移通道和方向的确定主要从区域构造条件、岩性岩相变化及运移动力等地质条件出发，如在岩性岩相变化较大的地区，同时又缺乏其他合适的运移通道，则油气不可能进行长距离的运移。

2）油气运移时间的确定

通常，大规模的油气运移主要发生在主要生油期之后或与主要生油期同时发生的第一次构造运动时，构造运动导致进入储层的油气在浮力、水动力及构造运动力作用下大规模运移并在有利圈闭处聚集成藏。若油气聚集之后又发生二次、三次，甚至多次构造运动，则每一次构造运动都会对油气运移和聚集产生一定的作用。

3）流体性质在油气运移分析中的应用

油气、地层水等流体在沉积盆地中运移时其物理化学性质会发生变化，因此可根据油气、地层水矿化度等流体性质空间变化规律进行油气运移通道、充注方向的研究（查明等，2003；曾溅辉和左胜杰，2002；李梅等，2010）。

5.1.4 油气藏特征剖析工作流程

南堡凹陷油气藏特征剖析主要包括静态地质特征和动态成因特征两方面的内容，具体工作流程如图5.3所示。

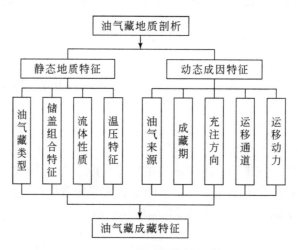

图5.3 油气藏特征剖析流程图

5.2 南堡凹陷主要油田的静态地质特征与成因特征

5.2.1 高尚堡油田

1. 油气藏静态地质特征

1）地质特征

高尚堡构造位于西南庄断层和柏各庄断层的下降盘，深层主体构造是在基岩隆起基础上逐渐形成的潜山披覆背斜，呈 NW-SE 走向，自下而上构造继承性发育，可进一步分为高尚堡断背斜构造及高北断鼻构造两部分，发育一系列断层圈闭。高尚堡油田油气藏主要具有以下特征。

（1）已经发现的油气藏主要分布于高柳断层上盘古近系东三段、东二段、东一段和新近系馆陶组、明化镇组，以及高柳断层下盘古近系沙三段。

（2）已发现油气藏主要为断块油气藏、背斜油气藏和断层–背斜油气藏、断层–岩性油气藏等，在高柳断层下盘沙三段发现少量的砂岩透镜体油藏和砂岩向上尖灭油藏（图 5.4）。

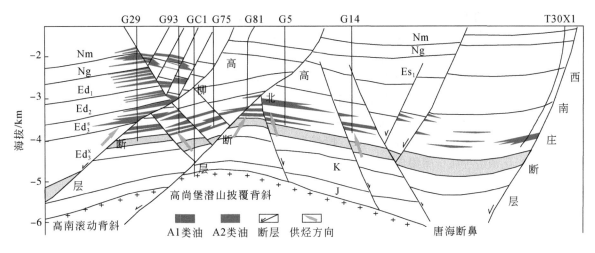

图 5.4　高尚堡油田油气藏剖面图

（3）高尚堡构造紧邻高柳断层下盘拾场次凹沙三段烃源岩生烃中心和高柳断层上盘林雀次凹东三段、沙一段烃源岩生烃中心，油源充足。

（4）古近系扇三角洲砂体、新近系馆陶组辫状河、明化镇组曲流河砂体发育，与烃源岩配置关系较好，具有良好的生储盖组合。

（5）高尚堡构造自下而上继承性发育，有利于油气聚集。

（6）高柳断层的持续活动，有利于深层油气向上运移。

2）油气藏实例

（1）高 78 井区东三段断层油气藏

高 78 区块是发育在高柳断层下降盘完整的断鼻构造上整体构造面积约 30km²，闭合幅度在 300m 左右，自下而上构造继承性较好。由于近 E-W 向断层的发育及同一条断层走向上的变化，使其局部形成了断鼻或断块圈闭。高 78 区块东三段砂、泥互层，高 95 井北侧断层形成同向遮挡。储集砂体类型为扇三角洲相、水下分流河道砂及河口坝。储层物性较好，属于中孔、中渗型储层，有效孔隙度为 8% ~ 25.7%（平均为 17.9%），空气渗透率为 0.3 ~ 1706mD（平均为 95.1mD）。

（2）高 20 井区砂岩透镜体油气藏

高 20 井区透镜体油气藏为一典型实例，高 20 井区位于高柳断层下降盘，储层为东三段扇三角洲前缘亚相砂体，储层孔隙度为 18% ~ 24%。

（3）高 5 井区砂岩上倾尖灭油气藏

高 5 井区块 Es₃³（Ⅱ–Ⅳ）油气藏位于高尚堡构造北翼，由受挠曲坡折控制的一组向南上倾尖灭砂岩组成，是北部扇三角洲砂体向高北斜坡上倾尖灭的构造背景上的岩性油气藏，储层平均孔隙度为 20%，渗透率大于 200mD，油藏中部压力系数为 1.3 ~ 1.4。

（4）G22 井区沙三段断层–岩性复合油气藏

G22 井区沙三段油藏是典型的断层–岩性油气藏，其储层沉积体系为向下延伸进拾场次凹的高位体系域扇三角洲，砂体被断层错断，形成断层–岩性圈闭。储层孔隙度为 7.59% ~ 16.64%，渗透率为 1.05 ~

122.59mD，含油饱和度一般处在51.74%～72.80%。

2. 油气藏动态成因特征

1）油气来源

高尚堡油田紧邻拾场次凹和林雀次凹两个生烃中心，高柳断层下盘沙三段烃源岩和高柳断层上盘东三段、沙一段烃源岩均已达到生烃阶段，且处于生油高峰，油源充足。根据原油生物标志物特征，高尚堡油田原油主要分为两类：一类（A1类）主要分布在高柳断层下盘沙三段，具有高4-甲基-C_{30}甾烷含量、低伽马蜡烷值、中等重排甾烷含量和"V"形规则甾烷分布等特征（反映沉积环境以淡水湖相为主，弱氧化-弱还原环境，水生生物和陆生高等植物均有贡献），与拾场次凹沙三段烃源岩生物标记物特征相似，说明其来源拾场次凹沙三段烃源岩，为沙三段自生自储的原油；另一类（A2类）主要分布在高柳断层上盘古近系东三段、东一段和新近系馆陶组、明化镇组，具有中等4-甲基-C_{30}甾烷含量、低伽马蜡烷值、高重排甾烷含量、"L"形规则甾烷分布等特点，与林雀次凹东三段烃源岩生物标记物特征相似，说明其主要来源于林雀次凹东三段烃源岩，东三段烃源岩生成的油气主要通过高柳断层运移到上部的东一段、馆陶组和明化镇组等层位聚集成藏。

2）油气成藏过程分析

高柳断层下盘沙三段油气为自生自储的油气。拾场次凹埋藏史模拟结果可知拾场次凹沙三段烃源岩在东营组沉积末期就开始大量生烃，油气就可原地充注成藏或在其附近运聚成藏；东营组沉积末期构造抬升遭受剥蚀，烃源岩停止生烃，直到馆陶组沉积末期才再次开始大量生烃，发生充注成藏。沙三段四亚段储层流体包裹体均一温度具单峰特征，但存在一明显低温段（90～100℃），主峰前后的均一温度范围为110～140℃（图5.5），反映沙三段四亚段油气可能分两期充注成藏，分别为东营组沉积末期（33～27Ma）和明化镇组沉积至今（23Ma至今）。高柳断层下盘沙三段油气成熟度与拾场次凹沙三段烃源岩现今的热演化程度相近，反映沙三段油气以晚期充注为主。综合拾场次凹沙三段烃源岩热演化历史模拟结果和沙三段流体包裹体均一温度资料可知，高柳断层北部沙河街组油气两期充注成藏，分别为东营组沉积末期和明化镇组沉积至今，且以晚期充注成藏为主。

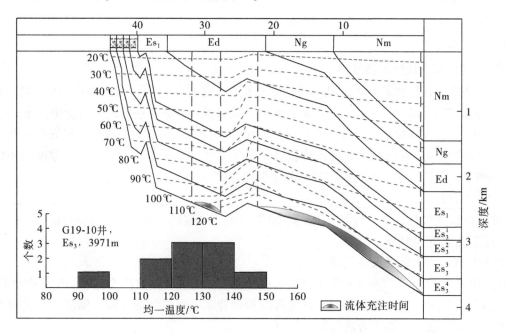

图5.5 G19-10井埋藏史图和沙三段流体包裹体分布图

5.2.2　柳赞油田

1. 油气藏静态地质特征

1）油气藏静态地质特征

柳赞构造带位于柏各庄断层下盘，总体为一个滚动背斜，向盆地边缘演变为沿柏各庄断层分布的裙边断鼻构造带。构造走向近南北向，产状北陡南缓，西陡东缓。由柳东断鼻、柳北断鼻、柳中短轴背斜和柳西坡折带四个局部构造组成。柳赞油田油气藏（图 5.6）主要具有以下特点：

（1）目前已发现油气主要分布在高柳断层下盘沙三段和高柳断层上盘新近系馆陶组、明化镇组。

（2）目前已发现油气藏主要为断层油气藏和断层岩性油气藏，还有少量的地层不整合油气藏。

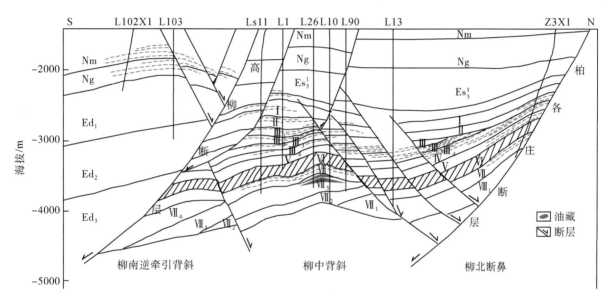

图 5.6　柳赞油田油藏剖面图

（3）柳赞油田紧邻高柳断层下盘拾场次凹沙三段烃源岩生烃中心和高柳断层上盘柳南次凹东三段、沙一段烃源岩生烃中心，油源充足。

（4）古近系沙河街组和东营组扇三角洲砂体、新近系馆陶组辫状河相砂体和明化镇组曲流河相砂体发育，与烃源岩配置关系较好，具有良好的生储盖组合。

（5）高柳断层持续活动，有利于深层油气向上运移。

2）油气藏实例

（1）柳中地区沙三段断层油藏

柳中地区 Es_3^1-Es_3^2 油层分布主要受构造控制，其次为岩性，高部位为油层，低部位为水层；高部位油层多、厚度大，低部位油层少、厚度小。储层主要为扇三角洲前缘上河道砂及部分席状砂体，每个砂层组的砂体平面展布总体具有一定的连续性，单砂体厚度一般为 2.0～9.0m，砂层的最大厚度为 24.0m，油气层主要分布在较薄砂层和厚层砂体的上部。储层属于中孔—中渗储层，有效孔隙度主要在 18%～27%（均值为 22.0%），渗透率主要在 40～600mD（均值为 304mD）。

（2）柳南地区馆陶组断块油藏

柳南地区明化镇组油藏为典型的断块油藏。明化镇组储层为曲流河主河道砂体和分支河道砂体，岩性主要为细砂岩。储层属于高孔高渗储层，孔隙度主要分布在 26%～36%（均值为 32.2%），渗透率主要分布在 260～6300mD（均值为 1640mD）。油水关系复杂，无统一的油水界面，各含油层之间为独立的油水系统，断层对油水分布具有一定的控制作用。

（3）柳北沙三段地层不整合油藏

柳北地区 Es_3^3 Ⅲ油组油藏是典型的不整合遮挡油藏。柳北地区位于柳赞油田主体北部，柏各庄断层下降盘。该区 Es_3^3 从上到下依次划分为Ⅱ、Ⅲ、Ⅳ、V 4个油组，Ⅱ油组的底界即为 Es_3^3 内部的层序界面。Ⅲ油组（可分为Ⅲ₁、Ⅲ₂砂层组），地层分布范围相对较小，在 L19-14、L15-18、L38X1 井一带尖灭（因顶部削蚀）。不整合面之上的Ⅱ油组下部以半深湖–深湖相暗色泥岩为主，作为遮挡条件（图5.7）。Es_3^3 Ⅲ油组的不整合圈闭中的油气聚集就是地层不整合油气藏，其中油气应来源于 Es_3^{4-5} 成熟烃源岩，断裂为垂向运移通道。

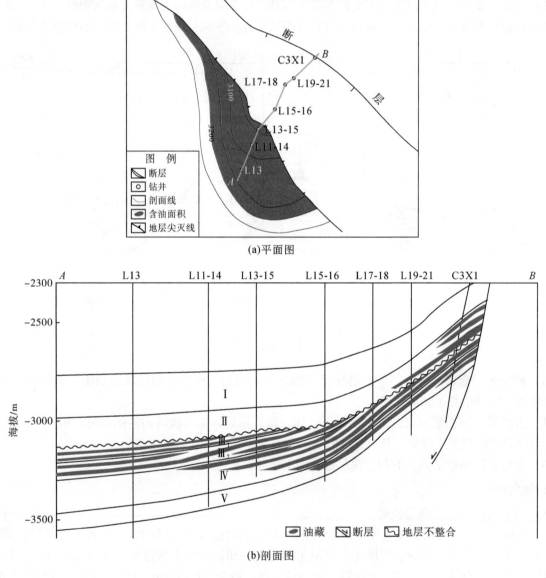

(a)平面图

(b)剖面图

图5.7 柳北 Es_3^3 不整合油藏分布平面图和剖面图

2. 油气藏成因特征

1）油气来源

柳赞油田紧邻高柳断层下盘拾场次凹沙三段烃源岩生烃中心和高柳断层上盘柳南次凹东三段、沙一段烃源岩生烃中心，均已经达到生烃阶段，且现今处于生油高峰期，油源充足。柳赞油田油气性质与高尚堡油田相似，原油根据生物标记物特征可以分为两类，一类主要分布在高柳断层下盘柳中、柳北地区沙三段，生物标记物特征与拾场次凹沙三段烃源岩相似，为自生自储油气；一类主要分布在高柳断层上盘新近系馆陶组和明化镇组，生物标记物特征与高柳断层下盘东三段烃源岩相似，主要为东三段烃源岩生成油气通过高柳断层向上在新近系馆陶组和明化镇组聚集成藏。

2）油气成藏过程分析

柳赞油田油气成藏过程与高尚堡油田相似，但高柳断层下盘沙三段油气藏与上盘新近系馆陶组、明化镇组油气藏的成藏过程存在明显差异。

柳赞油田高柳断层下盘柳北、柳中地区沙三段油气为自生自储型。根据高柳断层下盘沙三段样品流体包裹体分析结果，可知砂岩岩心样品包裹体主要存在于石英次生加大边和石英颗粒裂缝愈合带，分别在透光及紫光激发下观察，出现烃类包裹体和部分盐水包裹体，反映出包裹体的基本形态及产状，盐水包裹体较多，但该样品总体荧光强度很弱。沙三段流体包裹体均一温度集中在 85～105℃，且为单峰形态（图 5.8），结合 L12-3 井的埋藏史和热史，可知沙三段可能主要发育两期充注成藏，分别为东营沉积末期（35～30Ma）和明化镇组沉积至今（15Ma 至今）。因此可以推断，沙三段储层存在两期成藏且以晚期成藏为主。综合高柳断层下盘拾场次凹沙三段生烃史和流体包裹体测定结果，沙三段油气为自生自储型，主要可能存在两期充注成藏，分别为东营组沉积末期和明化镇组沉积至今。

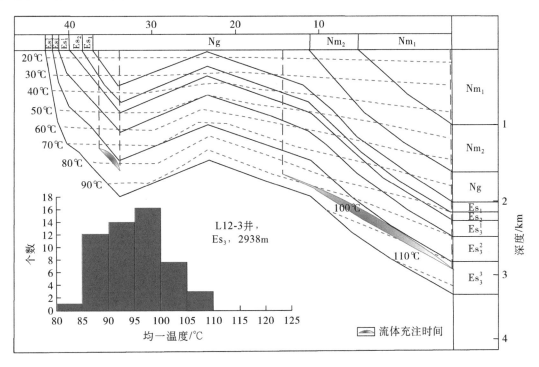

图 5.8　L12-3 井埋藏史图和沙三段流体包裹体均一温度分布图

5.2.3　老爷庙油田

1. 油气藏静态特征

1）油气藏静态地质特征

老爷庙构造带是发育在西南庄断层下降盘的滚动背斜构造。背斜构造轴向 NNW，两翼不对称，北翼陡，倾角在 20°左右，南翼缓，倾角在 10°左右；北翼窄，25km 左右，南翼宽，7km 左右。构造带的主体位于庙北地区，是一个被多组断层复杂化的背斜构造。从沙河街组到明化镇组继承发育，构造幅度由深到浅逐渐变小，背斜高点由下向上沿断层由南向北迁移。庙南斜坡带构造相对简单，是被几条雁行式排列、北东东走向断层复杂化的断鼻构造，呈狭长状，E-W向展布，地层向东、西、南三面倾伏。断层走向分布单一，规模较大，继承性好（图5.9）。老爷庙油田油气藏主要具有以下特点：

（1）已经发现的油气藏主要分布在庙北地区古近系东三段、东二段、东一段和新近系馆陶组、明化镇组，以及庙南地区东一段、东二段和东三段（图5.9）。油层、油气层和气层在深度上分布范围一致（图5.10），天然气主要为油溶气，游离气主要是原油中分离出的天然气。

（2）目前已发现油气藏主要为断层油气藏和背斜油气藏。

（3）老爷庙油田紧邻林雀次凹生烃中心，油源充足。

（4）老爷庙油田古近系东营组和沙河街组发育扇三角洲相砂体、新近系馆陶组和明化镇组砂发育辫状河相砂体，与烃源岩配置关系好，发育多套生储盖组合。

（5）老爷庙构造断裂主要是东营组沉积时期的同沉积断裂，构造自下而上继承性发育，有利于油气的聚集，明化镇组沉积时期断裂再次活动，有利于深层油气向浅层运移聚集成藏。

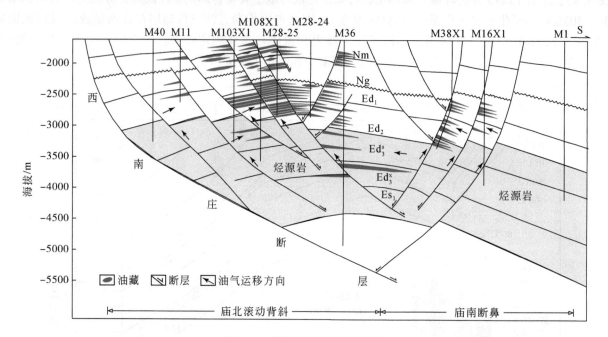

图5.9　老爷庙油田油藏剖面图

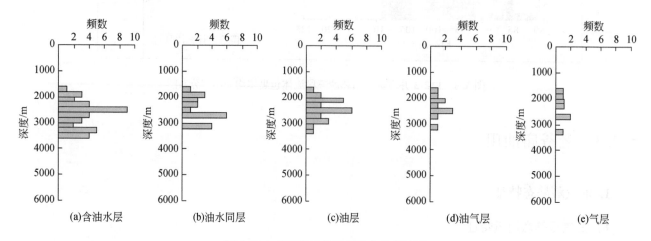

图5.10　老爷庙油田油气垂向分布特征

2）油气藏实例

（1）庙北东营组断块油藏

庙北地区东营组油藏是典型的断块油藏。庙北主体是一个继承性的背斜构造，虽被许多断层切割成若干断块，但整体形态依然存在。储集层主要是扇三角洲前缘河道砂和三角洲平原河道砂，储层物性条件好，不同层位存在一定差异，东一段为中-高孔、渗储层（孔隙度为 20% ~ 28%；渗透率为 20 ~ 500mD），东二段为中孔、中-高渗储层（孔隙度为 14.2% ~ 25.8%；渗透率为 2 ~ 500mD），东三段为中孔、中-低渗储层（孔隙度为 15% ~ 21%；渗透率为 1 ~ 100mD）。纵向上分布较分散，含油井段长，油水关系复杂，基本上没有统一的油水界面，平面上各断块的油水边界亦不同。

（2）庙 101 区区馆陶组背斜油藏

在庙 101 区区馆陶组可见背斜油藏。庙 101 区块位于老爷庙油田庙北地区主体较高部位，是一个被多条断层切割而复杂化的背斜构造，圈闭面积约 6km²，构造幅度在 80 ~ 100m，构造从上到下比较平缓。馆陶组储集层为辫状河流相沉积心滩微相砂体。储层岩性主要为中、细砂岩，部分为不等粒砂岩。储集层物性好，属于中-高孔渗储层，有效孔隙度一般为 26.1% ~ 30.3%，平均为 28.2%；渗透率为 51 ~ 2256mD，平均为 837mD。馆陶组油藏处于常温、常压系统，地层压力系数为 0.99，地温梯度为 3.27℃/ 100m。馆陶组油藏主要受构造和断层控制，以断层油藏为主，可见少量背斜油藏。纵向上油藏分布较分散，油水关系复杂，基本上没有统一的油水界面。

（3）老 2X1 井东营组油藏

老 2X1 井东营组油藏为砂岩透镜体油藏，位于林雀次凹内部，为东三段自生自储油藏。储层成因类型为水下扇砂体，储层物性差，孔隙度为 14% ~ 16%，渗透率为 27 ~ 52mD。

2. 油气藏成因特征

1）油气来源

老爷庙油田紧邻林雀次凹生烃凹陷，主要发育古近系东三段、沙一段和沙三段三套烃源岩，东三段烃源岩热演化已经达到湿气阶段，油气源充注。老爷庙油田原油生物标记物特征与东三段烃源岩相似，反映其主要来源于东三段烃源岩。

天然气在各个层位均有分布，主要集中在 2000 ~ 3600m，大部分表现为油溶气的特点，油溶气在各个层位均有分布，纯气层主要集中在东营组，基本以凝析气为主，凝析气成因类型以生物改造成因气为主。东营组气顶为湿气，湿气成因类型以油型热解气和高温热解气为主。

老爷庙构造天然气干燥系数主要分布在 0.7 ~ 0.95，且随埋深变浅重烃含量减少，相应的干燥系数增加，只有馆陶组个别井干燥系数较小。干气主要集中于 M27-17 井、M27-35 井、M36-P1 井的浅层明化镇组和 M24X2 井的东二段。综上所述，老爷庙油田油气主要源于东三段烃源岩，且天然气以油溶气为主，游离天然气是原油中分离出来的溶解气。

2）油气成藏过程分析

老爷庙油田油气主要来源于林雀次凹东三段烃源岩。东三段烃源岩在馆陶组沉积末期开始大量生烃。根据流体包裹体分析结果，可知 M38X1 井砂岩样品中包裹体主要赋存于石英次生加大边，出现烃类包裹体和部分盐水包裹体。M38X1 井东一段段与油包裹体共生盐水包裹体均一化温度分布介于 85 ~ 105℃，东三段上与油包裹体共生盐水包裹体均一化温度分别为 90 ~ 100℃和 105 ~ 120℃，反映东三段油气在东营组沉积末期就开始发生充注，且以馆陶组沉积末期至今的油气充注为主，而东一段油气在明化镇组沉积时期发生充注。东三段烃源岩在馆陶组沉积末期才开始大量生烃，且馆陶组沉积时期断裂活动性弱，生成的油气主要在东三段原地成藏；明化镇组沉积末期断裂活动强烈，东三段烃源岩生成的油气和早期聚集的油气通过断裂向上运移聚集成藏。

5.2.4 南堡1号构造油田

1. 油气藏静态特征

南堡1号构造处于南堡油田的西南部，构造位置处于单断型凹陷的斜坡带上，是低潜山背景上发育起来的潜山披覆构造，构造主体赋存地层为奥陶系及古近系和新近系。南堡1号构造走向NE，被NE向的南堡1号断层以及近E-W向的断层切割而复杂化，断层平面上呈"帚状"。南堡1号断层上升盘为较简单的鼻状构造，倾向北西；下降盘构造较为复杂，地层以东倾为主，被NE向、近E-W向两组断层切割，形成一系列断块构造。南堡1号构造油气藏主要具有以下特点：

（1）纵向上含油层系多，目前已经发现的油气主要分布在古近系东一段和新近系馆陶组。

（2）目前已经发现的油气藏主要为断层油气藏。

（3）南堡1号构造紧邻林雀次凹生烃凹陷，主要发育古近系东三段、沙一段和沙三段等三套烃源岩，油源充足。

（4）馆陶组底部发育厚层火山岩，可作为良好的盖层；古近系东营组、沙河街组发育辫状河三角洲相砂体，新近系馆陶组发育辫状河河道砂体，明化镇组发育曲流河河道砂体发育，与烃源岩配置关系好，形成多套生储盖组合（图5.11）。

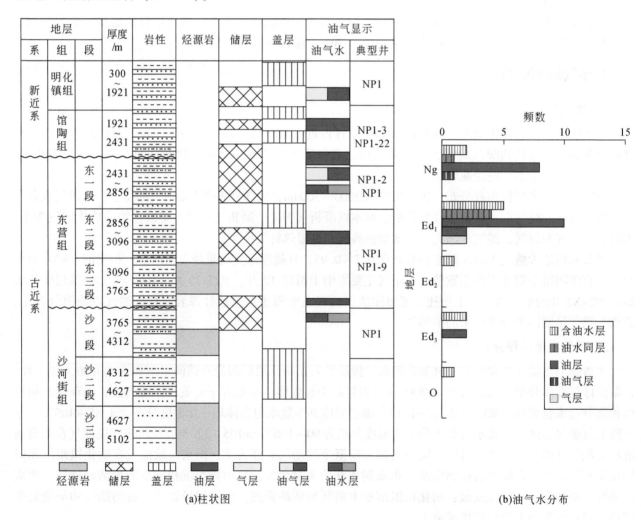

图5.11 南堡1号构造综合柱状图（a）和油气水分布特征（b）

（5）南堡 1 号断裂纵向上沟通多个层位，持续活动有利于深层油气通过断裂向上运移聚集。

（6）南堡 1 号构造东营组和新近系馆陶组、明化镇组储层物性好。明化镇组、馆陶组储层主要为高孔高渗，其中明化镇组储层孔隙度为 25.4% ~ 33.7%（平均为 30.0%），渗透率为 646 ~ 5840mD（平均为 2800mD）；馆陶组储层孔隙度为 25.5% ~ 33.5%（平均为 29.4%），渗透率为 170 ~ 3180mD（平均为 1054mD）。东一段属于中孔中渗储层，其孔隙度为 15.5% ~ 28.4%（平均为 23.4%），渗透率为 19.7 ~ 567mD（平均为 257mD）。东二段、东三段储层物性相对较差，主要为低孔低渗储层（孔隙度为 6.1% ~ 22.6%；渗透率为 0.05 ~ 11.1mD）。

（7）南堡 1 号构造原油主要分布在馆陶组、东一段和东二段，气层（游离气）分布在东一段，油气层分布在馆陶组和东一段。原油密度为 0.71 ~ 0.95g/cm³（平均为 0.84g/cm³），黏度为 0.59 ~ 143.97mPa·s（平均为 10.79mPa·s），大部分属于轻质油。天然气相对密度为 0.64 ~ 1.01，平均为 0.75。地层水类型为 $NaHCO_3$ 型，地层水矿化度为 1190 ~ 40731mg/L，均值为 7524.94mg/L。

（8）新近系明化镇组、馆陶组和古近系东营组主要属于常温、常压系统，地温梯度为 3.10℃/100m，在 3000m 以下东二段、东三段出现弱超压。

2. 油气藏动态成因特征

1）油气来源

南堡 1 号构造主要发育沙三段、沙一段和东三段三套烃源岩，东三段烃源岩热演化程度较低，刚刚达到生油阶段，对油气贡献较少，而沙三段和沙一段烃源岩热演化程度适中，均处于大量生烃阶段。原油的 4-甲基-C_{30} 甾烷少量或基本没有，伽马蜡烷含量低，C_{27}、C_{28}、C_{29} 规则甾烷主要呈 "L" 形分布，重排甾烷含量低到中等，与沙一段、沙三段烃源岩具有一定的相似性。因此，南堡 1 号构造油田油气主要来源于沙三段、沙一段烃源岩，东三段烃源岩对油气贡献很少。

2）油气运聚成藏过程分析

南堡 1 号构造沙三段烃源岩在馆陶组沉积时期开始大量生烃，且现今热演化已经达到湿气阶段，而沙一段烃源岩在明化镇组沉积时期才开始大量生烃（图 5.12）。已发现的油气藏主要分布在东一段和馆陶组，在馆陶组沉积时期断裂活动性弱，沙三段、沙一段烃源岩生成的油气以原地成藏或在其附近运移聚集成藏，只有明化镇组沉积时期断裂活动强烈，沙三段、沙一段深层烃源岩生成的油气，才能通过断裂向上运移到东一段、馆陶组聚集成藏。NP1 井明化镇组、东一段和沙一段储层流体包裹体均一温度测定结果(图 5.12) 进一步佐证了这种认识，沙一段流体包裹体均一温度主要为 75 ~ 135℃，东一段流体包裹体均一温度为 75 ~ 95℃，明化镇组流体包裹体均一温度为 70 ~ 85℃，反映沙一段油气在东营组沉积末期就开始充注并持续充注，东一段又在明化镇组沉积早期开始充注，明化镇组油气在第四纪才开始充注。综上所述，南堡 1 号构造沙三段烃源岩、沙一段烃源岩早期生成的油气主要为原地成藏或就近运移聚集成藏，明化镇组沉积时期断裂活动促使深层生成的油气以及早期油气藏的油气通过断裂向上运移，在烃源岩上覆地层东一段、馆陶组和明化镇组中聚集成藏。

5.2.5　南堡 2 号构造油田

1. 油气藏静态特征

南堡 2 号构造呈 NE 走向，西部主要受 NE 向 W 掉正断层控制，形成向北抬升的南堡 2-1 断鼻、南堡 2-3 断鼻等阶梯状断鼻构造；东部受 NE 向 W 掉正断层和 NE 向 E 掉正断层控制，形成垒、堑相间的花状构造，发育众多的反向屋脊断阶和断鼻。

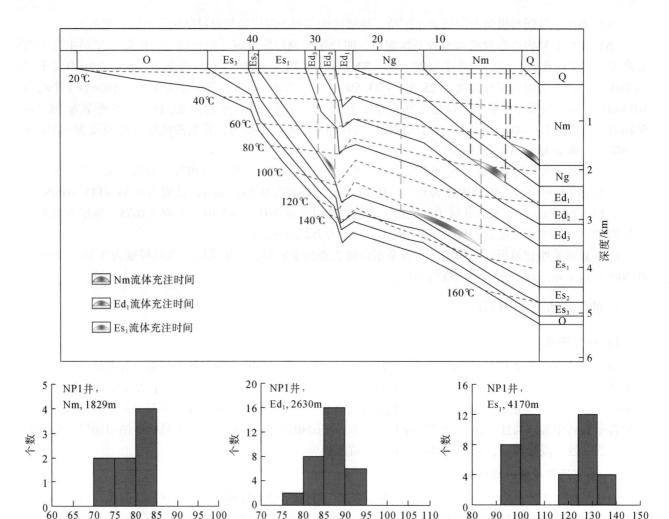

图 5.12　NP1 井埋藏史图和储层流体包裹体均一温度分布图

南堡 2 号构造油气藏主要具有以下特点：

（1）纵向上含油层系多，目前已发现的油气藏主要分布于东一段（图 5.13）。

（2）目前已发现的油气藏主要为断层油气藏。

（3）古近系沙河街组和东营组发育辫状河三角洲相砂体、浊积砂体和新近系馆陶组发育辫状河河道砂体、明化镇组发育曲流河河道砂体，与古近系烃源岩和馆陶组火山岩、明化镇下部厚层泥岩盖层等配置关系好，发育多套生储盖组合。

（4）紧邻林雀次凹和曹妃甸次凹两个生烃凹陷，油气源条件优越，是油气优势运移聚集区。

（5）南堡 2 号深部大断裂沟通层系多，持续活动，有利于深层油气向浅层运移。

（6）东营组储层为辫状河三角洲沉积砂体，岩石类型均为长石岩屑砂岩。东一段—明化镇组储层储集空间以原生孔为主。据岩心资料分析，东一段储层孔隙度为 15.5% ~ 28.4%，平均为 23.4%，渗透率为 19.7 ~ 567mD，平均为 257mD，为中孔中渗型储层；东二段、东三段储层孔隙度为 6.1% ~ 22.6%，平均为 15.9%，渗透率为 0.05 ~ 11.1mD，为中低孔渗型储层。

（7）原油密度为 0.79 ~ 0.92g/cm³，平均为 0.85g/cm³；黏度为 0.78 ~ 54mPa·s，平均为 10.50mPa·s，原油属于轻质油。地层水矿化度为 1063 ~ 59990mg/L，平均为 12010.92mg/L，由浅至深地层水矿化度变大。新近系和古近系东营组属于正常的温度压力系统。

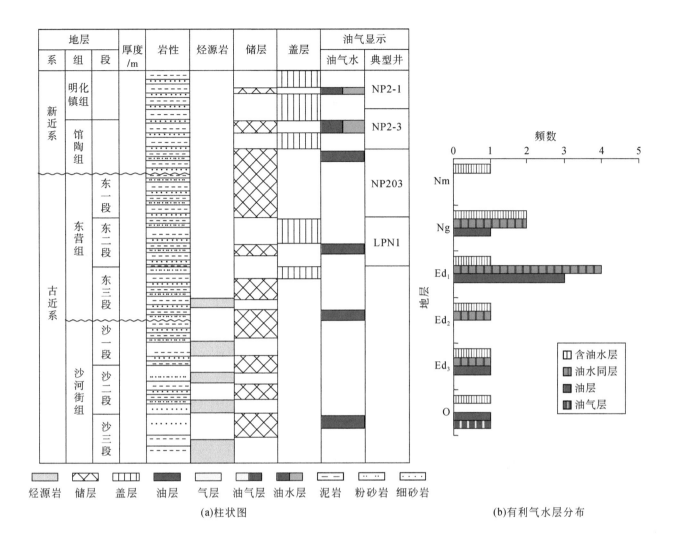

图 5.13　南堡 2 号构造综合柱状图（a）和有利气水层分布特征（b）

2. 油气藏动态成因特征

1）油气来源

南堡 2 号构造主要发育古近系沙三段、沙一段和东三段三套烃源岩，东三段烃源岩热演化程度较低，对油气贡献很少，目前已发现的油气主要来自沙三段和沙一段烃源岩。南堡 2 号构造东一段和馆陶组原油 $C_{30}4$-甲基甾烷少量或基本没有，伽马蜡烷含量低，C_{27}、C_{28}、C_{29} 规则甾烷主要呈"L"形分布，重排甾烷含量低到中等，与沙一段烃源岩相似，反映其可能主要来源于沙一段烃源岩。由此可知，南堡 2 号构造油田已发现原油可能主要来源于沙一段烃源岩。

2）油气成藏过程分析

南堡 2 号构造沙三段烃源岩在明化镇组沉积初期开始大量生烃，沙一段烃源岩在明化镇组沉积末期才开始大量生烃（图 5.14）。LPN1 井东营组和沙三段储层进行流体包裹体均一温度分析结果（图 5.14）表明东营组储层油气充注主要发生在明化镇组沉积末期至今，沙三段油气充注主要发生在明化镇组沉积时期至今。综上所述，南堡 2 号构造油田油气充注主要发生在明化镇组沉积末期至今。

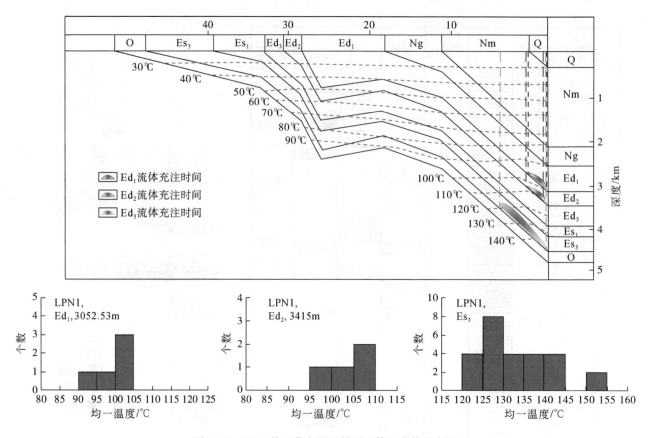

图 5.14　LPN1 井埋藏史图和储层流体包裹体分布图

5.2.6　南堡 3 号构造油田

1. 油气藏静态特征

1）油气藏静态地质特征

南堡 3 号构造规模较小，但南堡 3 号断层发育较早，是南堡凹陷双断型结构的控制断层之一。在断陷发育阶段，南堡 3 号断层一直控制着地层沉积，它与南堡 4 号断层一起控制了曹妃甸次凹的发育。在此过程中，南堡 3 号构造带断层不发育，直至新近纪（明化镇组沉积末期），才产生一些次级断层，形成一些断鼻构造。

南堡 3 号构造油田主要具有以下特点：

（1）纵向上含油层系多，在古近系沙河街组、东营组和新近系馆陶组均有油气发现（图 5.15）。

（2）目前发现的油气藏主要为断块油气藏、构造-岩性油气藏和岩性油气藏。

（3）紧邻曹妃甸次凹生烃凹陷，主要发育沙三段、沙一段和东三段烃源岩，具有优越的油源条件。

（4）古近系沙河街组和东营组发育辫状河三角洲前缘相砂体，新近系馆陶组发育辫状河河道砂体，与古近系烃源岩配置关系好，发育多套生储盖组合。

（5）南堡 3 号断裂沟通深层古近系烃源岩，有利于油气向上运移。

2）油藏实例

（1）南堡 3-2 井油藏

南堡 3-2 井东一段油藏为典型的断层、断块油藏。南堡 3-2 断背斜位于南堡 3 号构造的中部，是一个受两条近 E-W 向对倾断层控制的向南北两侧抬升的背斜构造，被断层分割为南北两块，东一段油藏顶面

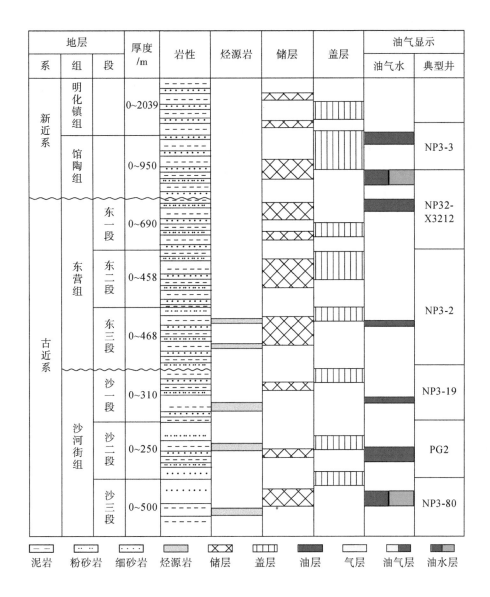

图 5.15 南堡 3 号构造油田综合柱状图

构造图圈闭面积 5.33km²，圈闭类型主要为断鼻、断块、背斜断块。东一段储层成因类型主要是辫状河三角洲前缘砂体，岩性以细砂岩和粉砂岩为主，储层孔隙发育中等-较差，孔隙类型有粒间孔、颗粒溶孔、颗粒裂缝等，成岩由自生矿物、高岭石、伊蒙混层等黏土矿物及碳酸盐组成，呈孔隙充填及衬垫式产出，石英加大Ⅱ级。纵向上油水关系复杂，不具有统一的油水界面，油层主要分布在东一段中下部，油层分布主要受构造控制，油藏类型为断层、断块油藏。

（2）PG2 井区油藏

沙一段原油为常规轻质油，原油密度为 0.79g/cm³，黏度为 1.14mPa·s，含硫量为 0.08%，含蜡量为 3.48%，胶质沥青质为 10.01%。地层压力系数为 1.25，发育弱超压。储层成因类型主要是辫状河三角洲前缘水下分流河道砂体，岩性以细砂岩和粉砂岩为主，孔隙度集中分布在 10%～15%；渗透率多数小于 5mD，属中低孔、低渗储层。储层孔隙发育中等-较差，孔隙类型有残余粒间孔、晶间微孔及溶蚀孔。油气分布受构造和岩性共同控制，油水关系复杂，具有不同的油水界面，构造主体发育构造油藏（堡古 2 井），斜坡背景上发育岩性油藏。

2. 油气藏动态成因特征

1) 油气来源

南堡 3 号构造主要发育东三段、沙一段和沙三段三套烃源岩，东三段烃源岩热演化程度较低，对油气贡献有限，目前已经发现的油气主要来源于沙三段、沙一段烃源岩。根据原油生物标记物特征，可知馆陶组原油 Ts/Tm 分布在 1.63 ~ 1.69，伽马蜡烷/C_{30} 藿烷分布在 0.07 ~ 0.09，规则甾烷 C_{27}、C_{28}、C_{29} 呈 "L" 形分布，C_{27} 含量明显高于 C_{29} 含量；东一段原油 Ts/Tm 分布在 1.68 ~ 1.76，伽马蜡烷/C_{30} 藿烷分布在 0.074 ~ 0.077，规则甾烷 C_{27}、C_{28}、C_{29} 呈 "L" 形分布，原油生物标记物特征与沙一段烃源岩相似，反映其主要来源于沙一段烃源岩。

2) 油气运聚成藏过程分析

南堡 3 号构造油田原油主要来源于沙一段烃源岩。沙一段烃源岩在明化镇组沉积时期才开始大量生烃，在明化镇组沉积时期同时或之后才能发生油气充注成藏。南堡 3 号构造规模较小，但南堡 3 号断层发育较早，是南堡凹陷双断型结构的控制断层之一。在断陷发育阶段，南堡 3 号断层一直控制着地层沉积，它与南堡 4 号断层一起控制了曹妃甸次凹的发育。在此过程中，南堡 3 号构造带断层不甚发育，直到明化镇组沉积末期才产生一些次级断层，形成一些断鼻构造。油气在圈闭形成时期或之后才能进行充注成藏，因此在明化镇组沉积末期同期或之后才能发生油气充注成藏。同时，根据流体包裹体分析结果，可知 PG2 井沙一段砂岩内发育两期次油气包裹体 (图 5.16)：第一期，沿石英次生加大边尘埃线分布的液烃包裹体，显示弱黄绿色荧光或无荧光；第二期，发育于石英、长石次生加大边中，早、中期方解石和白云石胶结物，长石溶蚀孔和穿过石英及其加大边的微裂隙中。气包裹体呈灰黑色，油包裹体显示蓝白色、绿色或黄绿色荧光，油包裹体发育丰度中等 (GOI 为 1.0% ~ 1.5%)。沙一段砂岩 (与油包裹体共生) 盐水包裹体均一化温度主峰为 142 ~ 148℃ 和 155 ~ 160℃，反映沙一段在明化镇组沉积末期 (2 ~ 6Ma) 才发生油气充注成藏。

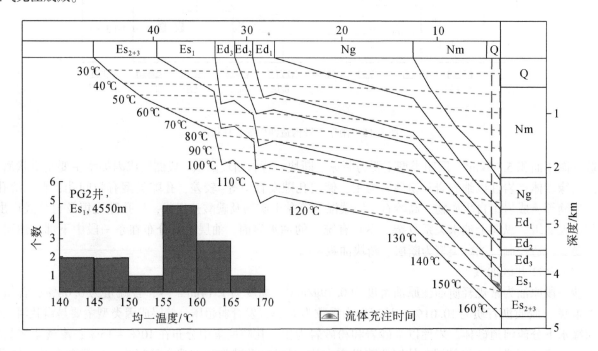

图 5.16　PG2 井埋藏史图和沙一段流体包裹体均一温度分布图

5.2.7　南堡 4 号构造油田

1. 油气藏静态特征

1）油气藏静态地质特征

南堡 4 号构造为一 NW 向展布的潜山披覆背斜，构造带长约 5~10km，宽约 3~4km，被 NW 走向的西倾断层和南堡 4 号断层分割为东西两部分。其中断层下降盘总体为断鼻构造带，并被一系列帚状断层分割为若干断块，断层上升盘则发育低幅度的断鼻、断块圈闭和地层–岩性圈闭。古近系沉积前，南堡 4 号断层已经发育并控制了潜山的形态。古近系沉积时期，南堡 4 号断层继续活动，控制沙河街组及东三段的沉积，断层下降盘地层厚度远大于上升盘。沙河街组主要发育 NW 向延伸的断块构造，东营组构造则被多条断层复杂成若干断块，由一组断裂带分裂成两支，南侧的一组断裂 SW 向延伸，与三号构造衔接起来；北侧的一支为南掉的断阶带，向西与二号构造带的东带合并。东营组的构造面积、构造规模与沙河街组相比逐渐增大，断块数量增多，幅度减缓。新近纪，在具有扭动性质的新构造运动影响下，南堡 4 号断层沿 NW 向发生左旋扭动，同时产生一系列次级断层，在远端逐渐滑脱于塑性层之上，形成现今的帚状构造体系。断层数量多，断块更加发育。

南堡 4 号构造油田油气藏主要具有以下特点：

（1）纵向上从古近系沙一段到新近系明化镇组各层位均有油气发现（图 5.17）。
（2）目前已发现的油气藏主要为断块油气藏、断层–岩性复合油气藏以及岩性油气藏等。
（3）紧邻曹妃甸次凹生烃凹陷，可能主要发育东三段、沙一段和沙三段三套烃源岩，油源条件优越。
（4）古近系发育扇三角洲砂体、新近系发育河流相砂体，烃源岩配置关系好，多套生储盖组合。
（5）深部大断裂发育，沟通古近系烃源岩，深层生成的油气可向上运移。

2）油藏实例分析

（1）南堡 2-52 井区油藏

南堡 2-52 井区油藏为典型的断块油藏。原油以轻质油为主，含部分中质油，原油密度为 0.83~0.93g/cm³，黏度为 3.21~44.20mPa·s，含蜡量为 7.02%~39.19%，凝固点为 -16.7~36℃，含硫量为 0.04%~0.18%。东二段天然气甲烷含量为 79.73%，二氧化碳含量为 2.62%，相对密度为 0.6997。东二段压力系数为 0.97~0.98，地温梯度为 3.64~3.77℃/100m，属常温、常压系统。原油分布主要受构造控制，为断块油藏。

（2）堡古 1 井区油藏

堡古 1 井区沙一段油藏为断层油藏、断层–岩性油藏。储层主要为扇三角洲前缘的分流河道和河口坝，岩性为中低孔中低渗的中–细砂岩，储集孔隙为次生孔隙及粒间溶孔。河道侧翼具有形成"上倾尖灭"岩性圈闭的背景。油气分布主要受构造控制，同时还受到岩性控制。原油密度为 0.83~0.84g/cm³，黏度为 2.83~7.46mPa·s，含硫量为 0.04%~0.1%，含蜡量为 14.89%~22.31%，胶质沥青质为 7.61%~14.77%，为常规轻质油藏。根据试油资料，可知沙一段油藏的压力系数为 1.14~1.19（平均为 1.17），为弱超压，油藏温度为 115.4~127.5℃。

2. 油气藏动态成因特征

1）油气来源

南堡 4 号构造带主要发育沙三段、沙一段和东三段三套烃源岩，均已达到生烃阶段，东三段烃源岩热演化程度较低。南堡 4 号构造油田原油具有伽马蜡烷含量低，C_{27}、C_{28}、C_{29} 规则甾烷主要呈"L"形分布的特征，生物标记物特征与沙一段烃源岩相似。由此可知，南堡 4 号构造油田原油主要来源于沙一段烃

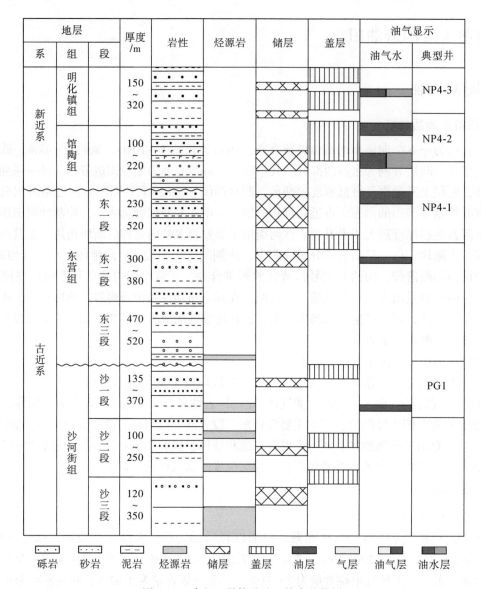

图 5.17　南堡 4 号构造油田综合柱状图

源岩。

2）油气运聚成藏过程分析

南堡 4 号断层上盘曹妃甸次凹沙一段烃源岩在馆陶组沉积末期开始大量生烃，断层下盘沙一段烃源岩生烃相对较晚。南堡 4 号构造 NP4-33 井东二段流体包裹体均一温度主峰在 105～115℃（图 5.18），反映东二段和沙一段油气均在明化镇组沉积时期发生充注。由此可知，沙一段烃源岩在馆陶组沉积末期开始大量生烃，明化镇组沉积末期断裂活动，油气沿断裂向上运移，在南堡 4 号构造浅层有利圈闭聚集成藏。

5.2.8　南堡 5 号构造油田

1. 油气藏静态特征

南堡 5 号构造带位于南堡凹陷西北部，其中东北部处于南堡陆地，西南部处于南堡滩海。南堡 5 号构造受控于西南庄大断裂，生成了多条平行于大断裂的中、小断层，呈雁行式排列，形成了多个 NE 向条带状构造带。南堡 5 号构造在潜山背斜的基础上，接受沙河街组沉积，形成同沉积背斜。在沙河街组到东营

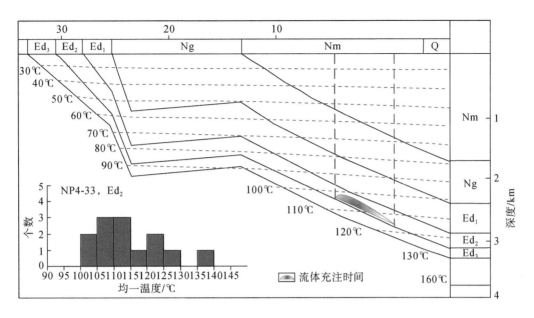

图 5.18 NP4-33 井埋藏史图和东二段储层流体包裹体均一温度分布图

组沉积早期,由于处于断裂交汇部位,岩浆岩沿断裂喷发形成火山岩体,东营组中后期地层披覆其上,形成受火山岩体控制的披覆背斜。同时,由于边界断层的活动性,且在主构造部位受火山岩影响,滚动背斜现象不太明显,而披覆背斜的翼部在沙一段沉积时期,出现滚动背斜雏形。东三段沉积时期,背斜幅度加大,出现边界断层的补偿断层。在东营组沉积末期,受区域挤压力作用,本区隆升,使构造幅度加大。但在构造主体及翼部,遭受大范围剥蚀。新近纪,受新构造运动影响,随着张性断块活动加强,披覆背斜被断层复杂化,形成现今多个断块、断鼻构造。

南堡 5 号构造油田油气藏主要具有以下特点:

(1) 从古近系沙三段到新近系馆陶组均有油气分布,天然气主要分布在沙三段、沙一段、东三段、东二段和东一段 (图 5.19)。

(2) 古近系发育扇三角洲砂体,火山岩和新近系发育河流相砂体,与古近系烃源岩配置关系好,形成多套生储盖组合 (图 5.19)。

(3) 紧邻林雀次凹生烃凹陷,主要发育沙三段、沙一段和东三段三套烃源岩,其中沙三段烃源岩热演化已经达到生气阶段,油气源条件优越。

(4) 目前已发现的油气藏主要为断块油气藏、断层–背斜油气藏、断层–岩性油气藏及岩石油气藏等。

2. 油气藏动态成因特征

1) 油气来源

南堡 5 号构造东三段、沙一段和沙三段烃源岩均已大量生烃,其中沙三段烃源岩热演化已到生气阶段。原油伽马蜡烷含量明显较高,$C_{30}4$-甲基甾烷含量低,C_{27}、C_{28}、C_{29} 规则甾烷主要呈"L"形分布,与滩海地区沙三段烃源岩相似,反映其主要来源于沙三段烃源岩。

南堡 5 号构造天然气以湿气为主,干气为辅,天然气干燥系数主要为 0.65 ~ 0.95,干气主要集中于陆上部分。烃类气体以甲烷为主,非烃类气体主要为 CO_2 和 N_2。本区天然气主要集中于中深层,凝析气增多,纯气层相对较少,以石油伴生气和凝析油伴生气为主,南堡 5 号构造带天然气大多数以油溶气形式存在。总的来看,气油比在 4000m 以上随深度变浅,逐渐增高。在 4000m 以下,则随深度增加气油比逐渐变大。但从不同层位气油比来看,均有随深度增加气油比变大的趋势;气油比越低,逸散的天然气越多。相同深度的气油比越高,说明盖层的保存条件越好。南堡 5 号构造带天然气既包括腐殖型、过渡型,也含有一定量的腐泥型。从天然气层位来看,此构造带天然气主要集中于东三段和沙河街组,均属于近源成藏。

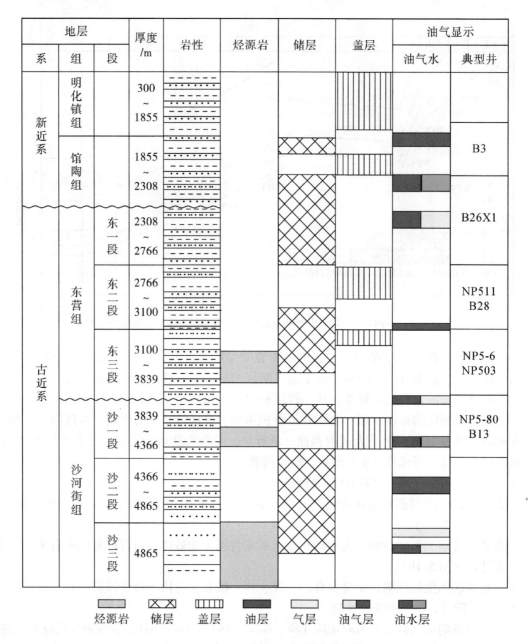

地层			厚度/m	岩性	烃源岩	储层	盖层	油气显示	
系	组	段						油气水	典型井
新近系	明化镇组		300 ~ 1855						B3
	馆陶组		1855 ~ 2308						
古近系	东营组	东一段	2308 ~ 2766						B26X1
		东二段	2766 ~ 3100						NP511 B28
		东三段	3100 ~ 3839						NP5-6 NP503
	沙河街组	沙一段	3839 ~ 4366						NP5-80 B13
		沙二段	4366 ~ 4865						
		沙三段	4865						

烃源岩　储层　盖层　油层　气层　油气层　油水层

图 5.19　南堡 5 号构造油田综合柱状图

2) 油气运聚成藏过程分析

南堡 5 号构造油田油气从沙三段到馆陶组均有分布，主要来源于沙三段烃源岩，沙三段烃源岩在东营组沉积末期开始大量生烃，且现今处于生气阶段。流体包裹体均一温度测定结果（图 5.20），可知沙三段和沙二段在东营组沉积末期开始充注，沙一段油气充注相对较晚。由此可知，南堡 5 号构造沙三段烃源岩在东营组沉积末期开始大量生烃，并在沙河街组内原地聚集成藏或经过短距离运移聚集成藏，馆陶组沉积时期断裂活动强度弱，明化镇组沉积末期断裂活动强烈，促使沙三段烃源岩生成的油气沿断裂向上运移，在东营组、馆陶组和明化镇组等有利圈闭聚集成藏。

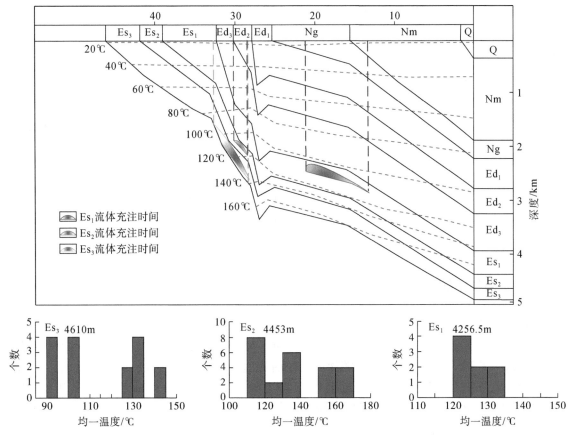

图 5.20　BS28 井埋藏史图和流体包裹体均一温度分布图

5.3　南堡凹陷油气藏分布主控因素

5.3.1　烃源岩控制油气藏的形成与分布

国内外大量的油气勘探实践表明，一个盆地内油气藏的分布与烃源岩的分布及其生排烃中心具有密切的联系，盆地内的主要油气藏都与烃源岩的层位有密切关系，并分布在主要生油区内部和周围（张厚福和徐兆辉，2008）。烃源岩对油气的控制作用主要表现在有效烃源岩是油气藏形成的物质基础，烃源岩的分布范围、排烃时间、排烃强度和排烃量对油气田（藏）的形成时间和分布具有重要的控制作用（庞雄奇等，2014）。南堡凹陷烃源岩对油气藏的形成与分布主要体现在以下两个方面。

1. 烃源岩对油气成藏时间的控制

烃源岩大规模排烃期控制着油气成藏期，油气只有在烃源岩大规模排烃期或大规模排烃期之后才能运移聚集成藏。南堡凹陷发育古近系沙三段、沙一段和东三段 3 套烃源岩（张振英等，2004；李素梅等，2008；赵彦德等，2009；梅玲等，2008，2009；万中华和李素梅，2022），且 3 套烃源岩热演化程度有所差异，因此不同烃源岩的主要排烃时期和排烃量也存在差异（庞雄奇等，2014）。南堡凹陷沙三段烃源岩发生大规模排烃的时间较早，在沙河街组沉积期发生一定规模的排烃过程，自东营组沉积期以来发生了大规模的排烃过程，沙一段和东三段烃源岩发生大规模排烃的时间较晚，其大规模排烃的时间主要集中在馆陶组沉积期，总体来说东营期、馆陶期和明化镇期是主要的排烃期（图 5.21），且 3 套烃源岩均只有 1 次排烃高峰期，说明南堡凹陷只有 1 次主要成藏期，且至今仍在成藏过程中，这与储层流体包裹体均一化温度分析结果一致。

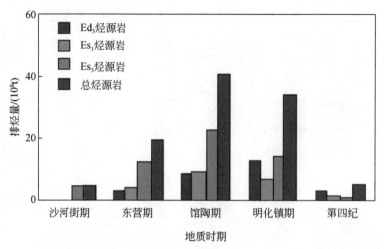

图 5.21　南堡凹陷不同烃源岩排烃史图（庞雄奇等，2014）

2. 烃源岩对油气分布的控制

1）烃源岩对油气纵向分布的控制

南堡凹陷天然气层在生油门限深度上、下均有分布，在生油门限深度之下的 3000～3500m 相对分布最多。从生油窗底界到顶界是溶解气油比随深度变浅而快速降低的主要阶段，此阶段大量出溶的天然气是气层形成的重要条件，到生油窗顶界附近溶解气已大量出溶，与浅部 1300m 深度左右相比，出溶的天然气可以占到 80% 以上，且正好在生油门限深度附近形成了相对较多的气层。从生油门限深度向上，溶解气油比继续降低，但降低幅度大大减小，到 1300m 深度左右降低的幅度占 20% 左右，这一深度段形成的气层相对较少。可见，溶解气出溶是天然气层形成的基本条件之一。

南堡凹陷目前已发现的油气藏多为构造类油气藏，纵向上油气藏主要集中在小于 4km 的范围，当横向排烃距离超过 3km 油气藏的个数随排烃距离的增加呈减小的趋势（图 5.22）。

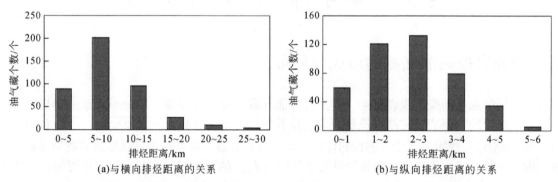

图 5.22　南堡凹陷已发现油气藏数量与横向、纵向排烃距离关系图（庞雄奇等，2014）

2）烃源岩对油气平面分布的控制

从含油气范围、原油类型与烃源岩厚度叠合图（图 5.23～图 5.25）可以看出，相应来源的油气主要分布在相关烃源岩厚度较大的部位附近。沙三段烃源岩厚度大，最厚位于南堡凹陷西部，厚度大于 700m；南堡凹陷西北部和东南部有两个厚度次中心，最厚超过 600m（图 5.23）。从 A1 类和 C 类原油、含油气范围与沙三段烃源岩的叠合来看，这两类原油分别主要分布于沙三段烃源岩西部和西北部两个厚度中心附近，进一步印证了 A 类、C 类原油来自沙三段烃源岩的分析。沙三段是南堡凹陷的主力烃源岩，对全区的油气贡献量最大。沙一段烃源岩沉积厚度相对较薄，沉积厚度最大只有 300m 左右，并且沉积中心整体迁移至南堡凹陷的南部，与之相关的 B 类原油主要分布于凹陷西部、中南部，对应沙一段烃源岩厚度较大的区域（图 5.24）。东三段烃源岩沉积厚度适中，最大厚度分布在高南地区，厚度可达 500m，与之相关的 B 类原油主要分布在最大厚度区域之内及其邻近（图 5.25）。东三段和沙一段烃源岩对滩海地区、老爷庙地区，以及高南和柳南地区油气聚集贡献相对较大。油气多聚集在烃源岩厚度较大的地区及其附近，此处烃源岩排烃效率最高，最有利于油气的高效聚集。

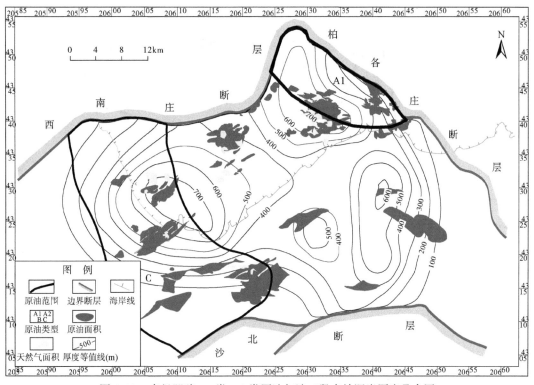

图 5.23　南堡凹陷 A1 类、C 类原油与沙三段有效源岩厚度叠合图

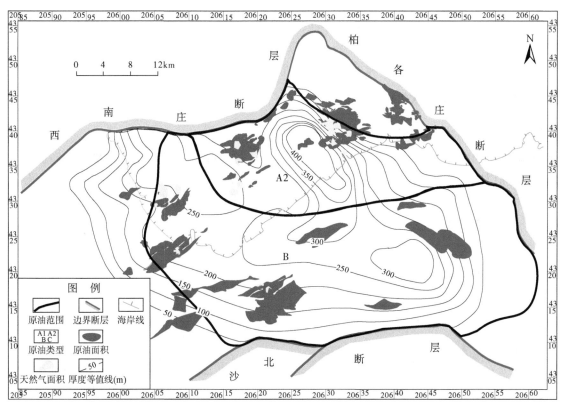

图 5.24　南堡凹陷 A2 类、B 类原油与沙一段有效源岩厚度叠合图

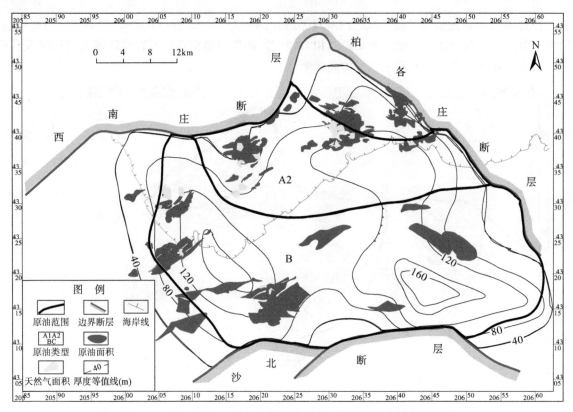

图 5.25　南堡凹陷 A2 类、B 类原油与东三段有效源岩厚度叠合图

5.3.2　储层控制着油气藏的形成与分布

储层对油气的控制作用具有层次性和多样性，层次性是指沉积相、岩石相和物理相等储层的三个层次对油气从宏观对微观逐级控制（庞雄奇等，2007），多样性是指储层对油气的控制作用主要体现在为油气提供了储集空间、可作为油气运移通道和影响含油气性三个方面。

1. 储层控油气作用的层次性

1）沉积相对油气的控制作用

南堡凹陷储层的沉积相主要是扇三角相、辫状河三角相、近岸水下扇相、辫状河相和曲流河相等，古近系油气藏储层以扇三角洲相为主，其次为辫状河三角洲相和近岸水下扇相，浊积砂相对最少，而新近系油藏储层主要是辫状河相和曲流河相。同一沉积体系不同沉积微相储层特征不同，对油气的控制作用亦存在差异（图 5.26）。

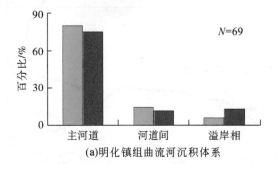

(a)明化镇组曲流河沉积体系

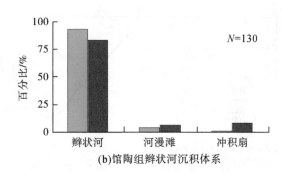

(b)馆陶组辫状河沉积体系

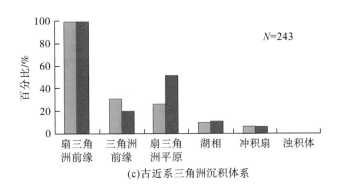

图 5.26 南堡凹陷已发现油气藏与沉积相关系图

2） 岩石相对油气的控制作用

岩石相是指在一定沉积环境中形成的岩石或岩石组合，一般分选性越好、结构成熟度和成分成熟度越高，越有利于油气富集（庞雄奇等，2007；黄曼宁等，2012）。南堡凹陷储层的岩石类型主要是砂岩、砾岩和粉砂岩，油气藏储层以中砂岩、细砂岩为主，粉砂岩、粗砂岩和砾岩相对较少。

3） 物理相对油气的控制作用

物理相是指在一定沉积环境中形成岩石或岩石组合的渗流特征（庞雄奇等，2007；黄曼宁等，2012）。南堡凹陷油藏储层的孔隙度为 10% ~20%，渗透率为 5 ~1000mD。

2. 储层控油气作用的多样性

1） 储层为油气提供了储集空间

从沉积相、岩石相和物理相 3 个层次控制油气，南堡凹陷油气藏主要分布在扇三角洲相、中–细砂岩、孔隙度大于 10% 的储层中。

2） 储层为油气运移通道

三角洲沉积体系的大量砂体插入生烃凹陷后与烃源岩直接接触，起到了"泵吸"作用，使大量的油气沿储集体向上运移并聚集成藏，大大地提高了油气运聚效率。南堡凹陷老爷庙油田、高尚堡油田和柳赞油田等油气成藏与扇体的发育存在着密切的关系，对沙河街组自生自储型油气成藏有重要意义。

3） 储层对含油气性的影响

储层对含油气性的影响主要体现在岩石相和物理相两个方面。储层的岩性和物性特征影响油气充注，在烃类充注过程中，存在临界物性条件：砂体内部物性对含油气性具有控制作用，当分选在差–中等时，只有物性达到一定条件，砂体内部才开始含油气。庞雄奇等（2003）在研究东营凹陷时，发现当砂体平均粒径达到 0.2mm 时，砂体内部才开始含油气，含油气岩性砂体分布在平均孔隙度大于 12% 的砂体内，在平均渗透率大于 1mD 时才能含油。南堡凹陷细砂岩含油性最好（图 5.27），储层孔隙度越高，含油性相对越好。

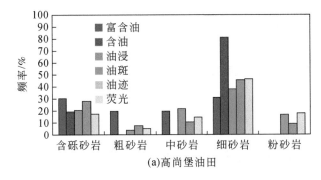

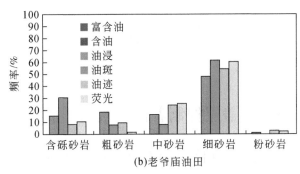

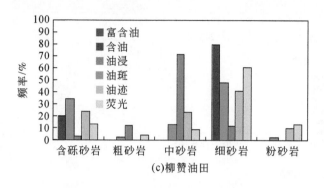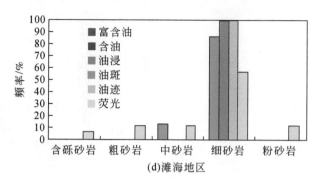

图 5.27 南堡凹陷储层含油级别与岩石类型关系图

储层的孔渗性主要受沉积相和成岩作用两种机制的控制和影响，而成岩作用与储层埋深具有一定的关系。从南堡凹陷含油气显示储层孔隙度、渗透率与深度关系图可知，随着储层埋深的增加，含油气显示储层的孔隙度、渗透率下限具有减小的趋势，储层含油的孔隙度、渗透率下限并不是一个定值（图 5.28）。因此，在评价储层好坏时，不同深度的储层应采用不同的孔隙度、渗透率下限标准。从成藏动力的角度，储层含油物性下限随着深度的变化可以得到较好的解释。油气充注储层必须驱替储层内的孔隙流体，因此成藏动力不仅是指油气运移的动力，还应包含成藏输导体系中阻力、储层静水压力及储层毛细管力。根据南堡凹陷实测压汞资料分析可知，储层毛细管力随着孔隙度的增大呈指数减小。源岩流体压力随着运移距离的增加而减小，造成不同深度的源岩流体压力变化。因此，源岩流体压力变化导致成藏动力变化，导致储层含油物性下限的变化。

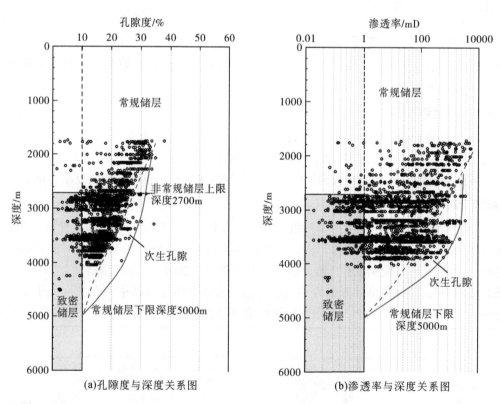

图 5.28 南堡凹陷油气层物性与深度关系图

5.3.3 盖层控制着油气藏的形成与分布

盖层是位于储层之上能阻止油气向上运移散失，盖层的好坏直接影响着油气在储层中的聚集效率和保存时间，盖层发育层位和分布范围直接影响油气田的分布层位和分布区域（李丕龙，2003；张厚福等，2008）。南堡凹陷主要发育明化镇组、馆陶组和东二段 3 套区域盖层，对凹陷的油气运移聚集起到重要作用。盖层按岩性进行分类，南堡凹陷区域盖层、明化镇组区域盖层为曲流河相厚层泥岩，东二段区域盖层为深湖–半深湖相泥岩，馆陶组区域盖层主要为火山岩。盖层有效性主要受盖层岩性、厚度和连续性控制。一般泥质含量越高、厚度越大，盖层的封闭性能越好，越不易被小断层错段，而是形成连通的裂缝；分布范围越大、连续性越好，越有利于油气大规模聚集。南堡凹陷纵向上含油层系多，均分布在 3 套区域盖层之下。南堡凹陷油气藏分布与区域盖层厚度具有一定的对应性，随着盖层厚度的增大，油气藏储量呈先增加后减小的趋势（图 5.29）。

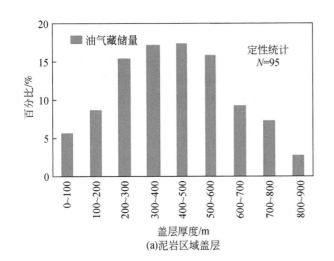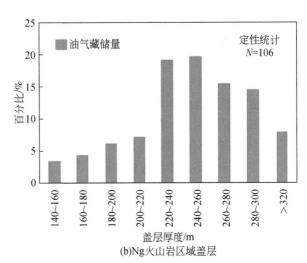

图 5.29　南堡凹陷区域盖层厚度与已发现油气藏储量的关系

5.3.4　背斜带控制着油气藏的形成与分布

1. 古隆起概念

隆起是沉积盆地中的大型正向构造单元，对于沉积盆地的构造演化、沉积体系及流体活动都有较大的制约作用（何登发等，2008）。古隆起主要具有以下几个特点：

（1）隆起具有多种成因机制，伸展、聚敛与走滑环境都可以形成隆起。随着地球动力环境的变化，各种动力机制的复合可以使不同初始成因的隆起发生叠加，从而形成结构形态更加复杂的隆起。

（2）隆起演化具有阶段性，可以划分为形成期（或雏形期）、发展期、高峰期、继承期、改造期和消亡期 6 个基本阶段，而现今所见的隆起可能仅停留在某些阶段上。南堡凹陷是在华北地台基底上，经中、新生代块断运动而发育的中、新生界断陷型富油气凹陷。古隆起在南堡凹陷的中央、边缘均有发育，形成于伸展环境，主要发育在古老基底之上，即基底褶皱、断层相关沉积披覆、沉积超覆等。南堡凹陷的古隆起继承性较好，稳定发育。

2. 古隆起对油气的控制作用

古隆起对油气藏的形成与分布具有明显的控制作用，主要体现在以下几个方面。

1）古隆起对油气的控制具有多样性

成藏期古隆起控制油气分布范围；古隆起控制成藏模式，坡顶主要发育背斜油气藏和断块油气藏，坡上主要发育地层油气藏，坡脚主要发育岩性油气藏；古隆起控制成藏概率，从坡顶到坡脚油气藏储量、数量减少；古隆起控制油气聚集方向；古隆起控制圈闭类型（庞雄奇等，2012）。

2）古隆起对油气的控制具有时间性

沉积期的隆起影响着生储盖组合的发育；成藏期的隆起制约着油气运聚；调整期的隆起影响着油气再分配；定位期的隆起决定着油气最终富集部位（何登发等，2008）。

南堡凹陷古隆起发育早，在古老基底隆起的基础上继承、稳定发育，虽然断裂作用使其形态复杂化，但基本形态在新生代拗陷沉积阶段深埋并保存下来，但没有发生质的变化。古隆起对南堡凹陷油气的控制作用主要体现在以下几个方面。

（1）在沉积期对生储盖组合发育的影响

主要表现在两个方面，一是沉积期隆起对沉积体系的控制作用；二是沉积期隆起与生储盖组合的时空匹配关系。南堡凹陷边缘古隆起发育，在古近系湖盆发育期，隆起边缘扇三角洲、辫状河三角洲及近岸水下扇砂体发育，储层条件好；新近系河流相沉积，砂体发育，储层条件好。多期发育的隆起，在其演化历史过程中常出现多套生储盖组合，这些生储盖组合在纵向上可以连续出现，也可以间断分布。常见的多期古隆起多套生储盖组合可以划分为下伏内幕背斜组合、下部古潜山组合、中部地层圈闭组合和上部披覆背斜组合4种类型（何登发等，2008）。南堡凹陷隆起继承性稳定发育，主要发育下部古潜山组合、中部地层圈闭组合和上部披覆背斜组合3种类型。

（2）古隆起对油气运移聚集的控制

油气成藏时期古隆起的具体形态决定了油气运移的具体路径，古隆起处的披覆背斜、潜山为油气提供了良好的聚集场所。不整合面与断裂系统构成了空间运移网络，油气运移流向受古隆起脊线、大型断裂带、鼻状构造带、不整合面及砂体的控制。南堡凹陷主要存在两个成藏期，分别为东营组沉积末期和明化镇组沉积至今。南堡凹陷古隆起在东营组沉积末期均已定形，东营组沉积末期古隆起是古近系烃源岩生成油气的优势运移聚集区，东营组油气与东营组沉积末期定形的古隆起分布都具有较好的匹配性（图5.30）。

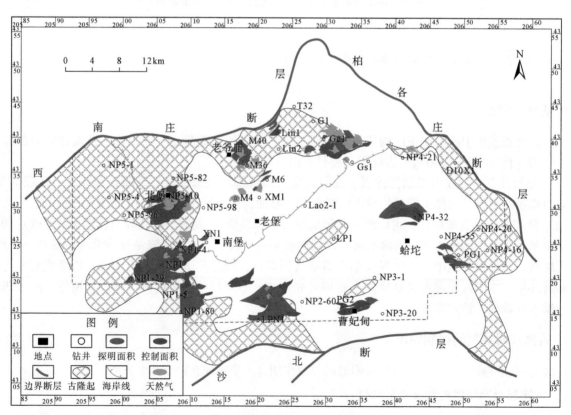

图5.30 南堡凹陷东营组沉积末期古隆起与东营组油气分布叠合图

（3）古隆起对圈闭溢出点的控制

隆起在调整阶段会发生圈闭溢出点的改变或被断裂切割破坏，这可能导致油气逸散从而使油气藏被破坏，或使石油氧化降解而形成稠油或沥青封堵（何登发等，2008）。南堡凹陷的隆起为晚期断裂切割，油气藏沿断裂垂向调整。例如，柳南地区深层原生油气藏在明化镇断层活动期重新调整，部分油气运移到浅层储层重新成藏形成馆陶组油气藏，可以较好地解释东营组沉积末期古隆起对新近系油气分布的控制。东营组和新近系油气与东营组沉积末期定形的古隆起分布都具有较好的匹配（图 5.30、图 5.31），反映出东营组沉积末期古隆起及相配套的断裂共同控制古近系烃源岩生成油气的运移。

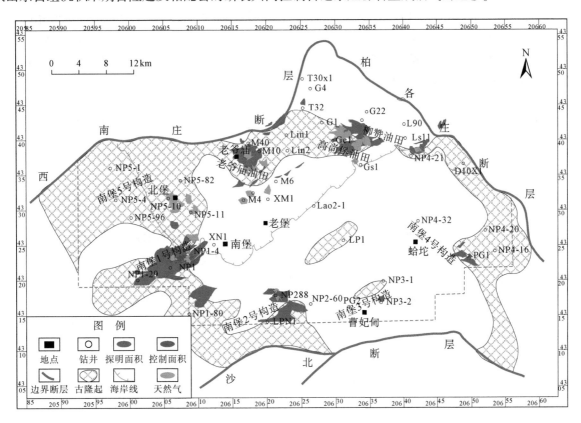

图 5.31　南堡凹陷东营组沉积末期古隆起与新近系油气分布叠合图

（4）古隆起控制油气成藏概率

南堡凹陷背斜油气藏主要发育在坡顶和坡上部位，在坡下和坡脚发育较少（图 5.32）。

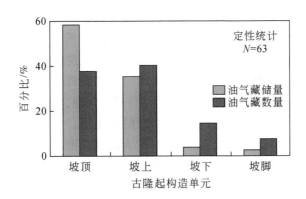

图 5.32　南堡凹陷已发现油气藏与隆起相对位置关系图

综上所述,南堡凹陷是断陷、拗陷叠合盆地,多期叠合导致古隆起沙河街组、东营组、馆陶组和明化镇组多层系油气聚集;发育沙三段和东三段等多套烃源岩,多期生、运、聚,隆起的继承性发育,均使古隆起油气聚集概率增大,易形成大型油气聚集带;多期次断裂复合可形成以断裂为主导的油气聚集带。

5.3.5 断裂带控制着油气藏的形成与分布

断裂对油气藏形成与分布的控制表现为断裂系统形成演化对油气生、运、聚、散、成藏系统形成演化的控制,是一个有机的控制体系。南堡凹陷断裂十分发育,已发现油气藏主要分布在油源断裂附近,断裂对油气运移、聚集成藏和调整、破坏等均有明显的控制作用(周天伟等,2009;范柏江等,2011;刘德志等,2009;付广和杨敬博,2013)。

南堡凹陷断裂对油气藏的形成与分布的控制作用主要体现在两个方面:一是对烃源岩、储集层、盖层、输导通道及圈闭等成藏要素的控制;二是对成藏时间和油气藏调整、破坏过程等成藏过程的控制。

1. 断裂对成藏要素的控制

1) 断裂对生储盖的控制

断裂活动的级序性主要表现为断裂对沉积、构造的控制作用是具有级别性和有序性的,而沉积和构造是油气生成与聚集的最基本因素(范柏江等,2011)。因此,油气藏的规模、性质与断裂活动的级序性有密切关系。南堡凹陷内部的断裂可划分为3个级次(童亨茂等,2013):一级、二级断裂发育于古近纪,一级控凹断裂发育时间最早、持续时间长、活动强度大;二级断裂控制局部构造,发育时间稍晚;三级断裂多为新近纪以来发育的次级断裂,断裂发育时间晚,活动强度小。一级、二级断裂控制烃源岩、储层的形成、演化、规模和分布,如西南庄断层、柏各庄断层、沙北断层等一级断裂控制着古近系扇三角洲、辫状河三角洲的形成、演化、规模和分布(姜华等,2009);西南庄断层、柏各庄断层共同控制沙三段烃源岩的形成、演化、规模和分布,西南庄断层、柏各庄断层和高柳断层等一级、二级断层共同控制着沙一段、东三段烃源岩的形成、演化、规模和分布。

2) 断裂对圈闭的控制

断裂发育有利于各类圈闭的形成。南堡凹陷是在断裂活动控制下形成的箕状断陷构造,内部断裂相当发育,与断裂相关的圈闭有滚动背斜、逆牵引背斜、断块、断鼻、断背斜和岩性圈闭等多种类型。

古近纪是南堡凹陷的裂陷发育期,该时期,老爷庙、北堡等陆上构造,由于深部基底大断裂发育且断裂在深部具有滑脱性质,因而在靠近深部大断裂的上盘部位,容易受重力滑塌作用产生剩余空间,从而导致地层变形,形成滚动背斜,该类背斜通常具有圈闭闭合面积大、圈闭闭合度高的特点。而在深部大断裂的下盘部位,受逆牵引力的作用,地层则容易变形,形成逆牵引背斜,相对于断裂上盘的滚动背斜而言,其弯曲变形程度较小,圈闭面积也较小,伴生断层的发育较弱。在多米诺式构造样式发育的南堡2号构造、南堡4号构造,断裂在垂向分量上的活动性最为强烈,为砂砾岩滑塌浊积体和深水浊积扇的发育创造了条件。沙河街组一段沉积时期,在边界断层的作用下,凹陷构造格局变化,沉降中心向滩海迁移,该时期,南堡凹陷为湖相沉积环境,烃源岩厚度大,成熟度高,油气运移动力大,因而滑塌浊积体较缓坡带滑塌浊积岩容易得到油源供给,利于形成岩性油气藏(图5.33)。

3) 断裂对运移的控制

断裂对油气运移的控制具有双重性,断层既可作为油气通道,又可以遮挡油气运移(吕延防等,2007;付广等,2005;付广和袁大伟,2009)。南堡凹陷高柳断层为同沉积断层,其两侧原油类型不同,断层北侧油气来源于拾场次凹沙三段烃源岩,断层南侧东三段以上层系的油气来源于林雀–柳南次凹的东三段烃源岩，反映断层两侧为不同的流体系统，断层起到了隔挡作用。根据付晓飞等（2005）提出的断裂带内部结构分带模式，可知破裂带中诱导裂缝具有较高的渗透率，破碎带中的碎裂岩渗透率低，可以较好地解释高柳断层对油气的垂向输导和侧向遮挡作用，油气主要富集在烃源岩发育的一侧。同时，高柳断层南侧油气主要来源于沙一段—东三段烃源岩，沙三段烃源岩贡献少或没有，因此，对断裂发育的盆地进行油气运移分析时，必须注意断层的侧向遮挡作用对油气运移的影响以及垂向输导的有效距离。南堡凹陷目前已发现油气主要分布在古近系东一段和新近系馆陶组、明化镇组深部大断裂附近。南堡凹陷中浅层（东二段、东一段、新近系）油气应来源于深部，断裂为运移通道，油气主要分布在与深部沟通的断层附近（图 5.34）。断裂作为油气垂向运移的主要通道，断裂对油气成藏控制主要表现为南堡凹陷已发现断层油气藏主要分布在断裂附近且分布与距断裂距离增大而减少。

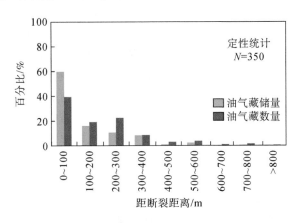

图 5.33　南堡凹陷已发现油气藏数量、储量与距断裂距离关系图

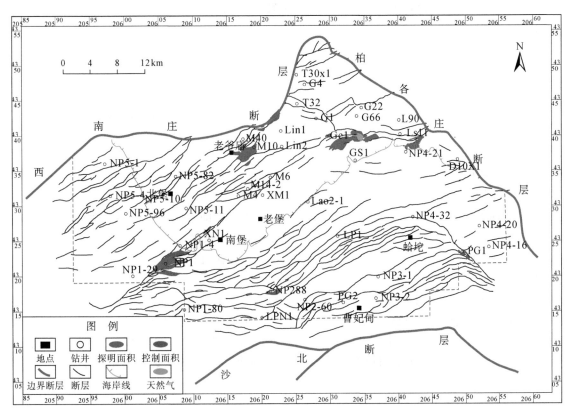

图 5.34　南堡凹陷明化镇组断裂与油气分布叠合图

2. 断裂对成藏过程的控制

强烈断裂活动可导致大规模油气运移，进而控制油气成藏时间。南堡凹陷油气成藏主要发生在明化镇组沉积时期至今，主要是由于明化镇组沉积末期强烈的断裂活动，促使深部烃源岩生成的油气及早期聚集的油气通过断裂向上运移，并在东一段和新近系馆陶组、明化镇组聚集成藏。

断裂作用可对油气藏造成直接的破坏作用，它对油气藏的破坏程度取决于断裂活动的强弱。若断裂活动强烈，断裂断穿油气藏的盖层和储层，使油气藏的封闭条件被破坏，圈闭中的部分油气或全部油气沿开启的断层向上运移到圈闭外，使原来的油气藏遭部分或完全破坏。南堡凹陷明化镇组沉积时期强烈的断裂活动可导致深层油气藏调整破坏，油气向浅层运移、聚集，浅层（东一段、东二段和新近系）油气分布与深层油气分布具有较好的对应性。南堡凹陷深浅层原油成熟度的差异性可以较好地佐证断裂活动对深层油气藏的破坏作用。南堡凹陷浅层源外原油成熟度低于深层源内原油成熟度，源内原油成熟略低于相同深度烃源岩的最大热演化程度。当断裂活动时，相对烃源岩生成的油气，相近地层压力的源内砂体具有相对较高的孔隙度、渗透率，砂体内部早期聚集的油气优先排出，使得源外聚集的油气以源内早期聚集的油气为主，烃源岩晚期生成的原油置换源内部分早期充注的原油（图5.35），可较好地解释源内外（深浅层）原油的成熟度差异。吴景富等（2003）在渤海中部沙东南构造带根据有机包裹体生物标记物的证据，也证实了晚期高成熟原油驱替早期低成熟原油的成藏过程。邓运华（2012）通过渤海油区新近系的勘探实践，指出只有断层根部烃源岩内发育砂体"中转站"时，断层才能为上部圈闭提供充足的油气，同样证实了这种认识。

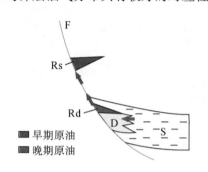

图5.35 断裂对深、浅层油气充注的控制作用
Rs. 浅层油藏；Rd. 深层油藏；F. 断层；
D. 砂体；S. 烃源岩

5.3.6 岩性体控制着油气藏的形成与分布

砂岩透镜体岩性圈闭主要发育于浊积扇砂体、前三角洲亚相的滑塌浊积岩砂岩、河流相砂体等（李丕龙，2003；张厚福和徐兆辉，2008），南堡凹陷已发现的砂岩透镜体油藏主要分布在拾场次凹沙三段和林雀次凹东三段，如高20井东三段油藏和老2X1井东三段油藏。

砂岩上倾尖灭圈闭的形成主要有以下两种情况：一种是在盆地的斜坡区和边缘地带，由于沉积条件的改变，相带变化快，形成频繁的砂泥韵律互层；横向上，沿地层上倾方向很容易出现砂岩含量减小、泥岩含量增加的现象，造成砂岩向盆地边缘或古隆起方向尖灭，即上倾尖灭；这类砂岩上倾尖灭圈闭往往沿盆地边缘的地层尖灭线或砂岩尖灭线分布（李丕龙，2003；张厚福和徐兆辉，2008）。另一种是在盆地边缘的斜坡区沉积的一些砂体，其中砂体很快向泥岩尖灭，在沉积时往往是下倾尖灭，后来由于构造的反转作用变为上倾尖灭形成圈闭，如拾场次凹在沙河街组沉积早期，物源主要来自凹陷东部柏各庄断层上盘凸起区，沿柏各庄断层下降盘发育多个扇三角洲沉积体系，而在沙河街组沉积后期，柏各庄断层活动加剧，早期沉积的地层发生反转，导致沙河街组早期沉积有柏各庄上升盘带来的向凹陷进积的砂体转变为上倾尖灭的砂体，形成上倾尖灭圈闭；以高66井区沙三段油藏为例（图5.36），三角洲前缘砂体在其上倾方向尖灭，不同砂组的岩性油气藏具有不同的油水界面，纵向上表现为多油水系统（刘君荣等，2014）。

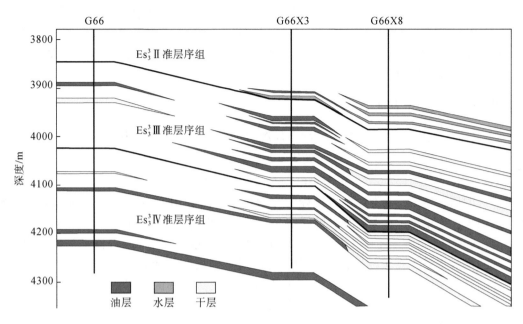

图 5.36　南堡凹陷拾场次凹砂岩向上尖灭油藏发育分布模式（刘君荣等，2014）

5.4　南堡凹陷油气藏分布发育地质模式

5.4.1　烃源岩为油气成藏提供物质来源

1. 烃源岩控油气成藏模式

有效烃源岩是油气成藏的物质基础，其生成的油气侧向运移以短距离（11~100km）为主，油气藏（田）主要围绕生烃中心呈环带状分布（胡朝元，1986，2005；庞雄奇等，2014）（图 5.37）。烃源岩控油气作用自提出以来得到了广大学者的认同，前期以定性研究为主，强调了生烃强度和距烃源岩中心距

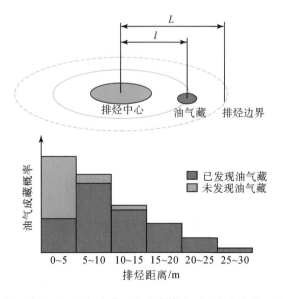

图 5.37　南堡凹陷油气成藏概率分布模式图（庞雄奇等，2014）

离的影响（胡朝元，2005；庞雄奇等，2003，2007）。基于物质平衡原理的门限控烃理论（庞雄奇等，2000，2003）的提出很好地发展了烃源岩控油气作用的思想，为定量预测油气资源和分布规律奠定了基础。南堡凹陷古近系沙三段、沙一段和东三段3套有效烃源岩为油气成藏提供了充足的油气，已发现油气在平面上呈"外油内气"环带状分布。

2. 烃源岩控油气藏定量表征

基于南堡凹陷油气成藏概率分布模式，结合烃源岩的排烃特征参数，利用最小二乘法原理，拟合得到改进后的油气成藏概率的定量表征公式（庞雄奇等，2014）：

$$P_s = 0.41\exp(0.24q_e) - 0.3396\ln(l/L) \tag{5.1}$$

式中，P_s 为油气的成藏概率；q_e 为烃源岩排烃中心的排烃强度，$10^6 t/km^2$；l/L 为油气藏距烃源岩排烃中心的标准化距离，无量纲；L 为烃源岩排烃中心至排烃边界的距离，km；l 为烃源岩排烃中心至油气藏中心的距离，km。如果某一有利区由多个生烃次凹供烃，此时的油气成藏概率需要综合考虑不同次凹分别对该区的供烃贡献。在实际操作过程中，可以对不同次凹的成藏概率进行加权处理，由此获得研究区的综合油气成藏概率（图5.38）。基于改进的油气成藏概率的定量表征模型，对南堡凹陷不同构造部位的油气成藏概率进行了理论计算，计算结果表明：已发现的油气藏中超过90%的油气藏其成藏概率都大于70%。基于此，可以把油气成藏概率大于70%作为南堡凹陷有利勘探区带预测的标准，只有油气成藏概率大于70%的地区才可能是潜在的有利勘探区带。

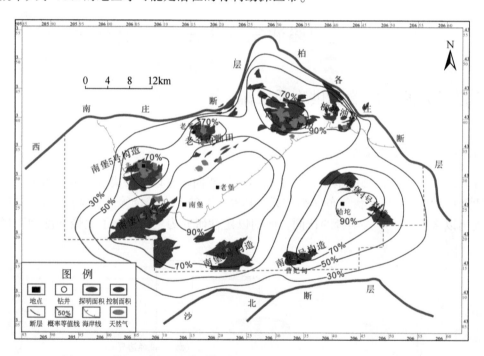

图5.38 南堡凹陷烃源灶控藏概率平面图（庞雄奇等，2014，有修改）

5.4.2 相对高孔渗储层为油气成藏提供富集空间

一般来说，有利沉积相发育区储层物性良好，有利于油气聚集。南堡凹陷古近系广泛发育扇三角洲、辫状河三角洲和水下扇，新近系馆陶组辫状河、明化镇组曲流河相均为有利沉积相，储层物性较好，有利于油气聚集，因此在多个层位具有油气富集。

通过对南堡凹陷大量油层样品物性统计，发现油气在浅层富集对储集层物性要求高，在深层富集对储层物性要求低（图5.39）。高孔渗储层是油气富集的必要条件，但不是充分条件，即具备了高孔渗储层不一定能完全控制油气藏的形成与分布，主要包括三种情况：因溶蚀成藏作用高孔渗储集层周边的储层孔渗更高，因它处于相对高势区而无法富集油气；因后期构造变动，高孔渗储层处于低凹区，因处于相对高势区而无法富集油气；因缺少油气来源，高孔渗储层无法富集油气（庞雄奇等，2012）。

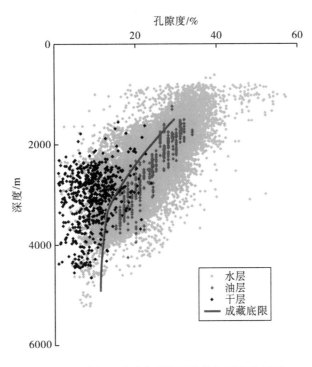

图 5.39　南堡凹陷油藏平均孔隙度与深度关系图

5.4.3　低势作用为油气富集提供动力

低势作用分为四种：低位能、低压能、低界面能和低动能。低位能和低压能主要控制构造油气藏，低界面能主要控制隐蔽油气藏，低动能作用在叠合盆地中比较少见（庞雄奇等，2012）。

1. 低位能对油气的控制作用

油气密度与地下水密度存在差异，导致地下油气自始至终存在浮力，由于浮力作用导致的油气成藏主要表现在背斜油气藏（Hindle，1997）。浮力作用总是引起流体向构造高点处运移，构造高点是油气聚集的低位能处。低位能对油气的控制作用主要体现在隆起对油气的控制。南堡凹陷背斜油气藏的分布与局部构造高点有关。通过构造演化模拟可知，南堡凹陷构造格局在古近纪末期基本定形，新近纪凹陷整体沉降，古近纪末期的古隆起在新近纪继承性发展，古隆起定形时期与烃源岩生、排烃时期匹配性好，古隆起处是油气优势运移聚集区域；南堡凹陷古隆起主要为断裂活动形成的古潜山披覆背斜和滚动背斜，是油气优势运移聚集区。南堡凹陷目前已发现的背斜油气藏主要分布在老爷庙构造和北堡构造，均分布在局部构造高点（背斜带顶部）。

2. 低压能对油气的控制作用

当生、储层间存在巨大的异常压力差和梯度时，压力是油气运移的重要动力（赵文智等，2006）。一个异常高压封存体也可看作一个封闭的高势区，封隔体内部与外部有限连通，只有产生断裂时，流体才能混相涌出，进入开放体系（Hindle，1997；Law et al.，1998；Roberts et al.，1996；郝芳等，2002，2005；罗晓容，2004；庞雄奇等，2002；解习农等，2004；龚再升，2004）。流体的排泄方向就是压力减小的方向，尤其是超压系统内的构造高点、压力囊的隆起点是超压流体的优势释放点，而这些地方主要是断裂发育的地带（Berg，1975）。

南堡凹陷古近系东一段和新近系油气来源于深部古近系烃源岩，存在一定程度的混源，主要在明化镇末期聚集成藏。明化镇末期油气大规模沿断裂向上运移，主要受异常压力的作用。结合南堡凹陷烃源岩生油史和剩余压力演化史模拟结果（孙明亮等，2010），古近系烃源岩在明化镇期开始大量生油，异常超压较高，随着明化镇末期生油速率的减慢及油气的大量排出，超压也随之降低。平面上油气藏分布也与断裂关系密切，南堡凹陷油气主要分布在深大油源断裂附近，且随着断裂距离的增大油气藏数量和储量均呈减小的趋势。

3. 低界面势能对油气的控制作用

1）低界面势能控油气作用

毛细管压力之差被认为是一种驱动流体通过孔隙喉道并驱替孔隙间流体的压力（Berg，1975；李明诚，2004）。对于地下岩石中非混相溶流体油气和水来说，两相流体的界面总是明显弯曲的，界面弯曲的程度取决毛细管压力差，即界面势能差。随着孔喉的减小，毛细管压力增大。岩石孔喉大小及分布特征控制着毛细管压力大小，并控制着岩层中流体的流动。在砂泥岩界面处孔喉半径差值越大，毛细管压力差越大，越有利于油气从泥岩中的小孔隙进入砂岩中的大孔隙中聚集成藏，也就是说界面势能控油气作用的地质特征表现为毛细管压力差作用控制下的高孔渗处油气成藏（庞雄奇等，2007）。圈闭外部泥岩界面势能（相当于介质内部毛细管压力）高于内部砂岩界面势能导致油气聚集，称为低界面势能控藏。地下砂体成藏的基本条件是外部泥岩界面势能至少高于内部砂岩界面势能的两倍，随着埋深的增大，有效储层内部砂岩界面势能与外部泥岩界面势能的差值有逐渐减小的趋势，这一趋势可以作为油气成藏下限，超过趋势后油气不能成藏（庞雄奇等，2012）。

2）低界面势能控油气作用的定量表征

低界面势能控油气作用的定量表征公式（图 5.40）（庞雄奇等，2012）如下：

$$PI = 1 - \frac{\phi_x - \phi_b}{\phi_a - \phi_b} \tag{5.2}$$

式中，PI 为势指数，取 0～1，越小越有利于油气聚集；ϕ_x 为目标点储层孔隙度，%；ϕ_b 为聚油气储层的最低孔隙度，%；ϕ_a 为聚油气储层的最大孔隙度，%。南堡凹陷油气藏储量随着势指数的增大而减小（图 5.41），势指数越小越有利于油气成藏。

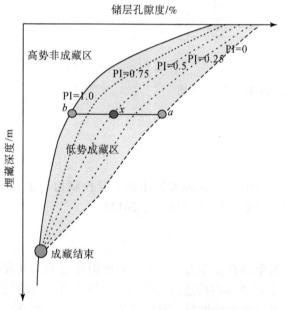

图 5.40 界面势能控油气作用定量表征
（庞雄奇等，2007）

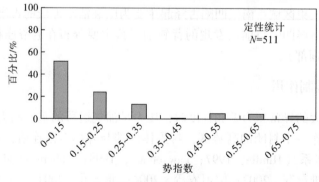

图 5.41 南堡凹陷势指数与油气藏储量关系图

5.4.4　泄压通道为油气提供运移路径

骨架砂体、不整合和断裂等泄压通道对油气成藏的控制作用主要体现在对油气运移的控制。

骨架砂体作为泄压通道对油气运移的控制主要体现在：沉积盆地超压系统内部（烃源岩层系）发育的扇三角洲、辫状河三角洲相骨架砂体渗透性较好，并与烃源岩直接接触，是超压系统的相对低压区，有利于烃源岩生成具有较高能量的油、气、水混合相流体通过其进行侧向运移（隋风贵，2004）。

断裂作为泄压通道对油气运移的控制作用主要体现在两个方面：一是断裂活动深部促进油气向浅层运移，明化镇末期强烈断裂活动时期及之后是南堡凹陷的主要油气成藏期；二是断裂活动产生裂缝改善了深部储层，且断裂带深部由于流体排出变为低压区，促使烃源岩中的油气向断裂带运移，后期由于断裂活动减弱及成岩作用，断层封闭能力增强，油气得以在断裂带附近储层中聚集成藏。孙明亮等（2010）研究指出南堡凹陷的地层压力具有分带特征，新生界发育三套叠置的压力带，分别为静水压力带（第四系—东一段）、第一超压带（东二段—沙一段）和第二超压带（沙二段和沙三段），各压力带之间存在明显的压力封隔层，压力封隔层岩性致密，是两个压力带之间的压力过渡带。明化镇末期断裂强烈活动，活动断裂处为深部超压系统的泄压处，南堡凹陷超压系统内烃源岩生成的油气及早期聚集的油气，在超压的作用下向浅层常压系统东一段—明化镇组运移聚集（图5.42）。

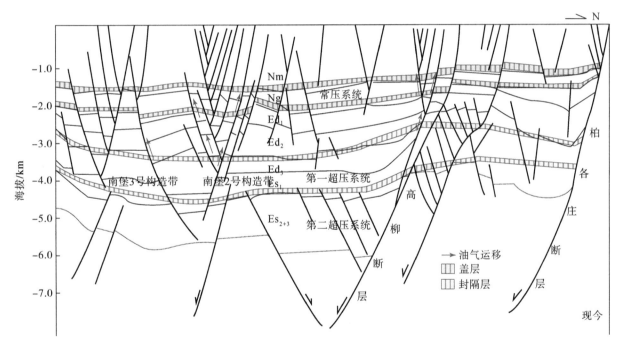

图 5.42　南堡凹陷压力分布剖面图（孙明亮等，2010）

5.4.5　封闭盖层保护油气藏不受破坏

区域盖层封盖油气作用的强弱主要受区域盖层厚度、异常流体压力和断层封闭性等因素综合控制（庞雄奇等，2012）。盖层厚度是诸多因素中既对盖层封闭能力影响较大，也是比较容易获得的参数。盖层厚度与毛细管封闭能力、压力封闭能力和浓度封闭能力均呈正相关关系（付广和许凤鸣，2003）。随着中国大中型气田的盖层厚度的增大，储量丰度逐渐增大（吕延防和王振平，2001）。对于断裂极其发育的盆地，盖层厚度与封闭能力的关系主要体现在盖层连续性上，盖层厚度越大，横向连续性越好，被断层错断的可能性越小，裂缝不容易穿透盖层，盖层保持完整性（付晓飞等，2008）。南堡凹陷主要发育沙二段+沙三段、馆陶组和明化镇组 3 套泥岩盖层和馆陶组火山岩盖层，目前发现的油气全部分布在区域盖层之下。南堡凹陷已发现油气藏储量随盖层厚度呈先增大后减少的规律性变化。

5.4.6 构造运动导致油气藏调整改造

复杂叠合盆地具有多期构造运动和多期成藏的地质特征，早期形成的油气藏因后期多次构造运动的调整、改造和破坏普遍呈现晚期成因特征（庞雄奇等，2012）。南堡凹陷具有"沉降—抬升—沉降"的沉降演化和"强—弱—强"的断裂活动强度变化的构造演化特征，导致南堡凹陷主要存在两次大规模生烃和深层的两期成藏、中浅层晚期一期成藏的特征，明化镇末期断裂的强烈活动对早期形成的油气藏进行调整改造，明化镇末期强烈断裂活动虽然导致深层早期聚集的油气藏被破坏，但由于明化镇末期烃源岩仍处于大量生烃，油气继续向断裂带运移，且由于第四纪断裂活动减弱及成岩作用，断裂对油气主要表现为封闭，深层断裂带附近油气再次富集，形成的油气藏储量甚至可能大于早期的油气藏储量（图 5.43）。

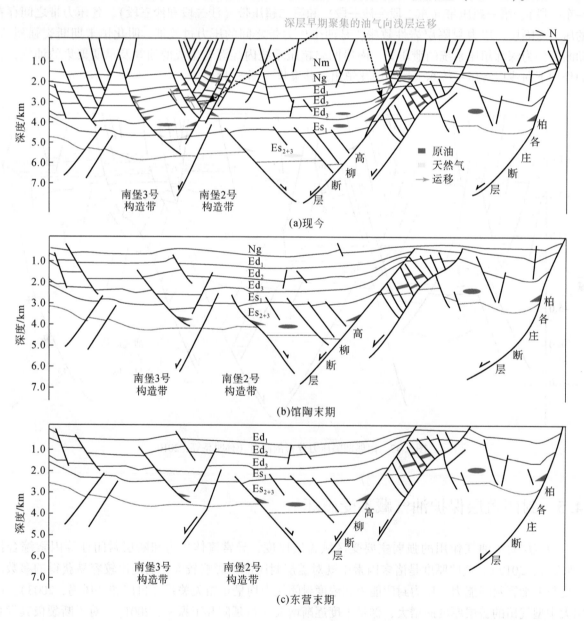

图 5.43　南堡凹陷油气藏调整改造示意图

5.4.7　南堡凹陷油气聚集成藏的基本模式

地质模式是石油地质理论在勘探实践中的应用形式（刘宝和，2005；贾承造，2005），突出了对关键地质要素的认识，明确了勘探重点（郭元岭，2013）。目前已有的成藏模式大多数只是侧重于某个或某几个方面的特征，对于一些特殊的地区或盆地而言，在不同的勘探阶段侧重于某个或某几个方面的特征是很有必要的。完整的油气成藏模式必须充分考虑油气藏的基础地质、动力介质、形成机制和演化历程等多种因素的复合控制，才能更好地揭示油气成藏规律和指导油气勘探（吴冲龙等，2009），庞雄奇（2008）建立的多要素复合控制油气成藏模式便是这样的尝试。

纵向上分为源下、源内、源上三套成藏组合。源下主要是基底作为储集层，上覆沉积作为盖层，其中的奥陶系已于 5 号构造、1 号构造、3 号构造和 4 号构造不同程度地发现了油气，形成潜山油气藏。源内组合主要是沙三段–东三段内的储盖组合，多套烃源岩与储层频繁互层，油气聚集以"自生自储"型为主，源–储接触关系良好，各种岩性油气藏、构造油气藏和岩性–构造复合油气藏发育。其中东三段的油气分布较广，沙三段油气主要集中在高尚堡和柳赞地区（图 5.44）。源上组合位于烃源岩层系之上的东二段、东一段、馆陶组和明化镇组，油气主要来源于下部成熟源岩，成藏组合以"下生上储"型为主，主要为构造、构造岩性油气藏；馆陶组、东一段油气分布最广，明化镇组在陆上也广泛分布。以液态石油聚集为主，但也有少量天然气层分布。南堡凹陷纵向上在各个层位均有油气发现（图 5.45）。根据钻井试油结果，油层与气层分布的层段有一定差异。油层总体更多地分布于靠近上部的明化镇组、馆陶组、东一段等，沙三段也较多，主要是由于柳赞和高尚堡大量的油层主要分布在沙三段成熟的生油烃源岩层系内。气层在东三段分布最多，其次为东二段、东一段，更上、更下部的层段中发现的较少。

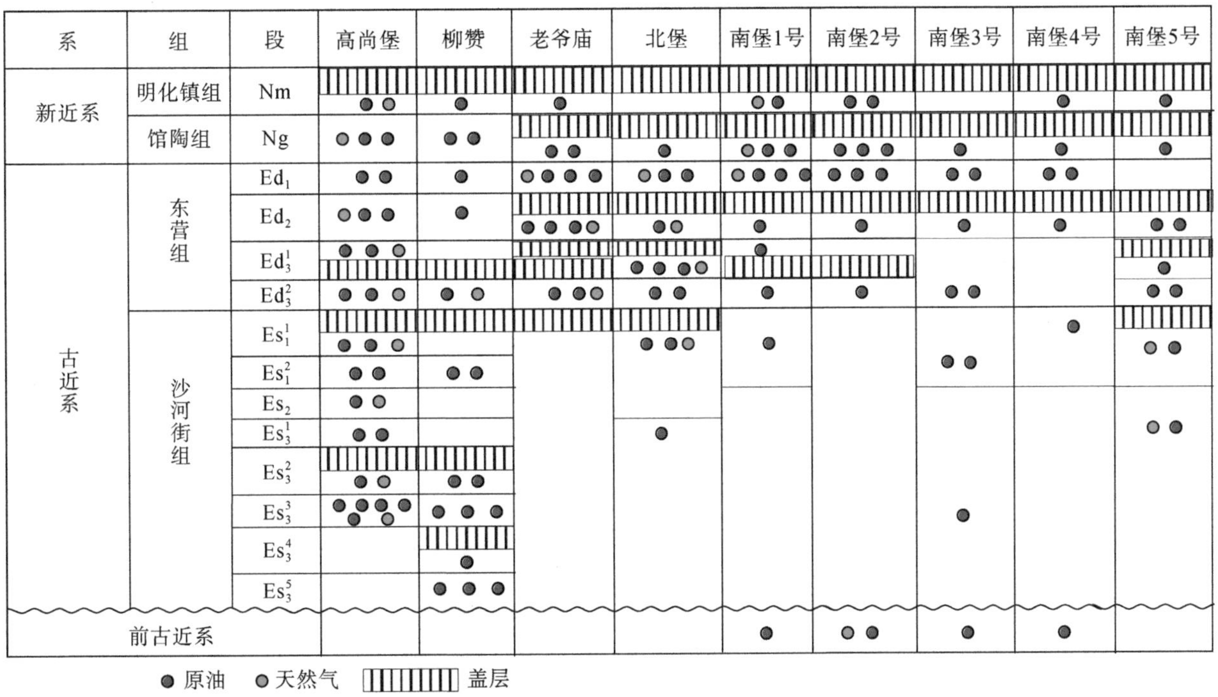

系	组	段	高尚堡	柳赞	老爷庙	北堡	南堡1号	南堡2号	南堡3号	南堡4号	南堡5号
新近系	明化镇组	Nm	●●	●	●		●●	●●		●	●
	馆陶组	Ng	●●●	●●	●●	●	●●	●●	●●	●●	●
古近系	东营组	Ed_1	●●		●●●	●●	●●	●	●●	●	●●
		Ed_2	●●●	●		●	●	●	●		●●
		Ed_3^1		●	●●●						●●
		Ed_3^2	●●	●	●	●		●	●●		●●
	沙河街组	Es_1^1				●●				●	●●
		Es_2^1	●●	●					●●		
		Es_2									
		Es_3^1	●●	●		●					●●
		Es_3^2		●							
		Es_3^3	●●●	●●●							
		Es_3^4		●							
		Es_3^5		●●							
前古近系							●	●●	●	●	

● 原油　● 天然气　▦ 盖层

图 5.44　南堡凹陷油主要构造带层位上油气分布特征

在平面上，南堡凹陷已发现的油气主要呈环带状围绕林雀次凹、柳南次凹、曹妃甸次凹分布，其中气层相对更靠近凹陷部位，石油倾向于向次凹外围运移距离更远。高尚堡与柳赞油气主要围绕拾场次凹分布，在拾场次凹范围主要为油层（图 5.46）。

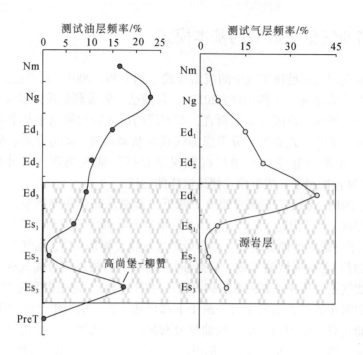

图 5.45　南堡凹陷纵向（层位）油气分布特征

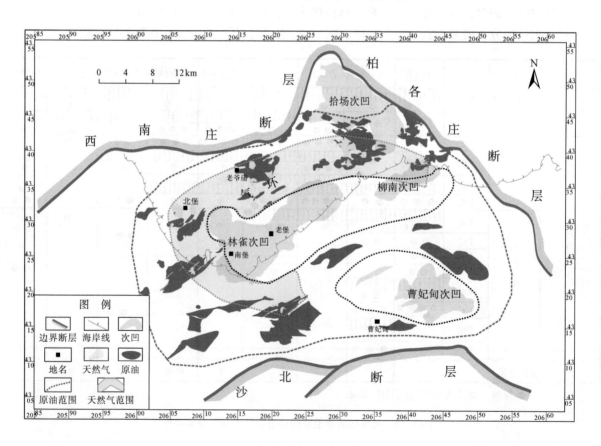

图 5.46　南堡凹陷平面上油气分布特征

　　南堡凹陷油气藏实例剖析和油气主控因素分析结果表明：南堡凹陷油气成藏以晚期成藏为主，背斜油气藏、断块油气藏、岩性油气藏和地层油气藏的主控因素有所差异；背斜油气藏主要受有效烃源岩、相对高孔渗储层、盖层和低位能（隆起）等共同控制，在浮力作用下运移聚集成藏；断块油气藏主要受有效烃源岩、相对高孔渗储层、盖层和低压能（断裂）等共同控制，在浮力和流体压力作用下运移聚集成藏；岩性油气藏主要受有效烃源岩、相对高孔渗储层、盖层和低界面势能等共同控制，在浮力和毛细管力作用下运移聚集成藏；地层油气藏主要受有效烃源岩、相对高孔渗储层和盖层等共同控制，在浮力和流体压力作用下聚集成藏。

1. 下生上储复式输导浮力主导运移背斜圈闭成藏模式

南堡凹陷背斜油气藏主要分布在老爷庙油田等地区的烃源岩上覆层系。南堡凹陷古近系烃源岩在馆陶组时期开始大量生烃，明化镇末期断裂活动频繁，油气主要在浮力作用下通过断裂和相对高孔渗砂体等输导体系进入背斜圈闭聚集成藏，如老爷庙油田 M101 井区馆陶组油藏（图 5.47）。

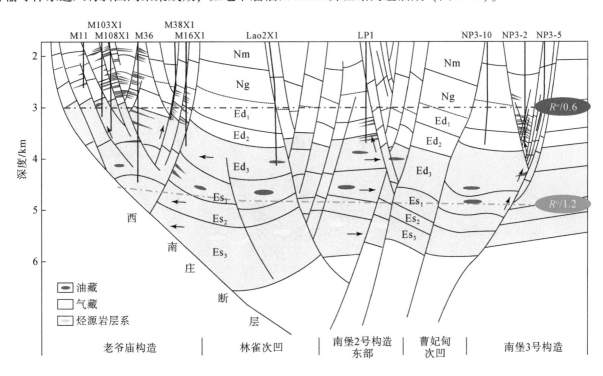

图 5.47　老爷庙构造—南堡 2 号构造东部—南堡 3 号构造油气成藏模式图

2. 下生上储复式输导浮力-流体压力复合运移断块成藏模式

断块油气藏主要分布在高尚堡油田、柳赞油田、老爷庙油田，以及南堡 1~5 号构造油田等烃源岩上覆层系。明化镇末期深部大断裂开始活动，高柳断层等深大断裂有效沟通了古近系有效烃源岩和上覆储层，古近系烃源岩生成的油气主要在流体压力和浮力作用下发生运移并在其附近断块圈闭聚集成藏（图 5.47~图 5.49）。

3. 自生自储浮力-毛细管力复合运移岩性圈闭成藏模式

岩性油气藏主要发育在南堡凹陷古近系烃源岩层段，烃源岩内部扇三角前缘、辫状河三角洲前缘砂体和浊积砂体为油气优势聚集区，油气在浮力和毛细管力作用下进入砂体聚集成藏，如高 20 井区东三段扇三角洲前缘砂岩透镜体油气藏、老 X1 井区东三段水下扇砂岩透镜体油藏和高井区沙三段扇三角洲前缘砂岩向上尖灭油藏（图 5.47、图 5.48）。

4. 自生自储浮力–流体压力复合运移地层圈闭成藏模式

南堡凹陷目前已发现的地层油气藏较少，典型的地层油气藏为柳北地区 Es_3^3 Ⅲ 油组不整合遮挡油藏，其 Es_3^3 Ⅲ 油组顶部发育不整合，不整合上覆深湖相厚层泥岩沉积形成地层不整合圈闭，Es_3^{4+5} 烃源岩生成的油气在流体压力和浮力作用下通过断裂和砂体等输导体系运移聚集成藏（图 5.48）。

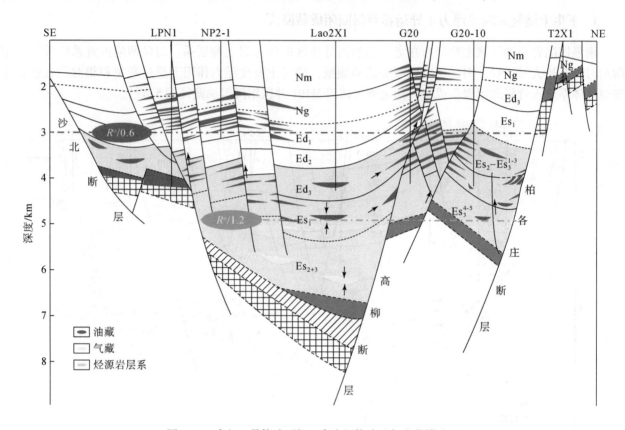

图 5.48　南堡 2 号构造西部—高尚堡构造油气成藏模式图

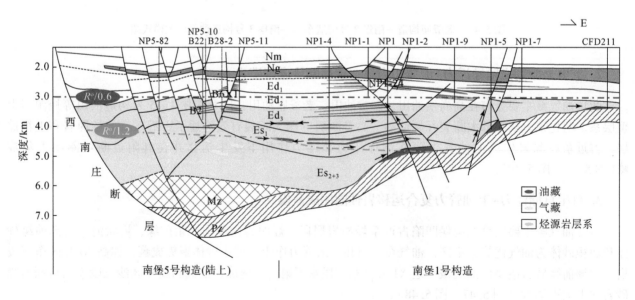

图 5.49　南堡 5 号构造（陆上）—南堡 1 号构造油气成藏模式图

5.5　南堡凹陷油气藏分布发育潜在有利区预测评价

1. 功能要素及其判别标准

　　油气藏的形成与分布主要受烃源灶（S）、古隆起（M）、区域盖层（C）、有利相（D）和断裂（F）等功能要素控制，这些功能要素既是可以识别的地质体，又能客观描述与定量表征，它们对油气藏的形成必不可少，这些要素的控油气作用涵盖了生、储、盖、圈、运、保 6 个方面，能够直接用于对油气藏形成与分布特征的分析和研究（庞雄奇等，2012）。

　　南堡凹陷油气藏解剖和油气成藏的主控因素分析结果表明：南堡凹陷构造油气藏主要受烃源灶、储层、区域盖层和断层等共同控制，岩性油气藏主要受烃源灶、储层、区域盖层和界面势能控制。南堡凹陷古隆起（背斜带）的形成演化受深部大断裂控制，古隆起（背斜带）主要是断裂控制形成的逆牵引背斜，老爷庙构造和北堡构造整体上虽然呈背斜形态，但被断裂切割成断块而复杂化。南堡凹陷背斜油气藏受断裂控制作用明显，已发现的背斜油气藏受断裂控制或被断裂复杂化。因此，本次采用 CDMS 功能要素组合对构造油气藏分布有利区进行预测，用 CDPS 组合对岩性油气藏预测。

2. 功能要素控藏作用存在临界条件

　　烃源灶、有利相、断裂（或界面势能）和区域盖层 4 个功能要素是相互独立的，每一个对油气成藏的边界和成藏范围都有控制作用，南堡凹陷油气勘探成果的统计结果表明：油气藏主要分布在源控成藏概率大于 70% 的区域（庞雄奇等，2014）；古近系油气藏全部分布在扇三角洲相、辫状河三角洲相、水下扇相和浊积相储层中，并分布在区域盖层之下；构造油气藏主要分布在距油源断裂小于 600m 的区域；油气藏主要分布在势指数小于 0.6 的区域。

3. 功能要素组合模式决定油气藏的形成与分布

　　烃源灶、有利沉积相、断裂（或界面势能）和区域性盖层 4 个地质要素在时间上和空间上的匹配组合控制着南堡凹陷油气藏的形成与分布，四大功能要素在纵向的有序组合控制着油气富集的层位，四大功能要素平面上的叠合控制着油气的富集范围，四大功能要素在时间上的有效联合控制着油气富集时期或大量成藏期（图 5.50）。

1）功能要素组合有序组合控制着纵向上油气富集的层位

根据南堡凹陷已发现的 779 个油气藏统计发现，油气藏全部分布在 CDF（或 P）S 组合内。

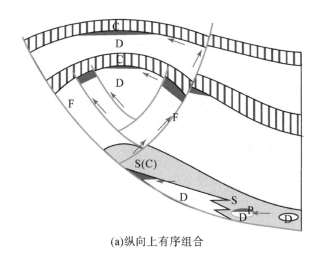

(a)纵向上有序组合

(b)平面上叠加组合

F.断层范围；C.盖层范围；D.储层范围；
S.源岩范围；P.界面势能范围；A.油气成藏范围

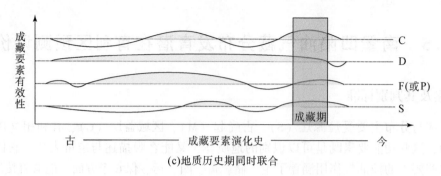

(c)地质历史期同时联合

图 5.50 南堡凹陷功能要素组合控油气藏的基本模式

2）功能要素叠加控制着平面上油气富集的范围

在 CDF（或 P）S 四个功能要素纵向有序组合的情况下，四个地质要素在平面上的叠加控制着油气的成藏范围。通过对南堡凹陷各个目的层现今发现的油气藏统计发现，350 个断层油气藏全部分布在烃源灶（S）、有利沉积相（D）、断裂（F）和区域性盖层（C）等四个地质要素叠合的地区，24 个岩性油气藏全部分布在烃源灶（S）、有利沉积相（D）、低界面势能（P）和区域性盖层（C）等四个地质要素叠合的地区。

3）功能要素地史期联合控制着油气藏大量形成的时期

根据烃源岩生、排烃史和构造演化史模拟结果表明：南堡凹陷构造格局在东营末期已经基本定型，在新近纪整体沉降，构造演化具有较好的继承性；古近系烃源岩在馆陶期开始大量生烃；明化镇末期断裂活动导致了油气的大规模运移，油气成藏主要发生在明化镇末期至今。因此，只需对现今功能要素匹配组合即可对南堡油气藏潜在有利区进行预测。

4. 南堡凹陷油气藏潜在有利区定性预测流程

南堡凹陷油气藏潜在有利区预测技术流程详如图 5.51 所示，其中 CDFS 叠合的区域为构造油气藏有利区，CDPS 叠合的区域为岩性油气藏有利区。

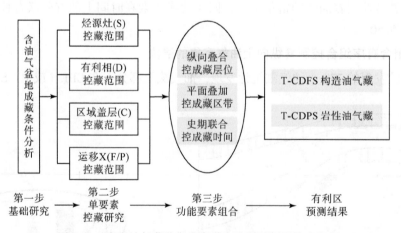

图 5.51 南堡油气藏分布发育潜在有利区预测技术流程

5.5.1 构造油气藏潜在发育区分布预测

基础功能要素组合控油气藏模式对南堡凹陷沙三段、沙一段、东三段、东二段和东一段五个目的层的构造油气藏潜在发育区分布进行预测（图 5.52 ~ 图 5.56）。

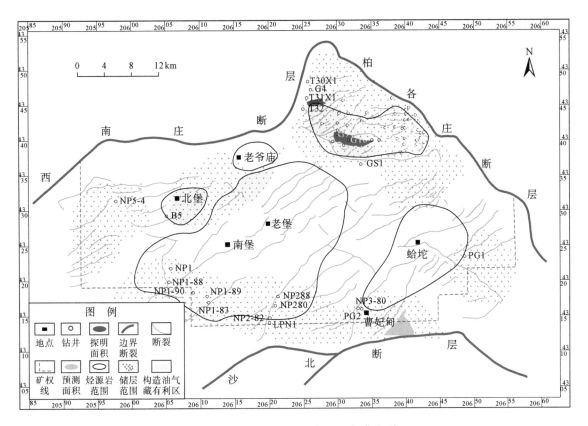

图 5.52　南堡凹陷沙三段构造油气藏有利区

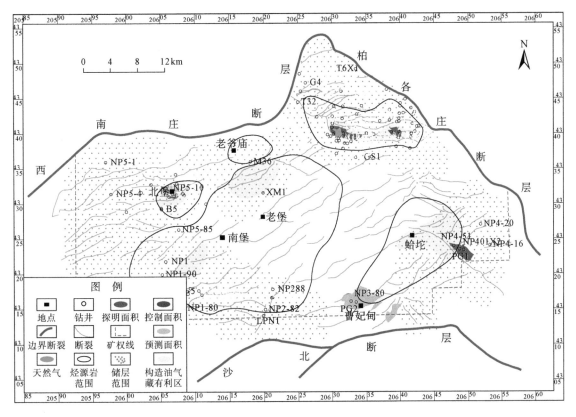

图 5.53　南堡凹陷沙一段构造油气藏有利区

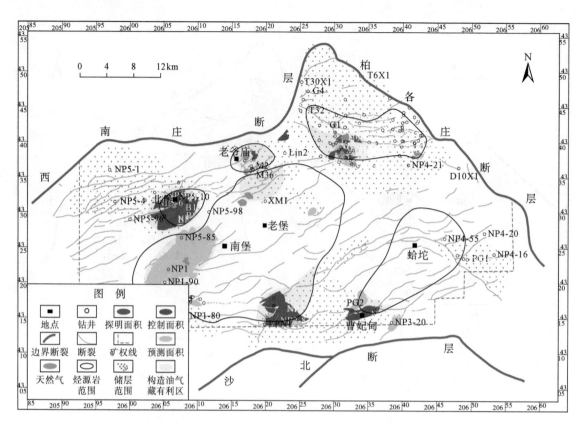

图 5.54　南堡凹陷东三段构造油气藏有利区

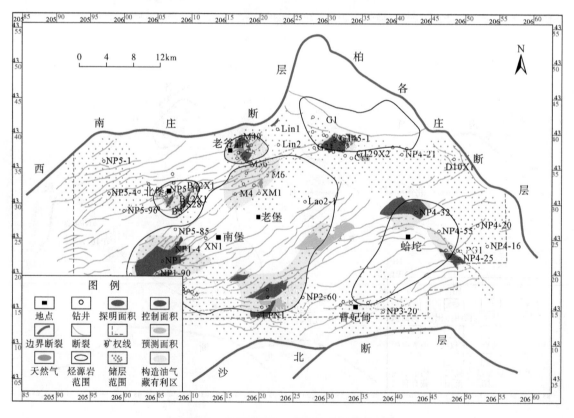

图 5.55　南堡凹陷东二段构造油气藏有利区

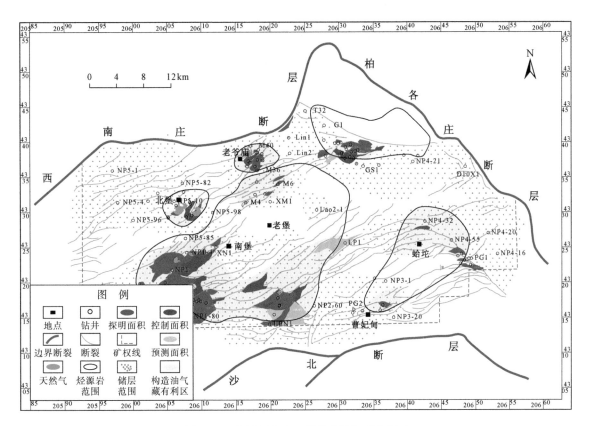

图 5.56 南堡凹陷东一段构造油气藏有利区

根据南堡凹陷油气勘探成果和构造油气藏有利区预测结果，庙南地区和南堡 2 号构造东部目前油气勘探程度较低，是构造油气藏有利勘探目标区。

庙南地区在东一段（如 M35X1 井、M16X1 井、M38X1 井和 M6X1 井等）和馆陶组均有工业油流发现，显示出较大的油气勘探潜力。庙南地区临近林雀次凹生烃中心，油源条件优越。油源断裂发育，东一段和馆陶组已发现的油气反映出其具有较好的油气疏导能力。根据沉积相研究成果和庙南临区储层物性分析成果（图 5.57、图 5.58）可知，庙南地区东一段、东二段、东三段和沙一段扇三角洲前缘相储层

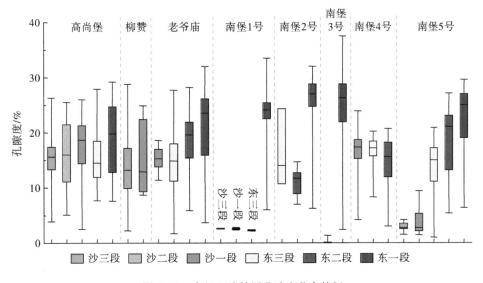

图 5.57 南堡凹陷储层孔隙度分布特征

发育，具有较好的物性。庙南地区主体断裂与地层倾向相反，可形成断层侧向遮挡的断鼻圈闭；庙南地区扇三角洲前缘相砂体较薄，可形成砂体向上尖灭圈闭及断层–岩性复合圈闭。庙南地区位于老爷庙背斜主体与林雀次凹生烃之间，处于油气优势运移路径之上，断层圈闭、断层–岩性圈闭均可捕获油气（图5.57）。因此，庙南地区东营组、沙一段是构造油气藏勘探的有利目标区，东一段、东二段为主要勘探目的层。

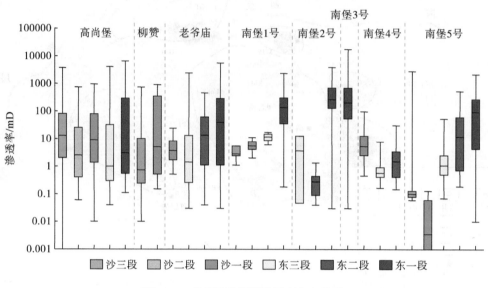

图5.58　南堡凹陷储层渗透率分布特征

南堡2号构造东部LP1井东一段获得高产工业油流，东二段具有较好的油气显示，均反映出该地区具有较大的勘探潜力。南堡2号构造东部位于林雀次凹和曹妃甸次凹生烃中心之间，发育沙三段、沙一段和东三段3套烃源岩，油源条件优越。根据沉积相研究成果，以及南堡2号构造西部、南堡4号构造的储层物性分析成果（图5.57、图5.58）可知，南堡2号构造东部东营组（东一段、东二段和东三段）扇三角洲前缘相、辫状河三角洲前缘相及浊积体储层发育，储层孔隙度、渗透率较好。南堡2号构造东部油源断裂发育，LP1井东一段高产工业油流反映出油源断层具有较好的油气疏导能力，林雀次凹和曹妃甸次凹烃源岩生成的油气可在东一段、东二段和东三段的断层圈闭聚集成藏（图5.47）。因此，南堡2号构造东部东营组是构造油气藏勘探的有利目标区，东一段和东二段为主要的勘探目的层。

5.5.2　岩性油气藏潜在发育区分布预测

南堡凹陷岩性油气藏主要分布在烃源岩发育层段东三段、沙一段和沙三段的扇三角洲前缘、辫状河三角洲前缘、水下扇和浊积砂，烃源岩排烃强度越大、储层物性越好的地区越有利于油气在岩性圈闭中富集。南堡凹陷烃源岩层段的岩性油气藏有利区，如图5.59～图5.61所示。

根据南堡凹陷油气勘探成果和岩性油气藏有利区预测结果，表明庙南地区东三段和沙一段、南堡5号构造沙三段是岩性油气藏有利勘探目标区。庙南地区东一段和馆陶组均有工业油流发现，显示出该区具有较大的油气勘探潜力。庙南地区临近林雀次凹生烃中心，油源条件优越。由沉积相研究成果和庙南临区储层物性分析成果（图5.57、图5.58）可知，庙南地区东三段和沙一段扇三角洲前缘相可发育砂岩透镜体圈闭，储层物性条件较好。油气源对比结果表明本地区油气主要来源于东三段、沙一段烃源岩。因此，庙南地区烃源岩发育层段东三段和沙一段是岩性油气藏勘探的有利目标区。南堡5号构造带沙三段具有较好的油气显示，在北12X1、南堡5-10沙三段获得工业性气流（图5.62），在南堡5-80井沙河街组火山岩也具有较好的天然气显示。南堡5-10井沙河街组既有气层，也有油层，天然气以凝析气为主。沙三段岩性圈闭主要为火山岩–砂岩复合型圈闭，发育三类储层和多种类型储集空间，如火山岩气孔、溶孔、

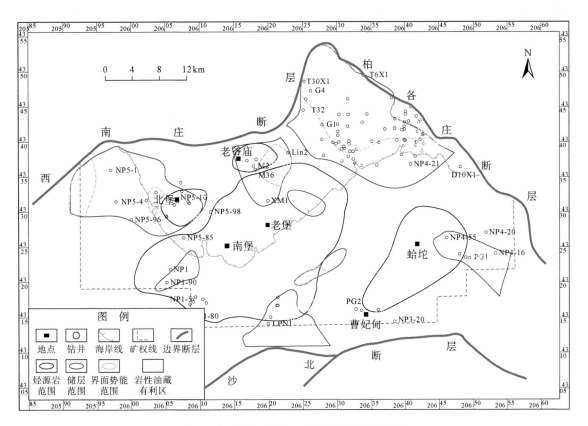

图 5.59　南堡凹陷东三段岩性油气藏有利区

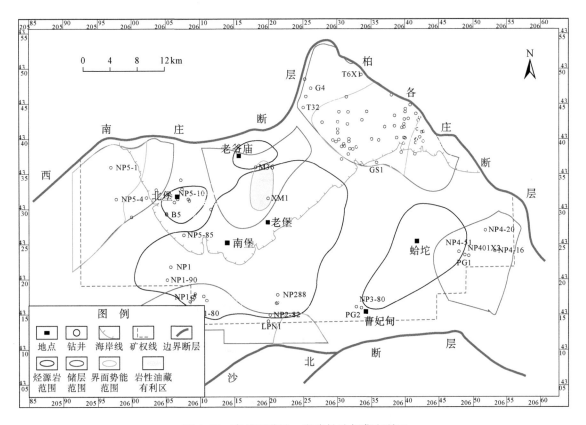

图 5.60　南堡凹陷沙一段岩性油气藏有利区

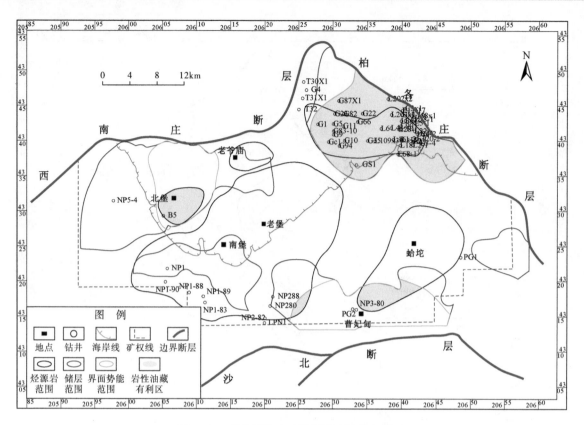

图 5.61 南堡凹陷沙三段岩性油气藏有利区

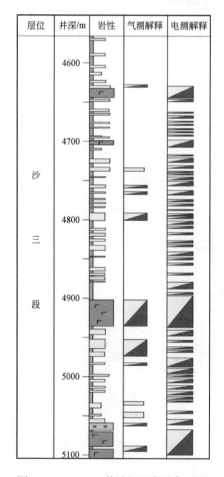

图 5.62 NP5-10 井沙河三段油气显示

裂缝（钻探表明火成岩厚度大，裂缝发育），以及火山碎屑岩粒间孔、裂缝，砂岩孔隙等。沙三段烃源岩有机质丰度高，演化已经进入生气阶段。火山岩孔隙度为5.8%～9.4%，平均为7.4%；火山碎屑岩孔隙度为4.9%～9.4%，平均为6.8%；砂岩孔隙度为3.6%～13.4%，平均为8.4%。油气源对比结果表明本地区油气主要来源于沙三段烃源岩。因此，南堡5号构造带沙三段岩性天然气藏具有较大的勘探潜力。

参 考 文 献

邓运华. 2012. 裂谷盆地油气运移"中转站"模式的实践效果——以渤海油区第三系为例. 石油学报，01：18-24.

范柏江，刘成林，庞雄奇等. 2011. 渤海湾盆地南堡凹陷断裂系统对油气成藏的控制作用. 石油与天然气地质，32（02）：192-198+206.

付广，许凤鸣. 2003. 盖层厚度对封闭能力控制作用分析. 天然气地球科学，03：186-190.

付广，袁大伟. 2009. 断层垂向封闭性演化的定量研究. 断块油气田，01：1-5.

付广，杨敬博. 2013. 断盖配置对沿断裂运移油气的封闭作用：以南堡凹陷中浅层为例. 地球科学（中国地质大学学报），04：783-791.

付广，吕延防，祝彦贺. 2005. 断层垂向封油气性综合定量评价方法探讨及应用. 地质科学，04：28-37.

付晓飞，方德庆，吕延防，等. 2005. 从断裂带内部结构出发评价断层垂向封闭性的方法. 地球科学，03：328-336.

付晓飞，刘小波，宋岩，等. 2008. 中国中西部前陆冲断带盖层品质与油气成藏. 地质论评，01：82-93.

龚再升. 2004. 中国近海含油气盆地新构造运动和油气成藏. 石油与天然气地质，02：133-138.

郭元岭. 2013. 油气勘探发展基本规律. 石油实验地质，01：72-75.

郝芳，邹华耀，倪建华，等. 2002. 沉积盆地超压系统演化与深层油气成藏条件. 地球科学，05：610-615.

郝芳，邹华耀，方勇. 2005. 隐蔽油气藏研究的难点和前沿. 地学前缘，04：481-488.

何登发，李德生，童晓光，等. 2008. 多期叠加盆地古隆起控油规律. 石油学报，04：475-488.

胡朝元. 1986. 我国海上沉积盆地油气田分布区域控制因素的探讨. 海洋地质与第四纪地质，04：23-29.

胡朝元. 2005. "源控论"适用范围量化分析. 天然气工业，10：25-27.

黄曼宁，董月霞，庞雄奇，等. 2012. 南堡凹陷构造型油气藏分布主控因素及预测方法. 石油与天然气地质，33（05）：695-704.

贾承造. 2005. 21世纪初中国石油地质理论问题与中国陆上油气勘探战略. 北京：石油工业出版社.

姜华，王华，林正良，等. 2009. 南堡凹陷古近纪幕式裂陷作用及其对沉积充填的控制. 沉积学报，27（05）：976-982.

李梅，金爱民，楼章华，等. 2010. 高邮凹陷南部真武地区地层水化学特征与油气运聚的关系. 中国石油大学学报（自然科学版），05：50-56.

李明诚. 2004. 油气运移基础理论与油气勘探. 地球科学，04：379-383.

李丕龙. 2003. 陆相断陷盆地油气地质与勘探. 北京：石油工业出版社.

李素梅，姜振学，董月霞，等. 2008. 渤海湾盆地南堡凹陷原油成因类型及其分布规律. 现代地质，05：817-823.

刘宝和. 2005. 从油气勘探实践看找油的哲学. 北京：石油工业出版社.

刘德志，周江羽，马良，等. 2009. 渤海湾盆地南堡凹陷断裂控藏特征研究. 海洋石油，04：19-25.

刘君荣，王晓文，赵忠新，等. 2014. 南堡凹陷拾场次洼的构造–沉积特征及其对岩性油藏勘探的影响. 石油与天然气地质，05：601-608.

吕延防，王振平. 2001. 油气藏破坏机理分析. 大庆石油学院学报，03：5-9.

吕延防，沙子萱，付晓飞，等. 2007. 断层垂向封闭性定量评价方法及其应用. 石油学报，05：34-38.

罗晓容. 2004. 断裂成因他源高压及其地质特征. 地质学报，05：641-648.

梅玲，张枝焕，王旭东，等. 2008. 渤海湾盆地南堡凹陷原油地球化学特征及油源对比. 中国石油大学学报（自然科学版），06：40-46.

梅玲，张枝焕，范有余，等. 2009. 南堡凹陷Es$_3$$^{3-4}$段烃源岩有机地球化学特征及其油源贡献. 天然气地球科学，06：961-967.

庞雄奇. 2008. 中国西部典型叠合盆地油气成藏机制与分布规律. 石油与天然气地质，02：157-158.

庞雄奇，金之钧，左胜杰. 2000. 油气藏动力学成因模式与分类. 地学前缘，04：507-514.

庞雄奇，金之钧，姜振学，等. 2002. 叠合盆地油气资源评价问题及其研究意义. 石油勘探与开发，01：9-13.

庞雄奇，陈冬霞，李丕龙，等. 2003. 砂岩透镜体成藏门限及控油气作用机理. 石油学报，03：38-41.

庞雄奇，李丕龙，张善文，等 . 2007. 陆相断陷盆地相−势耦合控藏作用及其基本模式 . 石油与天然气地质，05：641-652.

庞雄奇，周新源，姜振学，等 . 2012. 叠合盆地油气藏形成、演化与预测评价 . 地质学报，01：1-103.

庞雄奇，霍志鹏，范泊江，等 . 2014. 渤海湾盆地南堡凹陷源控油气作用及成藏体系评价 . 天然气工业，01：28-36.

隋风贵 . 2004. 东营断陷盆地地层流体超压系统与油气运聚成藏 . 石油大学学报（自然科学版），03：17-21.

孙明亮，柳广弟，董月霞 . 2020. 南堡凹陷异常压力分布与油气聚集 . 现代地质，06：1126-1131.

童亨茂，赵宝银，曹哲，等 . 2013. 渤海湾盆地南堡凹陷断裂系统成因的构造解析 . 地质学报，87（11）：1647-1661.

万中华，李素梅 . 2022. 渤海湾盆地南堡油田原油特征与油源分析 . 现代地质，25（3）：599-607.

吴冲龙，林忠民，毛小平，等 . 2009. "油气成藏模式"的概念、研究现状和发展趋势 . 石油与天然气地质，06：673-683.

吴景富，孙玉梅，席小应，等 . 2003. 一种有效的油气成藏研究手段——有机包裹体生物标志物分析：以渤海中部沙东南构造带为例 . 岩石学报，02：348-354.

解习农，刘晓峰，赵士宝，等 . 2004. 异常压力环境下流体活动及其油气运移主通道分析 . 地球科学，05：589-595.

曾溅辉，左胜杰 . 2002. 吐哈盆地鲁克沁构造带流体地球化学、动力与油气运移和聚集 . 石油勘探与开发，01：72-75.

查明，陈中红，张年富，等 . 2003. 准噶尔盆地陆梁地区水化学特征与油气运聚 . 地质科学，38（3）：315-322.

张厚福 . 1999. 石油地质学 . 北京：石油工业出版社 .

张厚福，徐兆辉 . 2008. 从油气藏研究的历史论地层−岩性油气藏勘探 . 岩性油气藏，01：114-123.

张振英，邵龙义，柳广第，等 . 2004. 南堡凹陷无井探区烃源岩评价研究 . 石油勘探与开发，31（4）：64-67.

赵文智，汪泽成，王一刚 . 2006. 四川盆地东北部飞仙关组高效气藏形成机理 . 地质论评，05：708-718.

赵彦德，刘洛夫，王旭东，等 . 2009. 渤海湾盆地南堡凹陷古近系烃源岩有机相特征 . 中国石油大学学报（自然科学版），05：23-29.

周天伟，周建勋，董月霞，等 . 2009. 渤海湾盆地南堡凹陷新生代断裂系统形成机制 . 中国石油大学学报（自然科学版），01：12-17.

Berg R R. 1975. Capillary pressures in the stratigraphic traps. AAPG Bulletin, 59 (5)：939-956.

Hindle A D. 1997. Petroleum migration pathways and charge concentration：A three dimentional model. AAPG Bulletin, 81 (9)：1451-1481.

Law B E, Ulmishek G F, Slavin V I. 1988. Abnormal pressure in hydrocarbon environments. AAPG Memoir, 70：264.

Roberts S J, Nunn J A, Cathles L. 1996. Expulsion of abnormally pressured fluids along faults. Journal of Geophysical Research, 101 (B12)：28231-28252.

第6章　南堡凹陷潜山油气藏地质特征与成因模式

古潜山油气藏是渤海湾盆地重要油气藏类型之一，截至 2010 年底，渤海湾盆地已在冀中、黄骅、济阳、辽河、渤中 5 个拗陷内发现了 69 个古潜山油气藏，累计探明储量 $14×10^8$ t，约占整个盆地总储量的 10% 左右（李欣等，2012）。其中济阳拗陷中的古潜山油气藏占整个拗陷油气总储量的 15%；黄骅拗陷中的古潜山油气藏占整个拗陷油气总储量的 3%；辽河拗陷中的古潜山油气藏占整个拗陷油气总储量的 20%；冀中拗陷中的古潜山油气藏占整个拗陷油气总储量的 60%；渤海海域中的古潜山油气藏占油气总储量的 2%（韩志宁，2011）。

6.1　潜山油气藏地质特征

6.1.1　潜山地质特征概况

1. 渤海湾盆地潜山地质特征概况

渤海湾盆地经过震旦世至晚侏罗世的一系列沉积作用，构造变动和剥蚀作用使渤海湾盆地形成了一系列潜山构造带，构造变动和剥蚀作用使渤海湾盆地形成一系列潜山构造带，在冀中、黄骅、济阳、辽河和渤中拗陷中均有分布。渤海湾盆地潜山油气藏分布层位具有一定的差异性，中-新元古界潜山油气储量占渤海湾盆地潜山油气藏总储量的 51%，古生界占 25%，太古宇占 21%，中生界占 3%。中-新元古界以蓟县系雾迷山组碳酸盐岩储量占绝大多数，主要集中在辽河拗陷与冀中拗陷。古生界以下古生界奥陶系为主。太古宇潜山主要分布在辽河、渤中、济阳 3 个拗陷，均为变质岩，以辽河拗陷为主，探明石油地质储量 $2.33×10^8$ t；中生界截至目前探明油气当量 $3635×10^4$ t，除冀中拗陷外，其他 4 个拗陷均有发现。

渤海湾盆地潜山油气藏根据储层和油气分布的部位总体可以分为潜山顶部地层不整合油气藏和潜山内幕油气藏（图 6.1）。潜山顶部地层不整合油气藏主要位于不整合面之下的风化淋滤带内，其封闭条件依靠风化黏土层的侧向或顶板遮挡作用，有时也依靠上覆盖层的遮挡作用，其储层形成与风化淋滤相关，以次生溶蚀孔隙为主，发育程度受岩性、间断时间及古气候控制，碳酸盐岩遭受淋滤能形成大型孔洞（吴孔友，2012a）。潜山内幕油气藏是指位于潜山顶面不整合面以下，分布于潜山腹内的油气藏，它与潜山顶部地层不整合油气藏的区别在于其圈闭多与潜山顶面不整合面无关。潜山内幕油气藏具有多样性，其圈闭包括内幕断层圈闭内幕地层岩性圈闭及内幕单斜构造圈闭等不同类型；潜山内幕油气藏多表现为层状，这不同于潜山顶面油气藏多为块状的特点；潜山内幕油气藏的形成主要受控于输导条件和潜山内幕隔层，其中输导条件主要为潜山边界断层和不整合面，渗透率降低导致油气运移受阻是油气被迫进入潜山内幕的重要原因，而内幕隔层的形成主要受内幕地层泥质含量的影响。

2. 南堡潜山地质特征概况

1）南堡凹陷潜山

南堡凹陷总体为西南抬升、东北倾伏的古斜坡背景上的大型鼻状构造，被一系列深大断裂切割形成 5 个潜山构造带。其中位于 1、2 号潜山构造为奥陶系潜山，3 号潜山构造为寒武系潜山；东北部的南堡 4 号潜山构造为太古界潜山；西北缘的南堡 5 号潜山构造为奥陶系潜山。南堡凹陷潜山油气藏主要分布在 1、2、3 号潜山构造带，油气三级储量 $1338×10^4$ t：1 号潜山 $177×10^4$ t，2 号潜山 $858×10^4$ t，3 号

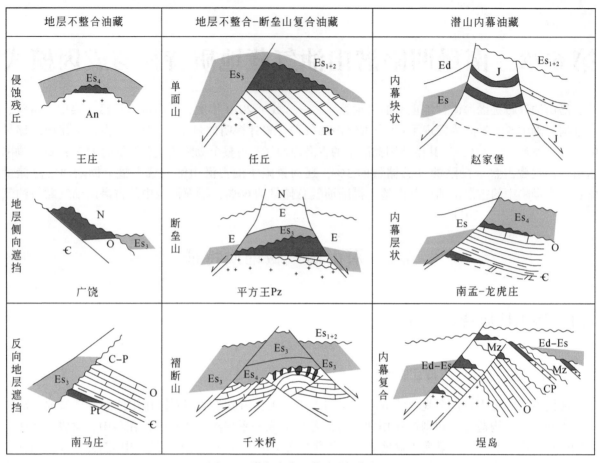

图6.1　渤海湾盆地潜山油气藏类型

潜山 $303×10^4t$（图6.2）。

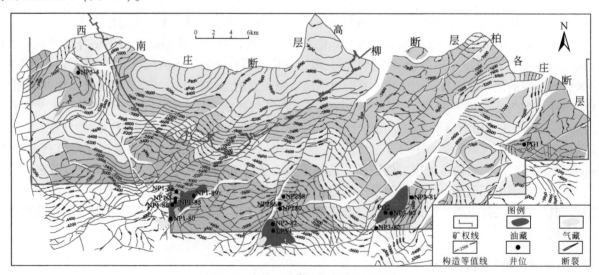

图6.2　南堡凹陷潜山油气藏平面分布

2）南堡凹陷周边凸起潜山

南堡凹陷周边地区主要发育5个潜山带，即西河潜山、老王庄潜山、西南庄——柏各庄潜山、马头营潜山和姜各庄潜山。在西南庄——柏各庄潜山侏罗系和寒武系上报探明含油面积 $1.7km^2$，探明石油地质储量 $146×10^4t$（图6.3）（成永生和陈松岭，2008）。周边潜山油气藏主要发育不整合油藏和构造块状油藏两种油气藏类型（成永生和陈松岭，2008）。不整合油藏储集空间为裂缝和溶蚀孔洞，构造块状油藏储集空间为构造缝、层间缝、粒内溶孔、晶间孔。

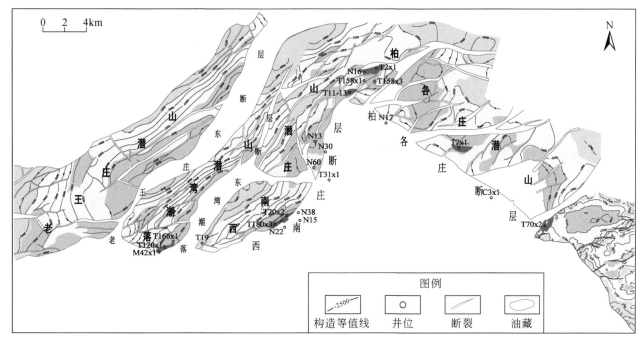

图6.3　南堡凹陷周边凸起潜山分布图

6.1.2　南堡1号潜山油气藏地质特征

1. 南堡1号潜山构造特征

南堡凹陷1号潜山位于南堡2号构造西侧，南堡5号构造东南侧。在1号潜山构造东侧有一条二级断层，断距大，延伸长，控制了潜山的形成，在潜山内部主要发育北北东向的三级断层，发育少量北西向的三级断层，且总体规模小于北北东向的三级断层（图6.4）。1号潜山自东南向西北方向倾斜降低，为地层不整合——断垒山复合潜山油气藏。目前已有8口探井，其中主要产油气的井自南向北有南堡1-80井、南堡1-86井和南堡1-89井，西侧的探井没有油气产出，如南堡1-5井、南堡1-88井、南堡1-90井和南堡1井。

2. 南堡1号潜山储层特征

1）储层岩性

1号潜山的储层主要分布在寒武系长山-凤山组、奥陶系冶里组、亮甲山组和马家沟组碳酸盐岩地层中，主要岩性有生物碎屑灰岩、泥晶石灰岩、粉晶石灰岩、泥晶云质灰岩、粉晶泥质灰岩、凝块石灰岩、角砾岩、亮晶砂屑灰岩、粉屑泥晶灰岩等。亮晶砂屑灰岩的颗粒以砂屑为主，砂屑大小一般为0.1～0.20mm，近圆形或椭圆形为主，砂屑含量一般为55%～80%，少量粉屑、砾屑和生物碎屑，分选较好。生物碎屑灰岩中的生物碎屑主要包括棘屑、介形虫、腕足动物、三叶虫、软体动物等，有时含少量砂屑等。泥晶灰岩是最常见的石灰岩类型，岩石具有泥晶结构、层状构造、条带状构造，也常见虫孔及生物搅动构造。白云质灰岩具有泥晶、细晶结构，层状构造、缝合线构造，主要组成矿物有方解石、白云石、泥质等。凝块石灰岩主要由隐藻泥晶方解石和少量球粒组成，常含少量介形虫、棘屑、腹足动物、腕足动物、蓝绿藻等化石，凝块石含量一般为50%～70%，凝块石之间充填泥晶或亮晶方解石，或充填具放

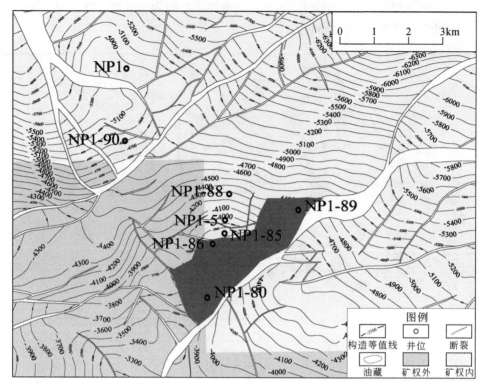

图 6.4　南堡 1 号潜山构造顶面及油藏分布图

射状结构的皮壳状白云石、泥晶白云石、沥青和块状或连晶方解石,沿皮壳状白云石常分布粒状黄铁矿晶粒。角砾灰岩中角砾大小 2~70mm,含量 50%~95% 不等,成分为泥晶灰岩、泥粉晶灰岩、隐藻泥晶灰岩、含自生石英的泥晶灰岩、亮晶砂屑灰岩等,角砾之间以缝合线接触,或充填泥晶方解石和亮晶方解石胶结物,有时充填晶簇状粒状方解石和含铁方解石胶结物。

2) 储集空间类型

南堡凹陷潜山油气藏储层的储集空间类型多样,主要为孔隙、裂缝和溶蚀孔洞。裂缝在本区非常发育,主要有构造缝、溶蚀缝和压溶缝(缝合线)特别是构造缝发育较为突出,常常成群成组的发育形成裂缝系统。岩心和成像测井观察发现,以 >70° 高角度裂缝为主,其次为低角度裂缝,水平或近水平裂缝很少。少数岩心中发育密集的细小网状裂缝,构成了油气聚集的重要运移通道和储集空间。在 1 号潜山构造中有效构造缝方位主要为近东西向,少量的为北东东和北西西向,整个南堡凹陷中,裂缝倾角以中高角度和直立缝为主,中、低角度裂缝的数量相对较少。

3) 储层物性

南堡凹陷 1 号潜山油气藏的储层孔隙度在 0~20% 的范围内都有分布,总体分布在 0~3%,主要为基质孔隙度。其次分布在 4%~5%,主要因为裂缝较发育在一定程度上增加了孔隙度。孔隙度也有较高的分布在 7%~9%,主要因为溶蚀孔洞的发育较大程度地增加了孔隙度。渗透率在 $10×10^{-3}~1000×10^{-3}\,\mu m^2$ 和大于 $1000×10^{-3}\,\mu m^2$ 的范围内均有分布,渗透率主要分布在 $0~10×10^{-3}\,\mu m^2$,相对较小,为基质渗透率,在 $100×10^{-3}~500×10^{-3}\,\mu m^2$ 的范围内分布相对较多,主要受到裂缝发育的影响。

3. 南堡 1 号潜山储盖组合特征

南堡凹陷潜山油气藏具有四种类型储盖组合:①新生界盖层-下古生界储层组合;②中生界盖层-下古生界储层组合;③上古生界盖层-下古生界储层组合;④下古生界内部储盖组合。新生界盖层-古生界储盖主要发育在 1 号构造和 2 号构造南侧,新生界盖层为沙一段和沙二+三段烃源岩,由于此套盖层为烃源岩地层,可向下排烃,所以其封闭机理既有物性封闭也存在因生烃产生的超压分布和烃浓度封闭。而 1

号构造中的潜山储层主要分布发育在奥陶系和寒武系碳酸盐岩地层中，包括上马家沟组、下马家沟组、亮甲山组、冶里组和凤山-长山组，由于暴露地表时间较长，受风化剥蚀程度高同时构造运动较为复杂，所以储层裂缝和溶蚀孔洞较为发育，可成为油气聚集的有利场所。中生界盖层-古生界储层组合为中生界残留泥岩直接覆盖在潜山储层之上作为盖层的组合。下古生界内部的储盖组合主要有两类：①奥陶系内部储盖组合：奥陶系内部裂缝和溶蚀孔洞发育的层段作为储层，裂缝和溶蚀孔洞不发育的层段作为盖层；②寒武系内部储盖组合：毛庄组裂缝和溶蚀孔洞发育的碳酸盐岩作为储层，上覆的徐庄组的泥岩作为盖层。在 1 号潜山中发育有新生界盖层-古生界储层组合。典型单井包括南堡 1-5 井、南堡 1-80 井、南堡1-85 井、南堡 1-86 井和南堡 1-89 井等。

4. 南堡 1 号潜山温压特征

南堡 1 号潜山油气藏基本属于正常压力，压力系数为 0.98 ~ 1.00。在较浅部位压力系数较低，但随着埋深的增加，压力系数逐渐接近 1，成为正常压力。温度梯度约为 2.75℃/hm，小于正常地温梯度 3℃/hm，属于异常低温系统。

5. 南堡 1 号潜山油气水分布特征

在平面上南堡凹陷 1 号潜山构造内的油气主要分布在靠近断层的潜山构造东侧，主要产油气的井自南向北有南堡 1-80 井、南堡 1-86 井、南堡 1-86 井和南堡 1-89 井，西侧的探井没有油气产出，如南堡 1-5 井、南堡 1-88 井、南堡 1-90 井和南堡 1 井。

在纵向上，南堡 1 号潜山构造的油气主要分布在潜山面之下附近区域 160m 内（图 6.5）。被 3 条正断层切割成 4 个区域，由于断层的切割作用及潜山储层的非均质性强的特点，构造内部油水界面不统一，但在单井中基本表现为水在下，油在上的分布趋势。

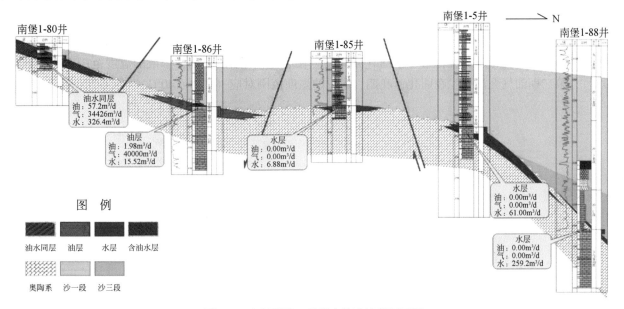

图 6.5 南堡凹陷 1 号潜山构造油藏剖面图

6. 南堡 1 号潜山油气成藏期

在南堡凹陷潜山油气藏中共发现三大类流体包裹体特征。第一类：在部分样品中发育低成熟度液态烃包裹体，在单光下，均为呈灰褐色、深褐色及灰黄褐色的液烃包裹体，在荧光中呈淡黄色，主要分布在碳酸盐岩方解石脉体裂缝、碳酸盐岩方解石脉体和碳酸盐岩裂缝中（图 6.6），表明曾发生过较低成熟度油的充注。第二类：在所有样品中发育有高成熟度液态烃包裹体，在单光下为灰白色的液态包裹体，在荧光下呈蓝色–蓝白色，主要分布在碳酸盐岩裂隙内、碳酸盐岩亮晶方解石颗粒中和碳酸盐岩方解石脉中（图6.6），表明发生过大规模高成熟度油的充注。第三类：在部分样品中发现干沥青，在荧光下仍为黑色，主要分布在碳酸盐粒间孔隙内、碳酸盐岩溶蚀孔隙内、碳酸盐岩方解石脉内（图6.6），可能早期充注油气后期遭受裂解作用形成。

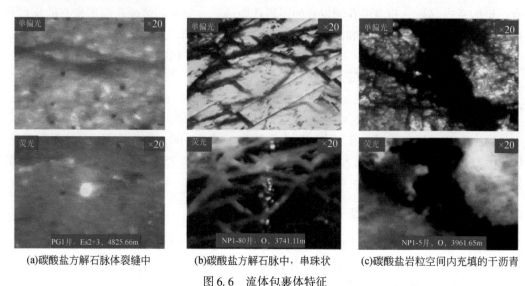

(a)碳酸盐方解石脉体裂缝中　　(b)碳酸盐方解石脉中，串珠状　　(c)碳酸盐岩粒空间内充填的干沥青

图6.6　流体包裹体特征

以上包裹体的特征表明南堡凹陷的潜山油气藏共有高成熟度和低成熟度两类油气充注，客观表明潜山油气藏具有两期充注的特征。根据储集层流体包裹体均一温度，结合埋藏史和热演化史特征，可以进一步确定油气运移时间和成藏期次（Haszeldine 和 Osborne，1993）。

在南堡凹陷1号构造的潜山油气藏中，单井潜山储层的流体包裹体均一化温度均具有两个峰值（图6.7），南堡1-5井潜山储层的流体包裹体均一化温度总体上分布在 100~120℃ 和 130~140℃，对应南堡1-5井埋藏史图可以发现，第一期油气充注发生在明化镇早期–中期，形成的温度范围对应（100~120℃）；第二期油气充注发生在明化镇晚期，形成的温度范围对应（130~140℃）（图6.8）。

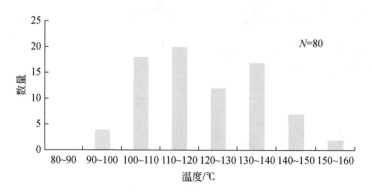

图6.7　南堡凹陷1号潜山流体包裹体均一化温度

6.1.3　南堡2号潜山油气藏地质特征

1. 南堡2号潜山构造特征

南堡2号潜山位于南堡1号构造东侧，南堡3号构造西侧。在2号潜山构造西侧有1条二级断层，断距大，延伸长，控制了潜山的形成，在潜山内部主要发育NE向的三级断层，其中1条NEE向的断层将南堡2号潜山切割成南北两个小断块。潜山高部位位于东南部，向NE方向降低，为地层不整合–断垒山复

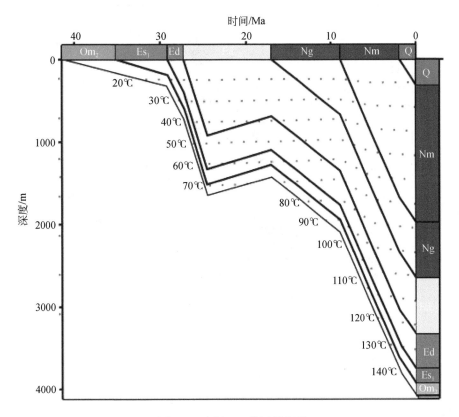

图 6.8　南堡 1-5 井埋藏史图

合潜山油气藏。在平面上南堡 2 号潜山构造总体含油，目前的 5 口探井均有较高的油气产出，并且在 LPN1 井区建成产能（图 6.9），但总体上油气分布在 2 号构造西侧靠近断层的部位。

2. 南堡 2 号潜山储层特征

1）储层岩性

2 号潜山的储层主要分布在奥陶系冶里组、亮甲山组和马家沟组碳酸盐岩地层中，主要岩性有生物碎屑灰岩、泥晶石灰岩、粉晶石灰岩、泥晶云质灰岩、粉晶泥质灰岩、凝块石灰岩、角砾岩、亮晶砂屑灰岩、粉屑泥晶灰岩与 1 号潜山构造基本相似。

2）储集空间类型

2 号潜山储层中的溶蚀孔洞类型多样，与 1 号潜山类似。晶间（溶）孔和粒间（溶）孔不发育。晶间微孔（缝）是指碳酸盐岩晶体之间间隙组成的孔隙，按照岩性或载体矿物可细分方解石间微孔/缝、白云石晶间微孔/缝和膏间，大小一般在 10μm 以下，构不成有效储集空间。晶内溶孔主要分布在方解石和白云石显微溶蚀部位，表现主要有晶面不平整，常见麻点状小坑，晶体轮廓常呈港湾状，沿晶格规则溶蚀或形成阶梯状。当然，这种孔隙个体微小，常在 10μm 以下，故一般不作为储层有效孔隙。裂缝性溶洞主要形成于表生期大气淡水成岩环境潜水面附近，沿构造缝及非构造缝局部溶蚀扩大所成的溶洞，分布规律差。角砾间（溶）洞为表生期大气淡水成岩环境形成的岩溶、膏溶塌陷角砾间未填满的孔洞或者角砾内成分被溶蚀而形成的孔隙，孔洞的形成与岩溶作用密切联系的角砾岩有关。在 2 号潜山储层中发育构造缝、溶蚀缝和缝合线与 1 号构造类似，在 2 号构造中有效构造缝方位主要为近东西向，少量的为北东东和北西西向。裂缝倾角以中高角度和直立缝为主，中、低角度裂缝的数量较少。

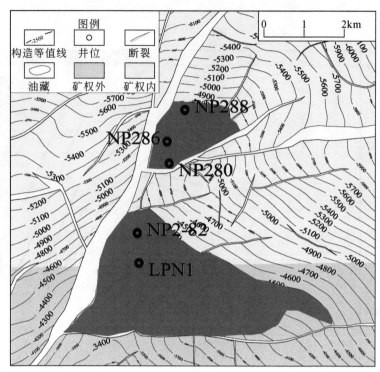

图 6.9　南堡 2 号潜山构造顶面及油藏分布图

3）储层物性

南堡 2 号潜山油气藏的储层孔隙度分布在 0～8%，总体分布在 0～3%，主要为基质孔隙度。其次分布在 3%～4%，主要为裂缝较发育在一定程度上增加了孔隙度。孔隙度也有较高的分布在 5%～6%，主要为溶蚀孔洞的发育较大程度地增加了孔隙度。渗透率在 0～1000×10⁻³μm² 的范围内均有分布，渗透率主要分布在 0～20×10⁻³μm²，相对较小，主要为基质渗透率，在 100×10⁻³～500×10⁻³μm² 的范围内分布相对较多，主要受到裂缝发育的影响。

3. 南堡 2 号潜山储盖组合特征

在 2 号潜山中发育有新生界盖层–古生界储层组合、中生界盖层–古生界储层组合和下古生界内部的储盖组合。其中新生界盖层–古生界储层组合主要分布发育在 2 号构造南侧。中生界盖层–古生界储层组合为中生界残留泥岩直接覆盖在潜山储层之上作为盖层的组合，主要分布发育在 2 号构造北侧。下古生界内部的储盖组合主要为奥陶系内部储盖组合。

4. 南堡 2 号潜山温压特征

南堡 2 号潜山油气藏普遍存在较低程度的超压，压力系数总体为 1.02～1.09。在较浅部位压力系数接近正常压力，但随着埋深的增加，压力系数逐渐增加并趋于稳定。温度梯度约为 2.59℃/hm，小于正常地温梯度 3℃/hm，属于异常低温系统。

5. 南堡 2 号潜山油气水分布特征

在平面上，南堡 2 号潜山构造总体含油，目前的 5 口探井均有较高的油气产出，并且在 LPN1 井区建成产能，但总体上油气分布的部位在南堡 2 号构造西侧靠近断层的部位。

在纵向上，南堡 2 号潜山构造，在南部高部位有一个油气层，向北终止于一条正断层附近，北部有一套油气层，高部位出现凝析气层，凝析气层下部有一套没有发生接触的水层。油气分布在潜山面之下的附近区域内 185m，水层分布在距潜山面较远的位置。基本表现为水在下，油在上的分布趋势（图 6.10）。

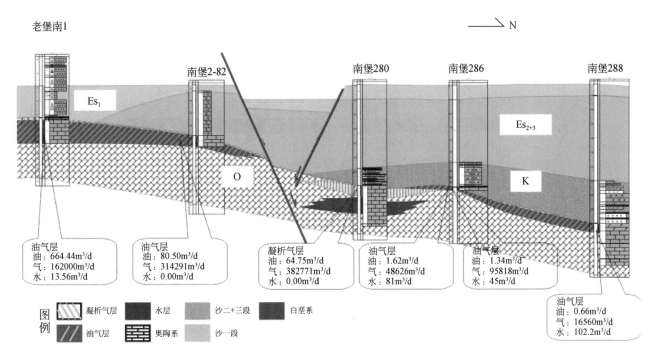

图 6.10　南堡凹陷 2 号潜山构造油藏剖面图

6. 南堡 2 号潜山油气成藏期

在南堡 2 号构造的潜山油气藏中，单井潜山储层的流体包裹体较高的均一温度所占比例较大，同样具有两个峰值，在 NP280 井中，包裹体均一温度分布在 120 ~ 140℃ 和 140 ~ 160℃，表现出明显的两期性（图 6.11）。

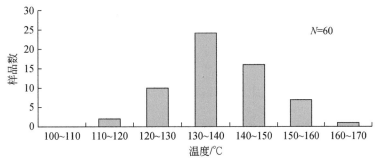

图 6.11　南堡凹陷 NP280 井流体包裹体均一化温度

结合单井埋藏史和地温演化史图，可以得出包裹体形成时均一温度所在的地层深度。NP280 井第一期油气充注为明化镇早期，形成温度为 120 ~ 140℃；第二期油气充注为明化镇晚期，形成温度为 140 ~ 160℃（图 6.12）。

6.1.4　南堡 3 号潜山油气藏地质特征

1. 南堡 3 号潜山构造特征

在平面上，南堡 3 号潜山构造位于南堡 2 号构造东侧，南堡 4 号构造西南侧。南堡 3 号潜山构造西侧有 1 条二级断层，断距大，延伸长，控制了潜山的形成，在潜山内部主要发育近东西向的三级断层，在中部发育 1 条 NNE 向的三级断层将潜山切割为东西两个小断块，为潜山内幕油气藏。目前的 4 口探井中，堡古2井和南堡3-80井均有较高油气产出，产水量很小可以忽略，在远离断层的南堡3-81井由于地层的缺失而没有储层导致没有油气产出，南侧的南堡3-82井靠近断层，但由于没有位于断层的优势运移部位而没有油气产出（图6.13）

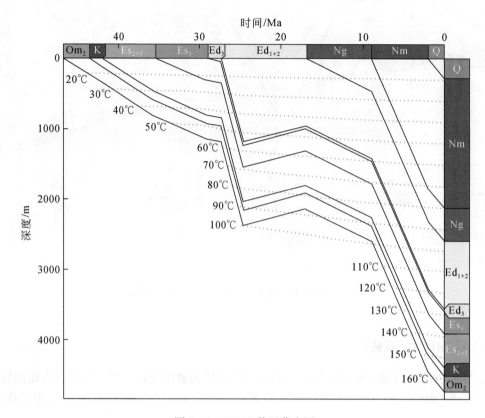

图6.12　NP280井埋藏史图

2. 南堡3号潜山储层特征

1）储层岩性

3号潜山的储层主要分布在寒武系毛庄组碳酸盐岩地层中，在张夏组地层中也有分布。在毛庄组地层中主要岩性为灰质白云岩。粉晶结构，块状构造。岩石成分以晶粒0.03~0.10mm的粉晶白云石为主，少量粉晶方解石，少量泥晶、细晶。白云石具重结晶特征。内碎屑大小不一，以砂屑为主，少量砾屑，由泥晶白云石组成。在张夏组地层中，主要岩性为泥晶砾状灰岩和泥晶鲕粒灰岩。泥晶砾状灰岩为泥晶结构，砾状构造，岩石主要成分为泥晶方解石，少量粉晶方解石。粒屑分布不均，大小0.80~5.00mm，由泥晶方解石组成，陆源碎屑以粉砂级石英为主，泥晶鲕粒灰岩为泥晶结构，鲕粒构造。岩石主要成分为泥晶方解石，少量粉晶方解石，鲕粒分布不均，大小0.60~1.60mm，由泥晶方解石组成，鲕粒中见少量石英碎屑。陆源碎屑以中-粗砂级石英为主。

2）储集空间类型

在3号潜山储层中，溶蚀孔洞和裂缝发育，在南堡3-80井5682.59m和5681.5m处溶蚀孔洞发育，未被充填，在裂缝周围发育较多溶蚀孔洞，平均孔径1mm。在南堡3-82井处溶蚀孔洞发育孔径大小在0.05~0.25mm之间。裂缝较发育，南堡3-80井在5681.35m处的粉晶白云岩中见构造缝两条，缝宽0.10mm左右，方解石全充填。5682m处的粒屑粉晶含灰云岩见中构造缝三条，缝宽0.05mm左右，方解石半充填南堡3-82井泥晶砾状灰岩中粒屑边缘发育缝合线，被铁泥质、炭质充填。

3）储层物性

南堡3号潜山油气藏的储层孔隙度分布在1%~7%，总体分布在1%~3%，主要为基质孔隙度。孔

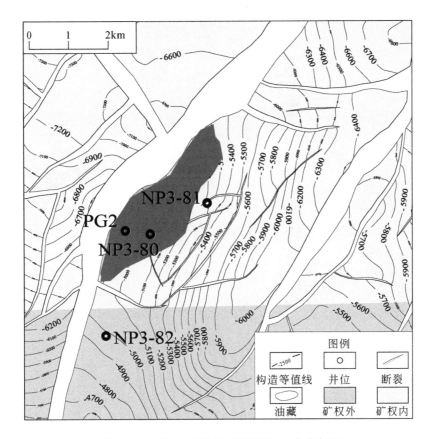

图 6.13　南堡 3 号潜山构造顶面及油藏分布图

隙度在 4% ~5% 处分布较多, 主要为裂缝和溶蚀孔洞的发育较大程度地增加了孔隙度。

3. 南堡 3 号潜山储盖组合特征

在 3 号潜山中发育有下古生界内部的储盖组合主要为寒武系内部储盖组合。该类储盖组合典型井为 PG2 井和 NP3-80 井 (图 6.14), 毛庄组碳酸盐岩地层为裂缝和溶蚀孔洞发育的层段, 声波时差较高, 部分出现周波跳跃的现象, 伽马值和电阻率值相对较高, 是由储层内部充注油气所致。顶部为徐庄组泥岩层段。

4. 南堡 3 号潜山温压特征

南堡凹陷 3 号潜山油气藏中, 较浅部位存在一个较低程度的超压, 压力系数为 1.08, 在较深部位存在一个较低程度的低压, 压力系数为 0.97。温度梯度约为 2.39℃/hm, 小于正常地温梯度 3℃/hm, 属于异常低温系统。

5. 南堡 3 号潜山油气水分布特征

在平面上, 南堡凹陷 3 号潜山构造西侧靠近断层的高部位含油, 目前的 4 口探井中, 堡古 2 井和南堡 3-80 井均有较高的油气产出, 产水量很小可以忽略, 远南堡 3-81 井和南侧的南堡 3-82 井没有油气产出。

在纵向上南堡凹陷 3 号潜山构造内, 堡古 2 井储层厚度较大, 从上至下分布两套油气层和一套油层, 总体表现为这三套产层在纵向上相互接触, 可看成一个油气藏, 南堡 3-80 井相对堡古 2 井储层厚度较小, 只有一套油气层。从图 6.15 可看出 3 号构造的潜山油气藏内部总体上表现为气在上, 油在下的特点, 基本没有产水。

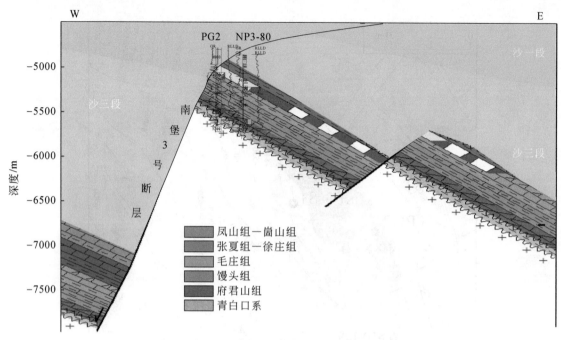

图 6.14　南堡 3 号构造东西向剖面图

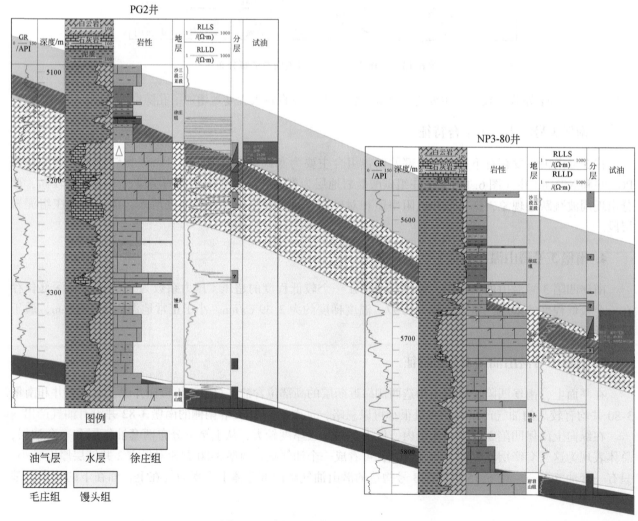

图 6.15　南堡 3 号潜山构造油藏剖面图

6.2　潜山油气地球化学特征与成因机制

6.2.1　原油地球化学特征

1. 原油物性与族组成特征

南堡凹陷奥陶系原油在地面多数呈黄褐色、墨绿色等深色的半固结固体，仅堡古 2 井寒武系地层产出淡黄色轻质凝析油。奥陶系原油的显著特征是高蜡（16.82% ~30.92%，均值23.4%）、低硫（0.02% ~0.20%）、高凝固点（29 ~40℃）、低原油密度（0.8347 ~0.8431g/cm³）和黏度（4.78 ~13.41mPa·s）。深部原油较低的密度、黏度指示较高的成熟度；低硫、高蜡为陆相油的典型特征。南堡凹陷深部原油的含蜡量高于第三中浅层原油（一般低于20%）。

奥陶系原油族组成分析表明，原油中饱和烃（72% ~90.3%）占绝对优势，其次为芳烃（6.4% ~20.2%），非烃（0.5% ~6.5%）与沥青质（0.7% ~9.2%）的含量相对较低，具有高饱/芳比（3.6% ~14.2%）、低非/沥比（0.1% ~5%）特征。原油族组成特征与其较高的成熟度一致。

2. 原油饱和烃组成与分布特征

饱和烃馏分总离子流图（图 6.16）显示，奥陶系原油具有较宽的链烷烃分布范围（$nC_{11}-nC_{37}$），多数双峰特征不明显，以后峰为主，主峰碳数多为 nC_{23}，前峰有被"削截"/"切割"迹象，个别为双峰如NP23-P2010。寒武系原油链烷烃呈"半纺锤形"，轻质组分含量较高且随碳数增加近呈线性降低（图 6.16），反映深部不同层系油气性质有异。与深部原油截然不同的是，浅层古近系—新近系原油链烷烃为明显的"双峰"型，前后主峰分别为 $nC_{14}-nC_{15}$、$nC_{21}-nC_{23}$（图 6.16）。正构烷烃"双峰"指示高等植物、低等微生物双重输入。原油正构烷烃没有奇偶优势，CPI、OEP 值分别为 1.06 ~1.14、0.93 ~1.07，接近平衡值1。奥陶系原油正构烷烃轻、重质组分比值多数不高，nC_{21-}/nC_{22+} 值一般为 0.75 ~2.32 [均值约 1.05，仅个别（NP280）偏高]，远低于堡古 2 井寒武系原油，其 nC_{21-}/nC_{22+} 高达 4.8。值得注意的是，成熟度相对较高的奥陶系原油的 nC_{21-}/nC_{22+} 值低于成熟度相对较低的古近系—新近系原油（均值

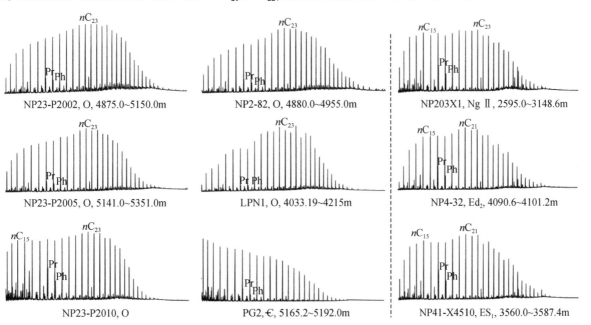

图 6.16　南堡凹陷部分潜山原油与古近系原油饱和烃总离子流对比图

1.53）。该现象可能与气侵/蒸发分馏效应有关。

3. 原油芳烃组成与分布特征

南堡凹陷潜山原油中的芳烃化合物主要是萘系列（一般为21.55%~25.84%，少数超过30%）、菲系列（35.81%~46.14%，一般大于40%）、屈系列（10%左右）、联苯和三芴系列，其他类化合物含量较低。深部高蜡油的显著特征是：萘系列的丰度低于菲系列、芴系列的含量远高于氧芴和硫芴系列、不发育三芳甾烷系列，与古近系—新近系原油有所区别。芳烃成熟度参数甲基菲指数 MPI、甲基萘指数 TeMNr [1，3，6，7-/（1，3，6，7+1，2，5，6+1，2，3，5）-四甲基萘] 与 TMNr [1，3，7-/（1，3，7+1，2，5）-三甲基萘]、二苯并噻吩指数4，6-/1，4-DMBDT（4，6-/1，4-二甲基二苯并噻吩）、4-/1-DBT（4-/1-二苯并噻吩）指示潜山原油成熟度远高于古近系—新近系原油。依据甲基菲指数折算的镜质体反射率（Radke et al.，1982）的计算结果，深部原油的折算镜质体反射率分布范围为0.95~1.21，高于古近系—新近系原油（一般小于0.9），反映深部潜山油气母源岩成熟度较高。南堡凹陷古近系和新近系原油中三芴系列的相对丰度分布特征是芴>氧芴>硫芴系列，而潜山原油是芴>硫芴>氧芴且芴系列占绝对优势。三芴系列相对分布通常用于反映母源岩沉积环境（Lin and Wang，1991），南堡凹陷深层、浅层原油中三芴系列相对分布的差异暗示成熟度对三芴系列相对分布可能有明显控制作用。

4. 原油高分辨率质谱特征

1）杂原子化合物类型与分布总体特征

原油负离子 ESI FT-ICR MS 鉴定出的化合物主要为酸性含氧化合物和中性含氮化合物。南堡原油中鉴定出9种主要杂原子组合类型，分别为 N_1、N_1O_1、N_1O_2、N_1O_3、N_2、O_1、O_2、O_3 和 O_4，其中 N_1、O_1 和 O_2 在所有样品中普遍存在且相对丰度较高，N_1 化合物丰度占绝对优势（33.09%~80.10%，均值57.82%），其次是 O_1 化合物（11.19%~44.07%，均值24.72%）和 O_2 化合物（3.19%~46.72%，均值13.41%），其他化合物含量极低（<5.2%）。

2）N_1 类化合物分布特征

南堡凹陷潜山原油 N_1 类化合物 DBE（等效双键数）值分布范围为6~24（多数分布于9~18），碳数分布范围为12~73（多数分布于20~50）。古近系和新近系原油中最丰富的 N_1 类化合物是 DBE=9 系列，其次是 DBE=12 系列。由于 N_1 类化合物 DBE 值及其分布与化合物理论构型表现出完全一致的特点和规律，因此可以认为 DBE=9 和 DBE=12 的 N_1 类化合物分别代表以咔唑类和苯并咔唑类为主的化合物系列（程顶胜等，2010；Li et al.，2010）。寒武系、奥陶系潜山原油与古近系—新近系原油差异较明显，潜山原油中 DBE=12、DBE=15 的 N_1 类化合物（苯并咔唑类、二苯并咔唑类）相对丰度较高。深浅层原油表现出随成熟度增加，含氮类化合物缩合度增大的现象，分析认为成熟度是造成此种差异的主要原因。Hughey 等（2004）对两个不同成熟度的原油进行研究，有类似发现，观察到低熟的 Toxey 原油富含。南堡凹陷古近系和新近系原油 N_1 类化合物 DBE_9/DBE_{12} 值分布范围为0.98~1.66，潜山原油对应值为0.5~0.79。在无生物降解作用影响的情况下，N_1 类化合物 DBE_9/DBE_{12} 值可以反映成熟度，该值越大，表明成熟度越低。

3）O_1 类化合物分布特征

南堡凹陷原油 O_1 类化合物 DBE 值分布范围为1~22（多数分布于4~18）、碳数范围为11~70（多数分布于20~50）（图6.58）。古近系—新近系原油中最丰富的 O_1 类化合物是 DBE=4 系列，其次是 DBE=5 系列。由于负离子 ESI FT-ICR MS 检测到原油中 O_1 类化合物的 DBE 值一般都不小于4，且原油中普遍存在苯酚类化合物，因此可以认为 O_1 类主要为酚类贡献（程顶胜等，2010；Li et al.，2010），DBE=4，5 的 O_1 类分别代表以烷基酚类和茚满酚类为主的化合物系列（耿层层等，2012，2013）。潜山原油与古近系—新近系原油差异较明显，潜山原油 O_1 类化合物碳数分布范围较窄，DBE=4，8，9 的 O_1 类化合物相对丰度较高，分析认为成熟度是造成此种差异的主要原因。随成熟度增加，DBE=4 的 O_1 类化合物相对丰度逐渐降低，O_1 类化合物缩合度增大，成熟度较低的古近系—新近系原油 O_1 类 DBE8-9/DBE4 值分布范围为 0.28~1.08，而潜山原油对应参数值为 1.61~2.40。

4）O_2 类化合物分布特征

南堡原油 O_2 类化合物 DBE 值分布范围为 0~21（多数分布于 1~18）、碳数范围为 10~62（多数分布于 10~50）。DBE=1 的 O_2 类化合物在所有原油中均具有最高的丰度，其相对含量为 15.53%~64.20%。推断原油中 O_2 类主要为羧酸类化合物（程顶胜等，2010；Li Maowen et al.，2010；史权等，2007）。南堡原油中脂肪酸类化合物（DBE=1 的 O_2 类）碳数分布范围为 10~57，C_{16}、C_{18} 和 C_{24} 的脂肪酸强度较高，主峰碳为 C_{16}，具有明显的偶数碳优势。原油中脂肪酸具有多种来源，可以来自源岩，也可以来自原油运移过程中对岩石的溶解（这种来源的脂肪酸受地质色层效应的影响而使原油具有较高的高碳数脂肪酸），还可以来自原油生物降解过程中的细菌脂类（段毅等，2001）。由于所分析原油均为非生物降解油，且原油中高碳数脂肪酸相对丰度较低，故原油中脂肪酸主要来自源岩。热演化过程中脂肪酸经脱羧反应可转化为少一个碳数的正构烷烃（王培荣等，1995，2004；何文祥等，2004），南堡古近系—新近系原油中正构烷烃呈明显的"双峰"型分布，前后主峰分别为 nC_{14}~nC_{15}、nC_{21}~nC_{23}，指示高等植物和低等微生物的双重输入（李素梅等，2011）。原油中脂肪酸的分布特征可能同样可以反映母质来源，低碳数脂肪酸一般来自浮游生物和细菌有机质，高碳数脂肪酸一般来自陆源高等植物有机质（段毅等，2001；何文祥等，2004）。

5）高分辨质谱的地球化学意义

高分辨质谱分析表明，随成熟度增加，南堡原油中 N_1、O_1 类化合物碳数分布范围变窄；DBE=12、DBE=15 的 N_1 类化合物低碳数同系物相对富集；DBE=9 的 N_1 类、DBE=4 的 O_1 类相对丰度降低，DBE=8，9 的 O_1 类相对富集。观察到 N_1 类高低分子量同系物相对丰度参数 C_{16-20}/C_{21-50}-DBE_{12}-N_1 和 C_{20-24}/C_{25-50}-DBE_{15}-N_1、N_1 类缩合度参数 DBE_9/DBE_{12}-N_1 及 O_1 类缩合度参数 DBE_{8-9}/DBE_4-O_1 与成熟度指标 Ts/Tm、TMNr 具有良好的相关性（图 6.17），认为可作为南堡凹陷原油成熟度评价指标。此外，南堡凹陷不同层系原油高分辨质谱特征有明显差异，指示其可应用于母源岩性质识别。

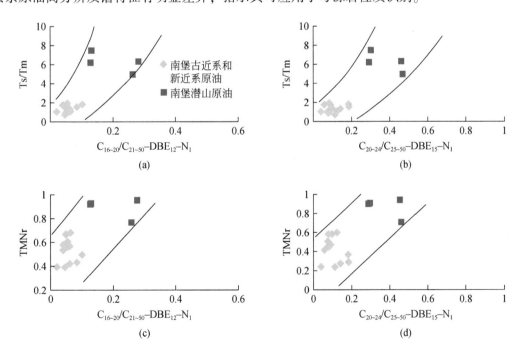

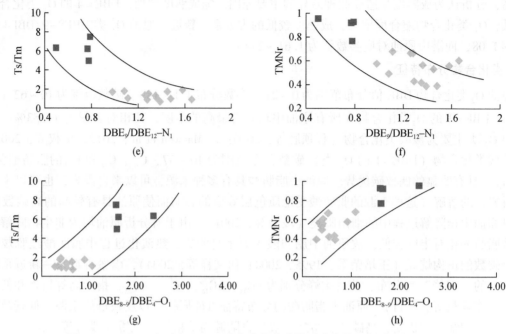

图 6.17　南堡凹陷原油 N_1、O_1 类化合物高分辨质谱参数与色质参数关系图

5. 潜山高蜡油成因机制

1）成烃物质基础与高蜡油的形成

上文分析表明，南堡凹陷潜山原油含蜡量较高，属于高蜡油（>2%）划分范围，其中，NP23-P2001 井奥陶系原油高达 30.92%，一般高于同区上述古近系—新近系原油。现有研究表明，有多种高蜡油的形成机制：与特定的生源有关，陆源高等植物的表皮和孢粉类是提供蜡的重要生源母质、某些低等水生生物也被报道可生成高蜡油（黄海平等，2003）；与次生作用有关，如微生物改造有机质（谢文彦等，2007）、运移分馏（张水昌，2000）、气侵/气洗等（张水昌等，2011）。南堡凹陷沙三段以Ⅱ2 型和Ⅲ型为主，仅个别为Ⅰ型（刚文哲等，2012）；南堡凹陷烃源岩显微组分以镜质组为主，壳质组常见，惰性组及腐泥组为次要组分（周海民等，1999），高等植物是镜质组的重要来源。南堡凹陷潜山、古近系—新近系原油（一般为 10%~20%）含蜡量普遍偏高，首先取决于该区母源岩特定的生源。此外潜山与古近系—新近系原油含蜡量存在差异可能与次生改造作用有关。

2）气侵/气洗改造与高蜡油的形成

南堡凹陷原油明显有气洗迹象，从饱和烃总离子流图中链烷烃的分布可见，较之于上覆古近系—新近系原油，潜山原油中低分子链烷烃如 $nC_{12}-nC_{17}$ 相对低分子量化合物丰度明显偏低（图 6.17），正如上文所言，成熟度相对较高的奥陶系原油的 nC_{21-}/nC_{22+} 值低于成熟度相对较低的古近系—新近系原油，这与轻质组分随成熟度增加而增加的规则不吻合。由于该区"新生古储"的组合特征，该类油气藏一般为原生的古油藏，深部原油中轻质馏分的被"切割"的可能原因之一是"气洗"所致，低分子量烃类化合物易于随天然气"携带"向上运移，导致残留油蜡质烃（nC_{21+}）增加。南堡凹陷 2 号构造带奥陶系天然气含量较高，部分井为纯产天然气井，在油气共生的古含油构造带中，深层不断充注的天然气对古油藏的气洗是常见现象。其次，伴随着气洗的油气运移作用、热成熟作用也可能对该区原油含蜡量产生影响，烃类差异性热裂解，可导致其中某些热稳定性较高的化合物在特定时期相对富集。

3）成熟度与高蜡油的生成

深部油气形成后往往经历多种后生/次生改造作用，除了气侵/气洗外，通常还包含热成熟作用、有机–无机相互作用等。从油气组成来看，南堡潜山原油受硫酸盐热化学还原作用的影响相对较小（伴生气中硫化氢含量不高）。该区潜山储层中油气成藏后再熟化的可能性是存在的（4200m 处的温度已近150℃），然而，油藏内熟化可能不是主要的，从烃源岩继承的因素可能更为重要。目前发现的奥陶系原油主要为高蜡油（nC_{21+} 蜡质烃含量相对较高），分析表明，多个奥陶系潜山原油（LNP1、PG2 等）的成熟度高于相同/相近埋深的邻位烃源岩，可是烃源岩已经演化到较高成熟度后的成烃贡献而非成藏后再演化。相关研究有待深化。

6.2.2　天然气地球化学特征

1. 天然气组分与碳同位素特征

1）组分特征

对南堡 2 号构造 25 口井气样组分分析的结果显示，无论是烃类气体还是非烃气体，其含量差异都较大，但总体还是以烃类气体为主，相对密度为 $0.63 \sim 0.94\text{g/cm}^3$。古近系—新近系浅层天然气的烃类含量较高，介于 $96.68\% \sim 98.94\%$；奥陶系潜山天然气的烃类含量相对较低，介于 $66.61\% \sim 91.31\%$，普遍小于 90%。古近系—新近系浅层、潜山天然气中烃类气体含量的显著差异主要与后者含较多的非烃气 CO_2 有关。天然气中甲烷含量介于 $58.41\% \sim 87.53\%$ 之间，平均值为 74.64%，深浅层天然气的甲烷含量相差不大，但重烃含量及干燥系数差异显著。古近系—新近系浅层天然气中重烃气含量较高，为 $10.38\% \sim 31.36\%$，绝大部分在 15% 以上，干燥系数为 $0.68 \sim 0.89$；潜山天然气重烃气含量为 $4.88\% \sim 20.60\%$，干燥系数 $0.74 \sim 0.94$，明显大于古近系—新近系，指示深层潜山天然气较高的成熟度。然而潜山天然气内部存在分异，南侧老堡南 1 断块高部位的天然气重烃含量较高，普遍大于 10%，而干燥系数普遍小于 0.9；北侧南堡 280 断块的天然气重烃含量较低，小于 10%，干燥系数大于 0.9，指示前者成熟度相对较低，且来源较复杂，后者成熟度较高，来源较单一。

2）碳同位素特征

天然气的碳同位素具有指示母质类型和热演化程度的重要信息。对天然气碳同位素分析结果显示，南堡 2 号构造带天然气碳同位素具有以下两个特征。

（1）$\delta^{13}C_1$，$\delta^{13}C_2$，$\delta^{13}C_3$，$\delta^{13}C_4$ 数值分布域大。南堡 2 号构造带天然气甲烷、乙烷、丙烷、丁烷碳同位素分布范围分别为 $-41.3‰ \sim -33.9‰$、$-29.0‰ \sim -23.8‰$、$-26.4‰ \sim -21.6‰$、$-27.0‰ \sim -21.8‰$；值分布域分别为 7.4‰、5.2‰、4.8‰、5.2‰。古近系—新近系浅层和潜山天然气各自的碳同位素值分布域较小，其中古近系—新近系浅层天然气甲烷、乙烷、丙烷、丁烷碳同位素值分布域分别为 2.4‰、1.9‰、0.6‰、1.5‰，潜山天然气甲烷、乙烷、丙烷、丁烷碳同位素值分布域分别为 2.3‰、2.4‰、4.3‰、2.9‰。戴金星等（2005）认为 $\delta^{13}C_n$ 值分布域的大小在某种程度上反映了烷烃气的性质和状态，分布域小表示气源单一或简单，分布域大则表示气源复杂或是混合来源。因此，这意味着南堡 2 号构造带古近系—新近系浅层和潜山天然气的来源可能有所差异。

（2）天然气具有正碳同位素系列趋势，部分样品出现碳同位素局部倒转。南堡 2 号构造带的烷烃气整体上具有正碳同位素系列的趋势，显示天然气为有机成因气。但古近系—新近系浅层天然气大部分发生 $\delta^{13}C_3 > \delta^{13}C_4$ 的碳同位素倒转，倒转值为 $0.3‰ \sim 0.6‰$；潜山天然气中，南堡 280 断块的天然气发生 $\delta^{13}C_3 > \delta^{13}C_4$ 的碳同位素倒转，倒转值为 $0.8‰ \sim 1.6‰$，而老堡南 1 断块的天然气基本不发生碳同位素倒转。这从另一个角度反映出古近系—新近系浅层与潜山天然气的不同，并且潜山不同断块之间也存在分异。天然气发生碳同位素局部倒转可能是煤成气与油型气混合的结果，也可能是同源不同期天然气混合的结果。

2. 天然气成因

1）烷烃气成因

陆相盆地天然气的成因类型多样，本次研究侧重从天然气的母质类型与成熟度角度进行天然气的成因类型分析。

（1）天然气的母质类型

天然气中的轻烃富含异构体，蕴涵着大量的地化信息，国内外学者常利用轻烃识别天然气母质类型、成熟度等特征，还可用于气源对比、天然气成因类型划分等研究（戴金星等，1992；Leythaeuser et al.，1979；Thompson，1983；胡惕麟等，1990），本次研究采集了浅层馆陶组和潜山老堡南1断块天然气进行轻烃分析来识别天然气的母质类型。利用 nC_7、MCH_6、$\sum DMCP_5$ 三角图来判识煤型气和油型气（戴金星等，1994；胡国艺等，2007；沈平等，2010）。南堡2号构造带潜山老堡南1断块天然气甲基环己烷含量相对较高，为44.4%~48.7%，各种结构的二甲基环戊烷含量较低，为14.9%~15.2%；浅层馆陶组天然气的甲基环己烷含量稍低于潜山天然气，而二甲基环戊烷含量高于潜山天然气，含量分别为44.7%~46.7%，16.2%~25.6%，在三角图中处于煤型气与油型气的分界线附近［图6.18（a）］，表明其母质类型介于腐泥型和腐殖型之间，为过渡型母质。南堡2号构造带天然气 $C_{5~7}$ 脂肪族组分三角图显示［图6.18（b）］，正构烷烃含量为23.3%~36.8%，异构烷烃含量为24.3%~33.2%，两者相差不大，而环烷烃含量相对稍高，为34.9%~39.7%，个别样品达到52.3%，$C_{5~7}$ 脂肪烃系列的组分组成表明这部分天然气来源于过渡型母质。这也与上文中得出的结论较为吻合。

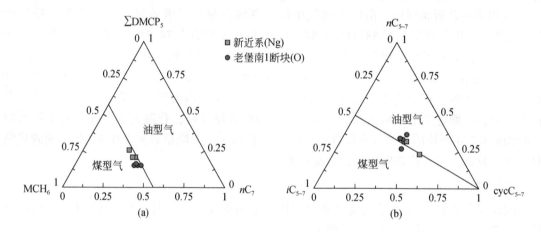

图6.18　南堡2号构造带天然气轻烃化合物三角图（分界线据沈平等，2010）演化剖面（赵杰，2011）

（2）天然气的成熟度

在有机质热演化过程中，$^{13}C—^{13}C$ 键比 $^{12}C—^{12}C$ 键稳定得多，随热演化程度的增加，碳同位素会变重。无论是煤型气还是油型气，其烷烃气碳同位素都与相应烃源岩的热演化程度有较好的相关性，国内外众多学者依此建立了煤型气和油型气的 $\delta^{13}C$ 值与 R^o 的回归方程（戴金星等，1994；徐永昌，1994；Stahl and Carey，1975；刘文汇和徐永昌，1999；Stahl，1977；Faber et al.，1988）。因此，可根据天然气碳同位素值在煤型气和油型气 $\delta^{13}C-R^o$ 回归曲线上对应的 R^o 值与区内烃源岩成熟度的符合程度来判别是煤型气还是油型气。本次研究根据这些 $\delta^{13}C-R^o$ 回归方程计算了南堡2号构造带天然气的成熟度 R^o（表6.1）。

表6.1　根据天然气碳同位素计算南堡2号构造天然气成熟度

断块	井号	层位	煤型气/%							油型气/%						
			R_1^o	R_2^o	R_3^o	R_4^o	R_5^o	R_6^o	平均值	R_1^o	R_2^o	R_3^o	R_4^o	R_5^o	R_6^o	平均值
南堡280	NP23-P2201	Ng	0.48	0.67	0.47	0.76	0.66	0.76	0.64	1.62	1.60	1.53	1.44	1.68	1.44	1.55
	NP23-X2407	Ed$_1$	0.33	0.39	0.47	0.66	0.52	0.47	0.46	1.15	1.25	1.11	1.01	1.38	1.45	1.22
	NP2-3	Ed$_1$	0.32	0.62	0.56	0.66	0.51	0.71	0.59	1.14	1.24	1.10	1.00	1.63	1.54	1.25
	NP288	O	0.91	1.71	2.19	0.94	0.98	1.75	1.35	2.86	2.41	2.58	2.57	2.35	2.44	2.50
	NP23-P2008	O	0.90	1.67	1.49	0.94	0.98	1.71	1.27	2.85	2.41	2.57	2.56	2.33	2.14	2.47

续表

断块	井号	层位	煤型气/%							油型气/%						
			R_1^o	R_2^o	R_3^o	R_4^o	R_5^o	R_6^o	平均值	R_1^o	R_2^o	R_3^o	R_4^o	R_5^o	R_6^o	平均值
老堡南1	LPN1	O	1.03	1.37	1.31	0.99	1.06	1.43	1.19	3.21	2.63	2.88	2.89	2.17	2.05	2.64
	NP2-82	O	1.08	0.88	0.93	1.00	1.09	0.97	1.00	3.34	2.70	2.98	3.01	1.85	1.82	2.64
	NP23-P2004	O	0.83	1.13	0.54	0.92	0.93	1.21	0.95	2.65	2.29	2.41	2.38	2.03	1.52	2.28
	NP23-P2006	O	0.81	1.08	1.38	0.91	0.91	1.16	1.01	2.57	2.24	2.34	2.30	1.99	2.08	2.24
	NP23-P2012	O	0.74	1.02	0.92	0.88	0.86	1.10	0.92	2.39	2.12	2.18	2.13	1.95	1.82	2.10
	NP23-P2013	O	0.84	1.01	1.07	0.92	0.94	1.09	0.98	2.67	2.30	2.43	2.40	1.94	1.91	2.27

注：煤型气计算 R^o 经验公式 R_1^o-R_6^o 如下：1~3. 戴金星煤型气（戴金星等，1992）：$\delta^{13}C_1 = 14.12 \lg R^o - 34.39$；$\delta^{13}C_2 = 8.16 \lg R^o - 25.71$；$\delta^{13}C_3 = 7.12 \lg R^o - 24.03$；4. 徐永昌煤型气（徐永昌，1994）：$\delta^{13}C_1 = 40.49 \lg R^o - 34$；5~6. 刘文汇煤型气（刘文汇和徐永昌，1999）：$\delta^{13}C_1 = 22.42 \lg R^o - 34.8$（$R^o > 0.8$）；$\delta^{13}C_2 = 9.149 \lg R^o - 26.03$。

油型气计算 R^o 经验公式 R_1^o-R_6^o 如下：1. 戴金星油型气（戴金星等，1992）：$\delta^{13}C_1 = 15.8 \lg R^o - 42.2$；2. 徐永昌油型气（徐永昌，1994）：$\delta^{13}C_1 = 21.72 \lg R^o - 43.31$；3. Stahl 油型气（Stahl，1977）：$\delta^{13}C_1 = 17 \lg R^o - 42$；4~6. Faber 油型气（Faber et al.，1988）：$\delta^{13}C_1 = 15.4 \lg R^o - 41.3$；$\delta^{13}C_2 = 22.6 \lg R^o - 32.2$；$\delta^{13}C_3 = 20.9 \lg R^o - 29.7$。

为减小由于公式适用范围而产生的影响，舍去最大值和最小值后再求取平均值

结果显示，潜山天然气中，用油型气公式计算得出的 R^o 值为 2.10%~2.64%（表 6.1），明显高于当前烃源岩的热演化程度，而用煤型气公式计算得到的 R^o 平均值普遍为 0.92%~1.35%（表 6.1），与区内沙三段烃源岩的热演化程度（R^o 值为 0.8%~1.75%）基本吻合，反映这部分天然气属于煤型气。其中，老堡南 1 断块天然气用煤型气公式计算较为吻合也表明它是以煤型气为主的混合气。馆陶组和东一段天然气以煤型气公式计算得到 R^o 值为 0.46%~0.64%（表 6.1），属于未熟-低熟气，采用油型气公式计算得到的 R^o 值为 1.22%~1.55%（表 6.1），比深部天然气的 R^o 值要大，为高成熟气，而碳同位素显示这部分气是烃源岩在成熟阶段生成的气，因此认为这部分天然气不是纯的煤型气或油型气，而是两者的混合气。由此进一步验证了上文笔者所划分的天然气成因类型。同时还可以发现，潜山天然气中，老堡南 1 断块天然气成熟度相对较低，处于成熟阶段晚期，而南堡 280 断块天然气的成熟度较高，已进入高成熟演化阶段，这与其天然气干燥系数较高，接近干气相一致。

综合上述母质类型和成熟度分析，认为新近系浅层天然气为混合型有机质在成熟阶段早期形成的混合气；潜山天然气中，老堡南 1 断块天然气为混合型有机质在成熟阶段晚期形成的混合气，南堡 280 断块天然气为腐殖型有机质在高成熟阶段形成的煤型气。

2）非烃气成因

南堡 2 号构造带天然气具有较高的非烃气体含量，主要为 CO_2、N_2 和 H_2S，并且主要集中于奥陶系潜山层系。

CO_2 的成因类型可以分为有机成因和无机成因（徐永昌，1994），有机成因 CO_2 是有机质在热演化过程中形成的，而无机成因 CO_2 可以来源于碳酸盐岩水解、高温热解和变质作用等，如莺歌海盆地泥底辟带 CO_2 气藏（何家雄等，2009），也可以来源于岩浆活动，如琼东南盆地东部和珠江口盆地的 CO_2 气藏及高含 CO_2 油气藏（何家雄等，2009）。许多学者提出了多种鉴别 CO_2 成因类型的标志，目前比较公认的划分标准是（戴金星等，1994；杨池银，2004）：有机成因 CO_2 的 $\delta^{13}CO_2 \leqslant -10\text{‰}$，地幔-岩浆成因 CO_2 的 $\delta^{13}CO_2$ 为 -8‰~-3‰，碳酸盐岩热变质成因 CO_2 的 $\delta^{13}CO_2$ 值为 -3‰~$+3\text{‰}$。南堡 2 号构造带天然气 $\delta^{13}C_{CO_2}$ 值为 -3.86‰~-1.73‰，因此南堡 2 号构造带天然气中 CO_2 都是碳酸盐岩热变质成因。南堡凹陷岩浆岩发育较为广泛，特别是古近纪和新近纪存在多期火山活动（董月霞等，2003），2 号构造带火山岩厚度多为数十米，岩浆的高温使得奥陶系的碳酸盐地层受热分解产生大量的 CO_2，并沿断裂向上运移，随运移距离的增加，其含量发生显著降低。

此外，该区部分井还具有较高的 N_2 含量。前人研究认为，天然气中的 N_2 主要有三种来源（戴金星

等，1994）：一是有机成因，有机质或石油中的含氮化合物通过生物化学作用或热演化作用形成；二是大气成因，处于大气交换活动带，N_2 通过地下水活动进入断层形成；三是岩浆成因，火山活动时期及后期与岩浆活动有关的 N_2。结合南堡 2 号构造带地质概况，认为火山活动与岩浆活动是造成南堡 2 号构造带部分井 N_2 含量较高的原因。

3. 天然气来源

南堡凹陷主要发育三套烃源岩：东三段、沙一段和沙三段（郑红菊等，2007；赵彦德等，2009；刚文哲等，2012），南堡 2 号构造带附近的东三段+沙一段烃源岩厚度为 200～400m，有机质类型以 II_1 型和 II_2 型为主，含少量 III 型，处于成熟阶段早期，沙三段烃源岩厚度为 100～400m，有机质类型以 II_2 型为主，III 型为辅，处于成熟阶段晚期–高成熟阶段。此外，南堡 2 号构造带南堡 280 断块附近还发育一定厚度的中生代地层，白垩系底部发育 20～30m 厚的煤系地层，埋深为 4400～4800m，处于成熟阶段晚期至高成熟阶段。从图 6.19 中可以看出，馆陶组和东一段天然气成熟度与东三段+沙一段烃源岩的成熟度相近，而潜山奥陶系天然气成熟度与沙三段烃源岩成熟度相近，认为新近系浅层馆陶组与东一段天然气来自沙一段+东三段烃源岩，潜山天然气主要来自沙三段烃源岩，其中，南堡 280 断块被中生界覆盖，因此也不排除中生界煤系地层的贡献，可能这也是南堡 280 断块天然气与老堡南 1 断块天然气的母质类型存在差异的原因。

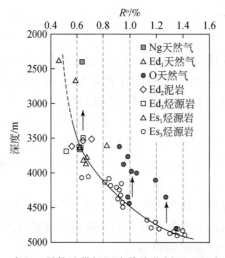

图 6.19 南堡 2 号构造带烃源岩热演化剖面（赵杰，2011）

6.3 潜山油气藏分布发育的主控因素

6.3.1 烃源灶对油气藏形成分布的控制作用

有效源岩系指地史期发生过大量生排油气的源岩，它具有时间和空间的概念。烃源灶系指某一源岩层在某一地史时期大量生排油气区。有效烃源灶的有效源岩生排油气中心（有效烃源灶）的大小及其生排油气量的大小决定了周边油气成藏的规模、分布范围、资源潜力和圈闭的含油气性（Pilaar and Wakefield，1984；庞雄奇，1995；周兴熙，2000）。

1. 烃源灶分布特征

南堡凹陷潜山油气藏中的油气主要来自于沙二+三段泥岩烃源岩，部分来自沙一段烃源岩和东三段烃源岩。在南堡凹陷中沙二+三段的生烃量最大，可达 $82.69×10^8$t，东三段次之，为 $63.76×10^8$t，沙一段相对较低，为 $60.86×10^8$t。沙二+三段排烃量最大可达 $62.99×10^8$t，排烃效率达到 76.18%，沙一段虽然生烃量小于东三段，但沙一段的排烃量为 $30.65×10^8$t，远高于东三段的 $22.23×10^8$t，排烃效率达 50.36%，远高于东三段的 34.87%（图 6.20）。不同烃源岩层位在南堡凹陷具有不同的排烃中心，沙二+三段有效源岩排烃强度最大可达 $400×10^4$t/km²（图 6.20）。沙二+三段共有两个主要排烃中心，主要集中在林雀次凹和柳南次凹，在南侧排烃强度几乎为 0，在 LPN1 井、NP280 井一线有少量排烃。

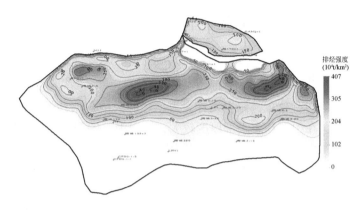

图 6.20　南堡凹陷沙二+三段有效源岩排烃强度图

沙一段有效源岩的排烃强度大部分在 $40×10^4$ ~ $100×10^4$t/km²。共有 6 个主要排烃中心，在南堡凹陷东北部的两个排烃中心的排烃强度最大，排烃强度在 $150×10^4$t/km² 左右，在 1 号构造带南侧和 3 号构造带各有一个排烃中心，排烃强度在 $100×10^4$t/km² 左右。在林雀次凹和柳南次凹的两个排烃中心的排烃强度在 $100×10^4$t/km² 左右（图 6.21）。

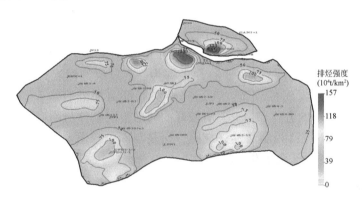

图 6.21　南堡凹陷沙一段有效源岩排烃强度图

2. 烃源灶与油气藏的关系

南堡凹陷的三套主力烃源岩中，沙二+三段和沙一段对南堡凹陷潜山油气藏的贡献最大。沙一段排烃中心与圈闭之间的距离：最近 0.5km，最远 20km，平均 12.6km，沙二+三段排烃中心与圈闭之间的距离：最近 5km，最远 18km，平均 10km。

基于油气藏分布与源岩中心的分布关系，姜福杰（2008）在研究大量国内外含油气盆地的烃源灶分布与油气藏分布的关系基础上，提出了油气分布门限的概念。油气分布门限是指含油气盆地内在收烃源灶条件的控制下，油气能够运移的最大范围。研究表明，烃源灶的三个地质条件控制着油气藏的分布范围，它们分布是烃源灶供油气中心的排烃强度（q_e）、排烃强度中心离成藏区的距离（L）、排烃门限离成藏区的距离（l）。为了消除不同盆地地质条件差别的影响，对原始数据进行了标准化处理，在此基础上建立了烃源灶周边某一点的成藏概率与上列三个主要控制因素的定量关系模型（姜福杰，2008）：

$$SI = 0.046 \cdot e^{0.12 \cdot q_e} - 0.16 \cdot \ln L + 0.65 \cdot e^{-8.2357 \cdot (l+0.1)^2} + 0.1345 \qquad (6.1)$$

式中，SI 为源控指数；L 为储层与排烃中心的距离；l 为储层与排烃边界的距离；q_e 为烃源岩最大排烃强度。

基于此烃源岩油气分布门限概率数学公式，对南堡凹陷沙二+三段烃源岩的源控指数进行计算，显示南堡凹陷95%的部分源控指数大于0.4，相应的，南堡凹陷潜山构造均位于源控指数大于0.4的部位。

6.3.2 盖层对油气藏形成分布的控制作用

1. 区域盖层的分布与控藏

沙河街组在整个南堡凹陷均有分布，泥岩发育，为良好的区域盖层沙河街组总体厚度超过650m，在南部、西北部和东北部较薄，在中部和东南部厚度较大，沙河街组的泥岩厚度总体超过300m。

与潜山单井产能相结合发现，沙河街组平面厚度图上总体表现为随着厚度的增大，油气产能反倒减少，水的产量增加。分析其原因是油气产能高的井所处的部位在潜山中属于构造高部位，是油气聚集的优势区域，对于沉积环境来说，属于古隆起，所以在上覆地层沉积时厚度相对低洼处较薄，但总体厚度也达到了优良盖层的水平。所以作为区域性盖层的沙河街组并不是控制油气分布的直接因素，但也属于必不可少的因素。

2. 局部盖层的分布与控藏

在南堡凹陷潜山顶面发育不整合面泥岩，这层泥岩厚度不大，直接覆盖在潜山储层之上，可作为潜山储层的局部盖层。在潜山不同部位局部盖层的分布和发育不同在一定程度上影响了潜山的含油气性。

①靠近断层局部盖层发育含油气性好，南堡1-80井、老堡南1井、南堡2-82井、南堡280井和南堡286井这六口井具有较好的局部盖层条件且与断层距离近，油气产出较多，表明该部位潜山含油气性好；②靠近断层局部盖层不发育含油气性差，南堡288井位于南北向深大断裂附近，其产能为日产水102.2m³，日产油0.66m³，日产气1.7万m³，产层上部为一套厚层的泥岩夹煤和细砂岩，从声波测井曲线中发现，其裂缝发育，盖层封闭性较差；③远离断层局部盖层发育含油气性差，南堡1井、南堡1-5井、南堡1-90井、南堡1-85井这四口井具有较好的局部盖层条件与断层距离远，没有油气产出。综上所述，局部盖层的好坏并不直接控制着油气成藏，而是与断裂控藏和构造控藏具有一定的协同作用，局部盖层主要起保存作用，对油气充注没有作用。

3. 内幕隔层的分布与控藏

潜山内幕油气藏是指位于潜山顶面不整合面以下，分布于潜山腹内的油气藏，它与潜山顶不整合覆盖油气藏的区别在于其圈闭多与潜山顶面不整合面无关。而内幕隔层就是位于潜山内幕之中裂缝和溶蚀孔洞不发育的泥岩或者高泥质含量的碳酸盐岩，对潜山内幕油气藏中的油气起分割作用的致密层（高先志等，2011）。

在南堡凹陷中，内幕隔层主要分布在奥陶系和寒武系内部。在1号、2号构造带普遍发育奥陶系内部内幕隔层，尤其是2号构造带特别发育，NP280井发育下马家沟组内幕隔层，油气在下马家沟组储层中受到内幕隔层的分割作用而成层状分布，纵向上连通性较差。在3号构造带发育寒武系内幕隔层。徐庄组发育绿色和紫红色泥岩，在潜山顶部与沙三段直接接触，裂缝和溶蚀孔洞不发育，将烃源岩与毛庄组碳酸盐岩储层分隔开，对油气向下充注潜山储层具有一定的阻碍作用，但在毛庄组碳酸盐岩储层成藏后能起到良好的封盖作用，利于油气的保存。

6.3.3 不整合面对油气藏形成分布的控制作用

不整合是地壳浅层一种常见的地质现象，其形成通常是区域性地壳运动、海（或湖）平面升降或局部构造作用的结果，在地壳发育历史、地壳变形机制研究中具有重要意义（Dunbar and Rodgers，1957；陈发景等，2004）。在沉积盆地内部，不整合面对于油气聚集十分重要，不整合面可形成地层超覆、地层削截不整合等油气圈闭，不整合面的存在可以改善油气的储集空间及性能（潘钟祥，1983）。

1. 南堡凹陷潜山不整合面的纵向结构及控藏作用

不整合面在空间上具有 3 层结构，即不整合面之上的砂岩或者砾岩、不整合面之下的风化黏土层，以及风化黏土层之下的半风化岩层（常波涛，2006；何登发，2007；吴孔友等，2012a）。不整合面顶部的砂岩或者砾岩和风化淋滤带可以作为油气运移的主要通道，中间的风化黏土层可作为局部盖层。

根据不整合面纵向结构的组合特征，可以得出 5 种油气充注模式（图 6.22）。A1 为发育风化淋滤带和风化壳泥岩，缺失风化壳砂岩或砾岩的部位，油气只向潜山中充注，代表单井为老堡南 1 井和南堡 2-82 井；A2 为发育风化淋滤带、风化壳泥岩和风化壳砂岩或砾岩的完整不整合面纵向结构的部位，且风化壳泥岩厚度较大，油气同时向潜山和风化壳砂岩或砾岩中充注，代表单井为南堡 280 井、南堡 286 井和南堡 288 井；B 为发育风化淋滤带和风化壳砂岩或砾岩，风化壳泥岩缺失或厚度很小的部位，油气同时向潜山和风化壳砂岩或砾岩中充注，两者可成为一个油气藏，代表单井为南堡 1-89 井；C 为只发育风化壳砂岩或砾岩的部位，油气无法充注进入潜山而只在风化壳砂岩或砾岩中成藏；D 部位只发育风化壳泥岩，油气在烃源岩中无法排出，代表单井为南堡 1 井。综上，利于潜山油气成藏的不整合面结构主要为 A1、A2、B 型。

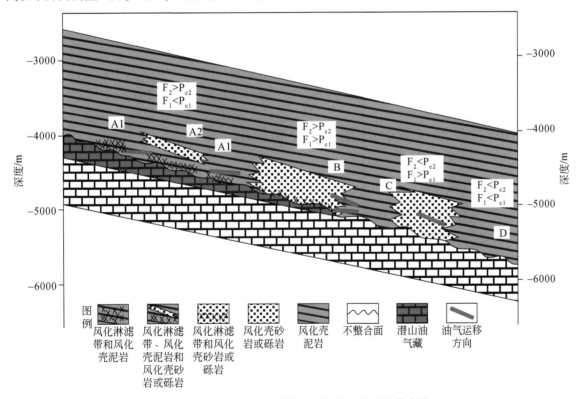

图 6.22 不整合面三层结构与油气充注的关系模式图

2. 南堡凹陷潜山不整合面的类型及其控藏作用

国内外众多学者根据研究的需要从不同角度提出了多种不整合类型的划分方案，主要的分类依据是地层产状（尹赞勋，1978；陆克政，1980）、地震反射特征（Vail et al.，1977；艾华国等，1996；郭维华等，2006）、成因机制（Brown and Fisher，1977；吴亚军等，1998；邱以刚等，2002）、沉积间断（周瑶琪等，1997）、构造应力（常波涛，2006），高长海等根据以上分类依据并结合不整合与油气运聚评价之间的有机联系将不整合划分为平行-褶皱型、平行-削截型、平行-平行型、超覆-褶皱型、超覆-削截型及超覆-平行型 6 种类型（图 6.23）。

不整合类型	剖面样式	分布地区	与油气运聚关系
平行-褶皱型	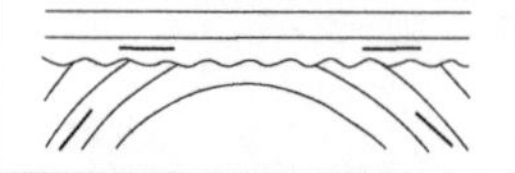	隆起区、斜坡区及山前断阶带	可作为油气运移通道。若不整合面之上为非渗透层，不整合面之下可形成不整合遮挡及构造油气藏；若有断层配合，不整合面之上可形成不整合-断层油气藏
平行-削截型	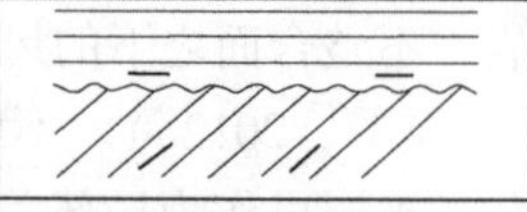	隆起区、斜坡区及盆缘	可作为油气运移通道。若不整合面之上为非渗透层，不整合面之下可形成不整合遮挡及构造油气藏；若有断层配合，不整合面之上可形成不整合-断层油气藏
平行-平行型	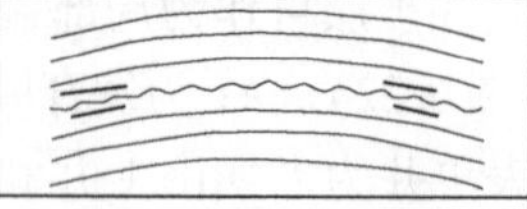	凹陷区	可作为油气运移的良好通道。若有断层配合，不整合面上、下均可形成不整合-断层油气藏；若发生褶皱，可形成构造油气藏
超覆-褶皱型	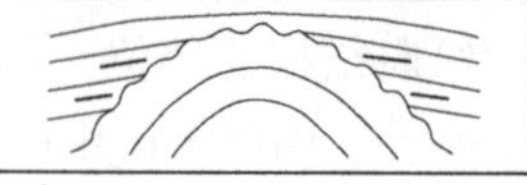	隆起区	可作为油气运移通道。不整合面之上可形成超覆油气藏；不整合面之下可形成构造或潜山油气藏
超覆-削截型	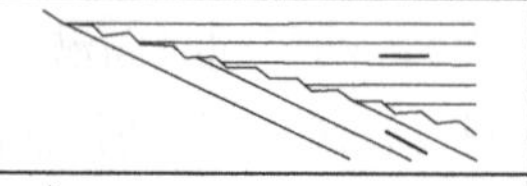	伸展断陷、拗陷和稳定陆内拗陷边缘或斜坡区	可作为油气运移通道。不整合面之上可形成超覆油气藏；不整合面之下可形成构造或潜山油气藏
超覆-平行型	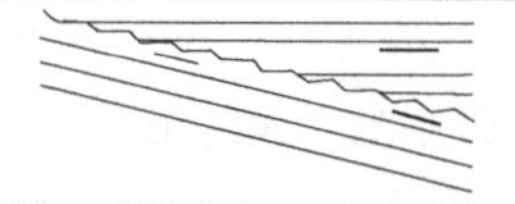	斜坡区下端	可作为油气运移通道。不整合面之上可形成超覆油气藏；若有断层配合，不整合面之下可形成不整合-断层油气藏

图 6.23 不整合类型划分表（高长海等，2013）

南堡凹陷潜山顶部的不整合面主要发育超覆-褶皱型和超覆-平行型两类，其中超覆-褶皱型不整合面主要分布在南堡 1 号潜山构造，超覆-平行型不整合面主要分布在南堡 2 号潜山。

6.3.4 潜山断裂对油气藏形成分布的控制作用

1. 断层的分布及几何特征

南堡凹陷切穿古生界的断层在全区分布（图 6.24），主要分为三级，一级断层包括西南庄断层和柏各庄断层，这两条断层活动时间长、继承性强、断距大，控制了南堡凹陷的形成和发展（李朝阳等，2004）。二级断层包括南堡 1 号断层、南堡 2 号断层、南堡 3 号断层、南堡 4 号断层、南堡 5 号断层，这五条断层断距大，控制了潜山的形成。三级断层数量较多，断距相对较小，将潜山内部切割成更多小的断块。南堡凹陷古生界的断层，在南堡 1 号构造走向主要为北东向，在南堡 2 号构造走向主要为北东东和近东西向，在南堡 3 号构造走向主要为北北东向，在南堡 4 号构造走向主要为北西西向和北东向，在南堡 5 号构造走向主要为北东东向和北西向。

2. 断层对油气输导的影响

在南堡凹陷滩海地区的 5 个构造中，潜山附近控藏断层的断层面形态变化较大，在同一条断层上包含汇聚型、均匀型和发散型三种疏导类型（图 6.25），在相应部位的油气显示具有很好的匹配关系。

南堡 2 号构造的老堡南 1 井和南堡 2-82 井、南堡 3 号构造的堡古 2 井和南堡 3-80 井所处部位的断层面曲率大，油气汇聚能力强，在试油中获得较高的油气产能；4 号构造的堡古 1 井和 5 号构造的南堡 5-4 井所处部位的断层面表现为发散型，不利于油气聚集，在试油中未获得油气流。南堡 1 号构造的南堡 1-5

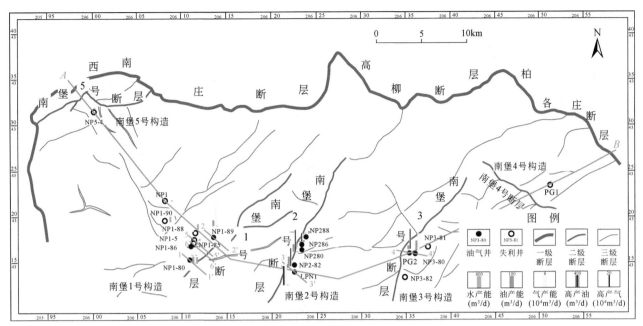

图6.24　南堡凹陷古生界断层分布及单井产能图

井、南堡1-85井和南堡1-86井相邻，所处部位的断层面均表现为汇聚型，却只有南堡1-86井在试油中获得油气流，表明靠近断层且所处部位的断层面为汇聚型，仍不能保证油气可以在潜山储层中聚集成藏，还需要考虑断层封闭性。

3. 断层封闭性对油气保存的影响

断层的封闭性对断层面附近的油气藏的油气成藏具有重要的影响作用，在断层闭合时，充注了油气的圈闭才能将油气保存下来，在断层开启时，油气无法聚集成藏，即使前期闭合后期开启油气也会逸散。本书依据罗晓容等的研究成果，引用一个无量纲数——启闭系数来表征断层的封闭能力。

依据罗晓容等的研究结果结合研究区实际情况，当断层启闭系数 C 小于1.0时，断层封闭，油气可以在圈闭中聚集成藏，当断层启闭系数 C 大于3.0时，断层开启，油气无法在圈闭中聚集成藏（牟中海等，2005）。该方法适用的前提是断层处于静止阶段，如果断层处在活动时期，即使计算出的结果显示为封闭，该断层也应为开启断层。在成藏关键时刻活动的断裂可以作为油气运移的输导通道（常波涛，2006；宋国奇等，2010），研究区二级断层在明化镇期活动强烈，表现为开启断层南堡凹陷潜山油气藏的油气充注时期主要为明化镇期与断层活动期相吻合，因此判断断层封闭性对潜山油气藏油气保存的影响主要依据明化镇期以后的计算结果。潜山的溶蚀主要发生在喜马拉雅期之前，所以在油气成藏后断层的封闭性不会受到溶蚀作用的影响。

1）封闭性断层

在南堡1号构造中，计算南堡1-80井右侧临近断层的启闭系数，选取的2个计算点中，其现今的启闭系数分别为0.91、0.66，同样，计算南堡1-89井右侧临近断层的启闭系数，选取的2个计算点中，其现今的启闭系数分别为0.72、0.83。在南堡2号构造中，计算老堡南1井左侧的临近断层的启闭系数，选取的2个计算点中，其现今的启闭系数分别为0.33、0.7。在南堡3号构造中，计算堡古2井左侧的临近断层的启闭系数，选取的2个计算点中，其现今的启闭系数分别为0.79、0.93。各探井附近断层上的计算点在断层稳定的地质历史时期特别是现今均没有超过1.0，表现为封闭，而在试油过程中这些探井也获得了较高产的油气流。

2）开启性断层

本章对南堡1-5井、南堡1-85井这些试油没有获得油气产能的探井附近的断层进行启闭系数计算。

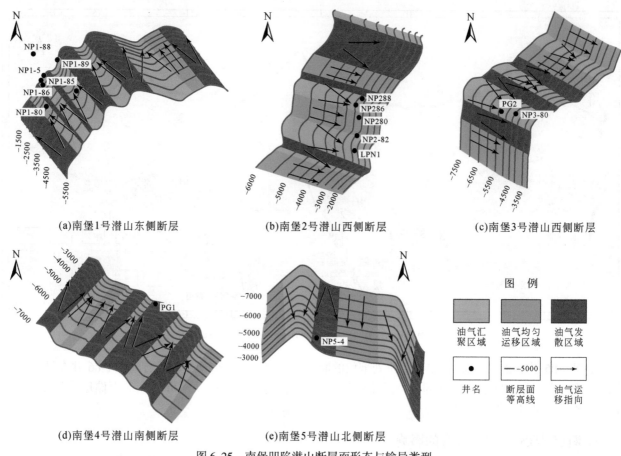

(a)南堡1号潜山东侧断层　(b)南堡2号潜山西侧断层　(c)南堡3号潜山西侧断层

(d)南堡4号潜山南侧断层　(e)南堡5号潜山北侧断层

图例

油气汇聚区域　油气均匀运移区域　油气发散区域

井名　断层面等高线　油气运移指向

图6.25　南堡凹陷潜山断层面形态与输导类型

在南堡1号构造中，计算南堡1-5井右侧临近断层启闭系数，选取的4个计算点中，其现今的启闭系数分别为4.96、3.31、4.96、3.10，均表现为开启，计算南堡1-85井右侧临近断层启闭系数，选取的3个计算点中，其现今的启闭系数分别为7.36、1.84、3.67，总体表现为开启，油气无法在圈闭中聚集成藏，这两口井在试油过程中也没有获得油气流。

6.3.5　储层对油气藏形成分布的控制作用

1. 潜山储层物性与油气的关系

南堡凹陷潜山油气藏的含油气性与储层的孔隙度和渗透率具有较好的对应关系，统计结果表明南堡凹陷潜山储层的孔隙度下限为3%，渗透率下限为$10\times10^{-3}\ \mu m^2$。南堡凹陷潜山的碳酸盐岩潜山储层基质孔隙不发育，其孔隙度与渗透率的增加主要靠后期的成岩作用和构造作用，而不同沉积相带所控制的不同岩性在所受到的后期改造作用不同。

2. 潜山储层岩性与油气的关系

沉积相对储层形成的控制作用主要是通过沉积作用来进行的，不同的沉积环境具有不同的沉积作用，沉积作用的差异可以产生结构不同，甚至岩性不同的岩石类型，进而控制储层的形成演化（黎平等，2003；刘树根等，2007）。在华北寒武系—奥陶系碳酸盐岩地层中，碳酸盐岩缓坡体系十分发育。尤其在上寒武统和下奥陶统的潮控缓坡体系中，内缓坡相带的潮缘亚相、泻湖亚相、颗粒滩亚相和局限台地亚相时常遭受不同程度的白云岩化，白云石的交代-重结晶作用产生大量收缩晶间和晶内孔隙。它们除自身具备良好的储集性能外，也为次生溶蚀过程和裂缝的产生提供了极有利的条件。结合不同沉积相带的物性数据，有利于储层发育的沉积相类型依次为中-外缓坡>颗粒滩亚相>局限台地亚相>开阔台地亚相>泻湖。

受沉积相控制的岩性对储层的后期演化具有控制作用。研究表明，渤海湾盆地南堡凹陷的潜山碳酸盐岩储层共发育等泥晶灰岩、泥晶白云岩、生屑泥晶灰岩、陆屑泥晶灰岩、细晶灰岩、含泥泥晶灰岩、含泥细晶灰岩和泥质中晶灰岩等 8 种岩石类型。通过对不同井，不同岩性段产油和产气量的统计，可以发现，油气产量和岩性具有很好的相关性，当岩石中碳酸盐岩晶粒粒度以细晶为主，且白云石含量高时，油气产量高（图 6.26）。从图中可以看出，灰质细晶白云岩中油气产量最高。

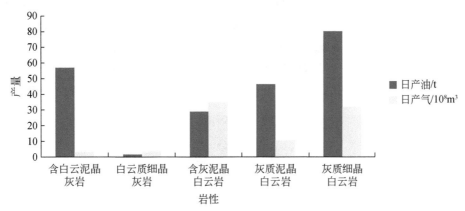

图 6.26　不同岩性油气产量关系

3. 潜山成岩作用与油气的关系

南堡凹陷碳酸盐岩成岩作用主要包括建设性成岩作用，包括表生岩溶作用、埋藏溶蚀作用和白云岩化作用；破坏性成岩作用包括孔隙充填作用、压实（溶）作用、胶结作用和重结晶作用。

南堡凹陷碳酸盐岩潜山具备较好的表生岩溶发育条件，寒武系—奥陶系碳酸盐岩发育，与上覆地层存在大规模的沉积间断和风化剥蚀，碳酸盐岩发生淋滤、溶蚀，常常形成溶洞、溶孔及溶缝，可作为油气储集和运移的场所与通道。

埋藏溶蚀作用总是首先沿着被埋藏的前期古风化壳岩溶带中各类残余孔洞、晶间孔缝和裂缝发育，最直接证据就是孔洞、裂缝中充填的方解石、白云石及异形白云石等埋藏期充填物被溶蚀成晶间、晶内孔洞。颗粒内溶孔常可作为油气的有利储集空间，但孔隙之间的连通性制约着其对油气的储集能力，而裂缝的存在往往能有效沟通溶蚀孔洞。

白云岩化模式的差异也对储层物性有影响。镜下观察发现白云石化主要发生在准同生和浅埋藏阶段，准同生阶段的白云岩以泥晶白云岩为主，并含有针状或板条状石膏假晶，多属于蒸发泵和渗透-回流成因。浅埋藏成因的白云岩多为粉晶结构，由于白云石化作用往往不彻底，常于白云石晶间分布残余方解石，为后期溶蚀形成晶间孔和晶间溶孔提供了有利条件。

破坏性成岩作用中充填作用非常普遍，缝、孔、洞大多被不同程度的充填，充填物以方解石、泥质、黄铁矿、硅质及有机质等为主。压实、压溶作用在该区也较常见，随着上浮沉积物加厚，岩石不断被压实，所含的孔隙水被挤压、流动，并对其周边岩石进行溶蚀，当压力增大到一定程度时，发生压溶作用形成缝合线。大多数缝合线被泥质全充填，少数还含有有机质、泥铁质，这是孔隙减小的重要因素之一。胶结作用主要是碳酸盐矿物胶结，其成分以方解石为主，还有少量的硅质胶结、黄铁矿胶结等。重结晶作用趋于晶体增大，此时重结晶作用对储层起破坏作用，南堡凹陷常见早期形成的高角度宽裂缝被方解石重结晶充填的现象南堡凹陷常见早期形成的高角度宽裂缝被方解石重结晶充填的现象。

因此，储层所处的成岩作用阶段对于其物性有关键性的影响，当表生岩溶、溶蚀等建设性成岩作用占主导优势，而孔隙充填、压溶压实等破坏性成岩作用相对不发育时，最有利于储层的发育。

4. 潜山构造作用改造储层与油气的关系

构造作用主要通过产生一系列裂缝来对潜山储层进行改造，而裂缝是潜山油气藏中的一种重要储集空间，不仅可以提高储层的储集能力，还能够提高流体在储层中的渗流能力（张玺华，2013；白斌，2012）。在南堡凹陷，裂缝密度直接影响到了油气的产能，总体上产能随裂缝密度的增加而增大。通过薄片和岩心观察可以发现潜山储层发育多组裂缝系统，早期构造产生的裂缝系统较细微，多被矿物充填，晚期构造产生的裂缝系统多数未被充填或部分充填，成为油气聚集的场所，在 LPN1 井 4176.30m 处的泥晶灰岩发育两期裂缝，先期构造缝、缝合线被方解石、泥铁质及陆源碎屑全充填。晚期构造缝一般小于 10μm，未充填。岩石中晚期构造缝含油，发黄橙色光 ［图 6.27 （a）］。在 LPN1 井 4180.55m 处亮晶粒屑含云灰岩，先期构造缝被方解石全充填，晚期构造缝未被充填。岩石中白云石、黄铁矿交代方解石处含油，发黄橙色光。晚期构造缝含油，发黄橙色光 ［图 6.27 （b）］。在 NP1-80 井 3739.74m 处褐灰色灰岩，两条裂缝交错发育，沿裂缝发育溶孔，被方解石充填，有残余油味且可见残余沥青 ［图 6.27 （c）］。

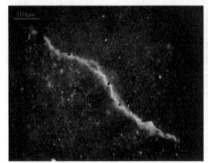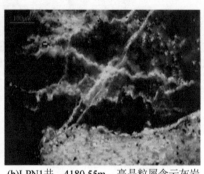

(a)LPN1井，4176.30m，泥晶灰岩　　(b)LPN1井，4180.55m，亮晶粒屑含云灰岩　　(c)NP1-80井，3739.74m，褐灰色灰岩

图 6.27　南堡凹陷潜山储层裂缝含油

6.4　潜山油气成藏机制与模式

6.4.1　潜山油气来源

1. 烃源岩生烃潜能及其分布特征指示油源

南堡凹陷发育多套烃源岩，包括东三段、沙一段、沙二段+沙三段，其中，沙二段+沙三段烃源岩分布范围大、有机质丰度高、类型好（赵彦德等，2008a，2008b；刚文哲等，2012；郑红菊等，2007），为成熟-高成熟烃源岩。按照陆相烃源岩有机质丰度评价标准，以上沙二段+沙三段烃源岩属于好-较好烃源岩范畴。如果将这部分烃源岩的生烃潜力进行恢复，其生烃潜能应比当前的测定值高，目前所测为剩余生烃潜能。沙二段+沙三段烃源岩目前埋藏较深，一般在 4000m 以下。南堡凹陷潜山已发现油气埋深 4000～5600m，其主要来自深部地层，上覆沙二段+沙三段是深部潜山重要的烃源岩（李素梅等，2011；赵彦德等，2008b）。

2. 油-岩成熟度对比指示油源

芳烃成熟度参数 MPI-1、TMNr、4,6/1,4- DMDBT 都指示，潜山原油与沙二段+沙三段烃源岩聚类 ［图 6.28 （b）～（d）］。饱和烃成熟度参数 C_{29} 甾烷 20S/（S+R）、C_{29} 甾烷、Ts/（Ts+Tm）值指示沙二段+沙三段烃源岩成熟度值相对集中，随埋深的变化关系不及东三段—沙一段明显 ［图 6.28 （a）］，似乎表现出了一种对热的迟滞效应。潜山原油的 C_{29} 甾烷 20S/（S+R）、C_{29} 甾烷、Ts/（Ts+Tm）值稍高于本次分析的沙二段+沙三段烃源岩［图6.28（a）］，可能指示运移分馏效应和（或）原油来自更深层源岩，同时反映不同成熟度指标的演化过程、不同层系烃源岩间有所差异。依据甲基菲指数折算 R^o，本次研究分析的东三段—沙一段烃源岩样品的 R^o 一般小于0.8%、沙二段+沙三段样品一般分布于0.75%~1.1%、潜山原油 R^o 值为0.83%~1.2%，潜山原油成熟度与沙二段+沙三段烃源岩相近，反映两者有良好的成因联系。油源对比表明，LPN1井等主要来自沙二段+沙三段烃源岩（李素梅等，2011；赵彦德等，2008b）。鉴于目前发现的潜山油气资源还比较有限，且主要局限于深部，不排除相对浅埋的潜山有多套源岩的供烃，如位于南堡凹陷斜坡带的曹妃殿地区的CFD2-1-1井油气性质不同于深部。

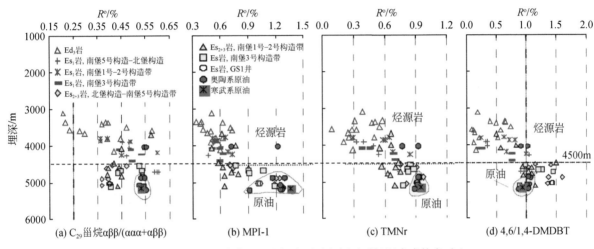

图6.28　南堡凹陷潜山原油与古近系和新近系烃源岩成熟度对比

3. 油-岩沉积环境指标对比

芴相对丰度反映母源岩原始沉积环境，其相对组成三角图显示（图6.29），南堡凹陷原油与沙二段+沙三段烃源岩具有更高的相似度/聚类相关，显示较好的亲缘关系。多数东三段—沙一段烃源岩与原油相关性较差，仅少数分布位置较近，暗示成烃贡献可能相对较少。饱和烃生物标志物指纹及参数、芳烃参数一致反映，南堡凹陷沙二段+沙三段烃源岩为主力烃源岩，其次为沙一段和东三段。

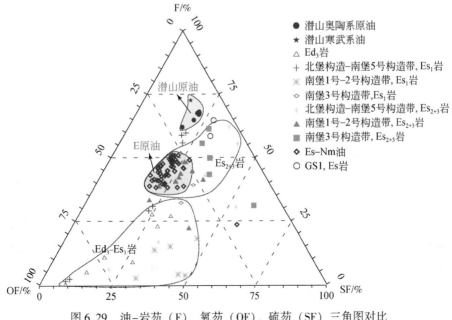

图6.29　油-岩芴（F）、氧芴（OF）、硫芴（SF）三角图对比

4. 油–岩单体烃碳同位素对比

南堡凹陷潜山奥陶系与寒武系原油单体碳同位素相对较重［图6.30（a）］，碳同位素曲线近直线型，随碳数增加，稍有变重趋势，潜山原油碳分布曲线与南堡凹陷沙二段+沙三段烃源岩的曲线形态较一致且[13]C值相对较接近，与东三段—沙一段烃源岩的曲线形态及[13]C值相差较远（图6.30），显示潜山原油与沙二段+沙三段烃源岩具有较好的成因联系。

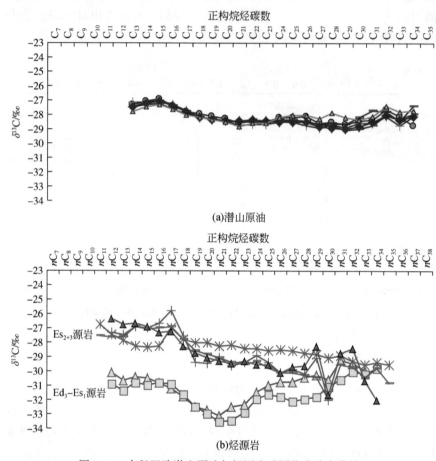

图6.30　南堡凹陷潜山原油与烃源岩碳同位素分布曲线

6.4.2　潜山油气成藏期次

1. 烃源岩生排烃史分析成藏期

利用南堡凹陷三套源岩层系在各地质历史时期的排烃强度，结合本区的埋藏历史，即可得到三套源岩层系在不同地质历史时期的排烃量。该区排烃期主要为馆陶组、明化镇组和东营期，南堡凹陷三套源岩层系的累积排烃量为115.86×10^8t。其中，东营组沉积时期的排烃量为14.99×10^8t，该时期沙一段源岩排烃量为2.88×10^8t，沙三段源岩排烃量为12.11×10^8t；馆陶组沉积时期排烃量为50.91×10^8t，该时期东三段有效源岩排烃量为4.37×10^8t，沙一段有效源岩排烃量为12.29×10^8t，沙三段有效源岩排烃量为34.25×10^8t；明化镇组沉积时期排烃量为39.55×10^8t，该时期东三段有效源岩排烃量为11.69×10^8t，沙一段有效源岩排烃量为12.66×10^8t，沙三段有效源岩排烃量为15.20×10^8t；第四系时期排烃量为10.41×10^8t，该时期东三段源岩排烃量为6.16×10^8t，沙一段有效源岩的排烃量为2.82×10^8t，沙三段有效源岩的排烃量为1.43×10^8t。

可见东三段有效源岩排烃时间相对较晚，排烃高峰期在明化镇组沉积时期；沙一段有效源岩排烃高峰期在馆陶组—明化镇组沉积时期；沙三段有效源岩排烃时间较早，排烃高峰期在馆陶组沉积时期。

2. 包裹体分析成藏期

对南堡凹陷奥陶系、古近系和新近系 11 口井的储层包裹体进行了取样分析，结果表明：古近系—新近系和古生界均存在两期烃类包体，反映为两期或两种产状的石油注入，前期或第一种为黄色、黄绿色荧光的"原油"，后期或第二种为蓝色荧光的"轻质油"或"凝析油"。充注时期分别为东营末期和明化镇期。NP1-5 井奥陶系存在两期烃类次生运移，油气性质明显不同但两期包体温度相差不大，说明供烃有时间差，源岩埋深大不同，但储油构造前后埋深差别较小，这既代表了箕状凹陷的沉积埋藏特点，也反映后期成藏时间较晚（从两口井包体测温均与今地温接近也证实了这一点），注入估计在新近纪，埋深接近于最大。NP1-80（位于 NP1-5 南部）奥陶系主要为早期烃包裹体，可能说明后期供烃规模和范围均不及前期。在 NP1-80 两期切割的方解石脉对比中也发现，后面的细脉烃包体明显不如前面粗脉的多。对古近系—新近系而言，前期注入时的储层温度 100~120℃，对应埋深大致为 2600~3200m，来自生排烃门限附近，由 3000m 及以下数百米源岩所提供；后期注入时的储层温度 130~160℃，指示埋深大致为 3400~4400m，由 4000m 及以下数百米源岩所提供。古近系—新近系两期充注只表现在现今埋藏较深的古近系—新近系地层中，如 NP3-19 井 Es 或以 Es$_{2+3}$ 为源岩的供烃，Ed$_3$ 或埋深在 4000m 以上的源岩可能仅有一期供烃。NP5-4 褐色沥青似说明油藏遭受诸如异常热源的破坏，其包体温度与埋深不相符。本次研究与以往研究结果基本吻合。万涛等（2011）对南堡凹陷 1 号带的油气成藏研究表明，该区明化镇时期是主要成藏期，东营期潜山有一次小规模的油气充注。

以上包裹体与埋藏史的分析结果与烃源岩的成烃演化史确认的成藏时期结果基本一致。沙三段底部的烃源岩在东营组沉积末期（距今 25Ma）进入大量生烃阶段，在明化镇组沉积中期（距今 10Ma）进入生油高峰，在第四纪（距今 1Ma）进入生凝析气阶段；沙一段底部烃源岩在明化镇沉积早期（距今 12Ma）进入大量生烃阶段，在明化镇沉积末期（距今 2Ma）进入生油高峰，现今处于生凝析油阶段；东三段底部烃源岩在明化镇沉积中晚期（距今 6Ma）进入大量生烃阶段，现今进入生油高峰。

6.4.3　潜山油气运移与充注模式

1. 油气运移示踪

1）不同区块油藏间油气连通与分隔性识别

南堡油田潜山带工业油气流主要分布在南堡 2、3 号构造带，对潜山油气性质及其化学组成的研究有助于揭示油气的生成、运移与成藏模式。分析表明，南堡潜山 3 号构造带 PG2 井寒武系为轻质凝析油，而南堡 2 号构造带奥陶系潜山原油为高蜡油。原油烃类化学组成分析也表明，南堡 2 号构造带油气化学性质总体相差不大，但与南堡 3 号构造带 PG2 井寒武系原油差异显著。重排甾烷/规则甾烷、2XC$_{24}$-四环萜/C$_{26}$-三环萜、C$_{19~24}$/C$_{26~29}$-三环萜等提示 PG2 井有更高的热成熟度，反映生源与母质类型的参数甾烷/藿烷、C$_{27}$/C$_{29}$-规则甾烷（受成熟度影响）也反映两个构造带原油有显著差别。以上表明两区带油气成因及运移与成藏模式不同，各为独立的油气成藏单元，油气来自相邻的烃源灶。

2）烃源灶部位、本地与异地相对供烃类识别

对南堡 2 号、3 号构造带潜山油气的研究表明，潜山原油比本地烃源岩有更高的热成熟度，如南堡 2 号构造带 LPN1 井奥陶系等潜山原油具有超高的 Ts、C$_{29}$Ts 与 C$_{30}$-重排藿烷含量，升藿烷系列有明显的热裂解现象；重排甾烷含量及甾烷异构化程度也相对较高，指示原油较高的成熟度。本地烃源岩如相同/相近埋深的 NP288 等井沙三段烃源岩的甾、萜类化合物分布仍较正常，显示正成熟度。南堡 3 号构造带潜山原油也具有类似的油、岩对比特征。以上表明，南堡 2 号构造带、南堡 3 号构造带潜山油气相当大的一

部分来自深层烃源岩，断层是沟通油源的重要通道。

3）油气沿断层垂向运移示踪

分子地球化学研究表明，南堡凹陷潜山油气垂向运移分馏效应。三环萜/五环萜、$C_{19\sim24}/C_{26\sim29}$-三环萜分别为低、高分子量同系物的比值，具有随油气运移距离增加而增加的趋势。南堡凹陷潜山油气显示了明显的由深层向浅层运移的分馏效应。成熟度指标 C_{29} 甾烷的变化趋势也反映深部较高成熟度向浅层的运移（浅层原油有更高的 C_{29} 甾烷值）。类似地，参数 Pr/nC_{17}、Ph/nC_{18} 的具有类似的指示意义。

2. 南堡 2 号构造带油气注入点与充注模式

对南堡 2 号构造带潜山原油和天然气的化学成分及运移分馏效应参数的分析表明，南堡 2 号构造带潜山油气经过南堡 2 号断层运移而来之后，进行侧向分配，形成了多个油气注入点。甾烷参数 C_{29} 甾烷）、萜类参数三环萜/五环萜、天然气参数 $nC_1/$（nC_1-nC_5）、芳烃参数萘系列相对含量（％）（图 6.31），一致表明靠近南堡 2 号断层的油气具有更高的成熟度，离油源断层越远，油气成熟度及相关参数值显著降低。依据 England 等（1987）的油气充注模型，靠近油源灶的油气为烃源岩晚期生成的成熟度较高的、运移距离相对较近的油气，而远离油源灶的为烃源岩相对早期生成的成熟度相对较低的油气。依据这一理念，南堡 2 号断层相当于一 "烃源灶"，靠近断层的为晚期充注的运移距离较短的油气，而远离断层的为相对早期生成的运移距离较长的油气，由此可指示南堡 2 号构造带油气运移侧向模式如图 6.31 所示，并可判断该区存在多个油气注入点（至少有 3~4 个）。

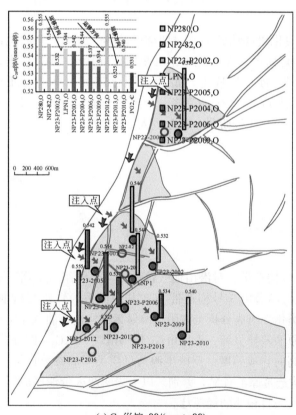

(a) C_{29}甾烷αββ/(ααα+αββ)

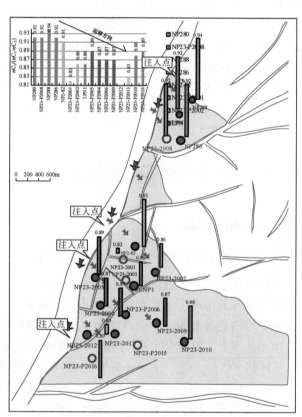

(b) $nC_1/(nC_1-nC_5)$

图 6.31　南堡 2 号构造带潜山油气运移示踪——多个油气注入点分块成藏

概括而言，南堡凹陷潜山油气在油区范围内的运移与成藏模式为：油气经由主干断裂运移通道将深部油气运移至潜山带后、沿途从多个注入点分流到断块圈闭，油区断块是成藏主控因素。

6.5　潜山油气藏有利区预测评价

6.5.1　潜山油气藏有利区带预测评价方法

1. 要素匹配预测有利区带的方法

任何一个含油气盆地的油气成藏均要受到生、储、改、圈、运、保六大地质要素的控制，而烃源灶、古隆起、有利相和区域盖层 4 个既能客观描述又能定量表征的功能要素替代生、储、盖、圈、运、保 6 个要素的作用研究（庞雄奇等，2012）。其中烃源灶 S 表征有效烃源岩的排烃强度和排烃范围，它既能代表油气成藏的无知来源，又能反映油气成藏的资源潜力，还控制着油气成藏的领域大小。古隆起 M 表征研究区大量成藏期的正向构造单元，它反映了浮力作用下油气运聚方向和动力，也反映了油气运聚区可能存在的圈闭类型和发育规律。有利相 D 表征研究区有效储层的发育环境和发育条件，它既反映了油气运移和输导条件，又限定了油气富集成藏层段和范围。区域盖层 C 表征研究区油气的保存条件。针对南堡凹陷潜山油气藏，根据实际情况及之前主控因素的研究，结合 CDMS 四大功能要素细化选出区域盖层控藏范围、储层控藏范围、注入点控藏范围、构造控藏范围和烃源灶控藏范围 5 个次级功能要素对有利区进行预测，有利区包含 5 个次级控藏要素。

2. 要素控藏作用评价

在南堡凹陷中，区域盖层厚度与单井油气日产量的关系显示，单井的产油气量与盖层厚度之间无明显关系，之前研究显示区域盖层在整个南堡凹陷中总体封盖能力良好，其控藏作用下有利区带范围为整个南堡凹陷。

在南堡凹陷中，油气藏距烃源灶距离近，通过计算姜福杰（2008）提出的油气分布门限模型，结合中浅层和深部油气藏所处部位发现，油气藏都分布在烃源灶控藏概率大于 0.4 的范围内，且在大于 0.4 的范围基本覆盖了整个南堡凹陷，表明烃源灶的控藏范围几乎为整个南堡凹陷，南堡凹陷边部约 5% 的面积不在烃源岩控藏作用有利区带范围内几乎可以忽略不计。

同一断块上，油气基本分布在潜山高部位，在试油中也显示出潜山高部位油气产能高，低部位产能低的特点。表明在深部的潜山油气藏中油气也具有高点汇聚的特征，而由于断层的切割作用，可能导致不同潜山断块之间存在差异，但在同一断块内部，油气汇聚在高部位，因此南堡凹陷的所有小断块的高部位均为构造控藏的范围。

在南堡凹陷中，潜山地层主要有太古宇、奥陶系和寒武系、上古生界，对于太古界地层，主要岩性为二长花岗岩，岩石致密，虽然发育裂缝，但均被泥质充填，表明太古宙花岗岩潜山不具有良好储层，不是南堡凹陷的有利勘探层位。同样，对于上古生界，在南堡凹陷中主要岩性为火山岩和泥质岩，不具有良好的储层，也不是南堡凹陷的有利勘探层位。之前的储层研究结果表明奥陶系和寒武系碳酸盐岩地层中发育溶蚀孔洞和裂缝，具有良好的储层，且高孔渗的储层主要发育在潜山顶面到向下 50～70m 的范围内和距潜山顶面 200～300m 的范围内，据此奥陶系和寒武系碳酸盐岩地层是南堡凹陷的有利勘探层位。

6.5.2　顶部风化壳型潜山有利成藏区预测

南堡凹陷顶部风化壳潜山中，奥陶系主要分布在南堡 1 号构造和南堡 2 号构造的南侧，寒武系主要分布在南堡 3 号构造和凹陷西南侧，上古生界主要分布在南堡 5 号构造中，中生界主要分布在南堡 2 号构造的北部断块及南堡 2 号构造的北侧、南堡 5 号构造的东侧和南堡 4 号构造的西侧的广大地区内。其中奥陶系分布区为顶部风化壳型潜山的有利储层发育部位。

首先根据南堡凹陷顶部风化壳潜山中的有利储层发育部位、各断块的构造高部位、烃源灶的控藏范围、断裂缝分布四者进行叠加选取处两个有利区带，主要位于1号和2号潜山构造中（图6.32）。在选择完有利区带后，在有利区带中选择有利目标时，考虑不整合面和断层控制的注入点的分布，最后选择出3个有利目标。两个已经钻探，一个还未钻探，未钻探的有利区位于南堡1号构造的北侧小断块内（图6.33）。

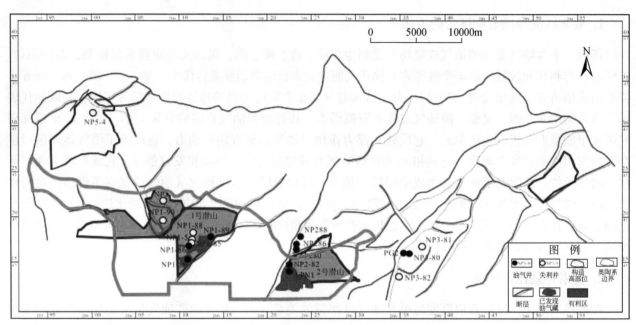

图6.32　南堡凹陷顶部风化壳型潜山有利区带预测图

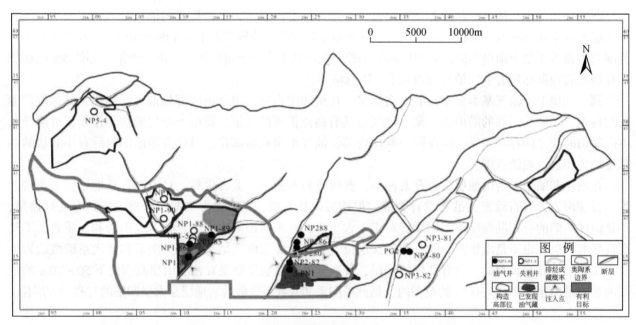

图6.33　南堡凹陷顶部风化壳型潜山有利目标预测图

6.5.3　内幕型潜山有利成藏区预测

南堡凹陷中内幕型潜山的有利储层发育层段主要有不与烃源岩直接接触的奥陶系、寒武系被徐庄组覆盖的毛庄组。对于不与烃源岩直接接触的奥陶系主要分布在工区的西北部和南堡 2 号构造的北部，上部为上古生界和中生界盖层。

首先根据南堡凹陷奥陶系内幕型潜山中的有利储层发育部位、各断块的构造高部位、烃源灶的控藏范围、断裂缝分布四者进行叠加选取 10 个有利区带，主要位于南堡 5 号潜山构造、南堡 1 号潜山构造北侧和南堡 2 号潜山构造北侧（图 6.34）。在选择完有利区带后，在有利区带中选择有利目标时，考虑断层控制的注入点的分布，最后选择出四个有利目标，这四个目标全部通过断层与烃源岩侧向接触。一个已经钻探，三个还未钻探未钻探的有利目标分别位于南堡 1 号构造的北侧和东北侧小断块内（图 6.35）。

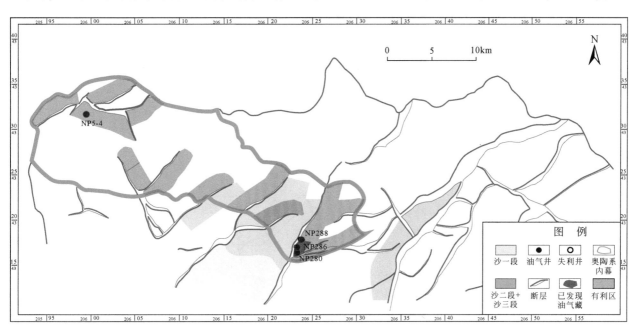

图 6.34　南堡凹陷奥陶系内幕型潜山油气藏有利区带预测图

对于寒武系被徐庄组覆盖的毛庄组主要分布在凹陷中除了南堡 4 号潜山构造的所有地区。首先根据南堡凹陷寒武系内幕型潜山中的有利储层发育部位、各断块的构造高部位、烃源灶的控藏范围、断裂分布四者进行叠加选取十一个有利区带，基本上位于 1、2、3、5 号潜山构造带中距离断层 1700m 的范围内（图 6.36）。在选择完有利区带后，在有利区带中选择有利目标时，考虑断层控制的注入点的分布，最后选择出九个有利目标，这九个目标全部通过断层与烃源岩侧向接触。一个已经钻探，八个还未钻探，未钻探的有利目标主要分布在南堡 1 号潜山构造、南堡 2 号潜山构造和南堡 3 号潜山构造北侧（图 6.37）。

6.5.4　潜山有利目标区评价及优选

将以上所选的奥陶系顶面风化壳、奥陶系内幕及寒武系内幕三类有利目标总结到一起归纳出 10 个有利目标区，有的目标区只有一类有利目标，而有的目标区具有两到三类有利目标（图 6.38）。以各个目标区的储层发育情况、远景潜力和埋深情况作为评价要素对目标区进行评价和优选。其中 1、4、5 号有利目标区的奥陶系内幕潜山风化剥蚀面较近具有发育良好储层的条件，但深度大，钻探成本高；3、7 号有利目标区的顶面风化壳潜山的有利区内具有规模较大的已发现油气藏，潜力基本被挖掘；2 号有利目标区的顶面风化壳潜山的有利区相对于 3、7 号处于低部位，潜力相对不大；6 号有利目标区的奥陶系

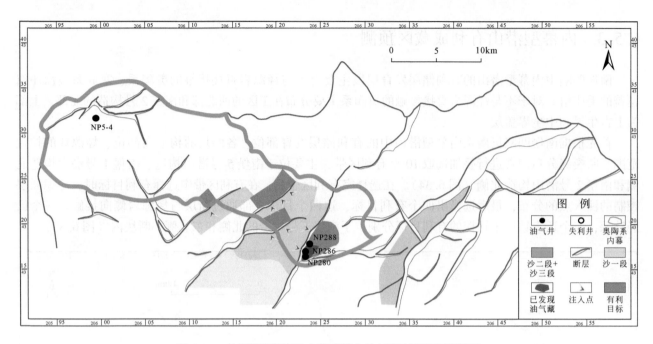

图 6.35　南堡凹陷奥陶系内幕型潜山油气藏有利目标预测图

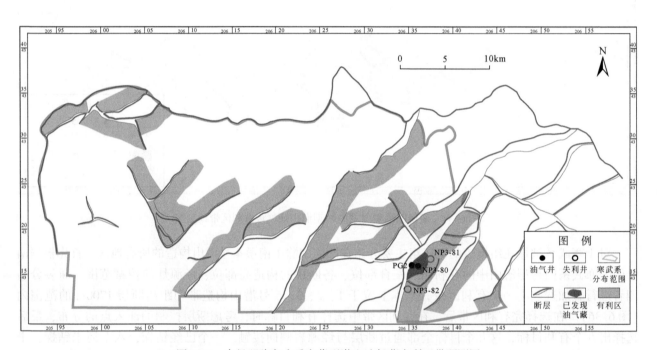

图 6.36　南堡凹陷寒武系内幕型潜山油气藏有利区带预测图

内幕潜山的有利区内具有规模较大的已发现油气藏，潜力基本被挖掘；4、6、7 号有利目标区的寒武系内幕潜山由于上部具有较厚的奥陶系地层，在风化剥蚀阶段具侵蚀面较远，受到的风化淋滤作用相对较弱，储层的发育条件相对 9、10 号有利目标区较差；9 号有利目标区的寒武系内幕潜山距离风化剥蚀面较近具有发育良好储层的条件，虽然在毛庄组已发现油气藏，但在张夏组—凤山长山组未被剥蚀的部位未发现油气藏，勘探潜力巨大；10 号有利目标区的寒武系潜山虽然距风化剥蚀面较近具有发育良好储层的条件，但深度达，钻探成本高。综上，优选出南堡 3 号构造的 9 号有利目标区寒武系内幕潜山作为最有利的目标区。

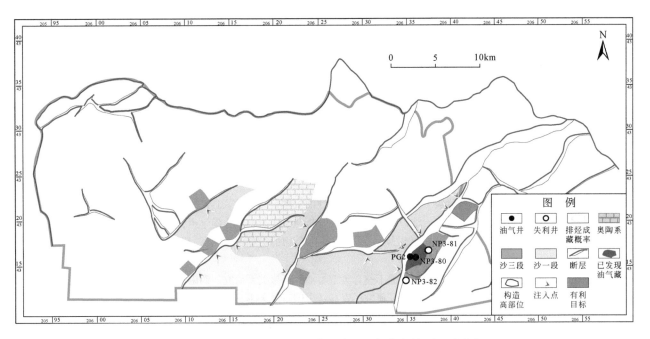

图 6.37　南堡凹陷寒武系内幕型潜山油气藏有利目标预测图

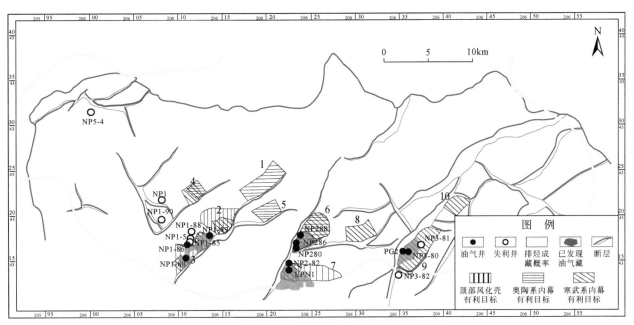

图 6.38　南堡凹陷潜山油气藏有利勘探目标预测图

参 考 文 献

艾华国，兰林英，张克银，吴亚军 . 1996. 塔里木盆地前石炭系顶面不整合特征及其控油作用 . 石油实验地质，18（1）：
　　1-12.

白斌，邹才能，朱如凯，等 . 2012. 四川盆地九龙山构造须二段致密砂岩储层裂缝特征、形成时期与主控因素 . 石油与天然
　　气地质，33（4）：526-535.

常波涛 . 2006. 陆相盆地中不整合体系与油气的不均一性运移 . 石油学报，27（5）：19-23.

陈发景，张光亚，陈昭年 . 2004. 不整合分析及其在陆相盆地构造研究中的意义 . 现代地质，18（3）：269-275.

成永生，陈松岭 . 2008. 渤海湾盆地南堡凹陷外围古生界油气成藏研究 . 地质找矿论丛，23（4）：330-333.

程顶胜，窦立荣，万仑坤，等 . 2010. 应用高分辨率质谱分析苏丹高酸值原油成因 . 岩石学报，26（04）：1303-1312.

戴金星，裴锡古，戚厚发．1992．中国天然气地质学（卷一）．北京：石油工业出版社．

戴金星，宋岩，洪峰，等．1994．中国东部无机成因的二氧化碳气藏及其特征．中国海上油气（地质），8（04）：215-222．

戴金星，秦胜飞，陶士振，等．2005．中国天然气工业发展趋势和天然气地学理论重要进展．天然气地球科学，16（02）：127-142．

董月霞，夏文臣，周海民．2003．南堡凹陷第三系火山岩演化序列研究．石油勘探与开发，30（02）：24-26．

段毅，周世新，孟自芳．2001．塔里木盆地群5井和曲1井原油的油源研究——脂肪酸及烷基环己烷系列化合物提供的新证据．石油实验地质，23（04）：433-437．

刚文哲，仵岳，高岗，等．2012．渤海湾盆地南堡凹陷烃源岩地球化学特征与地质意义．石油实验地质，34（01）：57-65．

高先志，吴伟涛，卢学军．2011．冀中拗陷潜山内幕油气藏的多样性与成藏控制因素．中国石油大学学报（自然科学版），35（3）：31-35．

高长海，彭浦，李本琼．2013．不整合类型及其控油特征．岩性油气藏，25（6）：1-7．

耿层层，李术元，何继来．2012．龙口页岩油中含氧化合物的分析与鉴定．燃料化学学报，40（05）：538-544．

耿层层，李术元，岳长涛，等．2013．神木低温煤焦油中含氧化合物的分析与鉴定．石油学报（石油加工），29（01）：130-136．

郭维华，牟中海，赵卫军，等．2006．准噶尔盆地不整合类型与油气运聚关系研究．西南石油学院学报，28（2）：1-3．

韩志宁．2011．广饶碳酸盐岩古潜山油藏储层特征研究．青岛：中国石油大学（华东）．

何登发．2007．不整合面的结构与油气聚集．石油勘探与开发，34（2）：142-149．

何家雄，祝有海，崔莎莎，等．2009．南海北部边缘盆地CO_2成因及运聚规律与资源化利用思路．天然气地球科学，20（04）：488-496．

何文祥，王培荣，潘贤庄，等．2004．莺-琼盆地原油类型划分及成因探讨．天然气地球科学，15（02）：133-136．

胡国艺，李剑，李谨，等．2007．判识天然气成因的轻烃指标探讨．中国科学（D辑），37（S2）：111-117．

胡惕麟，戈葆雄，张义纲，等．1990．源岩吸附烃和天然气轻烃指纹参数的开发和应用．石油实验地质，12（04）：375-394．

黄海平，郑亚斌，张占文，等．2003．低等水生生物：高蜡油形成的重要来源．科学通报，48（10）：1092-1098．

姜福杰．2008．源控油气作用及其定量模式．北京：中国石油大学（北京）．

黎平，陈景山，王振宇．2003．塔中地区奥陶系碳酸盐岩储层形成控制因素及储层类型研究．天然气勘探与开发，26（1）：37-42．

李朝阳，刘玉平，管太阳，等．2004．不整合面中的成矿机制与找矿研究．地学前缘，11（2）：353-360．

李素梅，庞雄奇，万中华．2011．南堡凹陷混源油分布与主力烃源岩识别．地球科学——中国地质大学学报，36（06）：1-9．

李欣，闫伟鹏，崔周旗，等．2012．渤海湾盆地潜山油气藏勘探潜力与方向．石油实验地质，34（2）：140-144．

刘树根，时华星，王国芝，等．2007．桩海潜山下古生界碳酸盐岩储层形成作用研究．天然气工业，27（10）：1-5．

刘文汇，徐永昌．1999．煤型气碳同位素演化二阶段分馏模式及机理．地球化学，28（04）：359-366．

陆克政．1980．关于不整合的分类和含油气盆地不整合的分布．华东石油学院学报，（3）：10-18．

牟中海，何琰，唐勇，等．2005．准噶尔盆地陆西地区不整合与油气成藏的关系．石油学报，26（3）：16-20．

潘钟祥．1983．不整合对于油气运移聚集的重要性．石油学报，4（4）：1-10．

庞雄奇．1995．排烃门限控油气理论与应用．北京：石油工业出版社，1-147．

庞雄奇，周新源，姜振学，等．2012．叠合盆地油气藏形成、演化与预测评价．地质学报，86（1）：1-103．

邱以钢，程日辉，林畅松．2002．沾化凹陷下第三系不整合类型及其地质意义．吉林大学学报（地球科学版），32（2）：146-150．

沈平，王晓锋，王志勇，等．2010．吐哈盆地天然气轻烃地球化学特征与低熟气判识．科学通报，55（23）：2307-2311．

史权，侯读杰，陆小泉，等．2007．负离子电喷雾-傅里叶变换离子回旋共振质谱分析辽河原油中的环烷酸．分析测试学报，26（增刊）：317-320．

宋国奇，隋凤贵，赵乐强．2010．济阳拗陷不整合结构不能作为油气长距离运移的通道．石油学报，31（5）：744-747．

万涛，蒋有录，董月霞，等．2011．南堡凹陷1号构造带油气成藏研究．石油天然气学报，38（08）：26-30．

王培荣，姚焕新，陈奇，等．1995．伊敏湖底褐煤抽提物中有机氧化合物的组成特征．江汉石油学院学报，17（02）：33-38．

王培荣，赵红，朱翠山，等 . 2004. 非烃地球化学及其应用概述 . 沉积学报，22（增刊）：98-105.

吴孔友，白森，崔世凌 . 2012a. 渤海湾盆地惠民凹陷南坡中生界顶部不整合结构特征及成藏作用 . 石油实验地质，34（4）：357-361.

吴孔友，邹才能，查明，等 . 2012b. 不整合结构对地层油气藏形成的控制作用研究 . 大地构造与成矿学，36（4）：518-524.

吴亚军，张守安，艾华国 . 1998. 塔里木盆地不整合类型及其与油气藏的关系 . 新疆石油地质，19（2）：101-106.

谢文彦，姜建群，张占文，等 . 2007. 大民屯凹陷高蜡油成因及分布规律 . 石油学报，28（02）：57-60.

徐永昌 . 1994. 天然气成因理论及应用 . 北京：科学出版社 .

杨池银 . 2004. 黄骅拗陷二氧化碳成因研究 . 天然气地球科学，15（01）：7-11.

尹赞勋 . 1978. 地层规范存在的问题 . 地层学杂志，2（1）：322-330.

张水昌 . 2000. 运移分馏作用：凝析油和蜡质油形成的一种重要机制 . 科学通报，45（06）：667-670.

张水昌，朱光有，杨海军，等 . 2011. 塔里木盆地北部奥陶系油气相态及其成因分析 . 岩石学报，27（08）：2447-2460.

张玺华，陈洪德，侯明才，等 . 2013. 四川盆地西部新场地区须家河组四段 9 砂组地震沉积学 . 石油与天然气地质，34（1）：95-101.

赵杰 . 2011. 南堡凹陷天然气成因及有效烃源岩研究 . 青岛：中国石油大学（华东）.

赵彦德，刘洛夫，张枝焕，等 . 2008a. 南堡凹陷古近系层序地层格架中烃源岩分布与生烃特征研究 . 沉积学报，26（06）：1077-1085.

赵彦德，刘洛夫，张枝焕，等 . 2008b. 渤海湾盆地南堡凹陷滩海地区奥陶系原油油源分析 . 现代地质，22（02）：264-272.

赵彦德，刘洛夫，王旭东，等 . 2009. 渤海湾盆地南堡凹陷古近系烃源岩有机相特征 . 中国石油大学学报（自然科学版），33（05）：23-29.

郑红菊，董月霞，王旭东，等 . 2007. 渤海湾盆地南堡富油气凹陷烃源岩的形成及其特征 . 天然气地球科学，18（01）：78-83.

周海民，丛良滋 . 1999. 浅析断陷盆地多幕拉张与油气的关系——以南堡凹陷的多幕裂陷作用为例 . 地球科学，24（06）：625-629.

周海民，郑红菊，张春梅，等 . 1999. 南堡凹陷烃源岩的显微组分与生油门限的关系 . 石油与天然气地质，20（01）：164-166.

周兴熙 . 2000. 复合叠合盆地油气成藏特征——以塔里木盆地为例 . 地学前缘，7（3）：39-47.

周瑶琪，陆永潮，李思田，王鸿祯 . 1997. 间断面缺失时间的计算问题——以贵州紫云上二叠统台地边缘礁剖面为例 . 地质学报，71（1）：7-17.

Brown L F, Fisher W L. 1977. AAPG continuing education course note series（1）: Seismic Stratigraphic Interpretation and Petroleum Exploration. Tulsa: AAPG.

Dunbar C O, Rodgers J. 1957. Principles of Stratigraphy. New York: John Wiley&Sons.

Faber E, Gerling P, Dumke I. 1988. Gaseous hydrocarbons of unknown origin found while drilling. Organic geochemistry, 13（4）: 875-879.

Hughey C A, Rodgers R P, Marshall A G, et al. 2004. Acidic and neutral polar NSO compounds in Smackover oils of different thermal maturity revealed by electrospray high field Fourier transform ion cyclotron resonance mass spectrometry. Organic Geochemistry, 35（7）: 863-880.

Li M, Cheng D, Pan X, et al. 2010. Characterization of petroleum acids using combined FT-IR, FT-ICR-MS and GC-MS: Implications for the origin of high acidity oils in the Muglad Basin, Sudan. Organic Geochemistry, 41（9）: 959-965.

Lin R Z, Wang P R. 1991. PAH in fossil fuels and their geochemical significance. Journal of Southeastern Asian Earth Science, 5: 257-262.

Pilaar and Wakefield L L. 1984. Hydrocarbon generation in the Taranaki Basin, New Zealand. In: Demaison G, Murris R J（eds）. Petroleum Geochemistry and Basin Evaluation. AAPG Memoir, 35: 405-423.

Radke M, Welte D H, Wilsch H. 1982. Geochemical study on a well in the Western Canada Basin: relation of the aromatic distribution pattern to maturity of organic matter. Geochimica et Cosmochimica Acta, 46（1）: 1-10.

Stahl W J, Carey B D. 1975. Source-rock identification by isotope analyses of natural gases from fields in the Val Verde and Delaware basins, west Texas. Chemical Geology, 16（4）: 257-267.

Thompson K. 1983. Classification and thermal history of petroleum based on light hydrocarbons. Geochimica et Cosmochimica Acta，47（2）：303-316.

Vail P，Mitchum R，Thompson S. 1977. Seismic stratigraphy and global changes of sea level，part 3：relative changes of sealevel from coastal onlap. In：Payton C E（ed）. Seismic stratigraphy：applications to hydrocarbon exploration. AAPG Memoir，26：63-97.

第7章 南堡凹陷油气藏分布规律与勘探方向

7.1 油气资源富集的控制因素

7.1.1 南堡凹陷油气地质的特殊性和复杂性

1. 构造位置的特殊性

南堡凹陷在大地构造位置上位于巨型 NE 向断裂系（兰聊断层）与 NW 向张家口-蓬莱断层的交汇部位，特殊的构造位置为形成独特的地质条件奠定了基础。兰聊断层与郯庐断裂带一样，是中国东部的巨型走滑构造带（万天丰和曹瑞萍，1992；陈宣华等，2000；朱光等，2000）。一般认为，该断裂形成于晚三叠世印支期华北与华南板块的碰撞造山过程中，晚白垩世及古近纪的走滑伸展活动控制了中国东部以渤海湾盆地为代表的断陷盆地的形成和分布（朱光等，2001；范柏江等，2010；范柏江等，2011；李三忠等，2004），新近纪晚期及随后的应力场在局部表现出压扭性特征，特别是在盆地的东部表现明显（漆家福等，1994，1995；陆克政等，1997；程有义等，2004）。蓬莱张家口断裂是郯庐断裂带的一级调节断层，该断裂带是华北平原活动地块和燕山活动地块的边界，西起张北和尚义一带，经张家口向东南，穿过怀来、顺义、三河、天津等地，再经渤海向东南一直延伸到蓬莱以北的黄海海域。断裂带总体走向 NW 向，长约 700km（傅征祥等，2000；索艳慧等，2013）。

2. 发育构造软弱背景

断层的交汇部位是岩石圈厚度减薄和岩石圈变形强度被弱化的部位，因而容易在相同的变形条件下形成更强烈的构造变形。华北区域地球物理场（重力、航磁等）资料显示，张家口-蓬莱断裂带表现为一条明显的 NWW 向扰动带（高战武等，2001），并向 SE 方向延伸入渤海海域至山东半岛北部。该断裂带两侧的构造格局、地球物理场明显不同，其西南侧的构造走向和各种地球物理场均沿 NNE 至 NE 向展布，而其东北侧的构造走向和各种地球物理场均为 NEE 至近 EW 向。在人工地震界面 C2 面（深度 15 ~ 18km）、人工地震界面 C3 面（深度 22 ~ 26km）及莫霍面（深度 33 ~ 42km）等深线异常图上都可以识别出在南堡凹陷构造发育的部位存在明显的速度异常，表明深部地幔物质的上隆。这种上隆的地幔物质降低了岩石圈作为整体的变形强度，使南堡凹陷在相同的区域应力场背景条件下表现出更强烈的构造响应。

3. 多期构造活动中构造沉降幅度大

南堡凹陷在不同历史时期的构造沉降量大于郯庐断裂带上其他凹陷的构造沉降量，而与渤中凹陷的构造沉降量可以相互对比。南堡凹陷和渤中凹陷虽然均位于断层的交汇部位，由于兰聊断层和郯庐断层在新生代构造活动的差异性造成了两者构造沉降的差异性。初步认为这种差异性表现在以下两点：其一是郯庐断裂带在不同的时期均是欧亚板块与太平洋板块发生构造应变的关键断层，其断层活动的强度超过西部的兰聊断裂带。其二是渤中凹陷和南堡凹陷在蓬莱-张家口断层上的位置亦有一定的差异，渤中凹陷位于蓬莱张家口断层东部，构造变形表现为"X"形共轭剪切运动，而位于断裂带西部南堡断裂带两条断层表现为"T"形相交，构造变形的强度相对来说要弱一些。

7.1.2　南堡凹陷优质烃源岩形成演化与分布

1. 烃源岩规模大

南堡凹陷均发育了厚度巨大的烃源岩，均大于郯庐断裂带上其他凹陷的烃源岩厚度。烃源岩的厚度展布具有明显的沿 NW 向蓬莱张家口断裂带展布的特征，显示两者不仅受到 NE 向断裂体系的影响同时也受到了 NW 向断裂体系的控制。南堡凹陷各层段烃源岩的厚度具有稍大于其他凹陷各层段烃源岩厚度的特征，这是与南堡凹陷在断陷期充足的物源供给条件密不可分。

2. 烃源岩质量好

1）烃源岩的丰度更高

南堡凹陷的沙三段、沙一、二段和东三段的烃源岩丰度高，其丰度大于郯庐断裂带上其他凹陷的烃源岩的丰度。烃源岩的丰度展布具有明显的沿 NW 向蓬莱张家口断裂带展布的特征，显示了两者不仅受到 NE 向断裂体系的影响同时也受到了 NW 向断裂体系的控制。

2）烃源岩的类型更好

南堡凹陷沙三段烃源岩以 ⅡA 型为主，少部分为 Ⅰ 型和 ⅡB 型，但沙三段在不同地区有一定的差异，沙三段烃源岩 ⅡB 型占有较大的比例；沙一、二段烃源岩主要为 Ⅱ 型，其中 ⅡA 型与 ⅡB 型相当，个别为 Ⅲ 型；东三段与沙一段和沙二段干酪根类型相当，基本上为混合 Ⅱ 型；东二下段烃源岩以 ⅡB 型为主，Ⅲ 型次之，少量为 ⅡA 型。总体上，南堡凹陷的烃源岩总体都为 ⅡA 型和 ⅡB 型，烃源岩的类型优于郯庐断裂带上其他凹陷的烃源岩。

3）烃源岩进入生排烃时间更早，持续生烃时间更长，有利于油气大规模运聚

南堡凹陷的烃源岩总体进入了成熟和高成熟演化阶段，高于郯庐断裂带上其他凹陷的成熟度。南堡凹陷主力烃源岩进入生排烃高峰的时间是沙河街末期，而其他凹陷进入生排烃的时间多集中在东营末。即南堡凹陷进入生排烃高峰的时间比渤海湾盆地其他凹陷早约 10Ma，东营期及其后的快速埋藏，导致南堡凹陷烃源岩大规模生排烃的时间更长，有利于南堡凹陷油气的大规模运聚。

7.1.3　南堡凹陷有利生储盖组合发育

1. 南堡凹陷物源体系丰富

南堡凹陷特殊的构造位置造就了其丰富的物源体系，既有来自于西部燕山隆起带稳定的长距离物源体系，也有来自于南部沙垒田凸起和东北部石臼坨凸起的短距离物源体系，形成了四面输砂的物源体系。南堡凹陷的物源体系构成明显较 NE 向走滑断裂带上的断陷更为丰富。以辽东湾为例，物源体系主要表现为沿断层分布的垂直断裂走向的物源体系，因此辽东湾西部的物源体系主要表现为来自西部辽西隆起带稳定的长距离物源和来自辽中隆起带的局部物源体系。对辽东凹陷来说同样是两个方向的主要物源体系，即来自于胶辽隆起带上的长距离物源体系和来自于辽中隆起带上的局部短距离物源体系。

2. 独特的"三明治式"储盖配置关系

南堡凹陷存在多套区域盖层，其中最重要的是明二段的主要沉积体系为泛滥平原-河/湖沼泽或滨浅湖相泥岩构成，形成了对下伏明化镇组下部和馆陶组储层的区域盖层，同时东二段—东三段、沙三段以泛滥平原相、深湖相、中深湖相等为主要特征，构成了另外两套区域盖层。南堡凹陷的源-储-盖关系表

现出非常明显的垂向叠置的特点，呈现出"三明治式"的储盖组合关系（图 7.13）。南堡凹陷的这种储盖组合特征与渤海湾盆地其他凹陷的储盖组合特征存在明显的差异，是南堡凹陷独特成藏条件的重要构成部分。

7.2　流体动力场特征控制着油气成藏规律

7.2.1　南堡凹陷存在三个油气成藏的动力学边界

1. 南堡凹陷浮力成藏下限研究

浮力成藏下限是相对于浮力成藏作用而提出的一个新的地质概念（庞雄奇等，2014d），是指地层介质随着埋深增大、压实作用增强而使储层孔隙度降低、渗透率减少、孔喉半径变小到某一临界条件之后，浮力对油气运移成藏不再起主导作用的深度下限，通常用与埋藏深度对应的储层孔隙度、渗透率、孔喉半径等地质参数表征。浮力作用下限是油气运聚动力发生转换的边界，它对应浮力作用为主的常规油气藏分布底界和连续型致密砂岩气藏的顶界，是连续型致密砂岩气成藏的最大范围（郭迎春，2013）。在浮力作用下限之上，油气主要受到浮力作用向浅部物性好的储层中运移，而不是在毛细管力作用下在储层中滞留成藏。在浮力作用下限之下，浮力不起主导作用，而是在生烃膨胀力作用下在储层中呈整体活塞式运移。

1）统计分析结果表明存在浮力下限

首先对国外典型致密砂岩气藏剖析表明，致密砂岩气藏都分布在低孔低渗的储层内，当孔隙度小于某一临界值时，呈现下气上水的分布特征。邹才能等（2012）对美国致密砂岩储层含气层孔隙度的统计发现，其孔隙度主要为 2.4% ~ 12% 之间。统计结果表明致密砂岩气形成存在一定的临界物性条件。

南堡凹陷目前已经发现的油气藏基本为常规型油气藏，通过对南堡凹陷已发现油气藏的统计发现，这些已发现油气藏储层孔隙度大于 12%，渗透率大于 $1 \times 10^{-3} \mu m^2$，在高孔渗储层中聚集（图 7.1），这些以浮力为最主要成藏动力的油气藏，其成藏都在孔隙度大于 12% 的储层中，这也说明在南堡凹陷存在浮力作用下限。

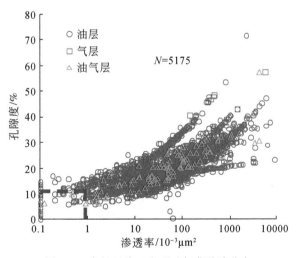

图 7.1　南堡凹陷已发现油气藏孔渗分布

2）物理实验表明存在浮力作用下限

物理模拟主要通过不同的实验装备对地下条件进行模拟来确定油气上浮的临界孔喉直径（曾溅辉，

2000；庞雄奇，2003a，b）。本次研究设计了单管和多层砂柱两组物理模拟实验装置，试图通过物理模拟实验预测浮力作用下限的形成过程和变化特征并揭示浮力作用下限形成的动力学内涵。

在单管模拟试验中（图7.2），通过改变注气压力及上覆水柱压力，研究浮力作用下限，实验改为发现浮力作用下限这一临界条件不是唯一的，它随着成藏条件的改变而改变。充气气压和上覆静水柱高度是影响浮力作用下限的两个重要因素，有效地反映了浮力作用下限的形成和变化。发现在浮力作用下限处气体运移动力和阻力是相等的，认识到浮力作用下限这一临界条件是动力学平衡的。

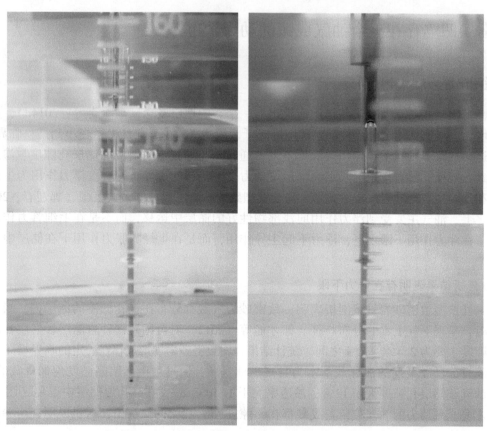

图7.2　单管模拟孔喉物理模拟实验中的浮力作用下限

多层粒径砂岩模拟实验（图7.3）完善了连续型致密砂岩气藏形成模拟实验装置，发现随着上覆高度的变化和充气气压的变化，浮力作用下限可以具有多个临界条件，证明由成藏条件决定的浮力作用下限是变化的。粒径越粗的砂岩产生浮力作用下限时对应的水柱高度越高，也就是粒径越粗（实际上是孔渗性越好）的砂岩越倾向于在越深处形成浮力作用下限。模拟实验结果同样证实浮力作用下限在动力学上是平衡的。

(a)　　　　　　　　　　　　　　　　(b)

(c)   (d)

图 7.3 多层不同粒径砂柱物理模拟实验中的浮力作用下限

3）力平衡计算表明存在浮力作用下限

庞雄奇等（2000a，b）研究表明，在浮力成藏下限处存在力平衡，即气体膨胀力（P_g）＝静水压力（P_w）＋毛细管力（P_c）：

$$\frac{\rho_g ZRT}{M} = \frac{2\sigma\cos\theta}{r(\phi)} + \rho_w gh(\phi) \tag{7.1}$$

式中，P_g 为气体膨胀力，MPa；Z 为气体的偏差系数（即压缩因子），无量纲；R 为通用气体常数，0.008314MPa·m³/（kmol·K）；T 为天然气的绝对温度，K；M 为天然气摩尔质量，kg/kmol；ρ_g 为地层条件下天然气的密度，kg/m³；P_c 为毛细管压力，MPa；σ 为气–水界面张力，N/m；r 为有效孔喉半径，μm，可用孔隙度 ϕ 表征；θ 为润湿角，（°）；P_w 为地层水压力，MPa；g 为重力加速度，N/kg；ρ_w 为地层水密度，kg/m³；h 为浮力作用下限的深度，10~3m，可用孔隙度 ϕ 表征。

进一步推导出浮力作用下限对应的孔隙度：

$$r(\phi) = \frac{2\sigma\cos\theta}{\rho_g ZRT/M - \rho_w gh(\phi)} \tag{7.2}$$

4）浮力成藏下限参数求取

计算浮力作用下限的参数包含埋深、孔喉半径、温度、压力、气–水界面张力、天然气润湿角、天然气摩尔质量、天然气压缩因子和天然气密度等。下面详细叙述南堡凹陷浮力作用下限各参数的取值情况和计算结果。

（1）埋深（h）

地史时期的埋深通过埋藏史盆地模拟获得。统计研究区储层埋深与孔隙度的关系，将埋深用孔隙度来表征，以方便求取浮力作用下限对应储层的孔隙度。

（2）孔喉半径（r）

通过统计研究区压汞实验数据，可以建立储层孔隙度与孔喉半径之间的关系，进而建立孔隙度与毛细管力之间的函数式，两者呈负相关关系，即孔隙度越大，毛细管力越小。

（3）温度和压力（T，P）

现今地层的温度和压力可以通过钻井试油数据统计获得，地层温度和压力都与埋深具有很好的线性关系。古地温通过盆地模拟获得。

（4）气–水界面张力（σ）

气–水界面张力会随着温度压力的增高而减小，即地层埋藏越深，气–水界面张力越小。南堡凹陷储层气–水界面张力根据温压条件在表 7.1 中读取。

表7.1　温度和压力对甲烷气界面张力的影响

埋深/m	压力/10⁵Pa	温度/℃	气-水界面张力/（N/m）
0	1	20	0.070
500	50	35	0.063
1000	100	50	0.055
1500	150	65	0.0475
2000	200	80	0.038
2500	250	95	0.033
3000	300	110	0.030
4000	400	140	0.025

（5）天然气摩尔质量

天然气摩尔质量是指在0℃，760mmHg的条件下，22.4L（1mol）天然气所具有的质量。南堡凹陷天然气摩尔质量的获取是根据天然气 PVT 测试数据获得的。根据统计结果，南堡凹陷天然气平均摩尔质量取 18kg/kmol。

（6）天然气压缩因子

天然气压缩因子是指在一定温压条件下，一定量气体实际所占的体积与相同条件下理想气体所占体积之比，受温度、压力影响较大。天然气压缩因子反映了气体能够被压缩的能力。南堡凹陷天然气压缩因子采用天然气实测数据，统计天然气压缩因子与压力之间的关系（图7.4），根据储层所处的温压条件确定天然气的压缩因子取值。

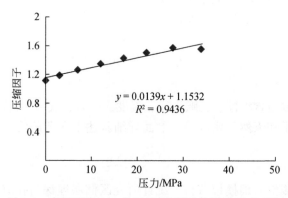

图7.4　南堡凹陷 PG1 井天然气压缩因子与压力关系图

（7）天然气密度

天然气密度是单位体积天然气的质量，可用气体状态方程表示：

$$\rho_g = \frac{PM}{ZRT} \tag{7.3}$$

式中，ρ_g 为天然气密度，kg/m³；P 为天然气所处压力，MPa；M 为天然气分子量，kg/kmol；T 为天然气绝对温度，K；Z 为天然气压缩因子；R 为通用气体常数，0.008314MPa·m³/（kmol·K）。天然气润湿角取0°。

（8）浮力作用下限计算结果

浮力作用下限对应的孔隙度为未知数的一元方程式：

$$2.6094\ln\varphi + 16.455 = \frac{2\sigma\cos\theta}{\rho_g ZRT/M - \rho_w g[-2721\ln(\varphi) + 10592]} \tag{7.4}$$

式（7.4）中除了储层孔隙度为未知数外，其他个各参数取值均在表 7.2 中列出。求解得到南堡凹陷沙三段现今连续型致密砂岩气成藏的顶界对应的孔隙度值为 10.86%。

表7.2　南堡凹陷各构造带浮力成藏下限

构造带	A 实例剖析	B 统计分析	C 数值模拟	三种方法综合			
				深度	孔隙度	渗透率	孔喉半径
1 号构造	3650m	3516m	3678m	3614m	11.40%	0.49mD	0.31μm
2 号构造	3640m	3625m	3699m	3654m	10.50%	0.33mD	0.12μm
3 号–4 号构造	3700m	3758m	3699m	3715m	11.80%	0.85mD	0.23μm
5 号–北堡构造	3700m	3717m	3736m	3726m	10.70%	0.41mD	0.15μm
高柳地区	3900m	3918m	4064m	3959m	10.30%	1mD	0.38μm
老爷庙地区	3400m	3400m	3270m	3357m	11.80%	1mD	0.44μm

通过以上方法对南堡凹陷各构造带的浮力成藏下限进行分析，可以综合得出每个构造带浮力成藏下限的深度及对应孔隙度（表7.2）。南堡凹陷浮力成藏下限的深度分布范围是 3357~3959m，对应孔隙度分布范围是 10.3%~11.8%。其中高柳地区的浮力成藏下限深度最深，达到了 3959m，对应孔隙度为10.3%。老爷庙构造的浮力成藏下限深度最浅，为 3357m，对应孔隙度为 11.8%。1 号构造和 2 号构造浮力成藏下限较浅，3 号和 4 号构造带与 5 号和北堡构造带浮力成藏下限较深。

2. 南堡凹陷油气成藏底限研究

油气成藏底限是指在地质条件下，储层失去容纳流体自由活动空间的临界地质条件，也称自由流体活动门限，对应着油气发生成藏作用的最大埋深或最小孔隙度（霍志鹏等，2014）。确定含油气盆地油气成藏底限的方法有：束缚水饱和度法、储层流体空间分布法和储层圈闭内外势差法（陈筱，2013）。

1）储层流体空间分布法确定油气成藏底限

统计南堡凹陷储层测井综合解释水层、油气层（包括油层、气层、油气同层）和干层随孔隙度变化的分布频率情况，发现水层所占比例随着孔隙度的减小越来越少，油气层所占比例随着孔隙度的减小先增加后减少，而干层所占的比例刚开始为零，之后慢慢增加，当孔隙度减小到 2% 时，干层所占比例达到100%，之后全部为干层。因此，南堡凹陷连续型致密砂岩气成藏的底界对应的储层孔隙度为 2%，孔隙度小于 2% 时，连续型致密砂岩气无法成藏。

2）束缚水饱和度法确定油气成藏底限

统计南堡凹陷实测束缚水饱和度与储层孔隙度的关系表明，束缚水饱和度与储层孔隙度有很好的线性关系，随着孔隙度的减小，束缚水饱和度不断增加，当孔隙度减小到 2% 左右时，束缚水饱和度达到100%，说明储层中再没有自由流体活动的空间，不能形成油气藏。因此，通过束缚水饱和度法确定的储层孔隙度也为南堡凹陷油气成藏底限。

3）圈闭内外势差法确定油气成藏底限

通过研究砂岩及其紧挨着泥岩的界面势能的相对大小可以确定油气成藏底限，只有当圈闭外泥岩的界面势能为砂岩界面势能的两倍以上时，油气才开始成藏，当随着深度的增加，砂泥岩的界面势能差逐渐减小，直至消失时，油气不能成藏，所对应的深度为油气成藏底限。研究表明，当埋深达到 6700m 时，泥岩与紧邻砂岩的界面势能差消失，油气不能成藏，达到油气成藏底限。

4）南堡凹陷各构造带油气成藏底限

通过以上的方法最终确定各个构造带的油气成藏底限（表7.3）。从表中可以看出，不同构造带在孔喉半径、孔隙度和深度上均存在较大差异。其中 3 号构造带和 4 号构造带的油气成藏底限最浅约为5980m，5 号构造带和北堡构造带的埋深最深约为 6250m。1 号构造带油气成藏底限在 6000m 左右，2 号构造带成藏底限较深，在6210m左右。高柳和老爷庙地区的成藏底限深度分别为6120m和6140m。

同时各构造带的成藏底限的物性下限也有较大差别。其中5号和北堡构造带的孔喉半径最小，约0.027μm，孔隙度约为0~3%。老爷庙地区的孔喉半径最大，约为0.051μm，束缚水饱和度约为3.1%，孔隙度为0~3%。3号和4号构造带的成藏底限的束缚水饱和度最低，大概在2%，孔隙度为0~3%，孔喉半径约为0.028μm。1号构造带的成藏底限的束缚水饱和度最高，大概在5.5%，孔隙度也最大为6%~9%，孔喉半径约为0.038μm。2号构造带的成藏底限的孔喉半径0.03μm，束缚水饱和度约为2.2%，孔隙度略高，约为3%~6%。高柳地区的成藏底限的孔喉半径较大，约为0.04μm，束缚水饱和度约为2.4%，孔隙度在0~3%。

表7.3　各个构造带的油气成藏底限

构造带	A 最小流动孔喉半径法	B 势差变化研究	C 束缚水变化研究	D 钻探结果统计验证	
1 号构造	0.038μm	6000m	5.5%	6000m	6%~9%
2 号构造	0.030μm	6200m	2.2%	6210m	3%~6%
3 号–4 号构造	0.028μm	5980m	2.0%	5980m	0~3%
5 号–北堡构造	0.027μm	6250m	—	6250m	0~3%
高柳地区	0.040μm	6100m	2.4%	6120m	0~3%
老爷庙地区	0.051μm	6100m	3.1%	6140m	0~3%

目前研究区内钻井深度为2700m至5300m，最深井为北5井仅深达5320m，暂未达到成藏底限，从成藏角度来说，研究区深层勘探潜力巨大。

3. 南堡凹陷生烃底界研究

Tissot和Wellte指出，不同地区不同类型的干酪根生烃模式在深层均表现出一定的共性，即生烃潜力随着埋藏增加到一定深度后不断降低并趋于极小值，此极小值被称作生烃死亡线（Tissot and Wellte, 1978）。为了更好地定量研究生烃底限，用干酪根母质进一步生成的烃量不足全部生烃总量的1%的点对应的H或R^o来表示（霍志鹏等，2014）。

1）有机元素变化法确定生烃底界

有机质生油、生气的过程（热演化）实际上是脱氧去氢富集碳的芳核缩合的过程，到生油气结束阶段，有机质中H、O元素含量降低，以致H/C值与O/C原子比值降低（Tissot et al., 1974）。根据生烃底限的概念，H/C值、O/C值最后变化率只占总变化率的1%所对应的深度值确定为生烃底限。所以，基于上述方法，根据H/C值、O/C值计算得到的生烃底限分别为6550m和6520m。

2）生烃潜力法确定生烃底限

在烃源岩热解参数中，S_1和S_2分别代表游离烃和热解烃，"S_1+S_2"反映烃源岩生烃潜力，（S_1+S_2）/TOC值为当前烃源岩的生烃潜力指数。图7.38是南堡凹陷湖相烃源岩的（S_1+S_2）/TOC值变化图，可以看出，以$H=3200m$为界，当$H \leqslant 3200m$时，（S_1+S_2）/TOC值随R^o值的增大而增大，并在$H=3200m$时达到最大值HCI_0；当$H>3200m$时，（S_1+S_2）/TOC值随深度值的增大而减小。根据生烃底限的概念，（S_1+S_2）/TOC值最后变化率只占总变化率的1%所对应的深度值确定为生烃底限，即$HCI_p/HCI_0=0.01$，为烃源岩生烃底限，据此判断南堡凹陷烃源岩生烃底限为6404m。

3）残留烃量法确定生烃底限

氯仿沥青"A"或S_1反映了烃源岩的残留烃，这里用单位有机碳的残留烃量S_1/TOC值或氯仿沥青"A"/TOC值来表示烃源岩的残留烃能力。研究表明，烃源岩中残留烃S_1/TOC值或氯仿沥青"A"/TOC

值随着深度或 R^o 值的增加，呈现先增大后减小的"大肚子"的趋势（庞雄奇，1995）。当"A"/TOC、S_1/TOC 值最后变化率只占总变化率的 1% 所对应的深度值确定为生烃底限，即 $HCI_P/HCI_O=0.01$，据此判断南堡凹陷烃源岩生烃底限为 6397m 或 6410m。

4）排烃量法确定生烃底限

烃源岩排烃受生烃和残留烃的影响，同一烃源岩排烃量随深度或 R^o 值的增大，呈现先增大后减小的趋势。当排烃量减小至 0 或某一极小值时，表明排烃结束，意味着生烃也可能停止，排烃量 0 或极小值对应的 R^o 值，即为生烃底限。当排烃量为 0 时，此时排烃速率也减少至 0，而排烃效率增大至最大，接近 100%，因此可以用排烃速率和排烃效率来代替时刻排烃量确定生烃底限（庞雄奇等，2002）。收集不同条件下单位母质的排出烃量随深变化的资料，作单位母质排出烃量随 R^o 或埋深变化的趋势图，判别南堡凹陷烃源岩生烃底限为 6542m（图 7.5）。

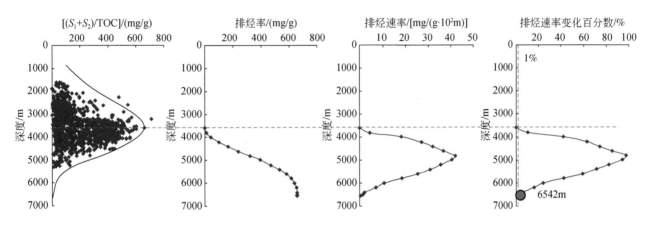

图 7.5　排烃量变化法确定生烃底限

5）烃底限计算结果

东三段烃源岩供烃底限在 2.74%～3.63% 之间，对应深度在 5305～5700m 之间（图 7.6）。

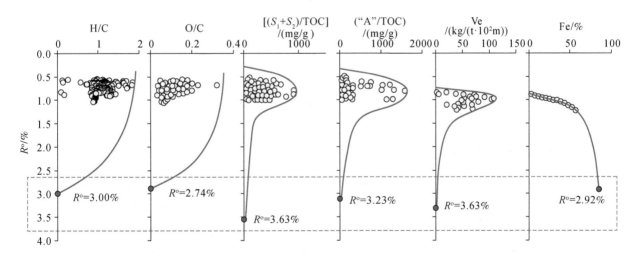

图 7.6　东三段烃源岩供烃底限

沙一段烃源岩供烃底限在 3.26%～3.96% 之间，对应深度在 6360～6720m 之间（图 7.7）。

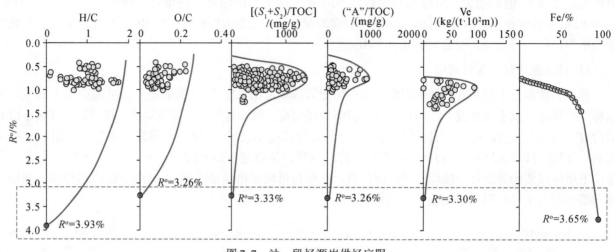

图 7.7　沙一段烃源岩供烃底限

沙三段烃源岩供烃底限在 2.98%～3.71% 之间，对应深度在 6810～7340m 之间（图 7.8）。

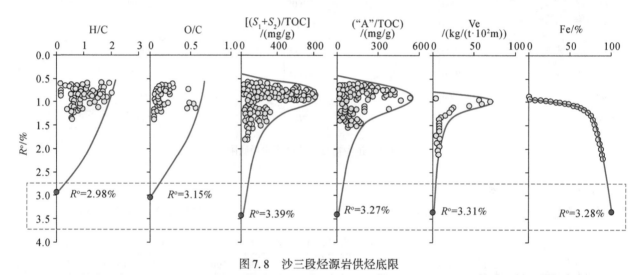

图 7.8　沙三段烃源岩供烃底限

7.2.2　南堡凹陷可以划分出三个不同流体动力场

1. 南堡凹陷流体动力场划分

根据南堡凹陷浮力成藏下限（孔隙度为 12%，平均深度为 4200m）和油气成藏底限（孔隙度为 2%，最大深度为 6700m）对应的孔隙度和埋深，将南堡凹陷主力储集层段明化镇组、馆陶组、东一段、东二段、东三段、沙一段、沙二段、沙三段划分为自由流体动力场、局限流体动力场和束缚流体动力场。自由流体动力场介于深度小于 4200m 的范围内，主要形成常规油气藏；局限流体动力场介于埋深为 4200～6700m 地层范围内，主要形成致密油气藏；束缚流体动力场位于埋深大于 6700m 的地层范围内，油气很难成藏（图 7.9）。南堡凹陷馆陶组及以上层位现今全部为自由流体动力场，自东一段开始，现今流体动力场分布开始出现局限流体动力场，一直到东三段上亚段才出现束缚流体动力场。

2. 南堡凹陷流体动力场演化分析

流体动力场划分以孔隙度指标作为其临界条件，因此要研究流体动力场的演化，就是研究其划分边

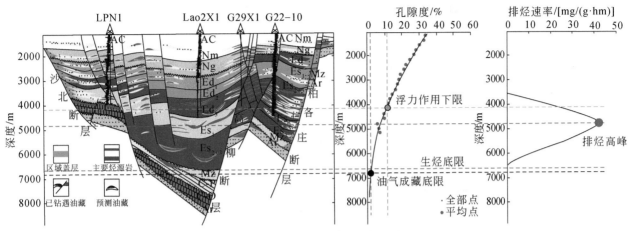

图 7.9　南堡凹陷流体动力场划分

界的变化，即孔隙度指标的变化。因此对研究目的层组孔隙度演化史进行恢复是必然的。南堡凹陷砂岩孔隙演化减孔模型的建立采用刘震等（2007）提出的孔隙度与埋深、时间的双元函数模型 ［式（7.5）］，增孔模型的建立采用潘高峰等（2011）建立的砂岩孔隙增孔模型。

$$\phi = 47.216\exp\ (-0.0003998825998z + 0.0000734079995948t - 0.0000000357689zt \tag{7.5}$$

式中，ϕ 为储层孔隙度，%；z 为埋深，m；t 为埋藏时间，Ma。

基于孔隙度演化恢复的基础上，对南堡凹陷不同地质历史时期的动力场进行恢复。

1）沙三段（Es_3）油气动力场演化

沙三段沉积埋藏后，随着上覆地层的沉积埋藏深度不断增加（图 7.10）。沙河街末期，沙三段埋深较浅，深度为 300～550m，地层压实作用较弱，储层孔渗高，自由油气动力场广泛分布，仅在高柳地区拾场次凹发育局限油气动力场。沙河街末期地层经历短暂隆起剥蚀后继续沉降，至东营末期，沙三段埋深为 1400～2600m，地层压实作用较强，储层孔渗较高，自由油气动力场范围缩小，局限油气动力场范围增大，除了高柳地区以外，在林雀次凹和曹妃甸次凹也发育局限油气动力场。此外，林雀次凹开始出现束缚油气动力场。东营末期地层短暂抬升剥蚀后继续沉降，至明化镇末期，沙三段埋深为 2100～3500m，地层压实作用进一步增强，储层物性变差，局限油气动力场范围进一步扩大，在高柳地区、老爷庙构造带、北堡构造带和 3 号构造带均有分布。束缚油气动力场不仅在林雀次凹发育，也在拾场次凹和曹妃甸次凹分布。演化至现今期，沙三段埋藏深度达到最大，局限油气动力场大范围分布，仅在高柳地区、4 号和 5 号构造带保留自由油气动力场，此外，在拾场次凹、林雀次凹和曹妃甸次凹发育的束缚油气动力场范围进一步扩大。

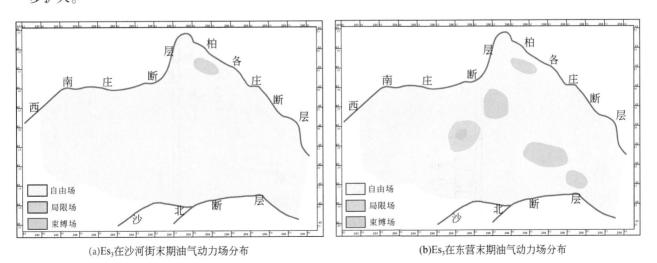

(a)Es_3在沙河街末期油气动力场分布　　　　　　　　　　(b)Es_3在东营末期油气动力场分布

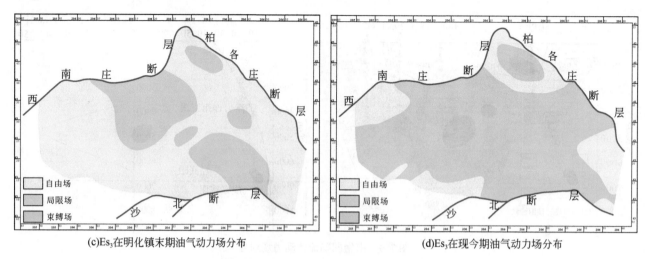

(c)Es₃在明化镇末期油气动力场分布　　　　　(d)Es₃在现今期油气动力场分布

图7.10　沙三段（Es₃）油气动力场演化

2）沙一段（Es₁）油气动力场演化

沙一段是沙河街末期沉积的地层，经历短暂的抬升剥蚀后继续沉降，至东营末期，地层埋深为1000～2200m，储层孔渗高，自由油气动力场广泛发育，仅在北堡构造带、林雀次凹和曹妃甸次凹发育局限油气动力场，未发育束缚油气动力场（图7.11）。明化镇末期，地层埋深为1800～3000m，储层孔渗降低，局

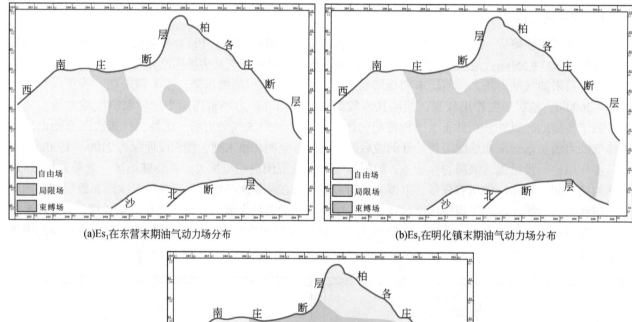

(a)Es₁在东营末期油气动力场分布　　　　　(b)Es₁在明化镇末期油气动力场分布

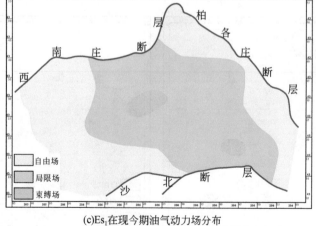

(c)Es₁在现今期油气动力场分布

图7.11　沙一段（Es₁）油气动力场演化

限流体动力场范围进一步扩大，主要分布在老爷庙构造带、北堡构造带、3 号构造带、林雀次凹和曹妃甸次凹，束缚油气动力场仍未发育。到现今期，地层埋深进一步加大，储层孔渗变差，局限流体动力场分布广泛，在高柳地区、1 号、2 号、4 号和 5 号构造带仍保留有自由油气动力场。此外，在林雀次凹和曹妃甸次凹开始发育束缚油气动力场。

3）东二段（Ed₂）油气动力场演化

东二段（Ed_2）埋藏深度相对较浅，在东营末期埋深为 300 ~ 550m，储层孔渗高，自由油气动力场在全区广泛发育，仅在曹妃甸次凹出现局限油气动力场（图 7.12）。明化镇末期，地层埋深 1050 ~ 1500m，仍以自由油气动力场为主，局限油气动力场范围相对增大，除在曹妃甸次凹外在林雀次凹也有分布。演化至现今期，局限油气动力场在曹妃甸次凹和林雀次凹的范围进一步增大，无束缚油气动力场发育。

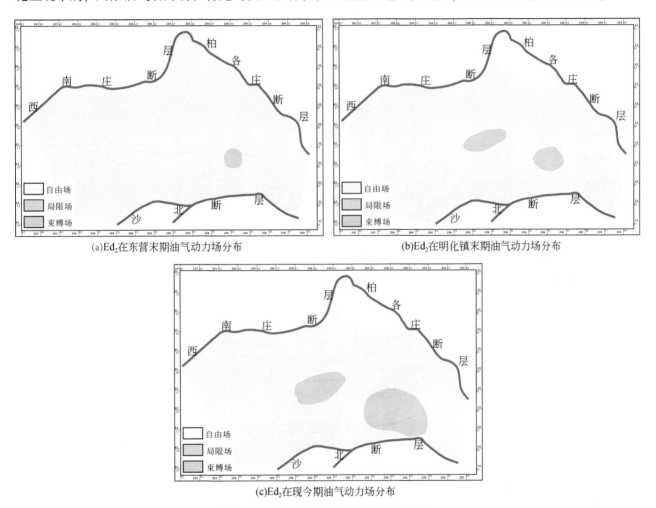

(a)Ed₂在东营末期油气动力场分布　　　　　　　　(b)Ed₂在明化镇末期油气动力场分布

(c)Ed₂在现今期油气动力场分布

图 7.12　东二段（Ed_2）油气动力场演化

4）剖面动力场演化

以 2 号构造带-高柳地区剖面为例，恢复剖面上动力场演化特征（图 7.13）。沙河街末期，由于地层埋深较浅，仅在高柳断层以北的沙三-沙二段发育局限油气动力场，其他地层为自由油气动力场。随着埋藏深度增大，部分自由油气动力场发展为局限油气动力场。局限油气动力场范围增大，主要分布在高柳断层以南的沙三-沙一段及高柳断层以北的沙三-沙二段。至明化镇末期，埋深较大的局限油气动力场转化为束缚油气动力场，主要分布在沙三-沙二段。局限油气动力场在高柳断层以南的发育范围进一步扩大，在沙三-东三段均有分布，而在高柳断层以北变化不大，仍分布在沙三-沙二段。演化至现今期，束缚油气动力场和局限动力场范围进一步增大，自由油气动力场范围相应缩小。束缚油气动力场主要分布在高柳断层以南的沙三–沙一段和高柳断层以北的沙三–沙二段，局限油气动力场主要分布在高柳断层以南的沙一–东二段及高柳断层以北的沙二段，而自由流体动力场主要分布在高柳断层以南的东二段及以上地层和高柳断层以北的沙二段及以上地层。

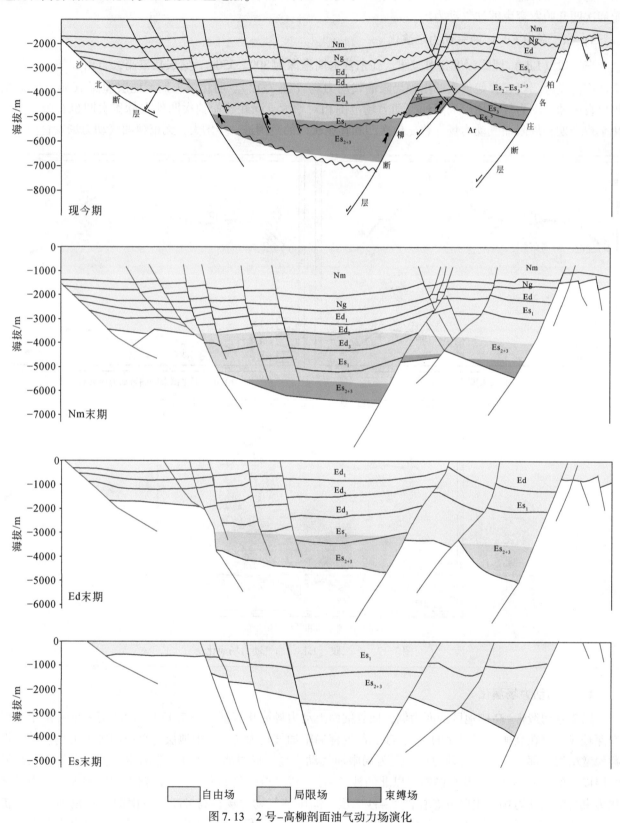

图 7.13 2 号–高柳剖面油气动力场演化

7.2.3 南堡凹陷流体动力场控制油气藏分布发育规律

1. 自由流体动力场油气藏分布发育规律

自由流体动力场内主要形成常规油气藏，其中常规油气藏还可以进一步分为三个亚类油气藏。一是常规构造油气藏，运聚动力以浮力为主，主控因素为烃源灶（S）、区域盖层（C）、沉积相（D）和古隆起（M），分布发育模式可用 T-CDMS 表示。二是常规断块油气藏，运聚动力以浮力和压力为主，主控因素为烃源灶（S）、区域盖层（C）、沉积相（D）和断层（F），分布发育模式可用 T-CDFS 表示。三是常规岩性油气藏，运聚动力主要为浮力和毛细管力，成藏主控因素为烃源灶（S）、地质相（D）、区域盖层（C）和低界面势能（P），分布发育模式可用 T-CDPS 表示。

自由流体动力场中油气富集具有"四高"特征：高位封盖、高点汇聚、高孔富集和高压成藏。通过对南堡凹陷老爷庙、高尚堡、柳赞及南堡地区油气田的剖析，认为南堡凹陷目前发现的基本上都为自由流体动力场内的常规构造类和常规岩性类油气藏，油气藏发育层位之上均有局部盖层或者区域盖层的封盖作用，如沙一段、东二段、馆陶组、明化镇组等区域盖层对下伏层位油气的封堵。这些油气藏绝大多数位于凹陷的构造高点，少数岩性油气藏分布在相对低洼位置。这些油气藏的孔隙度多大于12%，渗透率多大于1mD。油气藏的地层压力为常压到超压，多数超压，压力系数多大于1，具有上述四个典型特征。

2. 局限流体动力场油气分布发育规律

局限流体动力场中油气运移聚集主要受毛细管力和膨胀力控制，浮力不再对油气运移和聚集起主导作用。在该流体动力场中发育致密常规、致密深盆、致密复合三种致密油气藏。致密常规油气藏是浮力作用形成的常规油气藏深埋之后因储层压实和成岩致密转化而来，成因机制可概括为"先成藏后致密"，它们形成于埋深较浅时期的构造隆起部位的高孔隙度和高渗透率储层内（庞雄奇等，2013a，b）。致密深盆油气藏是有效源岩排出的油气进入了与源岩层紧密相邻的致密储层后，因不受浮力控制而就近聚集形成的油气藏，成因机制可概括为"先致密后成藏"。由于深拗区内埋藏较深的储层最先进入浮力成藏下限，因而致密深盆油气藏最先形成于深拗区并逐步向周边拓展。这类油气藏形成后显示出"四低、两大、一紧邻"的地质特征，即低位倒置、低凹汇聚、低孔富集和低压稳定，分布面积大，资源储量规模大，源储紧邻。致密复合油气藏是由致密常规油气藏与致密深盆油气藏叠加复合而成，成因机制上属于"先成藏后致密再成藏"。这类致密油气藏主要分布在构造斜坡区和构造高部位，具有致密常规油气藏高点汇聚、高位封盖特征，同时具有致密深盆油气藏低拗汇聚、低孔富集特征。目前，南堡凹陷致密砂岩油气的勘探已经有了良好的苗头，如南堡 3-20 井、庙 36 井、高 8X1 井，都在致密储层中见到了良好的油气显示，有的获得了工业油气流。

3. 束缚流体动力场

束缚流体动力场主要位于盆地最深部，其埋藏深度达到 6700m 以深，在这一领域内储层埋藏很深，孔隙度异常小，渗透率接近于零。它们之中的油气都是早前聚集和保存下来的，超深部束缚流体动力场油气成藏具四不明特征：孔隙结构不明、富集状态不明、运聚动力不明、勘探潜力不明。

7.2.4 南堡凹陷油气藏分布发育预测评价

不同流体动力场油气成因机制不同，油气成因类型不同，并且在不同流体动力场中油气分布资源量也具有较大差异。通过运用生烃潜力法对南堡凹陷三套主要烃源岩的生排烃演化进行研究及油气资源潜力评价结果表明，东三段烃源岩排出的油气中，42%的油气资源位于局限流体动力场之中；沙一段排出的油气中，85.78%的油气资源富集在局限流体动力场中；沙三段烃源岩排出的油气中，92.54%的油气资源富集在局限流体动力场中。综合来看，三套烃源岩排出油气总资源量为 $115.89 \times 10^8 t$，其中只有19%的油气资源富集在自由流体动力场中形成常规油气藏，而81%的油气资源位于局限流体动力场之中，表明局限流体动力场中巨大的资源潜力。

7.3 油气富集机制决定了油气藏类型与油气资源类别

7.3.1 源岩层系外浮力主导形成常规油气藏

在浮力作用下，油气顺高孔渗输导层或断裂自盆地深部向浅部，或自盆地中心向边部运移，在经历了较长距离的二次运移之后并在致密盖层下相对较高部位聚集成藏的现象为浮力成藏。浮力作用形成的常规油气藏的基本特征可概括为3个方面：高点汇聚、高位封盖、高孔富集、高压成藏；油气分布面积小、油气储量规模小；油气来源与油气藏分离。

南堡凹陷目前已发现的油气藏基本都为常规油气藏，以南堡凹陷的生储盖组合配置关系为基础，将南堡凹陷在纵向上划分为3个主要的油气成藏组合（范柏江等，2012a）：①东一段—明化镇组源上成藏组合，该成藏组合位于烃源岩层之上，东二段稳定分布的泥岩层系将该组合的储集层及烃源岩层分隔开来，油气首先从源岩层排出，后沿断裂为主的输导层向浅层储集层运移，多形成断裂型构造油气藏，及少量岩性油气藏；②沙河街组—东二段源内成藏组合，该组合内多套生烃源岩的分布与储层频繁互层，油气藏的形成与分布受断裂特征、层序界面和有利储层位置等多种因素组合的输导体系有关，成藏组合以"自生自储"型为主，源储接触关系良好；③古潜山源下成藏组合以古潜山作为研究对象，是南堡凹陷未来勘探的重点，具有巨大的勘探前景，油气主要以不整合面和断裂-裂缝为主要的输导体系，成藏组合以"上生下储"型为主。

7.3.2 源岩层系间非浮力主导形成致密油气藏

南堡凹陷馆陶组及以上层位现今全部处于自由流体动力场，自东一段开始，现今流体动力场分布开始出现局限流体动力场，一直到东三段上亚段才出现束缚流体动力场。目前发现的油气藏大多处于自由流体动力场之内，少量处于局限流体动力场与自由流体动力场过渡区域。

7.3.3 源岩层系内非浮力主导形成致密页岩油气藏

页岩油气系指仅具有初次运移而未经过或只经过极短暂二次运移，在泥页岩层系中自生自储的原油（张金川等，2012），是一种源岩层系内的油气资源，其形成和富集机理与常规油气藏有很大差异。页岩油气的初次运移以生烃造成的地层超压和气体的分子扩散力为动力，通过干酪根网络、纹层间及微裂缝发生了小尺度的运移，油气大部分滞留原地，运移效率极低，成藏方式为差异生烃超压驱动、滞涨-扩散成藏。以南堡凹陷沙河街组为例，沙三、四亚段，烃源岩生成的气一部分排出，聚集在与烃源岩相邻的沙三段一、二、三、五亚段砂体中，一部分以游离和吸附两种形式滞留在烃源岩内部，以超压驱动、滞涨-扩散方式赋存于有机质自身孔缝和泥页岩无机组分的孔缝中。

7.4　南堡凹陷进一步深化勘探领域与评价

7.4.1　常规油气藏与潜在有利勘探领域

1. 剩余资源分布

在第4章南堡凹陷油气来源于资源潜力中，已经应用多参数约束油藏规模序列法，对于南堡凹陷剩余油气资源分布进行了详细研究，预测了各类型油气藏剩余储量约为$8.07×10^8$ t，但不同类型油气藏探明率不同，因此剩余资源量也不尽相同，预测结果表明（表7.4）在南堡凹陷断块油藏、岩性油藏和古潜山油藏最具勘探潜力，且古潜山油藏和岩性油藏的大规模油藏未发现，具有较大的勘探潜力，是潜在有利的资源领域。南堡凹陷未来有利勘探方向在以断块油藏为主的同时，应指向深层岩性油藏、古潜山油藏的勘探。

表 7.4　南堡凹陷不同类型常规油气藏剩余储量分布预测结果

油藏类型	探明油藏特征			预测剩余油藏特征			综合特征		
	个数	最大规模油藏/10^4 t	探明储量/10^8 t	个数	最大规模油藏/10^4 t	预测剩余储量/10^8 t	个数	最大规模油藏/10^4 t	总储量/10^8 t
断块油藏	260	4936.33	2.350	394	2586.36	2.56	654	4936.33	4.91
背斜油藏	59	2753.97	2.690	298	158.82	1.00	357	2753.97	3.69
断鼻油藏	40	1849.72	1.560	238	110.30	0.77	278	1849.72	2.33
古潜山油藏	13	250.80	0.099	139	2217.70	1.16	152	2217.70	1.26
岩性油藏	4	711.94	0.120	389	3310.16	2.58	392	3310.16	2.70
合计	376		6.81	1458		8.07	1833		14.89

2. 潜在有利勘探领域预测

对于明化镇组、馆陶组及东一段中浅层储层而言，凹陷全区基本上均处于自由流体动力场中，主要发育浮力主导形成的各种常规油气藏，潜在油气勘探领域与油气规模序列法预测的剩余油气资源分布结果一致，南堡Ⅲ号和Ⅳ号成藏体系因其剩余油气资源量大，为主要的潜在油气勘探领域，其次为南堡Ⅱ号和南堡Ⅴ号成藏体系，油气藏类型以岩性地层以及断块油气藏为主。东二段开始，南堡Ⅲ号和南堡Ⅳ号油气成藏体系的南堡1号构造带及南堡4号构造带部分地区开始出现局限流体动力场，在该区域储层孔渗性变差，浮力对油气聚集不再起主要作用，油气藏类型以致密常规油气藏为主，综合其剩余油气分布特征及流体动力场控藏可知，东二段储层的潜在有利勘探区域主要为南堡Ⅲ号构造带、南堡Ⅳ号构造带自由流体动力场分布区域及老爷庙构造带，有利的油气藏类型为岩性地层油气藏及断块油气藏（图7.14）。沙一段储层以来，沙河街组储层除发育自由流体动力场及局限流体动力场外，开始出现束缚流体动力场，凹陷内沉积厚度巨大的生油次凹主要发育束缚流体动力场及局限流体动力场，南部缓坡带主要发育自由流体动力场（图7.15）。综合其剩余油气分布特征及流体动力场控藏特征可知，沙一段和沙三段储层的潜在有利勘探领域主要为南堡Ⅲ号和Ⅳ号成藏体系，即南堡3号构造带和南堡4号构造带，潜在的油气藏勘探类型主要为岩性地层油气藏。

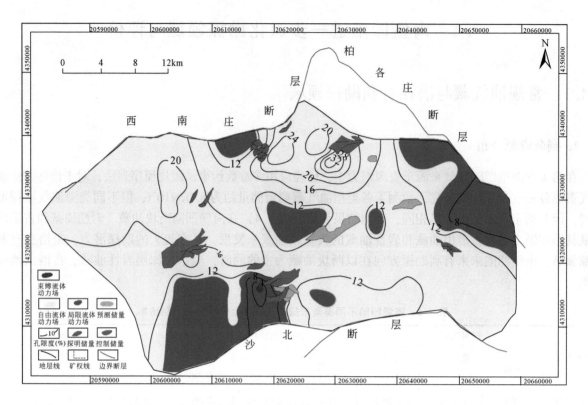

图 7.14　南堡凹陷东二段流体动力场划分与剩余资源分布预测图

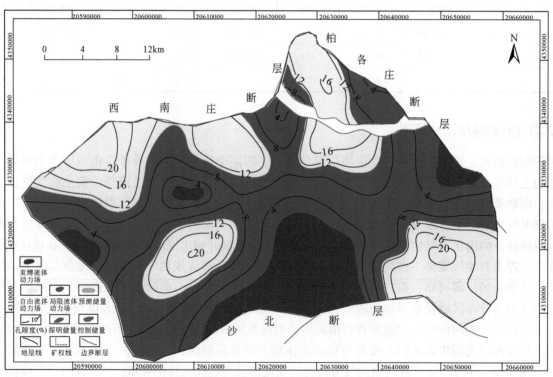

(a)沙一段上亚段流体动力场与剩余资源分布

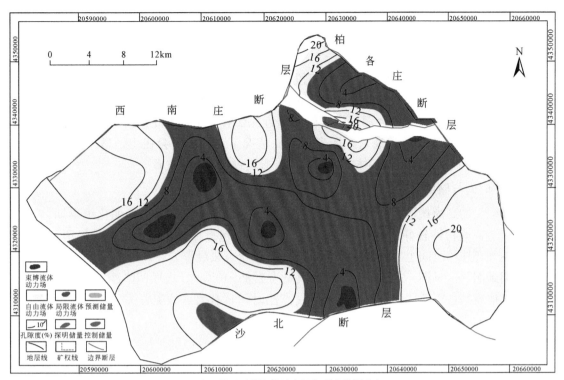

(b)沙一段下亚段流体动力场与剩余资源分布

图7.15　南堡凹陷沙一段储层流体动力场与剩余资源分布预测图

综上所述，南堡凹陷潜在的常规油气藏有利勘探领域主要分布在东三段、沙一段以及沙三段南堡滩海地区的2、3、4号构造带，其潜在油气藏勘探类型以地层岩性油气藏为主，因此寻找南部滩海地区沙一段和沙三段两套烃源岩层系中的岩性地层油气藏成为冀东油田下一步常规油气藏勘探的重心。

7.4.2　致密非常规油气藏与潜在有利勘探领域

1. 致密砂岩油气成藏条件分析

1）优质的烃源岩

南堡凹陷发育多期沉积旋回形成东三段、沙一段和沙三段三套广泛发育的有效烃源岩，为凹陷内致密非常规油气藏的形成提供了丰富的物质基础。利用生烃潜力法对两套烃源岩的排烃强度进行计算，沙三段烃源岩累计排烃强度最大可达 $900\times10^4 t/km^2$，排烃范围基本遍布全区；沙一段烃源岩累计排烃强度为集中在 $90\times10^4 \sim 270\times10^4 t/km^2$，生烃中心的排烃强度最大达到 $360\times10^4 t/km^2$。Es_3 烃源岩发生大规模排烃作用的时间较早，在沙河街组沉积期就发生一定规模的排烃过程，东营组沉积期以来，源岩发生了大规模的排烃过程。Es_1 烃源岩发生大规模排烃作用的时间较晚，其大规模排烃时间主要集中在馆陶组沉积期以后。

2）大面积分布的致密储层

沙河街组沉积时期，受构造演化格局控制，南堡凹陷北部陡坡带发育近岸水下扇、扇三角洲沉积体系，南部缓坡带发育辫状河三角洲沉积体系，湖盆中央为半深湖–深湖亚相沉积，发育重力流浊积扇，多方向、多物源、多期次发育的储集砂体，形成了大面积分布的有利砂体分布区。根据致密储层发育区约20口探井的取心井段的物性分析化验资料统计表明：沙一段储层孔隙度为 0.01% ~20.5% 之间，平均孔隙度为8.3%；沙三段孔隙度介于 0.01% ~24.7% 之间，平均为7.66%，属于致密储层范畴。对于整个南堡凹陷来说，滩海地区以及高柳断层以北的高深北区沙河街组储层具备致密砂岩油气藏形成的致密储层条件。

3）良好的源储配置关系

从地质剖面上看，沙三段致密层沙三段三亚段位于主力烃源岩沙三段四亚段之上，源储紧邻，属于典型的"源上"配置关系，具有近源的有利成藏条件。沙三段为滨浅湖–深湖、扇三角洲和冲积扇沉积，致密储集层与烃源岩呈互层式或者"泥包砂"的源储近源配置关系，因此，当储集层致密之后，烃源岩生成的油气在没有断层等优势运移通道远距离运移的情况下，很可能会在生烃增压导致的气体膨胀力（异常高压）的作用下在附近的致密砂体中近源聚集，形成致密砂岩油气藏。

4）油气充注时间与储层致密时间匹配

滩海地区和陆上的高尚堡地区沙三段储层致密的时间主要是在馆陶末期到明化镇早期，而陆上的柳赞地区沙三段储层普遍物性较好，尚未达到致密。综合流体包裹体分析和烃源岩排烃历史的研究结果，沙三段储层天然气充注的时间主要是馆陶期到明化镇期。沙三段烃源岩在沙三段储层致密化（致密化的时间为馆陶末期到明化镇早期）之后排出的天然气量为 $2.85 \times 10^{12} \text{m}^3$。南堡凹陷沙三段具有致密砂岩油气近源成藏的关键地质条件，即储层致密时间和油气充注时间具有很好的配置关系，这为致密砂岩油气近源成藏提供了很好的契机。

5）广泛分布的异常高压

根据对鄂尔多斯盆地上古生界连续型致密砂岩气近源成藏动力的剖析发现，浮力对连续型致密砂岩气成藏不起主要作用，而生烃等原因造成的异常压力是连续型致密砂岩气近源大规模聚集的重要动力。南堡凹陷普遍发育高压，垂向上存在两个超压带（图7.16）：第一超压带为东二段到沙一段，压力系数为 1.2～1.4，剩余压力为 5～25MPa；第二超压带为沙二段到沙三段，压力系数为 1.3～1.7，剩余压力为 5～15MPa。剖面上，地震预测地层压力系数分布结果也表明，南堡凹陷沙三段广泛存在异常高压。

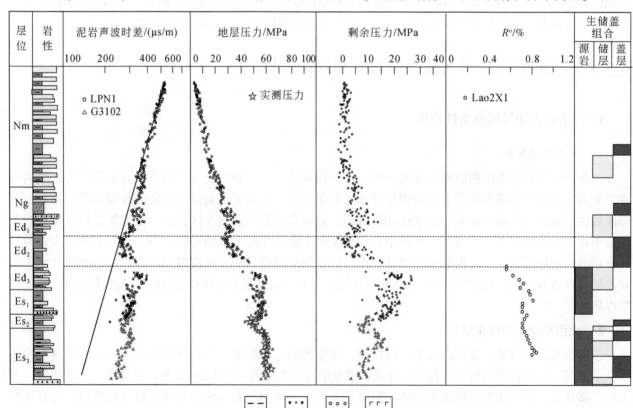

图 7.16 南堡凹陷地层垂向异常压力分布图

2. 致密砂岩油气有利勘探领域预测

1) 致密砂岩油有利勘探领域预测

对于致密砂岩油的资源潜力预测采用了中石油致密油评价要素及评价标准（贾承造等，2012；郭秋麟等，2013），并结合南堡凹陷沙河街组实际地质特征，选择烃源岩有机碳丰度（TOC）、有机质成熟度（R^o）、储层厚度（H）及致密储层孔隙度分布，四个既能表征致密油成藏地质要素又能定量表达的分布参数，采用四图叠合法对南堡凹陷致密油有利勘探领域进行预测（表 7.5）。

表 7.5　致密砂岩有利区选择标准（中国石油规范）

参数		最低值
储层	面积/m²	≥50
	厚度/m	≥10
	孔隙度/%	≥4
烃源岩	TOC/%	≥1
	R^o/%	0.6~1.3
构造		较稳定
地表		有利
油气显示		有发现
埋深/m		≤4500

将沙一段和沙三段的上述地质参数边界进行叠合确定了沙一段上下亚段、沙三1、沙三2、沙三3亚段的致密油有利区预测位置，并得到了各亚段致密油有利区分布面积。根据有利区叠合结果，可以看出，沙一段致密油有利区主要分布在高柳断层以南的滩海地区，有利区面积约为 615km²（图 7.17），沙三段由于南部滩海地区烃源岩热演化程度增大，已达到生气热演化程度，致密油有利区主要分布在高柳断层以北埋藏深度较浅的拾场次凹，有利区面积约为 96~117km²（图 7.18）。

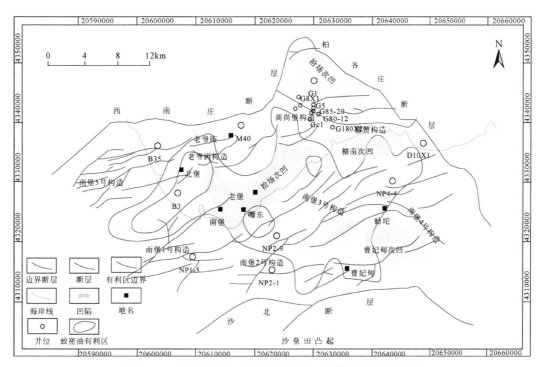

图 7.17　南堡凹陷沙一段致密油潜在有利勘探领域预测图

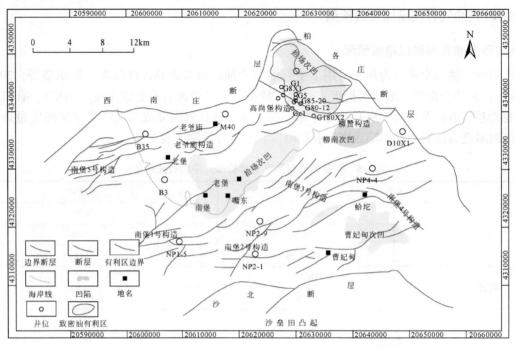

图 7.18 南堡凹陷沙三段致密油潜在有利勘探领域预测图

2) 致密砂岩气有利勘探领域预测

基于南堡凹陷烃源岩演化程度及排油气历史分析，目前只有沙三段烃源岩演化程度达到了高成熟–过成熟，能够生成天然气。因此本次研究选择沙三段作为评价单元，研究致密砂岩气藏的分布及资源潜力。根据南堡凹陷油气比随深度的统计关系，确定 4400m 以下全部为天然气成藏，而 4400m 对应的孔隙度为 9.8%，位于浮力作用下限（孔隙度为 10.86%）之下，这与烃源岩演化 $R^o > 1.3\%$ 的深度范围是对应的。因此沙三段致密砂岩气藏发育的储层孔隙度应为 2%~9.8%，深度范围为 4400 以下。

图 7.19 南堡凹陷沙一段页岩油潜在有利勘探领域预测图

3）页岩油资源潜力及有利勘探领域预测

根据自由烃氯仿沥青 "A" 和 S_1 分布，结合压力系数分布，在沙一段束缚油气动力场中预测页岩油气有利勘探区带。其中沙一段页岩油潜在有利领域主要位于林雀次凹和曹妃甸次凹（图 7.19）；沙三段页岩油潜在有利领域主要位于林雀次凹、曹妃甸次凹和拾场次凹（图 7.20）。

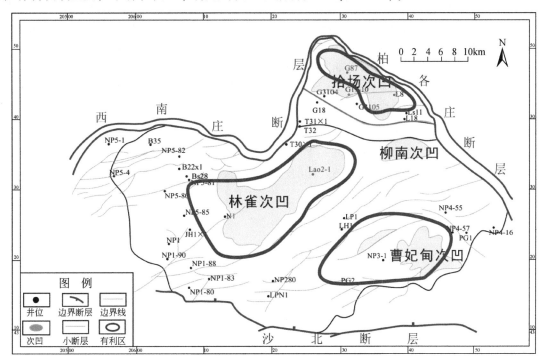

图 7.20　南堡凹陷沙三段页岩油潜在有利勘探领域预测图

7.4.3　潜在有利勘探领域比较与优选

因此为了确定下一步的勘探方向，需要将预测的各类型有利勘探领域进行比较和优选。本次研究主要通过资源量的大小、资源类型、探明率、经济性等方面进行对比，对有利勘探领域进行排序。结果表明，南堡凹陷中深层岩性油气藏、断块油气藏及深层古潜山油气藏是最为有利的勘探领域，其次为非常规致密砂岩油及致密砂岩气资源领域（表 7.6）。

表 7.6　南堡凹陷潜在有利勘探领域对比评价表

资源领域	资源类型	油气总储量或资源量/10^8t	剩余资源量/10^8t	探明率/%	资源潜力	经济性	分布区域	分布层位	对比排序
常规油气	断块油藏	4.91	2.56	47.86	较大	好	南堡 2 号–3 号构造带、南堡 4 号构造带	Ed_3	3
	背斜油藏	3.69	1	72.90	较小	好			6
	断鼻油藏	2.33	0.77	66.95	较小	好		Es_1	7
	岩性油藏	2.7	2.58	4.44	大	好		Es_3	1
	古潜山油藏	1.26	1.16	7.94	较大	好			2
非常规油气	致密砂岩油	1.20	1.20	0.00	较大	较好	凹陷中部、拾场次凹	Es_1 Es_3	4
	致密砂岩气	655.06×10^8m³	655.06×10^8m³	0.00	较大	较好	林雀次凹、拾场次凹附近	Es_3	5
	页岩油	2.72	2.72	0.00	大	差	林雀次凹、拾场次凹附近	Es_3^4	8

7.5 南堡凹陷进一步深化勘探有利区带与评价

在本次研究中采用功能要素组合控藏理论预测潜在有利勘探区带。烃源灶（S）、沉积相（D）、区域盖层（C）、古隆起（M）、断裂带（F）和低界面势能区（P）这6个功能要素控制着油气藏的形成和分布。上述6个功能要素在主要成藏期（T）时的不同形式的组合控制着不同类型油气藏的形成与分布，可以建立4种不同的成藏模式（图7.21）：区域盖层（C）、沉积相（D）、古隆起（M）和烃源灶（S）在主要成藏期（T）时的组合控制着背斜类油气藏的形成和分布，其成藏模式可以表征为T-CDMS；区域盖层（C）、沉积相（D）、低势区（P）和烃源灶（S）在主要成藏期（T）时的组合控制着岩性类油气藏的形成和分布，其成藏模式可以表征为T-CDPS；区域盖层（C）、烃源灶（S）、古隆起（M）、断裂带（F）在主要成藏期（T）组合控制着潜山类油气藏的形成和分布，其控藏模式可以表征为T-CSMF；区域盖层（C）、烃源灶（S）、古隆起（M）和断裂带（F）在主要成藏期（T）时的组合控制着断块类油气藏的形成和分布，其成藏模式可以表征为T-CDFS。详细过程和步骤参考有关专著（庞雄奇等，2014a-c）。

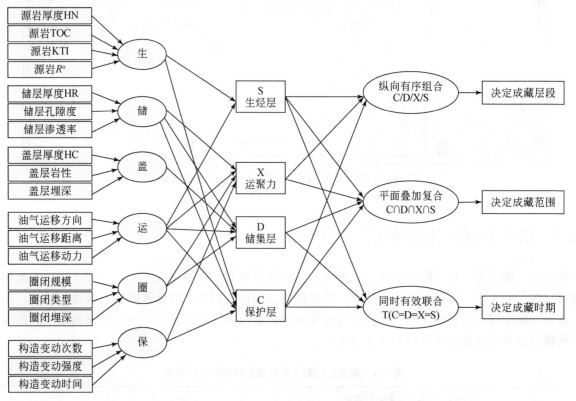

图7.21　功能要素组合控油气分布模式的概念模型（庞雄奇等，2012）

7.5.1 主要目的层有利成藏区带

综合生储盖组合配置关系及已发现油气富集层位，本次研究目的层段，从上到下分别为：明化镇组（Nm）、馆陶组（Ng）、东营组一段（Ed$_1$）、东营组二段（Ed$_2$）、东营组三段（Ed$_3$）、沙河街组一段（Es$_1$）、沙河街组二段（Es$_2$）、沙河街组三段上亚段（Es$_3^1$）、沙河街组三段中亚段（Es$_3^2$）、沙河街组三段下亚段（Es$_3^3$）、奥陶系（O）、寒武系、古生界。

1. 明化镇组（Nm）

应用功能要素组合控藏模式分别对明化镇组目的层的背斜、断块及岩性有利区进行了预测，获得各种类型油气藏有利区定量预测平面图。预测出 5 个背斜油气藏有利区，分布在高尚堡背斜构造带高 63 井区、老爷庙构造带庙 17-7 井区、南堡 1 号构造带南堡 101 井区及南堡 2 号构造带。断块型油气藏有利区分布较背斜型有利区范围更大，预测出 10 个断块油气藏有利区，在高尚堡–柳赞构造带发育 1 个、老爷庙构造带庙 28-11 井区附近 1 个，其他都分布在拗陷南部南堡 5、1、2、3 和 4 号构造带。预测出 6 个岩性油气藏有利区带，主要分布在拾场次凹南部–林雀次凹北部高 55-20 井区—庙 136 井区、南堡 5 号构造带、南堡 1 号构造带、南堡 2 号–3 号构造带、林雀次凹中南部及曹妃甸次凹北部。将这三种类型油气藏有利区带进行叠加复合，三种类型有利区叠加的区域是勘探潜力最大的区带，勘探成功率高，两种类型有利区叠加区域勘探潜力次之，据此可以评价出 Nm 层有 5 个最有利勘探区带、11 个较有利勘探区带，具体分布如图 [图 7.22（a）]。

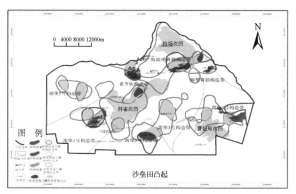
(a)Nm层有利区预测结果

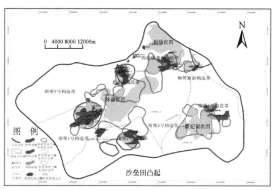
(b)Ng层有利区预测结果

(c)Ed₁层有利区预测结果

(d)Ed₂层有利区预测结果

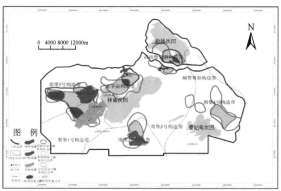
(e)Ed₃层有利区预测结果

(f)Es₁层有利区预测结果

(g)Es₁¹层有利区预测结果

(h)Es₁²层有利区预测结果

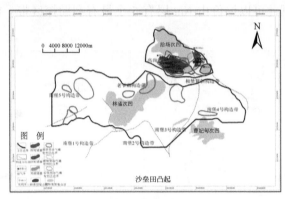

(i)Es₁³层有利区预测结果

图7.22　南堡凹陷主要目的层有利区预测结果

　　应用功能要素组合控藏模式分别对馆陶组目的层的背斜、断块及岩性有利区进行了预测，获得各种类型油气藏有利区定量预测平面图。预测出6个背斜油气藏有利区，分布在高尚堡背斜构造带高106-5井区、老爷庙构造带庙17-7井区、南堡1号构造带南堡5-85井区及南堡2号构造带。预测出11个断块油气藏有利区，分布在高尚堡背斜构造带、柳赞背斜构造带、老爷庙构造带、林雀次凹北部、西北部，以南堡1、2和5号构造带。预测出5个岩性油气藏有利区带，主要分布在拾场次凹南部–林雀次凹北部、林雀次凹西北部庙39X1井南部、南堡1号构造带南堡1-2井以北、南堡2号构造带南堡2-3井以南及曹妃甸次凹。将这三种类型油气藏有利区带进行叠加复合，三种类型有利区叠加的区域是勘探潜力最大的区带，勘探成功率高，两种类型有利区叠加区域勘探潜力次之，据此可以评价出Ng层有4个最有利勘探区带、10个较有利勘探区带，具体分布如图［图7.22（b）］。

　　应用功能要素组合控藏模式分别对东营组一段目的层的背斜、断块及岩性有利区进行了预测，获得各种类型油气藏有利区定量预测平面图。预测出3个背斜油气藏有利区，分布在老爷庙构造带高63井区附近、南堡1号构造带南堡1-32井块、南堡1-3井块和老堡南井块，及南堡2号构造带的南堡2-3井块、南堡206井块。断块型油气藏有利区带分布面积较大，说明断块型油气藏在该层段更为发育，预测出6个断块油气藏有利区，分布面积较大，分布在高尚堡背斜构造带高59-35井块、老爷庙构造带、南堡5、1和4号构造带。预测出2个岩性油气藏有利成藏区带，分布在林雀次凹北部和林雀次凹西南部南堡5号构造带。将这三种类型油气藏有利区带进行叠加复合，三种类型有利区叠加的区域是勘探潜力最大的区带，勘探成功率高，两种类型有利区叠加区域勘探潜力次之，据此可以评价出Ed₁层有2个最有利勘探区带、3个较有利勘探区带，具体分布如图［图7.22（c）］。

2. 东营组二段（Ed₂）

　　应用功能要素组合控藏模式分别对东营组二段目的层的背斜、断块及岩性有利区进行了预测，获得各种类型油气藏有利区定量预测平面图。东二段有利成藏区带分布较为局限，主要分布在凹陷的西部及西北部。预测出 2 个背斜油气藏有利区，分布在老爷庙构造带高 63 井区附近及南堡 5-1 号构造带上。断块型油气藏有利区带分布较为广泛，预测出 6 个断块油气藏有利区，集中分布在老爷庙构造带、南堡 5 号构造带北 10 井块和北 13 井块、南堡 1 号构造带及南堡 4 号构造带上。预测出 3 个岩性油气藏有利成藏区带，基本都围绕林雀次凹分布，分布在林雀次凹北部、东北部及林雀次凹西部南堡 5 号构造带和南堡 1 号构造带上，将这三种类型油气藏有利区带进行叠加复合，三种类型有利区叠加的区域是勘探潜力最大的区带，勘探成功率高，两种类型有利区叠加区域勘探潜力次之，据此可以评价出 Ed_2 层有 2 个最有利勘探区带、4 个较有利勘探区带，集中分布在老爷庙构造带、南堡 5 号构造带及南堡 1 号构造带，具体分布如图 [图 7.22 (d)]。

3. 东营组三段（Ed_3）

应用功能要素组合控藏模式分别对东营组三段目的层的背斜、断块及岩性有利区进行了预测，获得各种类型油气藏有利区定量预测平面图。预测出 3 个背斜油气藏有利区，分布在高尚堡背斜构造带高 56-36 井块、老爷庙构造带 36X1 井区附近，范围最大的有利区分布在南堡 5 号构造带北 2 井块以西及以南大部分区域。预测出 9 个断块油气藏有利区，集中分布在高柳断层上盘、下盘高 34 井附近区域、老爷庙构造带、南堡 5 号构造带、南堡 1 号构造带、南堡 2 号构造带、南堡 4 号构造带上。预测出 7 个岩性油气藏有利成藏区带，基本都围绕各次凹分布，具体分布在林雀次凹北部、林雀次凹西部南堡 5 号构造带和南堡 1 号构造带上、林雀次凹东南部南堡 2 号构造带及曹妃甸次凹东北部南堡 4 号构造带上。并且，将这三种类型油气藏有利区带进行叠加复合，三种类型有利区叠加的区域是勘探潜力最大的区带，勘探成功率高，两种类型有利区叠加区域勘探潜力次之，据此可以评价出东三段目的层有 5 个最有利勘探区带、7 个较有利勘探区带，集中分布在高柳断层上下盘附近、老爷庙构造带、南堡 5 号构造带及南堡 1 号构造带、南堡 2 号构造带、南堡 4 号构造带，具体分布如图 [图 7.22 (e)]。

4. 沙河街组一段（Es_1）

应用功能要素组合控藏模式分别对沙河街组一段目的层的背斜、断块及岩性有利区进行了预测，获得各种类型油气藏有利区定量预测平面图。预测出 7 个背斜油气藏有利区均分布在靠近凹陷边界的构造带上，主要分布在高柳断层上盘西部、老爷庙构造带、南堡 5、2 号构造带及 4 号构造带。预测出 9 个断块油气藏有利区，集中分布在高柳断层上盘、老爷庙构造带、南堡 5 号构造带和南堡 4 号构造带上。预测出 6 个岩性油气藏有利成藏区带，基本都围绕各次凹分布，具体分布在林雀次凹北部、林雀次凹西部南堡 5 号构造带、林雀次凹东南部南堡 2 号构造带、曹妃甸次凹东北部南堡 4 号构造带上及高柳断层北侧拾场次凹南部，将这三种类型油气藏有利区带进行叠加复合，三种类型有利区叠加的区域是勘探潜力最大的区带，勘探成功率高，两种类型有利区叠加区域勘探潜力次之，据此可以评价出沙一段目的层有 2 个最有利勘探区带、9 个较有利勘探区带，集中分布在高柳断层上盘附近、老爷庙构造带、南堡 5 号构造带、南堡 2 号构造带、南堡 4 号构造带，具体分布如图 [图 7.22 (f)]。

5. 沙河街组二段（Es_2）

沙河街组二段目前在南堡凹陷没有油气发现，功能要素控藏模式预测结果显示该层段具有勘探岩性油气藏的潜力，预测结果显示在高柳断层附近，砂体发育，I_{CDPS} 指数较高，是岩性油气藏有利的勘探区带，除此之外，在林雀次凹西部分布岩性油气藏分布有利区。

6. 沙河街组三段上亚段（Es_3^1）

应用功能要素组合控藏模式分别对沙河街三段上亚段目的层的背斜、断块及岩性有利区进行了预测，获得各种类型油气藏有利区定量预测平面图。预测结果显示，背斜型油气藏有利区分布较为局限，主要分布在高柳断层北侧，除此之外只在老爷庙构造带及南堡 4 号构造带分布。预测出 9 个断块油气藏有利区，较为分散，在高柳断层上盘、下盘、老爷庙构造带、南堡 5 号构造带、南堡 2 号构造带、南堡 4 号构造带上均有分布，但单个有利区分布范围较小。预测出 2 个岩性油气藏有利成藏区带，分布范围最大的有利区分布在高柳断层北侧拾场次凹南部，将这三种类型油气藏有利区带进行叠加复合，三种类型有利区叠加的区域是勘探潜力最大的区带，勘探成功率高，两种类型有利区叠加区域勘探潜力次之，据此可以评价出 Es_3^1 有 1 个最有利勘探区带，分布在高柳断层北侧，分布面积较大；5 个较有利勘探区带，集中分布在高柳断层北侧、老爷庙构造带、南堡 5 号构造带及南堡 4 号构造带，具体分布如图 [图 7.22（g）]。

7. 沙河街组三段中亚段（Es_3^2）

应用功能要素组合控藏模式分别对沙河街三段中亚段目的层的背斜、断块及岩性有利区进行了预测，获得各种类型油气藏有利区定量预测平面图。预测结果显示，同上亚段一样，背斜型油气藏有利区分布较为局限，主要分布在高柳断层下盘，除此之外只在老爷庙构造带及南堡 4 号构造带分布。预测出 12 个断块油气藏有利区，较为分散，在高柳断层上盘和下盘、老爷庙构造带、南堡 5 号构造带、南堡 1 号构造带、南堡 2 号构造带、南堡 4 号构造带上均有分布，但单个有利区分布范围较小。预测出 4 个岩性油气藏有利成藏区带，分布在高柳断层附近、林雀次凹北侧及南堡 1 号构造带，将这三种类型油气藏有利区带进行叠加复合，三种类型有利区叠加的区域是勘探潜力最大的区带，勘探成功率高，两种类型有利区叠加区域勘探潜力次之，据此可以评价出 Es_3^2 有 3 个最有利勘探区带，分布在高柳断层北侧，分布面积较大；5 个较有利勘探区带，集中分布在高柳断层北侧及南侧、老爷庙构造带、南堡 1 号构造带及南堡 4 号构造带，具体分布如图 [图 7.22（h）]。

8. 沙河街组三段下亚段（Es_3^3）

应用功能要素组合控藏模式分别对沙河街三段下亚段目的层的层的背斜、断块及岩性有利区进行了预测，获得各种类型油气藏有利区定量预测平面图。预测结果显示，背斜型油气藏有利区分布较为局限，主要分布在高柳断层北侧。预测出 5 个断块油气藏有利区，较为分散，在高柳断层上盘和下盘、南堡 5 号构造带、南堡 4 号构造带上均有分布，但单个有利区分布范围较小。预测出 4 个岩性油气藏有利成藏区带，分布范围最大的有利区分布在高柳断层北侧拾场次凹南部，除此之外还在南堡 5 号构造带、南堡 4 号构造带有分布。并且，将这三种类型油气藏有利区带进行叠加复合，三种类型有利区叠加的区域是勘探潜力最大的区带，勘探成功率高，两种类型有利区叠加区域勘探潜力次之，据此可以评价出 Es_3^3 有 1 个最有利勘探区带，分布在高柳断层北侧，分布面积较大；2 个较有利勘探区带，也集中分布在高柳断层北侧 [图 7.22（i）]。

7.5.2 主要类型油气藏有利成藏区带

1. 背斜类油气藏有利区带预测

将各目的层应用功能要素组合控藏模式预测的背斜油气藏有利区进行叠加复合确定了南堡凹陷背斜型油气藏有利区分布，并依据上面方法进行了有利勘探目标优选，共优选出 4 个背斜型油气藏勘探有利区 [图 7.23（a）]。

针对优选出的有利区，我们通过综合评价指数、兼探层数、开拓性及经济性 4 个方面进行评价。有利区 1 是 8~9 层叠合区（Nm、Ng、Ed_1、Ed_2、Ed_3、Es_3^1、Es_3^2、Es_3^3），兼探性好；位于继承性古隆起之上，是油气富集的有利指向，临近拾场次凹，油气来源充足，临近高柳深大断裂，并且砂体发育，所以该区 I_{CDMS} 评价指数各层均较高；勘探深度相对较浅，经济性好；虽然该区已经钻探出多口油流井，但是仍具有较高的挖潜性。有利区 2 是 8 层叠合区（Nm、Ng、Ed_1、Ed_3、Es_1、Es_3^1、Es_3^2、Es_3^3），兼探性好；位于继承性古隆起之上，临近拾场次凹，油气来源充足，砂体发育，所以 I_{CDMS} 综合评价指数高；勘探深度相对较浅,具有经济性;周边探井相对较少,具有良好的开拓性。有利区 3 是 6~8 层叠合区(Ng、Nm、Ed$_1$、Ed$_2$、Ed$_3$、Es$_3^1$、Es$_3^2$),兼探性好;位于继承性古隆起之上,临近林雀次凹,砂体发育,I_{CDMS}综合评价指数较高;周边探井较少,具有较强的开拓性。有利区 4 是 5~6 层叠合有利区(Ng、Nm、Ed$_1$、Ed$_2$、Ed$_3$、Es$_3$),兼探性较好;位于继承性古隆起之上,临界林雀次凹,中浅层砂体发育,I_{CDMS}综合评价指数高;周围探井数较少,开拓性强。

2. 断块油气藏有利区带预测

将各目的层应用功能要素组合控藏模式预测的断块油气藏有利区进行叠加复合确定了南堡凹陷断块型油气藏有利区分布,并依据上面方法进行了有利勘探目标优选,共优选出 4 个断块型油气藏勘探有利区[图 7.23(b)]。

针对优选出的有利区,同背斜型油气藏有利区预测,通过综合评价指数、兼探层数、开拓性及经济性 4 个方面进行评价。有利区 1 是 7~9 层叠合区(Nm、Ng、Ed$_1$、Ed$_2$、Ed$_3$、Es$_1$、Es$_3^1$、Es$_3^2$),兼探性好,勘探潜力大;断裂发育,运移条件好,靠近林雀次凹,油气来源充足,砂体发育,所以该区 I_{CDFS} 综合评价指数高;勘探深度范围大,但总体相对较浅,经济性好;该区探井少,具有较高的开拓性。有利区 2 是 6~9 层叠合区(Nm、Ed$_1$、Ed$_2$、Ed$_3$、Es$_3^1$、Es$_3^2$、Es$_3^3$),兼探性好;虽然距离拾场次凹稍远,但油气来源充足,断裂发育,垂向运移条件好,并且该区砂体发育,增加侧向运移通道,所以 I_{CDFS} 综合评价指数高;勘探深度相对较浅,具有经济性;周边探井相对较少,具有良好的开拓性。有利区 3 是 5~8 层叠合区(Ng、Nm、Ed$_1$、Ed$_3$、Es$_3^1$、Es$_3^2$、Es$_3^3$),兼探性好;临近曹妃甸次凹,油气来源充足,并且临近南堡 4 号断层,砂体发育,I_{CDFS} 综合评价指数高;周边探井少,具有较强的开拓性。有利区 4 是 6 层叠合有利区(Ng、Nm、Ed$_1$、Ed$_2$、Ed$_3$、Es$_1$),兼探性较好;靠近林雀次凹,I_{CDFS} 综合评价指数高;勘探层系浅,经济性较好;周围探井数较少,开拓性强。

(a)背斜类油气藏有利区带平面预测图

(b)断块类油气藏有利区带平面预测图

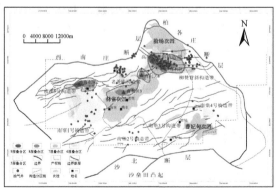
(c)岩性油气藏有利区带平面预测图

(d)潜山油气藏有利区带平面预测图

图 7.23　南堡凹陷主要类型油气藏有利区带平面预测图

3. 岩性油气藏有利区带预测

将各目的层应用功能要素组合控藏模式预测的岩性油气藏有利区进行叠加复合确定了南堡凹陷岩性油气藏有利区分布，并依据上面的方法进行了有利勘探目标优选，共优选出 4 个岩性油气藏勘探有利区 [图 7.23（c）]。

针对优选出的有利区，同背斜型油气藏有利区预测，通过综合评价指数、兼探层数、开拓性及经济性 4 个方面进行评价。有利区 1 是 7~9 层叠合区（Ng、Nm、Ed_1、Ed_2、Ed_3、Es_1、Es_3^1、Es_3^2、Es_3^3），兼探性好，勘探潜力大；位于拾场次凹和林雀次凹中间，油气来源充足，砂体发育，所以该区 I_{CDPS} 综合评价指数高；勘探深度范围大，但总体相对较浅，经济性好；该区探井虽然较多，但对于深部岩性油气藏仍具有具有较高的开拓性。有利区 2 是 6~9 层叠合区（Ng、Nm、Ed_1、Ed_2、Ed_3、Es_1、Es_3^1、Es_3^2），兼探性好，但中浅层更有利；靠近林雀次凹，油气来源充足，I_{CDPS} 综合评价指数较高；勘探深度相对较浅，具有经济性；周边探井相对较少，具有良好的开拓性。有利区 3 是 7~8 层叠合区（Ng、Nm、Ed_1、Ed_3、Es_1、Es_3^2、Es_3^3），兼探性好；临近林雀次凹，油气来源充足，I_{CDPS} 综合评价指数高；周边探井少，具有较强的开拓性。有利区 4 是 7~8 层叠合有利区（Ng、Nm、Ed_1、Ed_3、Es_3^1、Es_3^2、Es_3^3），兼探性较好；靠近林雀次凹，I_{CDPS} 综合评价指数高；周围探井数较少，开拓性强。

4. 潜山油气藏有利区带预测

南堡凹陷潜山油气藏主要发育于奥陶系、寒武系和太古宇层系中，依据功能要素控藏模式对 3 个目的层的潜山油气藏有利勘探区带进行了预测，并在最终预测评价中，将 3 个层段 I_{CSMF} 指数大于 0.5 的区域进行了叠加复合，将 3 个层段叠合的区域确定为潜山油气藏最有利勘探区带，将两层叠合的区域确定为较有利勘探区带。预测结果如图 7.23，潜山油气藏有利区主要分布在南堡 5 号构造带、南堡 2 号构造带和南堡 4 号构造西南部。最有利勘探区带位于南堡 2 号构造带 [图 7.23（d）]。

7.5.3　潜在有利勘探区带预测结果比较与优选

针对预测出的各种类型油气藏有利勘探区带，需要进行比较和优选，确定有利区带的顺序。对于预测结果的评价，本次研究主要从地质因素、勘探经济性及开拓性三方面进行评价。地质因素评价包含三个方面：资源潜力大小、是否位于运聚区带控制范围内及综合功能要素的匹配指数。生烃凹陷的供烃能力，决定着其周围区域资源潜力的大小，预测的有利区带必须在有利的资源领域范围内；油气从烃源岩到圈闭中聚集成藏，需要通过源断层、砂体等体系疏导，因此预测的有利区必须要在运聚区带控制的范围内；功能要素匹配方法综合考虑了油气富集的生、储、盖及运聚动力，功能要素组合控藏指数越高的地区越有利于油气富集，并且已发现的油气藏绝大部分都分布在功能要素控藏指数大于 0.5 的范围之内。因此，预测的有利区应该综合控藏指数大于 0.5。勘探经济性评价也考虑 3 个方面，即有利区规模、层数及深度范围。规模面积大、目的层数多、深度分布范围相对较浅的有利区相对更有利。开拓性主要评价预测有利区的勘探程度，探井数量，勘探程度低，探井数量少的有利区更具开拓性。因此，综合以上 3 个方面 7 因素的评价可以对预测的有利区进行排序优选，具体评价结果见表 7.7。

7.5.4　主要目的层有利成藏区带预测结果与可靠性检验

通过对南堡凹陷各目的层目前已发现的油气藏与应用功能要素控藏模式预测有利区结果进行叠加复合检验，发现 99% 的背斜油气藏都分布在区域盖层（C）、有利相带（D）、古隆起（M）及烃源灶（S）四要素叠合的区域范围内，只有 1% 的油气藏落在三要素叠合的区域 [图 7.24（a）]；对于断块型油气

表7.7　有利区综合评价优选表

类型	编号	地质要素评价			综合匹配成藏概率	经济性评价			开拓性	排序
		资源潜力	运聚区带	要素匹配指数		规模/km²	目的层数	深度	已钻探探井	
背斜型	1	拾场次凹排烃强度: $310 \times 10^4 t/km^2$	高柳深大断裂（下盘），与排烃中心距离<5km	Nm: 0.4~0.6; Ng: 0.2~0.5; Ed_1: 0.2~0.3; Ed_2: 0.1~0.2; Ed_3: 0.2~0.4; Es_1: 0.1; Es_3^1: 0.5~1; Es_3^2: 0.5~1; Es_3^3: 0.4~1	浅层 0.3~0.6; 深层 0.5~1	20.3	8~9	浅层（1800~2500m）；深层（4400~5000m）	较多	3
背斜型	2	拾场次凹，排烃强度: $310 \times 10^4 t/km^2$	高柳深大断裂（上盘），与排烃中心距离<5km	Nm: 0.5~0.7; Ng: 0.2~0.5; Ed_1: 0; Ed_2: 0; Ed_3: 0.4~1; Es_1: 0.1~0.7; Es_3^1: 0.5~1; Es_3^2: 0.5~1; Es_3^3: 0.4~1	0.5~1	36.4	7	浅层（1700~2000m）；深层（3100~4700m）	少	1
背斜型	3	林雀次凹，排烃强度: $850 \times 10^4 t/km^2$	紧邻南堡1号断裂，距排烃中心距离7km	Nm: 0.4~0.6; Ng: 0.1~0.3; Ed_1: 0.3~0.4; Ed_2: 0.3~0.5; Ed_3: 0.3~0.5; Es_1: 0.3~0.6; Es_3^1: 0.3~0.4; Es_3^2: 0.3~0.5; Es_3^3: 0.1~0.2	0.3~0.6	25.6	6~8	2000~5900m	很少	4
背斜型	4	林雀次凹，排烃强度: $850 \times 10^4 t/km^2$	紧邻三级断裂，距排烃中心距离<8km	Nm: 0.2~0.8; Ng: 0.2~1; Ed_1: 0.4~1; Ed_2: 0.2~0.6; Ed_3: 0.3~0.6; Es_1: 0.1~0.4; Es_3^1: 0; Es_3^2: 0; Es_3^3: 0	0.4~1	74.6	5~6	1900~4700m	较少	2
断块型	1	林雀次凹，排烃强度: $850 \times 10^4 t/km^2$	受通源断裂控制，距排烃中心距离3.9km	Nm: 0.4~1; Ng: 0.4~1; Ed_1: 0.4~1; Ed_2: 0.4~1; Ed_3: 0.5~1; Es_1: 0.2~0.5; Es_3^1: 0.4~0.6; Es_3^2: 0.4~0.8; Es_3^3: 0.1~0.3	0.5~1	43.9	7~9	2000~5500m	较少	1

类型	编号	地质要素评价				经济性评价			开拓性	排序
		资源潜力	运聚区带	要素匹配指数	综合匹配成藏概率	规模/km²	目的层数	深度	已钻探探井	
断块型	2	林雀次凹，排烃强度：850×10⁴t/km²	断裂发育，受通源断裂控制；距排烃中心距离>10km	Nm: 0.4~1; Ng: 0.1~0.3; Ed_1: 0.4~1; Ed_2: 0.4~0.9; Ed_3: 0.3~1; Es_1: 0.2~0.4; Es_3^1: 0.5~1; Es_3^2: 0.5~1; Es_3^3: 0.5~0.1	0.4~1	53.4	6~9	1900~5000m	较少	3
断块型	3	曹妃甸次凹，排烃中心排烃强度：600×10⁴t/km²	断裂发育，受通源断裂控制；距排烃中心距离5.6km	Nm: 0.4~0.8; Ng: 0.5~1; Ed_1: 0.4~1; Ed_2: 0.1~0.2; Ed_3: 0.3~0.6; Es_1: 0.3~1; Es_3^1: 0.4~1; Es_3^2: 0.3~0.9; Es_3^3: 0.3~0.5	0.5~1	39.7	5~8	1900~4500m	较少	2
断块型	4	林雀次凹，排烃强度：850×10⁴t/km²	断裂发育，距排烃中心距离12km	Nm: 0.2~0.5; Ng: 0.5~1; Ed_1: 0.3~1; Ed_2: 0.5~1; Ed_3: 0.3~1; Es_1: 0.1~0.2; Es_3: 0.1~0.2; Es_3^2: 0.3~0.6; Es_3^3: 0.1	0.3~1	9.6	5~6	1800~4900m，主力层段：1800~3900m	较少	4
岩性型	1	拾场次凹	距排烃中心距离<5km	Nm: 0.4~0.7; Ng: 0.5~0.7; Ed_1: 0.3~0.7; Ed_2: 0.5~0.9; Ed_3: 0.4~0.6; Es_1: 0.5~1; Es_2: 0.5~1; Es_3^1: 0.4~1; Es_3^2: 0.4~1; Es_3^3: 0.4~1	0.5~1	66.4	7~9	1700~4300m	较多	2
岩性型	2	林雀次凹，排烃强度：850×10⁴t/km²	距排烃中心距离10km	Nm: 0.3~0.6; Ng: 0.1~0.4; Ed_1: 0.1~0.3; Ed_2: 0.2~0.5; Ed_3: 0.3~0.6; Es_1: 0.5~1; Es_2: 0.1~0.3; Es_3^1: 0.4~0.5; Es_3^2: 0.2~0.4; Es_3^3: 0.2~0.3	0.3~0.6	29.8	6~9	1900~5500m	少	4

续表

类型	编号	地质要素评价				经济性评价			开拓性	排序
		资源潜力	运聚区带	要素匹配指数	综合匹配成藏概率	规模/km²	目的层数	深度	已钻探探井	
岩性型	3	林雀次凹，排烃强度：850×10⁴t/km²	距排烃中心距离3km	Nm：0.4~0.9； Ng：0.4~0.5； Ed_1：0.4~0.6； Ed_1：0.3~0.5； Ed_3：0.5~0.8； Es_1 0.2~0.6； Es_2：0.1~0.3； Es_3^1：0.1； Es_3^2：0.3~0.6； Es_3^3：0.3~0.7	0.4~0.8	32.8	7~8	2100~6500m	少	1
岩性型	4	林雀次凹，排烃强度：850×10⁴t/km²	距排烃中心距离11km	Nm：0.4~0.7； Ng：0.5~0.7； Ed_1：0.4~0.9； Ed_2：0.4~0.8； Ed_3：0.3~0.5； Es_1：0； Es_2：0.2~0.4； Es_3^1：0.1~0.3； Es_3^2：0.4~0.6； Es_3^3：0.4~1	0.4~0.8	12.1	7~8	1900~6700m	少	3
潜山型	1	林雀次凹，排烃强度：850×10⁴t/km²	断裂疏导区，距排烃中心距离14km	寒武系—奥陶系：0.5~1	0.5~1	23.1	2	4500~6000m	有	1
潜山型	2	排烃中心强带：600×10⁴t/km²	断裂疏导区，距排烃中心距离12km	寒武系：0.5~1	0.5~1	35	1	5000~6000m	无	2

藏，100%都落入区域盖层（C）、有利相带（D）、断裂带（F）及烃源灶（S）四要素叠合的区域范围内[图7.24（b）]；同样，100%的岩性油气藏都落入区域盖层（C）、有利相带（D）、低界面势能区（P）及烃源灶（S）四要素叠合的区域范围内[图7.24（c）]。可见，四个功能要素匹配的是油气藏富集最基本的条件，验证了对于每一种类型的油气藏，四要素都是缺一不可的，只有四要素叠合的区域才是有利区可能分布的区域。

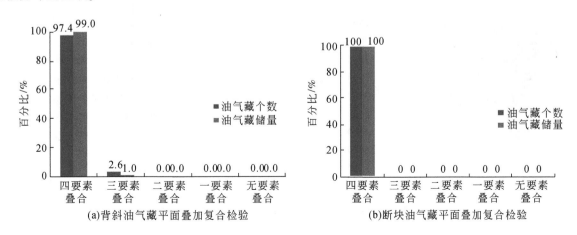

(a)背斜油气藏平面叠加复合检验　　　　(b)断块油气藏平面叠加复合检验

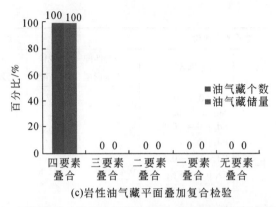

(c)岩性油气藏平面叠加复合检验

图 7.24　不同类型已发现油气藏与控藏要素平面叠加复合统计检验

对功能要素组合控藏模式进行检验，将南堡凹陷各目的层已发现的不同类型的油气藏分别投到各目的层的背斜、断块和岩性油气藏有利区定量预测平面图上，统计落入不同成藏概率范围内的油气藏储量并计算出相应的比例。统计结果表明，成藏概率越高，油气储量越多；成藏概率越低，油气储量越少。已发现的 96 个背斜油气藏中，80% 的油气藏储量分布在成藏概率大于 0.5 的区域；已发现的 326 个断块油气藏中，76% 的油气藏储量分布在成藏概率大于 0.5 的区域；已发现的 32 个岩性油气藏中，91% 的油气藏储量分布在成藏概率大于 0.5 的区域。

由此，在应用功能要素组合控藏模式预测有利成藏区时，我们可以认为成藏概率大于 0.5 的区域为有利成藏区，成藏概率小于 0.5 的区域为非有利区。

7.6　圈闭含油气性影响因素

7.6.1　圈闭含油气性影响因素

1. 埋深对油气富集的影响

南堡凹陷的油气富集程度在纵向上受目的层的埋藏深度控制（图 7.25、图 7.26）。随着埋深增加，目的层所受的成岩作用逐渐加强，进而影响目的层的孔隙结构、地层压力和成岩构造，控制油气富集程

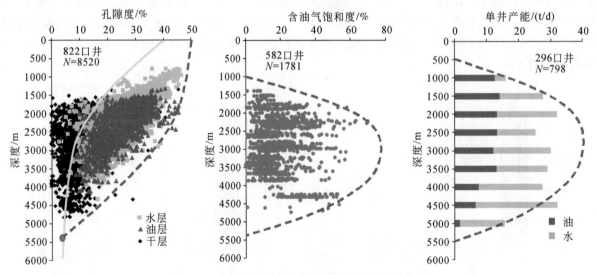

图 7.25　南堡凹陷油气富集程度随埋藏深度的变化

度。近几年在深层沙三段砂岩目的层内也发现有较多的油气储量，表明油气的富集成藏规模除了与深度有关外，还受其他关键要素控制，包括储层厚度和分布面积等。因此，评价油气的富集程度需要综合考虑微观和宏观两个方面的指标，仅考虑微观指标不能完全说明问题。

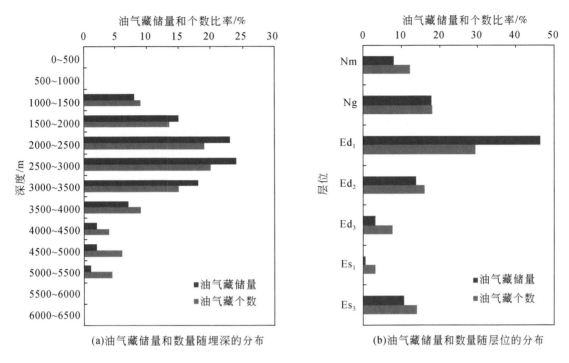

(a)油气藏储量和数量随埋深的分布   (b)油气藏储量和数量随层位的分布

图 7.26 南堡凹陷已发现油气藏个数和储量的纵向分布

2. 沉积相对油气富集的影响

南堡凹陷的油气富集程度与目的层的岩石类型关系密切（图 7.27）。岩石类型不同，其孔隙结构特征有很大差异，油气富集程度也随之不同。从南堡凹陷已钻遇的目的层来看，粒径太粗或太细都不利于成

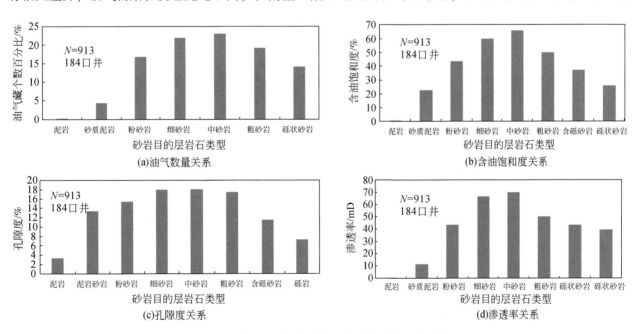

(a)油气数量关系   (b)含油饱和度关系

(c)孔隙度关系   (d)渗透率关系

图 7.27 南堡凹陷油气富集程度随岩石类型的变化

藏，而粒径适中（粒径为0.1～1.0mm）的优质砂岩最有利于油气富集（图7.28）。主要由于在粒径适中的砂岩内，储层孔渗较高，含油饱和度 S_o 也较高。

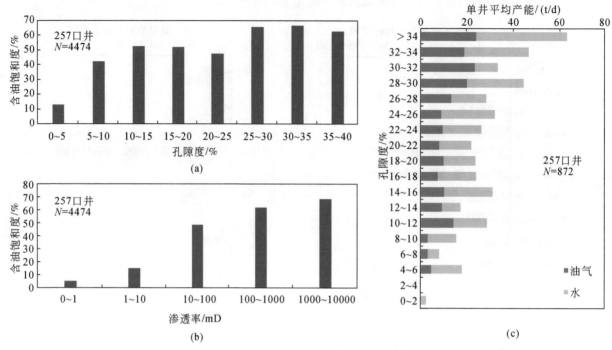

图7.28 南堡凹陷油气富集程度随孔隙度和渗透率的变化

3. 源岩排烃特征对油气富集的影响

南堡凹陷的油气富集程度在平面上与源岩排烃密切相关（图7.29）。通过对南堡凹陷98个油气藏的统计分析表明，离源灶中心越近，发现的油气藏个数和储量则越多；85%以上的油气藏和已探明储量分布在距源灶中心8km的范围内，说明烃源岩的排烃强度对油气藏的分布和富集程度具有明显的控制。

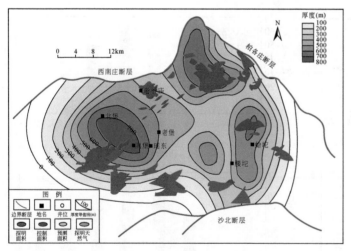

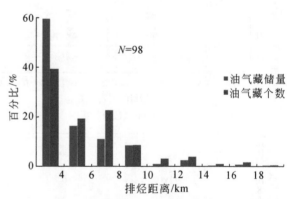

(a)油气藏分布特征与源岩厚度的关系　　　　(b)油气藏个数及储量与源岩排烃强度中心距离的统计

图7.29 南堡凹陷油气富集程度随源岩排烃条件的变化

纵向上（图7.30），南堡凹陷含油气层的分布也呈现出类似的规律：埋藏较浅处发现的含油气层较少，随埋深增大，含油气层不断增多，约在2500m处最多，再逐渐减少。含油气层的测试产能也呈现相似的变化规律。

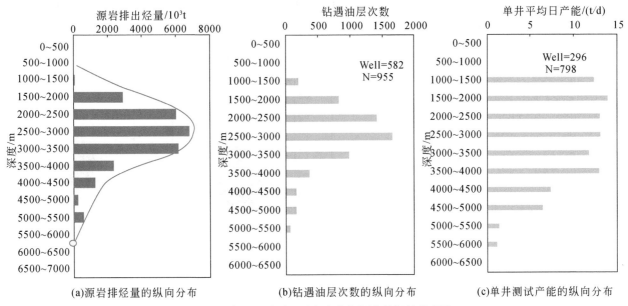

图 7.30　南堡凹陷纵向油气富集与源岩排烃的关联性

4. 油气运聚动力对油气富集的影响

南堡凹陷的油气富集程度与油气运聚动力与类型关系密切（图 7.31）。对南堡凹陷目的层的孔隙度和渗透率统计分析表明，在浅层，主要是浮力主导成藏作用，在深层主要是非浮力作用主导成藏作用，由多种动力共同主导成藏作用。图 7.32 是砂岩目的层内、外的毛细管压力差与油气成藏关联性的统计。从统计结果来看：目的层外的毛细管压力和目的层内的毛细管压力之比（P_{cd}/P_{cD}）只有在超过某一临界条件（图 7.32 中蓝色虚线）后才能导致油气富集成藏；不同盆地含油气目的层进入油气富集成藏的临界深度与底限深度不同；埋深适中的目的层有利于油气富集成藏，其深度范围视含油气盆地地质条件的不同而不同。渤海湾盆地南堡凹陷新近系砂岩目的层有效成藏的埋深范围为 2500 ~ 5750m，对油气富集最有利

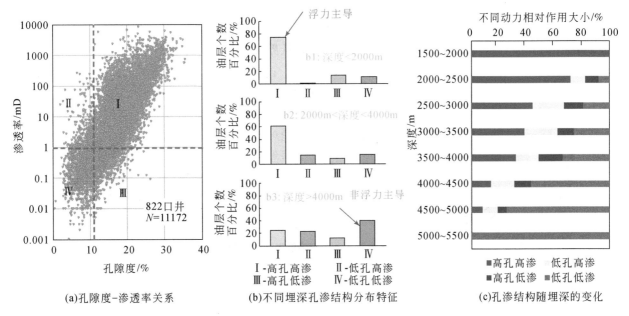

图 7.31　南堡凹陷油气富集程度与油气运聚动力的关系

的埋深在 3000m。各盆地砂岩毛细管压力差和含油气饱和度具有良好的对应关系，表明砂岩目的层内、外的毛细管压力差是控制油气成藏和富集的关键动力。

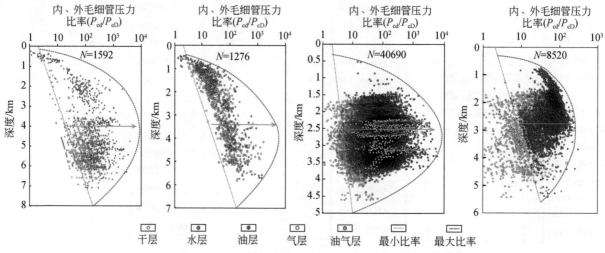

图 7.32　含油气盆地砂岩目的层的内、外毛细管压力比率和油气钻探结果随埋深的变化

为了定量表征低界面势能对油气藏的控制作用，建立了低界面势能指数。其中低界面势能控油气指数为 PI，是用来定量表征低界面势能控油气富集程度的定量指标。假设在同一层位深度下，油气藏的最大界面势能为 $P_{\max}$，油气藏的最小界面势能为 $P_{\min}$，任意油气藏的界面势能为 P_x，那么该油气藏的低界面势能指数 PI 为

$$PI = \frac{P_{\max} - P_x}{P_{\max} - P_{\min}} \tag{7.6}$$

式中，PI 为烃源灶控油气指数，无量纲；P_x 为某一埋深下，油气藏的储层所具有的界面势能，单位 J/kg；$P_{\max}$ 为同等埋深层位物性最高砂岩的界面势能，单位 J/kg；$P_{\min}$ 为同等埋深层位下的泥岩界面势能，单位 J/kg。

而根据 PI 指数和含油气饱和度的定性模式，本章拟合出 PI 指数和含油气饱和度的定量表征式（图7.33）：

$$RP = 1.2 e^{-0.212 PI} \tag{7.7}$$

式中，RP 是低界面势能控油气富集指数，无量纲；PI 是低界面势能控油气指数，无量纲。

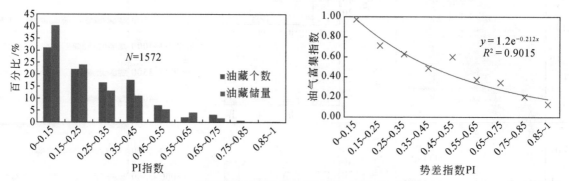

图 7.33　渤海湾盆地南堡凹陷低界面势能控油气模式

5. 砂地比对油气富集的影响

输导体系是油气从"源"运移到"藏"的桥梁和纽带，直接影响到油气的运移方向和聚集部位，控制了油气的富集。从南堡凹陷的统计结果来看，南堡凹陷油气藏的储量较多和含油气饱和度较高主要集中砂地比为适中的区间内（图7.34）。

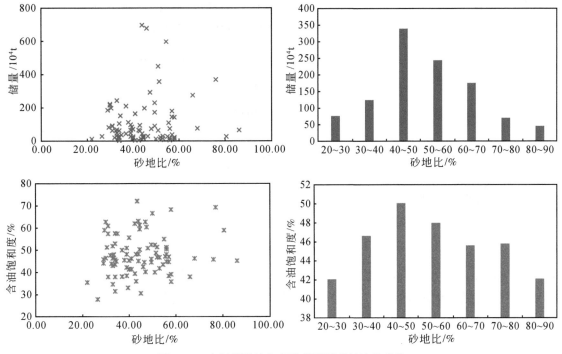

图 7.34 南堡凹陷油气富集程度随砂地比的变化

为了定量表征砂地比对油气藏的控制作用，建立了砂地比指数。其中砂地比控油气指数为 V_sI，是用来定量表征砂地比控油气富集程度的定量指标。假设在同一层位深度下，油气藏的出现的最大砂地比为 V_{max}，任意油气藏的砂地比为 V_s，那么该油气藏的砂地比指数 V_sI 为：

$$V_sI = 2 * \left(\frac{V_{max}}{2} - V_x \right) \tag{7.8}$$

式中，V_sI 为砂地比控油气指数，无量纲；V_x 为某一埋深下，油气藏的储层所处的砂地比，单位%；V_{max} 为同等埋深层位的最大砂地比，单位%。

而根据 V_{sI} 指数和含油气饱和度的定性模式，本章拟合出 V_sI 指数和含油气饱和度的定量表征式（图7.35）：

$$R_{V_sI} = 0.4748\ln(V_sI) + 1.0825 \tag{7.9}$$

式中，R_{V_sI} 是砂地比控油气富集指数，无量纲；V_sI 是砂地比控油气指数，无量纲。

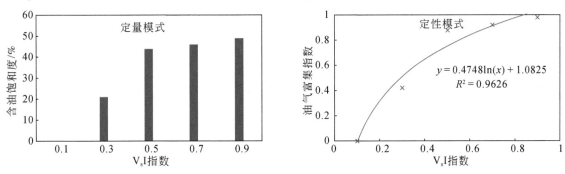

图 7.35 南堡凹陷砂地比控油气模式

6. 盖层对油气富集的影响

南堡凹陷自下而上发育沙河街组泥岩、馆陶组火成岩和明化镇组泥岩 3 套区域性盖层。优质区域盖层是南堡凹陷油气富集重要条件，勘探结果表明，南堡凹陷目前所发现的油气藏绝大多数均分布在这 3 套区域性盖层之下。南堡凹陷已发现油气藏和盖层厚度具有良好关系性，总体表现为随着盖层厚度增大，控制储量呈先增多后减少的趋势（图 7.36）；厚度适中的盖层控制了绝大部分油气藏。

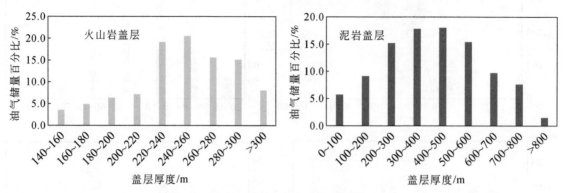

图 7.36 南堡凹陷油气储量随盖层厚度的变化

为了定量表征盖层对油气藏的控制作用，建立了盖层指数。其中盖层控油气指数为 CI，是用来定量表征盖层控油气富集程度的定量指标。假设在同一层位深度下，油气藏上覆盖层的最大厚度为 C_{max}，任意油气藏的盖层厚度为 C_x，那么该油气藏的盖层指数 CI 为（图 7.37、图 7.38）

$$CI = 2 * \left(\frac{C_{max}}{2} - C_x \right) \tag{7.10}$$

其中，CI 为盖层控油气指数，无量纲；C_x 为某一埋深下，油气藏的上覆盖层厚度，单位 m；C_{max} 为同等埋深层位的油气藏上覆的最大盖层厚度，单位 m。

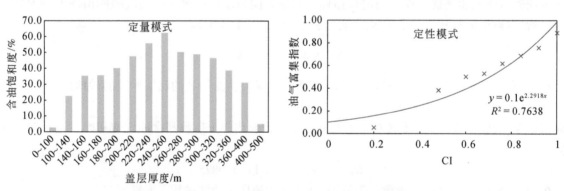

图 7.37 南堡凹陷火山岩盖层控油气模式

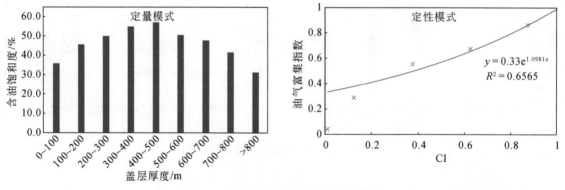

图 7.38 南堡凹陷泥岩盖层控油气模式

而根据火山岩和泥岩的 CI 指数和含油气饱和度的定性模式，本章拟合出 CI 指数和油气富集指数的定量表征式：

$$R_{\text{CI}_火} = 0.1e^{2.2918\text{CI}_火} \tag{7.11}$$

$$R_{\text{CI}_泥} = 0.33e^{1.1981\text{CI}_泥} \tag{7.12}$$

式中，$R_{\text{CI}_火}$是火山岩盖层控油气富集指数，无量纲；$\text{CI}_火$是火山岩控油气指数，无量纲。$R_{\text{CI}_泥}$是泥岩盖层控油气富集指数，无量纲；$\text{CI}_泥$是泥岩控油气指数，无量纲。

7. 构造变动强度对油气富集的影响

成藏期内剥蚀量和剥蚀前地层厚度比（剥地比）可以定量表征构造变动强度。从南堡凹陷的勘探结果来看，南堡凹陷已发现油气藏的油气富集程度和构造强度具有一定的相关性（图 7.39），具体表现为油气藏储量集中分布在构造强度适中的区域内。当构造强度较大容易破坏油气藏，构造强度较小产生的裂缝不足以成为油气运移的通道。

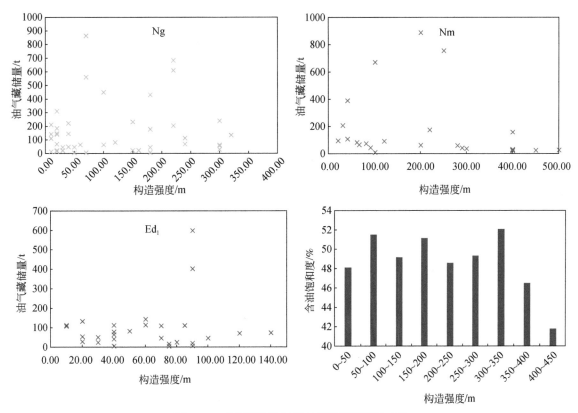

图 7.39　南堡凹陷油气储量随构造强度的变化

为了定量表征构造变动对油气藏的控制作用，建立了构造变动指数。其中构造变动控油气指数为 $V_f I$，是用来定量表征构造变动控油气富集程度的定量指标。假设在同一层位深度下，油气藏所处的构造变动强度最大为 $V_{f_{\max}}$，任意油气藏的构造变动强度为 V_{fx}，那么该油气藏的构造变动控油气指数 $V_f I$ 为：

$$V_f I = 2 * \left(\frac{V_{f_{\max}}}{2} - V_{fx} \right) \tag{7.13}$$

式中，$V_f I$ 为构造变动强度控油气指数，无量纲；V_{fx} 为某一埋深下，油气藏所处构造变动强度，单位 m；$V_{f_{\max}}$ 为同等埋深层位的油气藏所处的最大构造强度，单位 m。

而根据构造变动强度 $V_f I$ 指数和含油气饱和度的定性模式，本章拟合出 $V_f I$ 指数和油气富集指数的定量表征式（图 7.40）：

$$R_{V_{fl}} = 0.3303\ln(V_f I) + 0.9554 \tag{7.14}$$

式中，$R_{V_{fl}}$ 是构造变动强度控油气富集指数，无量纲；$V_f I$ 是构造变动强度控油气指数，无量纲。

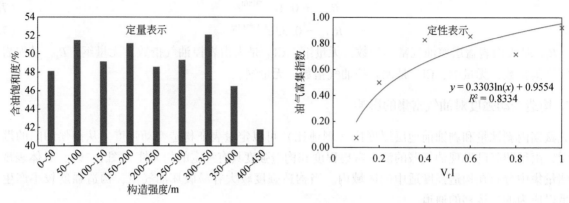

图 7.40   南堡凹陷构造变动强度控油气模式

7.6.2   圈闭含油气性预测方法及模式

1. 多要素叠合控油气富集

在实际地质情况下，油气藏的形成一般都是受到多方面的控制作用。本章提出的埋深、低界面势能、沉积相、烃源灶、盖层、构造变动强度以及砂地比并不能囊括所有的成藏要素，但主要可以体现出来三方面：分别是有利的储集场所、充足的油气供给以及良好的运移动力。只有在满足了这三者要素之后，才可以为商业性的油气聚集提供满足的条件。

根据南堡凹陷油气富集指数和各个指数的关系，完成南堡凹陷中深层有利区叠合图，并选取 RI = 0.5 作为有利区和非有利区的界限值（图 7.41 ~ 图 7.45）。

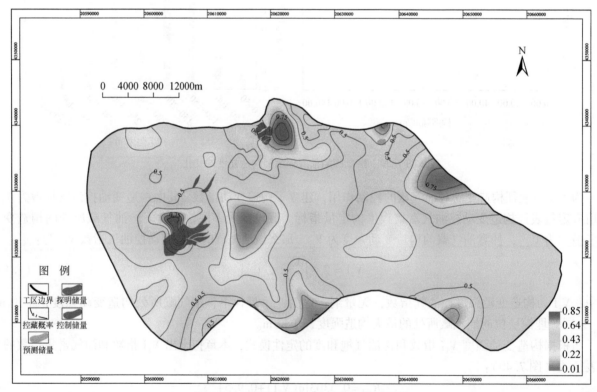

图 7.41   南堡凹陷东二段有利富集区预测

本次研究主要通过回归分析的方法，对这 7 个要素进行相对贡献量的计算。通过运用 SPSS 软件对要素进行分析，得出相对贡献量关系表征式，可以看出，南堡凹陷的油气富集指数主要受到低界面势能的影响，其相对贡献量指数最高，达到 0.433，烃源灶的相对贡献量其次，为 0.218。多种要素联合在一起，相辅相成，共同为南堡凹陷的油气富集提供了优越的条件。

$$RI = 0.098 * R_F + 0.433 * R_P + 0.218 * R_S + 0.195 * R_{V_s} + 0.089 * R_C - 0.028 * R_{V_f} - 0.005 \quad (7.15)$$

式中，RI 是南堡凹陷油气富集指数，R_x 是各个要素控油气富集指数。

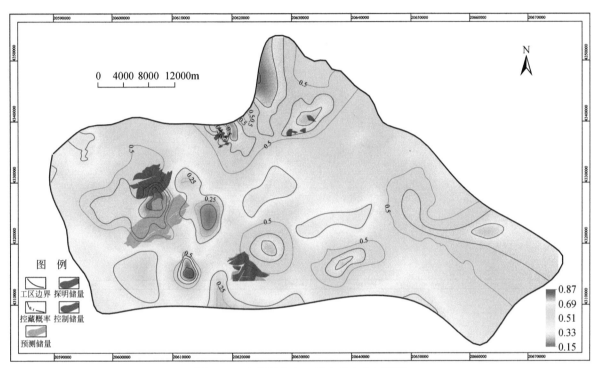

图 7.42　南堡凹陷东三段有利富集区预测

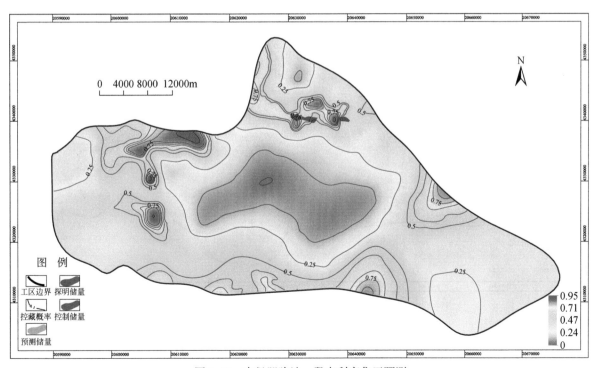

图 7.43　南堡凹陷沙一段有利富集区预测

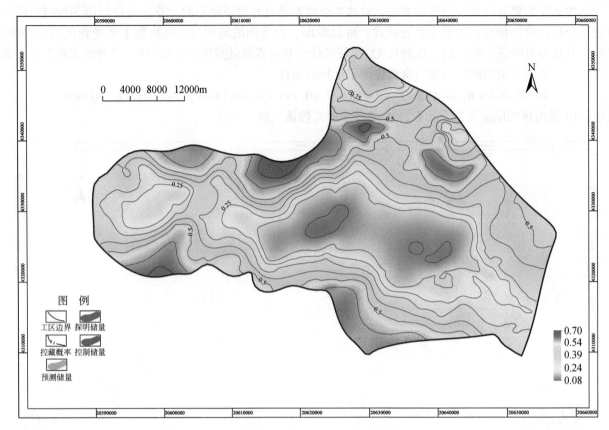

图 7.44　南堡凹陷沙二段有利富集区预测

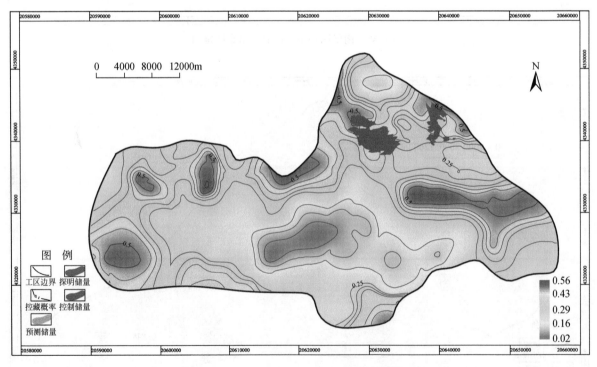

图 7.45　南堡凹陷沙三段有利富集区预测

完成对南堡凹陷的有利区预测后，对南堡凹陷 66 口实力井进行具体分析（图 7.46）。从分析结果来看，失利井大部分都处于有利区之外，仅有极少数失利井处在有利区范围之内，这在一定程度上证实了本方法的可靠性。另外从表格统计结果来看，失利井百分之百都处在低界面势能有利区之外，这说明低界面势能对南堡凹陷的油气富集起了决定性的作用，这也和之前得出的多元线性回归方程的结果相同。

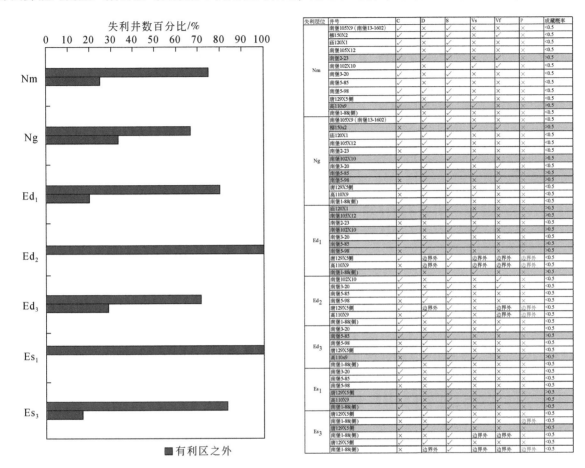

图 7.46　南堡凹陷失利井分析

2. 多要素叠合控油气富集模式

综合渤海湾盆地南堡凹陷油气富集程度的变化特征，充足的油气来源、良好的储集条件、强大的毛细管压力差是决定油气富集程度的 3 个关键要素（图 7.47）。

根据南堡凹陷演化过程中砂岩目的层周边油气的来源条件、自身的孔渗条件以及内、外毛细管压力差条件随埋深的变化特征和匹配关系，建立了砂岩目的层油气富集程度的分布、发育的基本模式。油气的成藏和富集过程可划分为 3 个阶段：第一阶段为初始埋藏阶段，此阶段砂岩目的层因埋藏浅，孔隙度和渗透率条件非常好，但周边源岩供烃量不足以及内、外毛细管压差过小而不能大量富集油气；第二阶段为埋藏适中阶段，此阶段砂岩目的层因埋深适中，孔渗条件较好，内、外毛细管压力差达到最大，周边源岩供烃进入高峰期，诸条件匹配而导致油气富集程度最高；第三阶段为埋深较大阶段，此阶段源岩的供烃潜力减弱，目的层的孔隙空间小，内、外毛细管力差低，油气富集程度较差；第四阶段为埋深过大阶段，此阶段源岩的供烃潜力枯竭、目的层内束缚水的饱和度达 100%，内、外毛细管压力差消失，油气不能富集成藏，早前富集的油气也因地层压实和油气扩散等作用而趋于散失。

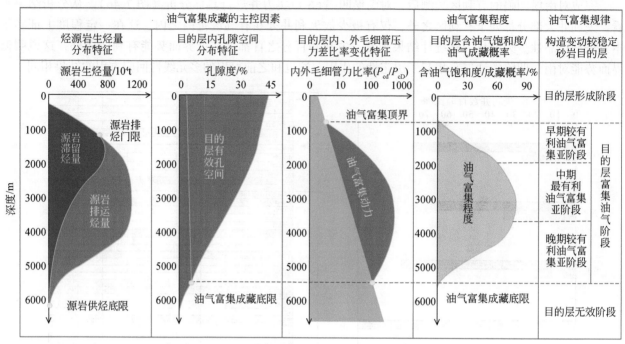

图 7.47　含油气盆地砂岩储层埋藏过程中油气富集的主控因素与发育模式

3. 多要素叠合预测有利区

基于以上理论基础，对南堡凹陷高尚堡地区和 2 号构造带的新近系地层的主要目的层进行圈闭含油气性评价，并将油气富集指数大于 0.4 的圈闭作为有利圈闭（图 7.48、图 7.49）。

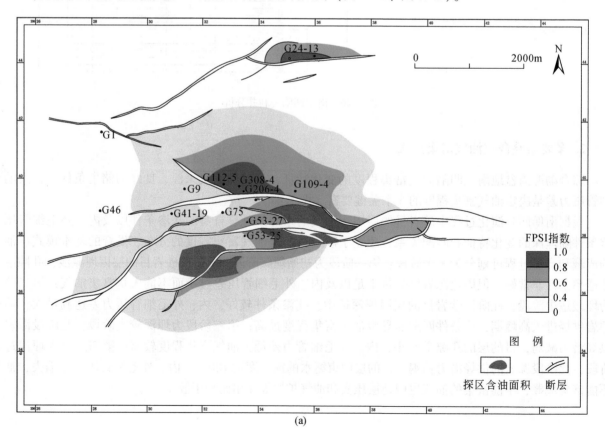

(a)

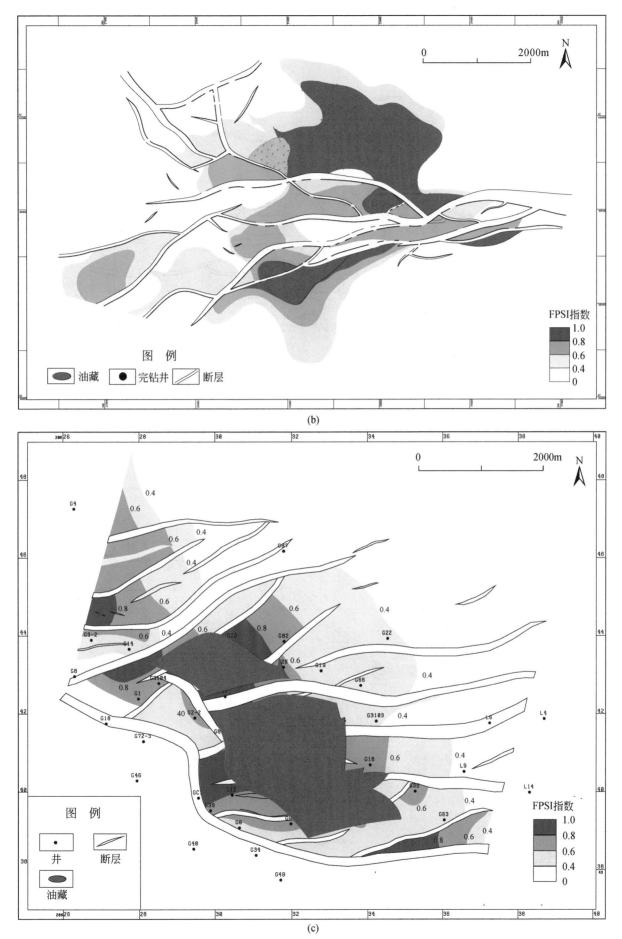

(b)

(c)

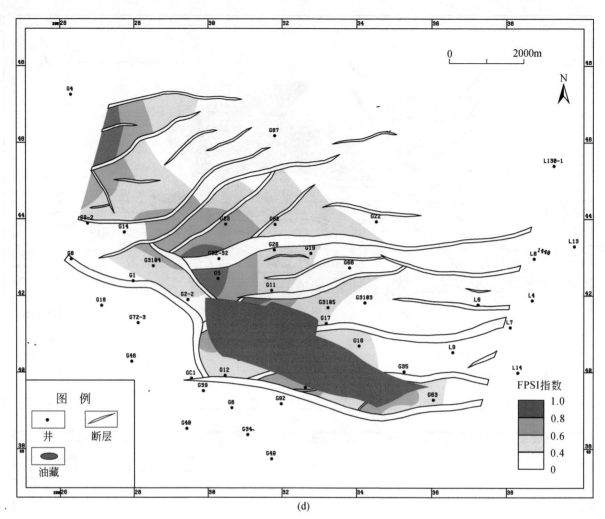

图 7.48　南堡凹陷高尚堡地区有利圈闭预测

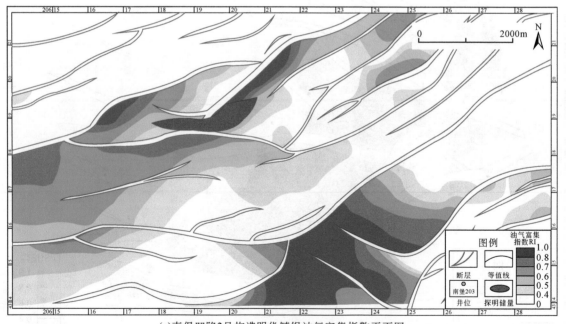

(a)南堡凹陷2号构造明华镇组油气富集指数平面图

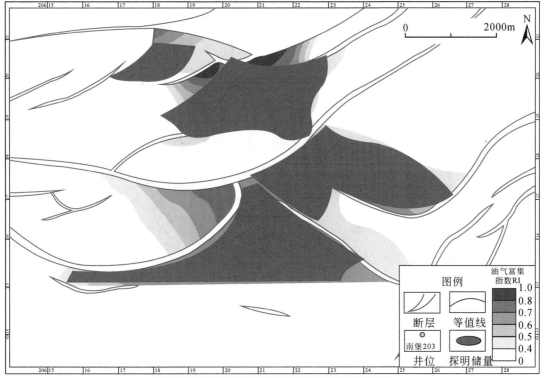

(b)南堡凹陷2号构造馆陶组油气富集指数平面图

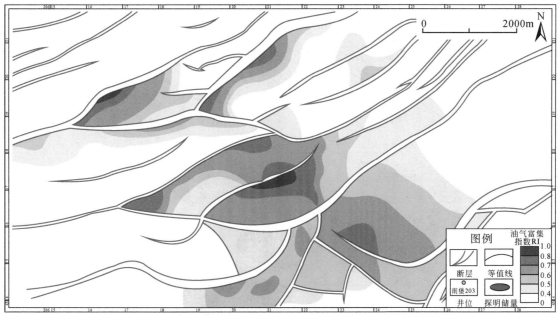

(c)南堡凹陷2号构造东营组一段油气富集指数平面图

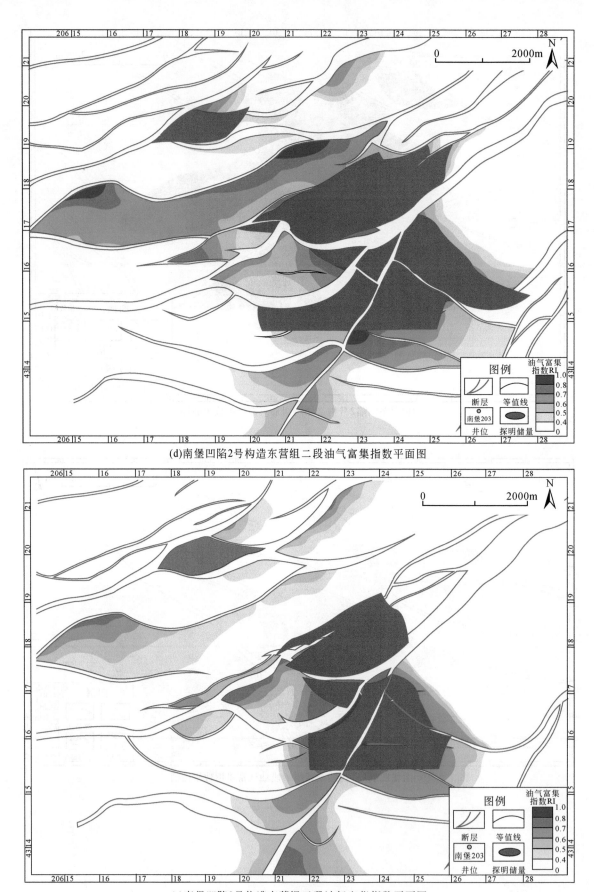

(d)南堡凹陷2号构造东营组二段油气富集指数平面图

(e)南堡凹陷2号构造东营组三段油气富集指数平面图

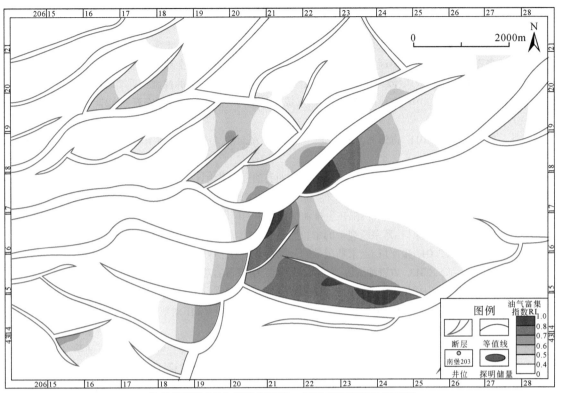

(f)南堡凹陷2号构造沙河街组一段油气富集指数平面图

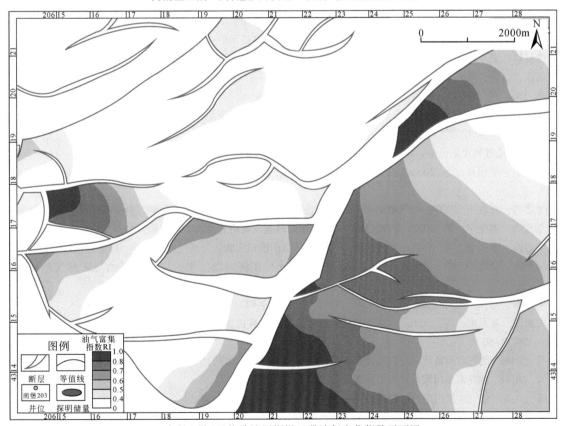

(g)南堡凹陷2号构造沙河街组三段油气富集指数平面图

图 7.49　南堡凹陷 2 号构造地区有利圈闭预测

参 考 文 献

陈筱. 2013. 库车坳陷浮力成藏下限与油气成藏底限研究. 北京：中国石油大学（北京）.

陈宣华，王小凤，张青，等. 2000. 郯庐断裂带形成演化的年代学研究. 长春科技大学学报，03：215-220.

程有义，李晓清，汪泽成，等. 2004. 潍北拉分盆地形成演化及其对成油气条件的控制. 石油勘探与开发，06：32-35+39.

范柏江，刘成林，柳广弟，等. 2010. 南堡凹陷断裂系统形成机制及构造演化研究. 西安石油大学学报（自然科学版），02：13-17+21+108，109.

范柏江，刘成林，庞雄奇，等. 2011. 渤海湾盆地南堡凹陷断裂系统对油气成藏的控制作用. 石油与天然气地质，32（2）：291-206.

范柏江，董月霞，庞雄奇，等. 2012a. 基于排出-聚集-成藏的石油资源潜力评价方法：以南堡Ⅳ油气成藏体系为例. 地质科技情报，02：50-54.

范柏江，庞雄奇，师良. 2012b. 烃源岩排烃门限在生排油气作用中的应用. 西南石油大学学报（自然科学版），05：65-70.

傅征祥，刘杰，刘桂萍. 2000. 张家口-蓬莱断裂带的中长期强地震危险性研究. 中国地震，04：334-341.

高战武，徐杰，宋长青，等. 2001. 张家口-蓬莱断裂带的分段特征. 华北地震科学，01：35-42+54.

郭秋麟，陈宁生，吴晓智，等. 2013. 致密油资源评价方法研究. 中国石油勘探，02：67-76.

郭迎春. 2013. 致密砂岩储层浮力作用下限的动力学机制研究及应用. 北京：中国石油大学（北京）.

霍志鹏，庞雄奇，范凯，等. 2014. 济阳坳陷典型岩性油气藏相-势耦合控藏作用解剖及应用. 石油实验地质，36（5）：574-583.

贾承造，邹才能，李建忠，等. 2012. 中国致密油评价标准、主要类型、基本特征及资源前景. 石油学报，03：343-350.

姜航，庞雄奇，施和生，等. 2014. 基于毛细管力的有效储层物性下限判别. 地质论评04：869-876.

李三忠，刘建忠，赵国春，等. 2004. 华北克拉通东部地块中生代变形的关键时限及其对构造的制约：以胶辽地区为例. 岩石学报，20（3）：633-646.

刘震，邵新军，金博，等. 2007. 压实过程中埋深和时间对碎屑岩孔隙度演化的共同影响. 现代地质，21（1）：125-132.

陆克政，漆家福，等. 1997. 渤海湾新生代含油气盆地构造模式. 地质出版社，251.

马中良，曾溅辉，王永诗，等. 2009. 济阳坳陷"相-势"耦合控藏的内涵及其地质意义. 石油学报，（2）：9-13.

潘高峰，刘震，赵舒，等. 2011. 砂岩孔隙度演化定量模拟方法——以鄂尔多斯盆地镇泾地区延长组为例. 石油学报，31（2）：249-256.

庞宏，庞雄奇，陈冬霞，等. 2010. 相势复合控藏作用在塔中北部地区的应用研究. 中国矿业大学学报，39（4）：591-598.

庞雄奇. 1995. 排烃门限控油气理论与应用. 北京：石油工业出版社.

庞雄奇. 2003. 地质过程定量模拟. 北京：石油工业出版社.

庞雄奇，姜振学，李建青，等. 2000a. 油气成藏过程中的地质门限及其控制油气作用. 石油大学学报（自然科学版），24（4）：53-57

庞雄奇，金之钧，左胜杰. 2000b. 油气藏动力学成因模式与分类. 地学前缘，7（4）：507-513.

庞雄奇，金之钧，姜振学，等. 2002. 叠合盆地油气资源评价问题及其研究意义. 石油勘探与开发，01：9-13.

庞雄奇，金之钧，姜振学，等. 2003a. 砂岩气成藏门限及其物理模拟实验. 天然气地球科学，14（3）：207-214.

庞雄奇，李丕龙，金之钧，等. 2003b. 油气成藏门限研究及其在济阳坳陷中的应用. 石油与天然气地质，24（3）：204-209.

庞雄奇，陈冬霞，张俊，等. 2013a. 相-势-源复合控油气成藏机制物理模拟实验研究. 古地理学报，（5）：575-592.

庞雄奇，周新源，董月霞，等. 2013b. 含油气盆地致密砂岩类油气藏成因机制与资源潜力. 中国石油大学学报（自然科学版），05：28-37+56.

庞雄奇，等. 2014a. 油气藏调整改造与构造破坏烃量模拟. 北京：科学出版社.

庞雄奇，等. 2014b. 油气富集门限与勘探目标优选. 北京：科学出版社.

庞雄奇，等. 2014c. 油气运聚门限与资源潜力评价. 北京：科学出版社.

庞雄奇，霍志鹏，范泊江，等. 2014d. 渤海湾盆地南堡凹陷源控油气作用及成藏体系评价. 天然气工业，2014，01：28-36.

庞雄奇，等. 2015. 油气分布门限与成藏区带预测. 北京：科学出版社.

漆家福，杨桥，陈发景，等. 1994. 辽东湾-下辽河盆地新生代构造的运动学特征及其演化过程. 现代地质，01：34-42.

漆家福，张一伟，陆克政，等. 1995. 渤海湾新生代裂陷盆地的伸展模式及其动力学过程. 石油实验地质，04：316-323.

索艳慧，李三忠，刘鑫，等．2013．中国东部 NWW 向活动断裂带构造特征：以张家口-蓬莱断裂带为例．岩石学报，03：953-966.

万天丰，曹瑞萍．1992．中国中始新世-早更新世构造事件与应力场．现代地质，03：275-285.

王捷．2000．关于裂谷盆地油气勘探的思考．勘探家，5（1）：64-67.

王拥军，张宝民，王政军，等．2012．渤海湾盆地南堡凹陷奥陶系潜山油气地质特征与成藏主控因素．天然气地球科学，01：51-59.

朱光，刘国生，宋传中，等．2000．郯庐断裂带的脉动式伸展活动．高校地质学报，03：396-404.

朱光，王道轩，刘国生，等．2001．郯庐断裂带的伸展活动及其动力学背景．地质科学，03：269-278.

邹才能，杨智，崔景伟，等．2013．页岩油形成机制、地质特征及发展对策．石油勘探与开发，01：14-26.

Tissot B P, Wellte D H. 1978. Petroleum formation and occurrence. Berlin, Heidelberg, New York：Springer Vevlag.

Tissot B P, Durand B, Espitale J, et al. 1974. Influence of the nature and diagenesis of organic matter in the formation of petroleum. AAPG Bulletin, 58：499-506.

第8章 南堡凹陷复杂油气藏地震勘探
新技术与检验

8.1 构造油气藏地震预测与检验

8.1.1 储层分布发育地震预测与评价

1. 南堡凹陷1号构造带构造特征

1）基本构造特征

南堡1号构造总体为受NE-NEE向断裂控制的潜山批覆背斜，呈NE-NEE向延伸，具有中间高、四周低、南北分带、东西分区的构造特征（图8.1）。以南堡1号断裂为界，分为西部背斜带（上升盘）和东部复杂断裂构造区，后者又可以进一步分为南堡1号断裂和南堡1-5号断裂夹持的中部构造带和位于南堡1-5号断裂南部的构造带。

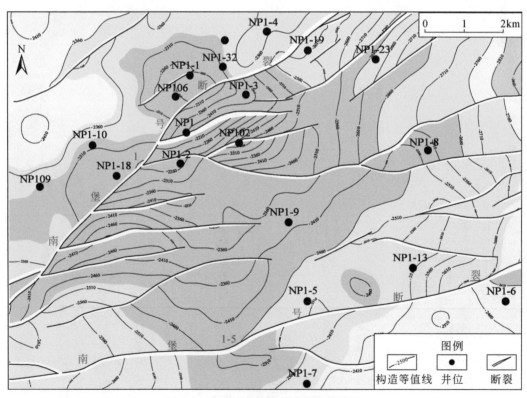

图8.1 南堡1号构造馆陶组底构造图

2）基本断裂特征

南堡1号构造共发育15条断裂，均为正断层，主要分布在南堡1号断裂以东、以南地区，总体呈NE-NEE向，以南堡1号断裂为主断裂、其他派生断裂向东、向北呈发散状，向西向南收敛于南堡1

号断裂，即向西南与南堡1号断裂呈锐角相差，南堡1号断裂以西断裂不发育，以背斜、斜坡为特征（图8.2）。

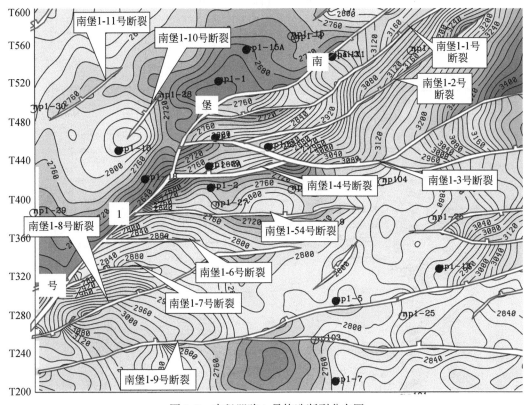

图8.2　南堡凹陷1号构造断裂分布图

纵向上，这些断裂大多断穿Nm-Ed及以上、以下地层，具同沉积活动特征，它们与向东南方向倾的主干断裂（南堡1号）相交或各断裂之间相交，形成多种断裂样式。断距由下向上变小，反映由早到晚活动性逐渐减弱的特征。且断距纵向断开层位，断距与横向延伸距离呈正相关（图8.3）。

3）构造圈闭特征

南堡1号构造褶断裂发育，总体为一个局部隆起背景，因此构造圈闭相对发育。本区圈闭有断背斜、断鼻和断块三种类型。

背斜圈闭主要分布在中部构造带和南部构造带的中部，与披覆同沉积背景有关。

断块圈闭分布于南堡1号断层下降盘，其控制的滚动背斜被南堡1号断层的分支断裂切割形成多个断块圈闭。

断鼻圈闭主要分布于中部构造带中部和西部构造带北部，南部规模较小，NE向展布为主，部分近EW-NEE向。

2. 叠后非线性相控随机反演方法

1）方法简介

地震反演是利用地震资料，以钻井、测井资料为约束，对地下岩层空间结构和物理性质进行成像（求解）的过程。目前常用的地震反演技术主要有三大类：①基于地震数据的声波阻抗反演；②基于模型的测井属性反演；③基于地质统计的随机模拟与随机反演。本章采用了中国石油大学（北京）自主研发的地震相控非线性随机反演技术。非线性随机反演方法是一种将随机模拟理论与地震非线性反演相结合的反演方法，该方法在地震相模型的控制下，通过原始数据将各个单个反演问题结合成一个联合反演问题，降低在描述参数几何形态时各个单个反演问题的自由度，从本质上提高了地球物理研究的效果。它

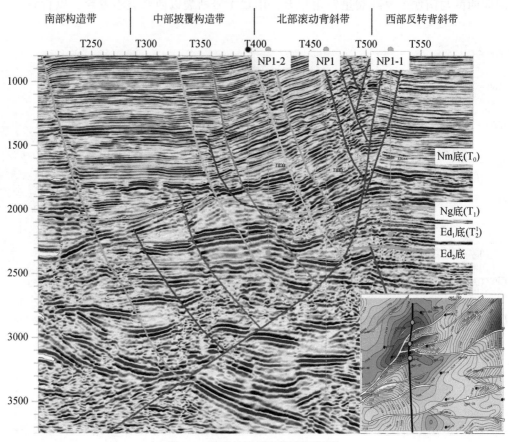

图8.3　连井地震剖面构造解释图

的优势在于对初始模型依赖小，在提高地震资料纵、横向分辨率的同时，充分考虑地下地质条件的随机特性，使反演结果更符合实际地质情况。该方法的实现过程可分为地震相约束模型建立和非线性随机反演两部分来进行。

2）地震相模型建立与外推计算

地震相是沉积相在地震剖面上的反映，任何一种地震相都有特定的地震反射特征，即具有特定的几何形态、内部结构，可以对应于相应的沉积相。

考虑地下地质特征的随机性，在相控外推计算中采用多项式相位时间拟合方法建立道间外推关系。具体做法是在相界面控制的时窗范围内从井出发，将测井资料得到的先验模型参数向量或井旁道反演出的模型参数向量，沿多项式拟合出的相位变化方向进行外推，参与下一地震道的约束反演。

设 N 为给定的正整数，给定数值 $f(-N)$，$f(-N+1)$，$\cdots$，$f(N)$，则可用一个 $2N$ 多项式拟合数据 $f(x)$，有

$$f(x) = C_0 P_0(x) + C_1 P_1(x) + \cdots + C_n P_n(x) \tag{8.1}$$

这里每个 $P_i(x)$（$i=0$，1，2，$\cdots$，n）为 x 的 i 次多项式，且满足：

$$\begin{cases} P_0(x) = 1 \\ \sum P_k(x) P_m(x) = 0 \end{cases} \tag{8.2}$$

$P_k(x)$ 与 $P_m(x)$（$k \neq m$）相互正交。由 $P_0(x)=1$ 可以递推出全部的 $P_i(x)$（$x>0$）。一般情况下，对地震信号来说，用3次以下的多项式拟合即可。

由式（8.2）可得

$$c_0 = \sum_{-N}^{N} p_0(x) f(x) \Big/ \sum_{-N}^{N} p_0^2(x) \tag{8.3}$$

有一般形式

$$c_k = \sum_{-N}^{N} p_k(x)f(x) \Big/ \sum_{-N}^{N} p_k^2(x) \quad (k = 0, 1, 2, \cdots, n) \tag{8.4}$$

3）地震道非线性随机反演方法

非线性随机反演方法是一种将随机模拟理论与地震非线性反演相结合的反演方法。它的实现过程可分随机模拟处理和非线性反演两部分来进行。

（1）随机模拟处理

随机反演的模拟处理是建立在地质统计关系基础上的高斯模拟实现。随机模拟是通过建立变差函数来描述空间数据场中数据之间的相互关系，这里达到建立空间储层参数点之间的统计相关函数的目的。变差函数是指区域化变量 z 在 x 和（$x+h$）两点处的增量的半方差：

$$G(x, h) = \frac{1}{2} \sum [z(x) - z(x + h)]^2 \tag{8.5}$$

在实际应用过程中，该变差函数是由样品来估算的，得到的函数称为实验变差函数 $G(h)$。以实验变差函数的滞后距 h 为横坐标，$G(h)$ 为纵坐标，可以得到变差函数图。

高斯模拟是将地质变量作为符合高斯分布的随机变量，空间上作为一个高斯随机场，以高斯随机函数来描述。而序贯模拟是将空间某一位置的未知量的某邻域内所有已知的数据（包括原始测量数据和先前已模拟得到的数据）作为模拟初始条件，对该未知量进行模拟，得到的模拟结果作为后续模拟的条件数据，继续进行下一步的未知量的模拟。因此，序贯高斯模拟是一种应用高斯概率理论和序贯模拟算法产生连续变量空间分布的随机模拟方法。

（2）地震非线性反演方法

基于地震道非线性最优化反演的思想，采用褶积模型，将地震道 $s(t)$ 表示为

$$s(t) = w \cdot \sum_{i=1}^{L} \frac{z_{i+1} - z_i}{z_{i+1} + z_i}\delta[t - i\Delta t] + n(t) \quad (i = 1, 2, \cdots, L) \tag{8.6}$$

式中，Δt 为采样间隔；z_i 为第 i 层阻抗值；w 为子波；$\delta(t)$ 为脉冲函数；$n(t)$ 为噪声。由于地震道与波阻抗的关系是非线性的，因而称为非线性反演。

3. 反演效果分析

1）反演手段调整和目的层选择

由于 Ng_3 玄武岩的屏蔽作用，使得上部目的层（$Nm-Ng_{1+2}$）和下部目的层（Ed_{1+2}）地震反射特征有很大的差异。本次储层反演工作，分别针对玄武岩之上的 $Nm-Ng_{1+2}$ 和玄武岩之下的（Ng_4、Ed_{1+2}）采用各自适宜的反演参数分两轮进行反演。

针对（$Nm-Ng_{1+2}$）选择七个层，从上而下编号为 1～7，其中 1、2、3 号层属于 Nm，4～7 号层属于 Ng_{1+2}；下部目的层（Ng_3-Ed_1）选择 10 个层，从上而下编号为 8～17，其中 8～12 号层属于 Ng_3，13～17 号层属于东一段。

2）反演效果分析

（1）反演剖面上反映砂岩与泥质岩的高低速层特征明显，旋回清楚，韵律性强，反映辫状河沉积背景。图 8.4 为过 NP1-9—NP1-5 井明化镇组—馆陶组反演剖面，高低速层表现出的砂泥岩旋回性和韵律性特征清楚，反映出辫状河沉积背景。图 8.5 为过 NP1-9—NP1-5 井东营组一段和二段反演剖面，高低速层表现出三角洲前缘沉积背景下的"泥包砂"沉积背景。

（2）反演与井吻合程度较好。NP-10 井是我们在开始进行反演时没有参与反演的井，用钻井解释与反演后的预测情况进行吻合比较能说明本次反演的可信性。通过对反演井南堡-10 过井剖面高速层与钻井解释对比（图 8.5）可知，反演剖面上的高速层与钻井解释的储层（干层、水层或油层）有较好的对应关系。

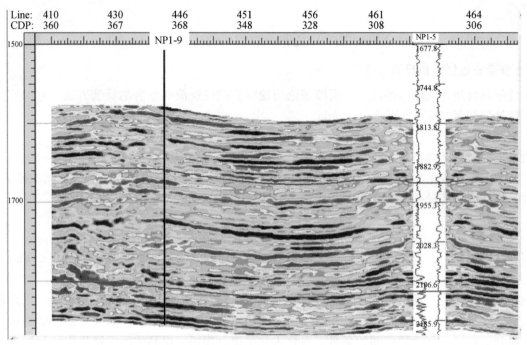

图 8.4　过 NP1-9–NP1-5 井 Nm–Ng 反演剖面

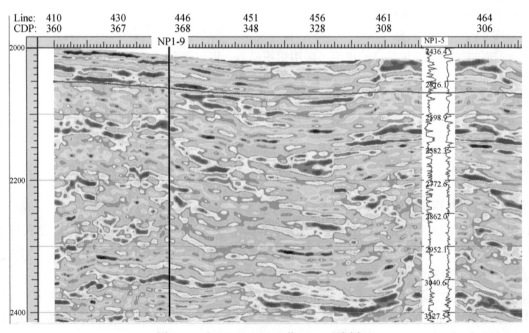

图 8.5　过 NP1-9–NP1-5 井 Ed$_{1+2}$反演剖面

（3）视分辨率高，可识别 5m 以上砂砾岩层。通过小波分频处理和采样率插值，使反演分辨率明显提高，突破传统四分之一波长的极限，可识别 3～5m 的薄砂层，表明本次反演有较高的视分辨率。

（4）井间层间关系清楚，储层变薄、尖灭、相变、分叉合并现象一目了然。由于本反演方法精度较高，分上、下两轮不同情况进行反演，反演成果显示方法恰当，使得反演成果中的储层横向变化特征十分清楚，井间、层间关系一目了然，有利于砂体的横向追踪和预测，也使得储集体特征容易得到精细刻画。

（5）反演预测性强，方法稳定。由未参与反演的 NP1-10 井钻井解释结果与反演预测结果对比可知、井参与反演与否结果变化不大，只是有些细微差别，表明预测结果不因井是否参与反演而发生大的变化，说明方法稳定性好。结果可靠。

4. 砂岩分布特征

1) 上目的层 1~7 号砂体展布特征

1 号砂体以 NP1-1 井 1659.8~1666.4m 共 6.6m 油层出发追踪而成（图 8.6），是本书追踪反演的最浅目的层，分布于研究区的西北部，由北向南呈扁状体，平面砂厚 3~4m，厚砂带达 5~6m，宽 0.5~1km。反映了辫状河三角洲分流河道末端的沉积背景。

2 号砂体以 NP1 井 1826.2~1834.6m 共 8.4m 油层向外追踪而成，仅分布于研究区西北角，2 号砂体以 NP1 井总体呈由 WN–ES 延伸尖灭的特征，不规则长条状展布，宽度 0.5~1.5km，平均砂层厚度 6~8m，最厚达 14~16m，位于厚砂带的中间，反映来自西北方向辫状河流水道的沉积（图 8.6）。

3 号砂体以 NP1-1 井 1728.8~1737.4m 共 8.6m 水层，NP1 井 1846.6~1854m 共 7.4m 的油层出发追踪而成（图 8.6），分布在研究区西北角，砂带形状极不规则。反映来自西北方向的辫状河水道在 NP1 井，NP1-28 井区汇合并尖灭的沉积背景。

4 号砂体以 NP1 井 1896.4~1913m 共 16.6m 油气层为基准向四周出发追踪而成（图 8.6）。由 3 个宽带状的砂岩体组成，一支来自西北方向，第二支砂体来自东北方向，由东北向南西延伸，砂带宽度变窄，由 3km 变窄到 0.5km 左右，到南堡 102 井区变薄尖灭，砂层平均厚度 3~6m，最厚 7~8m，第三支来自西南部物源，厚度和宽度比前两支砂带明显变大，呈宽带状呈 NE 向展布，在 NP104、NP1-11 井、NP1-7 井变薄尖灭，平均砂层厚 5~8m，最厚达 12m 以上，最厚区位于南堡 104 井以南，NP1-9 井以西。本区反映来自西北、东北和西南的三条辫状河流向 NP102 井区汇合、尖灭的沉积特征。

5 号砂体展布特征与 4 号层类似，西北砂带明显为两条，在 NP1-10 井和 NP1 井厚度最大，达 14m 以上，南部砂体最厚处位于西南方向，达 10~12m。该层是以 NP1 井的 1921.4~1930.6m 油层，NP1-10 井的 1785~1802m 共 17m 水层出发追踪而成（图 8.6）。

6 号砂体展布特征以 NP1-1 井 1895~1906.4m 共 11.4m 油层出发追踪而成，只在研究区西北地区，呈面状分布，向南尖灭于 NP1、NP1-18 井北端（图 8.6）。厚带展布方向略呈 SN–NE 向，砂层平面厚度为 4~6m，NP1-1 井区厚度最大，达 11m 以上。

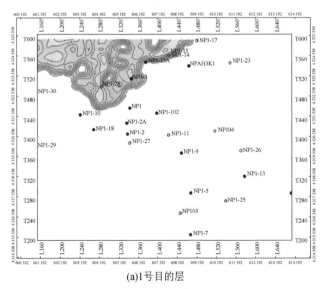

(a)1号目的层

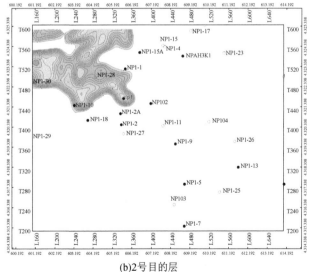

(b)2号目的层

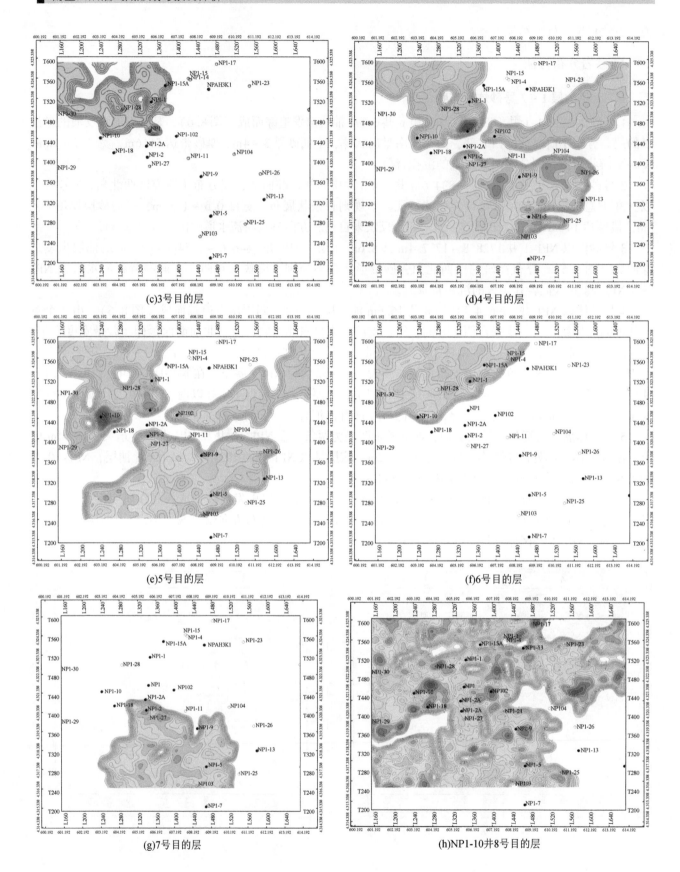

(c)3号目的层

(d)4号目的层

(e)5号目的层

(f)6号目的层

(g)7号目的层

(h)NP1-10井8号目的层

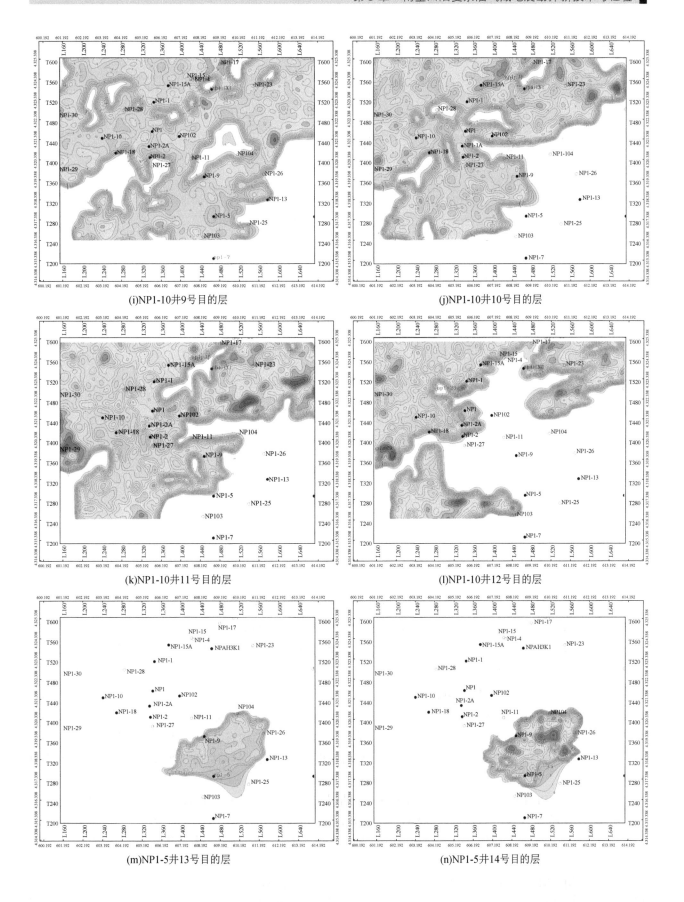

(i)NP1-10井9号目的层

(j)NP1-10井10号目的层

(k)NP1-10井11号目的层

(l)NP1-10井12号目的层

(m)NP1-5井13号目的层

(n)NP1-5井14号目的层

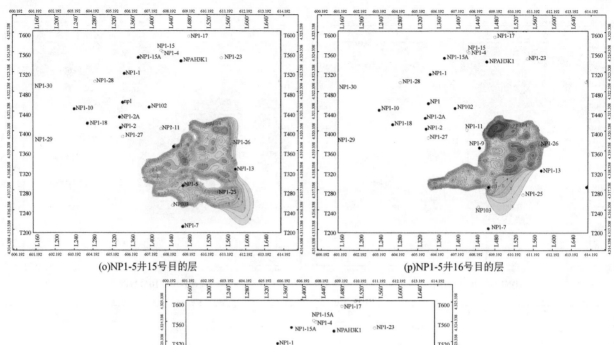

(o)NP1-5井15号目的层　　　　　(p)NP1-5井16号目的层

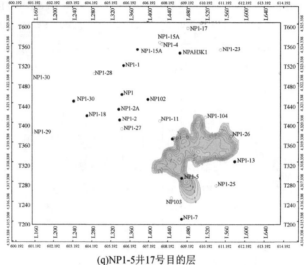

(q)NP1-5井17号目的层

图8.6　馆陶组–东营组1~17号储层预测厚度图

7号砂体展布特征以NP1-2井2032~2053.4m共11.4m的可疑油层出发追踪而成（图8.6）。分布在研究区南部，NP1-13井以西呈宽带状由南向北展布，向北尖灭于NP1-2A井，厚砂带位于该砂体的中部，呈近SN向展布，厚度在9m以上，该砂体平均厚度为6~9m，最厚处位于北端的NP1-2井区，达11m以上。整个砂体宽度可达6km以上。

2）下目的层8~17号砂体展布特征

8号砂体以NP1-10井的2304.4~2322.2m共17.8m油层出发追踪而成（图8.6）。本层砂岩除在研究区东南部、东北部的局部地区和西部局部地区没有分布外，在全区均有分布，具有厚度大、分布广、厚砂体总体呈近SN向和NNE向展布的特点，砂岩平均厚度8~12m，最厚达18~20m，位于各厚砂带的中间，局部集中。

9号砂体以NP1-10井2328~2333.6m共5.6m油层出发追踪而成（图8.6）。除东南、西南局部地区外，全区均有分布，厚砂带总体呈SN-NNE向展布特征，宽度为0.5~3km，平均砂层厚度为4~6m，最厚达10m，砂厚总体变化趋势不明显，物源可能来自北部、东北部和南部，为三角洲平原–前缘分流河道沉积背景。

10号砂体以NP1-10井的2362.4~2368.8m共6.4m油层，NP1-1井的2406.2~2411.4m共5.2m的油层出发追踪而成（图8.6），由图可知，砂体在工区内大面积分布于北部、西部和南部，呈明显的由西向东南进积的砂体展布特征，由西北向东南由多个扇形朵叶体砂体组成，平均砂层厚度为5~8m，辫状河道集中处砂体达 12m 以上。向南砂体尖灭于研究区南端。

11 号砂体分布格架与 10 号层相似，除东南部外，大部分地区均有分布，总体由北向南展布，由多个朵叶状的扇体组成。平均砂层厚度为 6~8m，最厚 15m 以上，分布在砂体尖灭处。该砂体是由 NP1-10 井的 23838~2390.8m 共 7m 的油层出发追踪而成（图 8.6）。

12 号砂体以 NP1-10 井的 2398.6~2409.2m 共 10.6m 油层出发追踪而成（图 8.6），由西北、东北和南部 3 个砂体组成，以西北的砂体规模最大，呈面状展布，平均砂层厚度为 8~10m，最厚为 17~18m。东北部砂体由 2 个 NEE 向砂带平行组成，向西南变薄尖灭于 NP102 井以西，平均砂层厚度为 8~12m，最厚达 18m，砂带宽度为 1~1.5km；南部砂体向北向东分别尖灭于 NP1-18 井以南和 NP1-5 井以西，呈不规则条带状向北、向东展布，平均厚度 7~11m，最厚 18~20m，分布于河道中心（厚砂带中部）。

13~17 号砂体为位于研究区东南部的一个相对孤立的砂岩透镜体，位于东二段，总体呈由南向北的喇叭状扇体沉积。主要分布于 NP1-9 井、NP1-13 井和 NP1-7 井所围成的地区，由 NP1-5 井的 13~17 号油层向四周出发追踪而成。13 号层砂体平均厚度 3~5m，最厚处位于砂体东北部，达 7m 以上，由南向北有变厚的趋势。14 号砂体分布范围与 13 号层差不多，形状相似，但砂体厚度明显增厚，平均厚度为 6~8m，最厚达 16m 以上，位于砂体的中部北部。15 号层砂体由东南向西北逐渐展开的喇叭状砂体，向北尖灭于 NP1-9 井区，平均砂层厚度为 4~6m，最厚为 15m，位于砂体的东北部。16 号层砂体总体由南向北呈喇叭状延伸，砂体厚度较前三层大，平均厚度为 6~8m，最厚为 20m，位于砂体北部，厚砂体位于砂体东部，呈 SN 向展布，厚度在 12m 以上，可能为水下扇的水道沉积。17 号层砂体位置与前几层相似，但形状为不规则扇体，由南向北延伸，砂体规模与厚度要比前几个砂体小。由南向北变宽变厚，砂体平均厚度 4~6m，最厚 8~9m，但分布局限（图 8.6），东北部变宽。

8.1.2 储层孔渗性分布预测与有效性评价

1. 储层孔渗性分布地震预测与评价

1）基本原理

声波时差是岩性和孔隙度综合反映的重要参数。目前利用声波资料预测孔隙度方法有两种，一种是以威利公式为基础的计算方法，另一种是回归分析的方法计算孔隙度。南堡凹陷 3 号构造储层物性（孔隙度等）资料主要通过测井及地球物理手段得到。本书采用回归分析的方法，对南堡凹陷 3 号构造各目的层声波时差进行计算，得出速度与孔隙度之间的关系为

$$\phi = 3.2 + 1.881 \frac{V_\mathrm{p}}{100} - 0.04736 \frac{V_\mathrm{p}^2}{100^2} \tag{8.7}$$

式中，ϕ 为孔隙度，%；V_p 为反演纵波速度，m/s。

2）孔隙度估算

在低孔隙的背景下寻找相对高孔隙部位对分析油气成藏机理寻找有利成藏区域及后续的井位设计是很重要的一个环节。孔隙度反演的目的就是寻找储层发育的高孔隙区分布。基于回归公式（8.7），利用南堡 3 号构造的反演速度数据体计算孔隙度。

3）岩性预测

基于对南堡 3 号构造地区完钻井的砂岩、泥岩速度分布统计规律，基于回归公式，利用反演速度体并以岩性为约束反演孔隙度，用含砂百分比的大小控制砂泥岩岩性的变化。速度为 4200~5400m/s 时为砂岩，速度在 3400~4000m/s 时为泥岩，速度为 4000~4200m/s 时为砂岩、泥岩间的过渡岩性。

2. 砂岩储层孔渗性分布预测结果

针对研究工区的特性，经岩石物理统计和分析拟合出孔隙度与速度的关系后，利用反演出的速度数

据体计算孔隙度数据体，计算南堡凹陷三号构造的孔渗性分布。如图 8.7 所示为南堡 3 号构造 Es_1 顶孔隙度分布图，孔渗性良好的主要是在中部地区，东部地区也有部分地区孔隙度发育较好，而其他地区则一般。孔隙主要沿 NE 和 NW 方向延伸发育。图 8.8 是南堡 3 号构造 Es_1 储层孔隙度分布图，储层内大部分孔隙度均比较良好，北部和东南部孔渗性较好，与沙一段顶面的孔隙度分布图吻合较好。

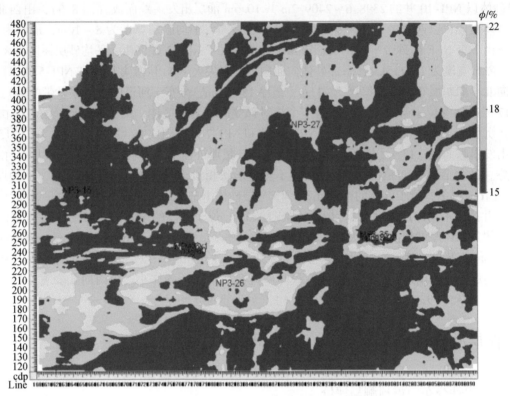

图 8.7　南堡 3 号构造 Es_1 顶孔隙度分布图

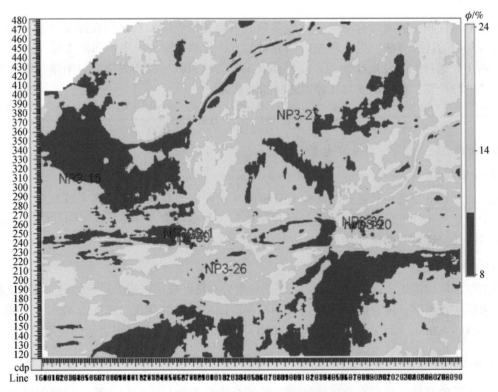

图 8.8　南堡 3 号构造 Es_1 储层孔隙度分布图

3. 砂岩储层孔渗性有效性评价

南堡凹陷油气主要聚集在粒径范围 0.01~0.5mm 的粉砂岩、细砂岩和中砂岩储层中。图 8.9 为沙一段砂地比结果,可以看出沙一段由北向南砂岩尖灭特征明显,是岩性油气藏勘探有利区。将沙一段孔隙度分布特征与砂地比结果进行对比,即图 8.9 与图 8.10,孔隙度分布与砂地比在部分地区有良好的对应关系。

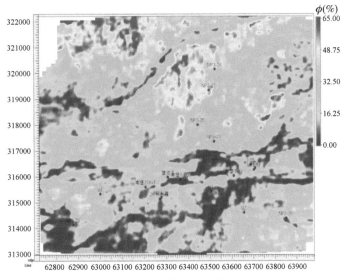

图 8.9　沙一段砂地比分布图

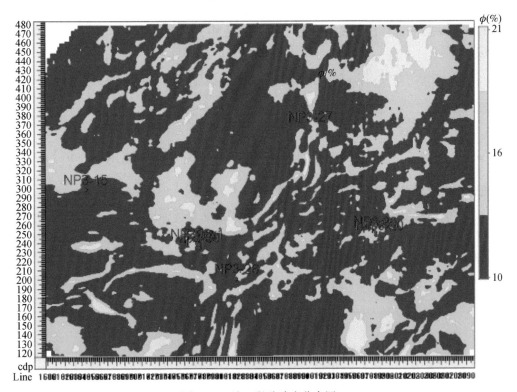

图 8.10　沙一段孔隙度分布图

8.1.3 储层含油气性地震预测与评价

1. 含油气性检测与评价方法

1）饱和流体多孔介质中地震波特征

根据 Silin D B 推导的弹性波方程，既可以描述地震波动力学特征，又能把储层的密度、渗透率与流体的黏度等油藏参数直接与地震传播特征联系起来。该弹性波方程为

$$\begin{cases} \rho \dfrac{\partial^2 u}{\partial t^2} + \rho_f \dfrac{\partial W}{\partial t} = \dfrac{1}{\beta} \dfrac{\partial^2 u}{\partial x^2} - \dfrac{\partial P}{\partial x} \\[2mm] W + \tau \dfrac{\partial W}{\partial t} = \dfrac{\kappa}{\eta} \dfrac{\partial P}{\partial x} - \rho_f \dfrac{\kappa}{\eta} \dfrac{\partial^2 u}{\partial t^2} \\[2mm] \dfrac{\partial^2 u}{\partial t \partial x} + \phi \rho_f \dfrac{\partial P}{\partial t} = -\dfrac{\partial W}{\partial x} \end{cases} \tag{8.8}$$

式中，W 为饱和介质中流体的达西速度，表示单位时间内通过单位面积的流体流量；P 为流体压力；u 为固体骨架的位移；η 和 κ 分别为流体黏度与储层的渗透率；β 和 β_f 分别为固体骨架与流体的拉梅系数；τ 为弛豫时间，它是孔隙空间形态、流体黏度和流体拉梅系数的函数。假设饱和流体多孔介质的孔隙度为 ϕ，则饱和流体的岩石密度 ρ 可用流体密度 ρ_f 和岩石基质密度 ρ_g 表示为 $\rho = (1 - \phi)\rho_g + \phi\rho_f$。

以分析沿 X 方向传播的平面简谐纵波为例来说明流体饱和多孔介质中地震波场的特征。设固体骨架位移、流体的达西速度和压力分别如下：

$$u = U_s e^{i(wt-kx)}, \quad \bar{u} = \bar{U}_f e^{i(wt-kx)}, \quad P = P_0 e^{i(wt-kx)} \tag{8.9}$$

将上式中的平面纵波和流体压力表达式代入式（8.8）中，整理可得快纵波和慢纵波的低频域波场特征，其形式分别如下：

$$\begin{cases} \bar{U}_f^{fast} \approx \dfrac{-\varepsilon w(1 - \gamma_\rho \gamma_v - \gamma_\rho)}{1 + \gamma_\rho} U_s^{fast} + \cdots \\[3mm] \bar{U}_f^{slow} \approx -iw(1 + \gamma_v) U_s^{slow} + \cdots \end{cases} \tag{8.10}$$

式中，$\gamma_v = \dfrac{v_b^2}{v_f^2} = \dfrac{\varphi \beta_f}{\beta}$；$\gamma_\rho = \dfrac{\rho_f}{\rho}$；$\varepsilon = \dfrac{\kappa \rho w}{\eta}$（一般地震频率小于 1kHz，则 ε 的量纲小于 10^{-3}）。

2）饱和流体多孔介质分界面的反射系数推导

设计如图 8.11 的地震反射模型，上覆介质 M1 为理想的非渗透弹性介质，下伏介质 M2 为饱和流体多孔介质，如果平面纵波入射到介质的分界面，则地震波应该满足以下边界条件：①位移、应力连续；②由于上覆的弹性介质无渗透性，因此在边界处流体的达西速度为零。边界条件可以写成如下形式：

$$\begin{cases} u_1 \big|_{X=0} = u_2 \big|_{X=0} \\[2mm] -\dfrac{1}{\beta_1} \dfrac{\partial u_1}{\partial x} \bigg|_{x=0} = -\dfrac{1}{\beta_2} \dfrac{\partial u_2}{\partial x} \bigg|_{x=0} + \varphi p \big|_{x=0} \\[2mm] \bar{u}_f \big|_{x=0} \end{cases} \tag{8.11}$$

式中，u_1 和 u_2 分别为 M1 与 M2 的固相位移。

为了方便起见，仅讨论垂直入射的情况，则介质 M1 中的垂直入射和反射的平面波可以表示为

$$u_1 = U_1 e^{i(wt-k_1 x)} + R U_1 e^{i(wt+k_1 x)} \tag{8.12}$$

介质 M2 中的位移和压力分别为

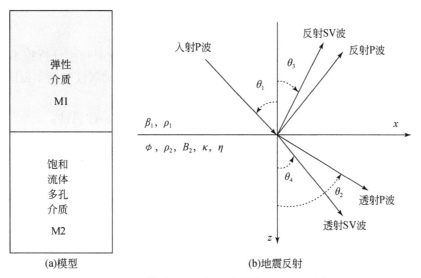

图 8.11　模型（a）及地震反射（b）示意图

$$\begin{cases} p = \dfrac{1}{\phi\beta_f}P_0^s \mathrm{e}^{i(wt-k_s x)} + \dfrac{1}{\phi\beta_f}P_0^f \mathrm{e}^{i(wt-k_s x)} \\ u_2 = U_2^s \mathrm{e}^{i(wt-k_s x)} + U_2^f \mathrm{e}^{i(wt-k_f x)} \end{cases} \tag{8.13}$$

将式（8.10）、式（8.12）和式（8.13）代入边界条件式（8.11），整理后可以得到如下方程：

$$\begin{cases} (1+R)U_1 = U_2^s + U_2^f \\ \dfrac{ik_1}{\beta_1}(1-R)U_1 = \dfrac{ik_2^s}{\beta_2}U_2^s + \dfrac{ik_2^f}{\beta_2}U_2^f + \dfrac{P_0^f + P_0^s}{\beta_f} \\ 0 = iw(1+\gamma_v)U_2^s + \dfrac{\varepsilon w(1-\gamma_\rho\gamma_v - \gamma_\rho)}{1+\gamma_\rho}U_2^f \end{cases} \tag{8.14}$$

式中，R 为界面的反射系数。

分析可知，在低频端 $\varepsilon = \dfrac{\kappa\rho w}{\eta}$ 趋近于 0，饱和流体多孔介质分界面处的快纵波和慢纵波的位移近似成比例，并且慢纵波的位移趋近于零，说明慢纵波并不向前运动，主要在界面处产生反射，对界面的反射系数影响较大。对式（8.14）进行化简，可以得到低频域反射系数的近似表达式，形式为

$$R \approx \dfrac{A_2 - A_1}{A_2 + A} + B(v_1, v_2, \rho_2, \kappa, \eta)\sqrt{\dfrac{\kappa\rho}{\eta}w} \tag{8.15}$$

式中，A_1 和 A_2 分别为上下介质的波阻抗；B 为饱和流体多孔介质速度、密度、流体黏度等的函数，与频率无关。

3）基于低频域反射系数推导流体活动属性

反射系数与地震频率有关，与储层的渗透性、密度及流体黏度等油藏参数有关。令流体活动属性 $M \approx \dfrac{\kappa\rho}{\eta}$，代入式（8.15）并对其进行角频率求导，便可以得到流体活动属性的表达式，形式如下：

$$M \approx F(v, \rho, \kappa, \eta)\cdot\left(\dfrac{\partial R}{\partial w}\right)^2 \cdot w \tag{8.16}$$

式中，F 为流体函数，无量纲。

上式表明，低频域饱和流体多孔介质储集层中，流体的活动性与地震反射系数对反射频率的偏导的绝对值成正比，而实际地震记录为反射振幅，因此流体的活动性可以近似认为与地震反射振幅对反射频率的偏导的绝对值成正比。

4）油气层检测的实现步骤

油气层检测的实现步骤如下：

（1）利用地震、测井等资料开展地震资料目的层频谱分析，并应用时频分析技术对井旁地震道进行谱分解，在时频分布基础上分析储层的谱变化特征，确定计算流体活动属性的频率范围；

（2）利用时频分析对地震记录逐道进行时频谱分解计算；

（3）沿目的层计算地震谱能量随频率变化的变化率，提取流体活动性属性；

（4）结合井和地震反演等数据，综合分析流体活动性属性识别含油气砂岩的模式，预测砂岩储层分布范围。

2. 砂岩储层含油气性检测结果及分析

按照前述的方法进行含油气性检测，图8.12为流体分布预测图，从图中可以看出NP3-27井储层与流体检测结果具有较好的一致性，从流体平面检测图（图8.13）看出，流体主要分布于研究区北部，向南变差，与砂体一致。黄色、红色部分为有利含油气区。

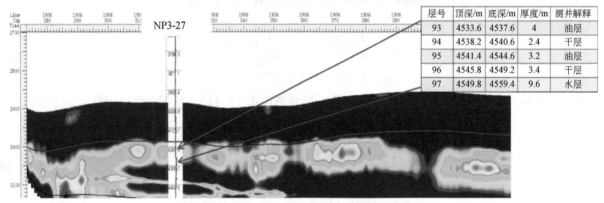

层号	顶深/m	底深/m	厚度/m	测井解释
93	4533.6	4537.6	4	油层
94	4538.2	4540.6	2.4	干层
95	4541.4	4544.6	3.2	油层
96	4545.8	4549.2	3.4	干层
97	4549.8	4559.4	9.6	水层

图8.12　NP3-27井流体分布预测图

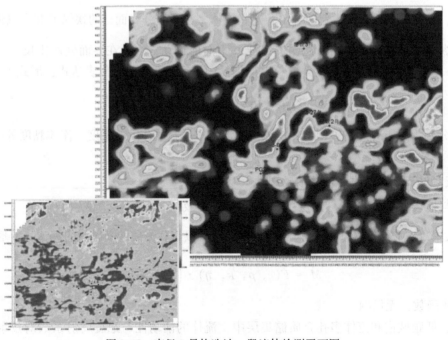

图8.13　南堡3号构造沙一段流体检测平面图

3. 砂岩储层含油气性评价

根据含油气检测结果及构造，可知本区北部主要为岩性油气藏，如 NP3-27 井；西南部由于断裂发育，形成以断裂相关圈闭为主的油气圈闭类型，包括断块、断层–岩性、断鼻（断背斜）等圈闭，也有上倾尖灭、物性封闭等岩性圈闭。无论是北部还是西部成藏系统，下倾（或下部）方向有油源断裂沟通油源（东三段或沙河街组烃源岩）与目的层储层或圈闭，上倾方向有各种类型的位于优势运移通道上的圈闭是形成油气藏的基本条件。

8.1.4　复杂油气藏地震探测结果钻探检验

1. 钻探成果

南堡 1 号构造中浅层油气主要集中在 Nm、Ng 和 Ed_1。其特征是油层分布组段多，油层厚度变化大，厚的油层达到 15~20m，薄的油层只有 2~3m，但总的看油层大多在 7~12m。平面上，钻遇油层的井主要集中在研究区的中北部的南堡 1 号构造的高部位，南堡 1 号断裂上下盘附近，但也有井没有获得较好成果，表明本区油气成藏条件复杂，油气分布规律需进一步查明。

2. 钻探成果与解释结果比对

研究区目的层油气分布复杂，采用非线性随机相控反演方法对地震资料进行反演，结果与实际钻井结果吻合程度较高。以 NP1-10 井为例，反演剖面上的高速层与钻井解释的储层（干层、水层或油层）有较好的对应关系。依据已知资料统计这 32 个目的层预测与钻井结果吻合情况，仅 3 个层不吻合，吻合率达 89%。

8.2　潜在隐蔽油气藏地震探测与检验

8.2.1　隐伏砂岩体分布地震预测与评价

1. 隐伏砂岩体油气藏基本特征

勘探表明，沉积盆地中并非所有的隐伏砂岩体都含有油气。

隐伏砂岩体的油气成藏一般分为三种类型：隐伏砂岩体被烃源岩包围；隐伏砂岩体被致密砂岩包围；隐伏砂岩体被不排烃的泥岩包围。隐伏砂岩体的成藏主要分为三个阶段：第一阶段，成藏条件发育阶段，覆盖砂岩体的烃源岩内有机母质随埋深的增加开始生成油气，但是生成量较小，不满足源岩自身各种形式残留的需要，未进入排烃门限，无法向砂岩大量供烃。第二阶段为隐伏砂岩体聚集油气成藏阶段。第三阶段为隐伏砂岩体油气保存阶段，此阶段或因源岩生油潜力枯竭，或因油气成藏的综合动力小于成藏的综合阻力，油气不能继续进入砂岩体中聚集。

南堡 4 号构造带油源主要来自于曹妃甸次凹，距油源相对较远，油气多呈台阶状运移，具有更明显的混源特征。南堡 4 号构造带成藏模式以断层输导断块圈闭、断层+砂体输导断块圈闭、断层+砂体输导背斜圈闭和断层+砂体输导上倾尖灭圈闭模式为主。

2. 隐伏砂岩体叠后相控非线性随机反演

勘探研究表明，南堡 4 号构造明化镇组为典型的曲流河沉积特征，总体表现为泥包砂，在地震剖面以相对中高频的地震反射特征为主，馆陶组为典型的辫状河沉积，总体表现为以砂为主的砂夹泥沉积，在地震剖面上以中—低频的波组反射地震相为主。在进行储层反演时需分层进行明化镇目的层储层反演采用曲流河相的反演参数进行预测，馆陶组目的层储层的反演采用辫状河相的反演参数进行预测，使得反演结果符合沉积背景。

1）反演原理

结合南堡4号构造的地震相模式，计算过程中我们采用了叠后非线性相控随机反演方法，并充分考虑南堡4号构造的断裂分布和地质条件，使反演结果更符合实际地质情况。

在实际资料反演过程中，先根据 NP4-3 井、NP4-8 井等的波阻抗资料及地震相划分结果建立一个地下波阻抗模型，即固定点模型 Z_0，然后利用井的波阻抗和井旁地震道求出控制参数，就可以进行井约束相控非线性随机反演。

2）反演过程

按照上述方法和流程，在地震特殊处理及声波时差曲线重构的基础上，提取井旁地震道的子波，然后内插形成空变子波，应用相控非线性随机反演的薄层高精度储层预测技术对各研究区目的层开展精细的储层反演，整个反演过程如图 8.14 所示。

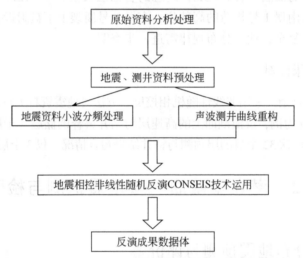

图 8.14　相控非线性随机反演的薄层高精度储层预测流程图

3. 隐伏油气藏反演结果

1）Nm 目的层储层反演

（1）反演目的层的选择

在 Nm 中选择了 NmⅡc1、NmⅡc2、NmⅢc1、NmⅢc2 和 NmⅢc3 共 5 层目的层储层作为 Nm 重点预测的目的层储层。

（2）Nm 反演效果分析

砂岩储层与泥岩非储层特征清楚，储层与钻井吻合较好，表明方法预测性强，5m 以上储层可预测出来。

高速砂岩储层与相对低速泥岩非储层特征明显，符合曲流河沉积背景下的泥包砂沉积特征，储层尖灭、变薄、相变特征清楚，储层变化现象一目了然。

与同类技术相比具有明显优势。

综上所述，对 Nm 储层，本次反演具有与井吻合程度好、视分辨率高、预测性强、反映沉积特征清楚等特征，可用于对研究区目的层储层的分布预测。

（3）Nm 目的层储层空间分布预测与描述

NgⅡc1 储层分布是以 NP4-11 井的 8 号层（1438.8～1447.1m 垂深，水层）为种子点向四周展开追踪而成。主要分布于研究区中部 NP4-11 井、NP4-8 井及 NP4-52 井以东地区。由 NP4-11 井和 NP4-8 井西、NP4-19-PG1 井和 NP4-52 井东等几个孤立的砂岩透镜体组成 [图 8.15（a）]。

NgIIc2 储层主要分布于 NP4-18 井以西以北、NP4-19 井以北地区，呈近南北向延伸的南宽北窄长条状砂岩体，反映曲流河道沉积，储层总体北薄南厚，向北变薄尖灭，向南汇聚于 NP401X1 井区，平均储层厚度约 3m，最厚处位于 NP401X1 井处，储层厚度达 6m 以上。该片砂体被 F4、F5 和 F9 分成三片，其中 F9 和 F5 断层夹持部分面积最大，达 0.7km²，厚度也最发育，平均厚度达 4m，5m 以上厚度发育区占整片砂体区的 40% 以上，是有利的储层发育区，向南变薄尖灭。夹于 F4 与 F5 断层之间的 NP401X1 井砂体由多个相对孤立的砂岩透镜体组成，其中以 NP401X1 井砂岩透镜体规模相对大，受 F4、F5 断层夹持呈 NW 向延伸，平均储层厚度 4m，最厚 6m 以上。NP401X1 井在本层砂体揭示 6m 油层，表明 NP401X1 井砂体储层是一个有利的含油储集体 [图 8.15（b）]。

NmⅢc1 储层预测范围是以 NP4-3 井的 2 号层（1681.7～1683.9m 共 2.2m 油层）为基础向四周追踪而形成因受 F3、F4、F5 等断层切割由北向南由 NP4-3 井、NP4-53 井、NP4-2 井北 3 个近 EW 向展布砂岩透镜体组成。NP4-3 井砂体位于 NP4-3 井、NP4-51 井以北，F9 断层以南以西，西界为岩性尖灭线，平均储层厚度 3.5m，最厚 6m，位于砂体东南部和北部局部地区，总体具有四周厚中间薄的环带分布特征。NP4-3 井在本层揭示 2m 油层，表明该砂体是一个含油砂体，为有利储集体 [图 8.15（c）]。

NmⅢc2 目的层储层的分布预测是以 NP4-3 井的 22、23 号层为种子点向四周展开追踪而成的。储层大面积分布于 F5 断层以北及其附近。以 F5-F7 断层为界，以北储层由多个 NNE-NE 向展布的长条状砂体组成，构成网状河道，其中以 NP4-8 井-NP4-51 井砂带厚度最大，储层平均厚度为 4.5m，最厚 6m。其他不规则条带状砂带储层平均厚度为 3～4m，形成由东北向西南延伸的长带状砂体。F5-F7 断层以南储层分布表现为由 NP41-X4510 井、NP4-12 井、NP4-53 井等 7 个小规模的孤立砂体组成的分散储集体，其每个砂体面积不超过 0.5km²，储层厚度有薄有厚，其中 NP41-X4510 井、NP4-3 井砂体中心的 NP41-X4510 井、NP4-3 井在本层 1 油层，表明这两个透镜体储层是有利的含油储层 [图 8.15（d）]。

NmⅢc3 储层分布是从 NP4-3 井 NmⅢ25 号层（1709.8～1713.8m 共 4m 油层）出发向四周追踪而预测出的储层分布结果，储层分布情况与 NmⅢc2 层类似，主要分布于 F5、F7 断层以北和以南、沿 F5、F7 断层分布。在 F5、F7 以北储层分布表现为多条由东北向西南延伸的条带状砂体及辫状网状砂体组成，向西南砂体变宽并被 F5、F7 断层遮挡、切割，由东向西砂体变得零散，条带砂体储层由东向西变薄，最厚处多位于条带状砂体的中部，储层平均厚度为 4～5m，最厚达 7～8m。F5、F7 断层以南储层多为孤立砂岩透镜体，沿 F3、F4、F5、F7 断层展布，规模较小，其中夹于 F5、F4 断层之间的 NP41-X4510 井砂体呈 NW 向展布，其东西界是断层遮挡，南北界为储层尖灭线，储层平均厚度 4.5m，最厚 7～8m，位于 NP41-X4510 井处。由于 NP41-X4510 井本层 1 厚层储层，本砂体为有效的储层体。NP4-3 井砂岩透镜体呈不规则状条带，夹于 F6 与 F7 断层之间，西界是砂岩尖灭线，面积 0.6km²，储层平均厚度为 4m，最厚 6m，位于透镜体西北部。由于 NP4-3 井在本层揭示 4m 油层，因此，NP4-3 井储层体是有利的目标层 [图 8.15（e）]。

2）Ng 目的层储层反演预测

（1）反演目的层选择

在 Ng 中选择了 NgⅠ、NgⅡ、NgⅢ、NgⅣ的 9 个目的层进行储层反演。

（2）反演效果分析

本次工作针对 Ng 辫状河沉积特点，采用相控非线性随机反演方法单独进行反演。

反演结果井间层间关系清楚；储层横向变化特征明显，变薄、尖灭、分叉、合并现象清楚，有利于对储层的精细刻画；5m 以上储层能识别，且反演结果与钻井解释结果吻合率较高。综上所述，Ng 反演结果具有与井吻合程度好，视分辨率高、可测到 3～5m 以上储层，吻合率达 85% 以上，反演结果可用于 Ng 储层精细预测。

（3）Ng 目的层储层分布预测

NgIc1 储层分布是从 NP4-51 井 1746～1756m 井段出发追踪而成，大致以 F5、F6 断层为界，以北储层较发育，成片分布。其中，NP4-51 井–NP4-16 井储层分布面积最大，由 SW 向 NE 展开，面积大于 12km²，储层平均厚度为 6m，最厚在 10m 以上，6m 以上的厚砂带呈辫状、网状分布，反映辫状河沉积特征，其西侧 NP4-6 井储层区呈 EW 向展布，储层平均厚度为 5m，最厚 9m，位于储层区西北部和西南部局部地区，储层分布总体具有东西厚、中间薄，西部地区南北厚、中间薄的特征。NP4-6 井在本层揭示水层。NP4-15 井南砂体分布区位于 NP4-15 井、NP4-18 井以南，呈 NW 向展布的透镜体，储层平均厚度为 6.5m，最厚为 9m，位于透镜体的中部，透镜体面积为 1.35km²，位于其低部位的 NP4-15 井在本层获日产 48.77m³ 的工业油流，是有利的储层发育区。

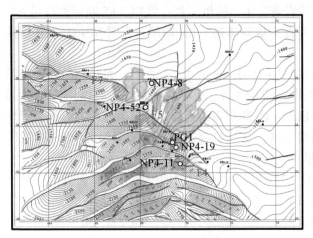

(a)NmⅡc1储层与明二顶构造叠合图

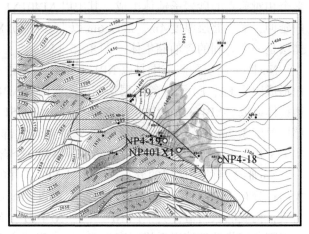

(b)NmⅡc2储层与明二顶构造叠合图

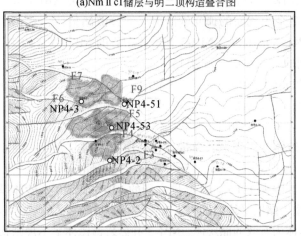

(c)NmⅢc1储层与明三顶构造叠合图

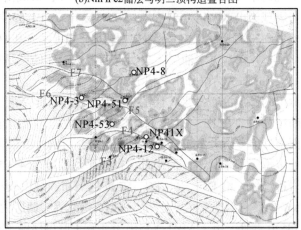

(d)NmⅢc2储层与明三顶构造叠合图

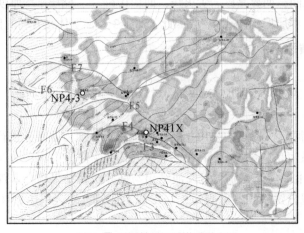

(e)NmⅢc3储层与明三顶构造叠合图

图 8.15　南堡 4 号构造 Nm 储层分布预测图

NgⅠc2 储层分布格局与 NgⅠc1 类似 ［图8.16（a）（b）］，但储层相对更发育。F5、F7 断层以北 NgⅠc2 储层大面积成片分布，总体呈现东厚西薄、南厚北薄的特征，平均厚度在 12m 以上，最厚达 16m，位于中南部局部地区。12m 以上厚砂带呈不规则辫状、网状分布，反映辫状砂沉积特征，F5、F7 断层以南储层不发育，仅存在 NP4-3 井、NP4-53 井北、NP4-2 井和 NP4-19 井等几个小规模砂岩透镜体。除 NP4-53 井以外，其他几个透镜体面积小于 1km²，NP4-3 井储层体面积约 0.85km²，储层平均厚度为 7m，最厚 14m，NP4-3 井在本层揭示油层日产油 85.7m³，因此NP4-3井储层体是有利的含油目标。

NgⅡc1 储层不太发育，有 6 个砂岩储层分布区。大致以 F5 断层为界，以北分布 NP4-3 井、NP4-51 井、NP4-52 井东和 NP4-15 井 4 个透镜体，除 NP4-6 井、NP4-15 井透镜体规模较小外（均小于 1km²），NP4-51 井、NP4-51 井东规模较大，呈宽带状或席状展布，NP4-51 井东砂体面积约 4.5km²，储层平均厚度为 8m，最大 13m 以上，位于该储层体中部。该储层体目前尚没有井，是有潜力的储层发育区 ［图8.16（c）］。

NgⅡc2 储层分布是依据 NP4-51 井 1843.4～1853.2m 储层段在反演成果数据体中向四周展开追踪而成的 ［图8.16（d）］。储层主要沿 F4、F5、F7 断裂展布并分布于其两盘，F5、F7 东盘储层有三片区。由西向东为 NP4-6 井储层发育区，NP4-8 井储层发育区和 NP4-51 井东-NP4-15 井储层发育区，由西向东储层厚度、规模都有变大的趋势，展布方向主要由北向南延伸，终止于 F5、F7 断层。NP4-6 井储层区与 NP4-8 井储层区在研究区北边界连在一起，两者面积共约 7km²，储层平均厚度为 10m，最厚处位于 NP4-8 井北侧，厚度达 17m 以上。位于这两片储层区相对高部位的 NP4-6 井和 NP4-52 井分别在本层揭示水层，表明这两片储层区潜力不大。

NgⅡc3 储层分布是以 NP4-8 井的 1931.1～1933.9m 储层段为种子点向四周展开追踪成图的结果 ［图8.16（e）］。储层分布具分区性特征，F5、F7 断裂以东和以北，储层呈不规则片状、带状和破席状，总体呈 NW-SW 向展布，不同地区储层厚度变化大，储层平均厚度为 8m，最厚 14m，位于 NP4-6 井以北、NP4-8 井以东等地区，9m 以上的厚砂带相互分叉合并，形成辫状、网状河道砂体，由 NW 向 SE 储层厚度变薄尖灭。F5、F7 断层以西和以南由多个呈 EW 向展布的长条状透镜状储层体构成，受近东西向断层夹持，由北而南有 NP4-6 井西、NP4-6 井南和 NP4-53 井-NP4-19 井 3 个长条状透镜体组成，后两者向西延伸出Ⅱ区。NP4-3 井西储层区位于 F6 与 F7 两条断层间，东西边界为储层尖灭线，面积约 1.4km²，储层平均厚度为 7m，最厚达 11m，位于储层东西部，总体具有东西厚中间薄的储层分布特点。NP4-3 井南与 NP4-53 井储层分布区被 F5 断层分割，在研究区西部合并在一起，各个透镜由东向西存在多个储层较厚区，储层厚度在 9m 以上，平均厚度为 7m，往西储层有变厚的趋势。位于高部位的 NP4-19、PG1 井揭示水层，表明这些储层体油水分布复杂，潜力不明。

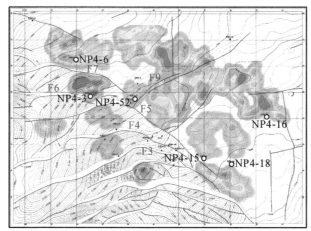

(a)NgⅠc1储层与NgⅠ顶构造叠合图

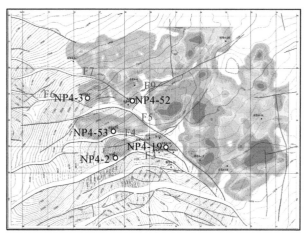

(b)NgⅠc2储层与NgⅠ顶构造叠合图

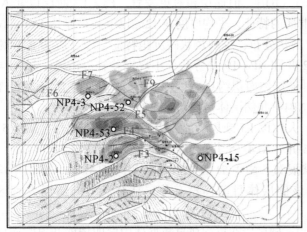

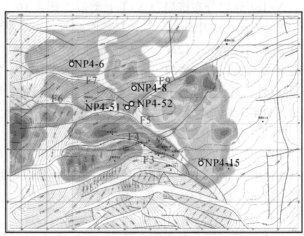

(c)NgⅡc1储层与NgⅡ顶构造叠合图

(d)NgⅡc2储层与NgⅡ顶构造叠合图

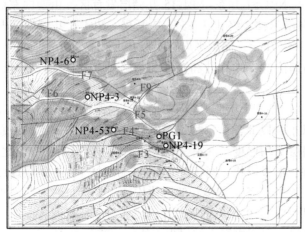

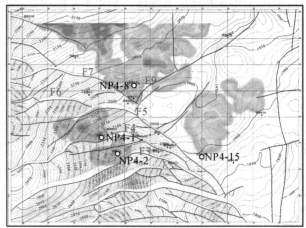

(e)NgⅡc3储层与NgⅡ顶构造叠合图

(f)NgⅢc1储层与NgⅢ顶构造叠合图

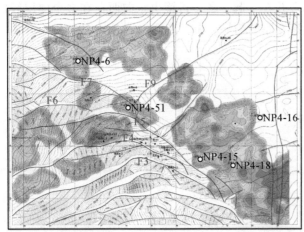

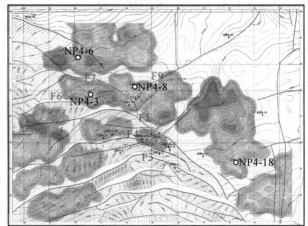

(g)NgⅣc1储层与NgⅣ顶构造叠合图

(h)NgⅣc2储层与NgⅣ顶构造叠合图

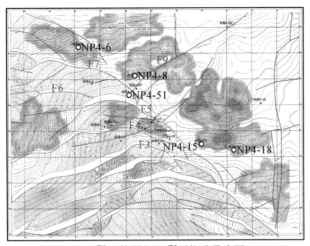

(i)NgⅣc3储层与NgⅣ顶构造叠合图

图8.16　南堡4号构造Ng储层分布预测图（对应图标注文字描述的断层号）

NgⅢc1储层分布是以NP4-1井的2103.1～2122.7m（垂深）储层段为出发点追踪成图，由北部的NP4-8井储层分布区，东部的NP4-15井北储层分布区和西部的NP4-1井、NP4-2井储层分布区组成[图8.16（f）]。NP4-8井储层区分布于F7与F10两条断层之间，呈倒三角分布，向南尖灭于F7与F10断层交汇处，向北变宽并延伸出Ⅱ区，储层区面积在研究区内约9km²，储层平均厚度为10m，最厚17m，位于西北部，多个10m以上的厚砂带由北向南逐渐合并形成辫状、网状河道分布。东部的NP4-15井北储层区为NEE向延伸的不规则透镜体，面积为3.0km²，储层平均厚度为7m，最厚11m，位于中部局部地区，总体具有南厚北薄、西厚东薄的储层分布格局。

NgⅣc1储层（相当于NP4-53井2207.8～2221.3m）分布格局与F5、F7有关，F5、F7断层以北以东，储层是宽带状，片状大面积分布，主要由NP4-6、NP4-51东和NP4-15–NP4-18三片相对独立的储层区组成，多呈NW–SE向展布，F9、F10断层拦腰将其折断分开，其中NP4-15–NP4-18砂体最为发育，沿F5东盘呈宽带状分布，向东变薄尖灭于NP4-16井，向北至F9断层，向南延伸出研究区。研究区内面积约为15km²，储层平均厚度11m，最厚达20m，该储层体东南端分布多条10m以上厚砂带，由东南向西北蜿蜒伸展，分叉合并，构成辫状、网状分布。位于该储层体腰部的NP4-15、NP4-18井在本层见水[图8.16（g）]。

NgⅣc2储层（相当于NP4-53井2242.2～2261.4m）分局格局同样与F5、F7有关，F5、F7到以北以东，存在NP4-6、NP4-3-NP4-8、NP4-16和NP4-18南等4个总体呈SN–NW向的宽带状或片状孤立储层体，NP4-6储层体位于研究区北部，向北延伸出工区，其他方向均以储层尖灭线为边界，工区内面积约5.5km²，储层平均厚度12m，最厚达18m，位于储层区西南端，为有利储层发育区[图8.16（h）]。

NgⅣc3储层是以NP4-53井的2272.4～2293.9m储层为出发点向四周追踪而成[图8.16（i）]，储层主要分布F5、F7断层以东，有NP4-6、NP4-8北、NP4-8、NP4-51东、NP4-15及NP4-18南共6个不规则片状、带状透镜体，多呈NW向或近SN向延伸，其中NP4-15储层区规模最大，呈不规则片状近SN向展布于F9以南、F5以东，面积约5km²，储层区高部位的NP4-15、NP4-18井在本层钻到水层。NP4-8储层区位于F9以北，F7以东，呈不规则带状展布，储层分布面积2.8km²，储层平均厚度7m，最厚处位于东南部，厚度达到11m以上，平面上储层度化大，位于相对最高部位的NP4-8井在本层揭示水层。F10断层将该储层区切成东西两块，东块储层厚度相对发育，无井钻探，是有利目标区。NP4-6储层区受F7、F8断层夹持呈NW向展布，东西边界为储层尖灭线，储层呈长透镜体状，分布面积约2.2km²，储层平均厚度7m，最厚11m，位于该透镜体中部。储层分布总体具有西厚东薄的趋势，位于该透镜体中高部的NP4-6井揭示水层，含油性整体较差。

综上所述，Ng储层分布具有明显的分区性，即以F5、F7断裂边界，以东和以北地区储层相对发育，多以宽带状或片状呈 NW 向或近 SN 向分布，厚砂层带相互分叉合并，反映辫状河沉积特点，F5、F7 断层以西和以南储层相对不发育，多呈近 EW 向展布，受近 SN 向断层夹持的孤立透镜体，规模相对小。

8.2.2　隐伏砂岩体孔渗性分布地震预测与评价

1. 孔渗性预测原理

1）基本原理

本次工作使用研究区中资料较全的三口井——NP4-3 井、NP4-8 井和 NP4-51 井进行孔隙度–速度回归统计，可得出速度与孔隙度之间的关系为

$$\phi = 3 + 1.771 \frac{V_p}{100} - 0.03715 \frac{V_p^2}{100^2} \tag{8.17}$$

式中，ϕ 为孔隙度，%；V_p 为反演纵波速度，m/s。

2）孔隙度估算

孔隙度反演的目的是寻找到储层发育的高孔隙分布区。基于回归公式［式（8.17）］，利用反演速度数据体计算孔隙度。

3）岩性预测

基于对南堡 4 号构造地区完钻井的砂、泥岩速度分布统计规律，将反演速度剖面转化为岩性剖面，用含砂百分比的大小控制砂泥岩岩性的变化。速度为 2800～3200m/s 的为砂岩，速度为 2400～2800m/s 的为泥岩，速度为 2700~2900m/s 的为砂岩、泥岩间的过渡岩性。

2. 孔渗性分布预测结果

利用反演出的速度数据体计算孔隙度数据体，进而预测孔渗分布（图 8.17），南堡 4 号构造的储层在馆陶组普遍比较发育，几乎全区都有分布，并且与 NP4-3 井、NP4-8 井、NP4-51 井这些标志井的孔隙度吻合情况良好，判断出该地区馆陶组储层的孔渗性较好。而在明化镇组孔隙度分布面积较小，且分布比较分散，结合明化镇组储层厚度平面分布图，可以判断该组的储层孔渗性相比馆陶组的储层渗透性较差，但仍有部分区域孔渗性良好，结合构造图，可以为接下来勘探潜力区域的寻找提供良好的决策。

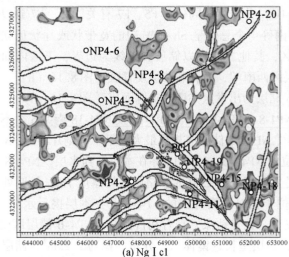

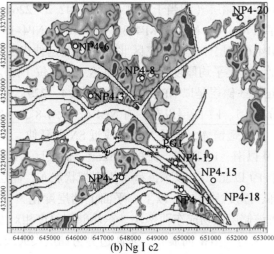

(a) Ng I c1　　　　　　　　　　　(b) Ng I c2

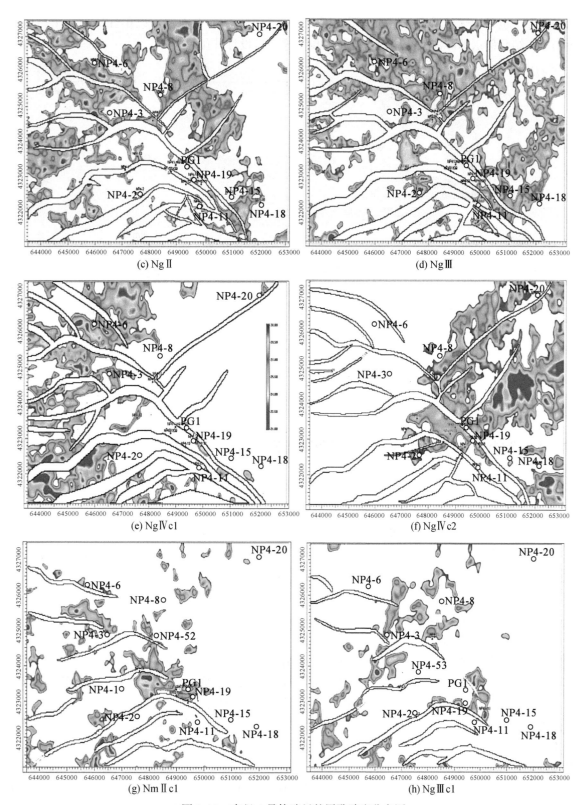

图 8.17　南堡 4 号构造目的层孔隙度分布图

3. 孔隙性分布的有效性评价

经过计算后得到的孔隙度剖面与反演的平剖面进行对比可以发现有很好的对应。如图 8.18 所示，在 NP4-3 井与明设 1 井的连井剖面上 NmⅢc2 小层的孔隙度平面图与反演的剖面图能够很好地对应，并且该层在测井解释上也是油气显示十分好的一层，因此，这个孔隙度的平面图可以很好地指示出该层的油气的分布趋势，结合储层的砂体展布图，可确定明设1这一口设计井位。

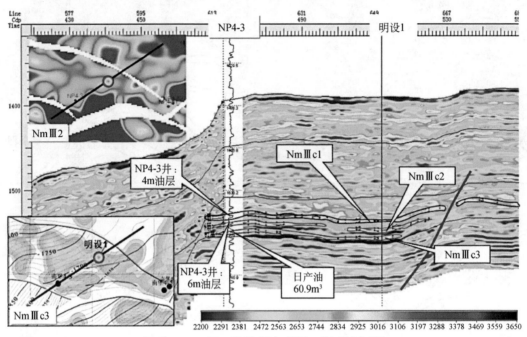

图 8.18　Nm Ⅲ c2 孔隙度平面图与反演平剖面图

8.2.3　隐伏砂岩体含油气性地震预测与评价

1. 隐伏砂岩体含油气性检测原理

相比于叠后地震。叠前地震反演保留了地震反射振幅随偏移距或入射角而变化的特征，可提供更多、更敏感有效的数据体成果，在测井资料的约束下，开展地震纵、横波速度和密度及其他弹性参数的叠前地震反演研究，可以得到高精度的、能够反映储层横向变化的多种弹性参数，对于研究复杂油气储层的空间分布、开展对复杂油气藏的精细描述等具有十分重要的意义。

（1）叠前地震弹性参数反演方法

在反演过程中，采用约束外推技术，即测井数据得到的纵波速度、横波速度与密度作为井旁道的初始猜测模型，进行井旁道反演。将井旁道反演的最终结果作为非井旁道的初始猜测模型，逐道进行反演外推，直到整个剖面的各道反演结束，最终获得非线性约束反演剖面。同时，反演过程采用 3 个参数联合同步反演，即纵波速度、横波速度与密度参数一致反演出来，提高反演速度和精度。

该技术主要基于褶积模型和 Zoeppritz 方程的 Aki&Richards 近似公式，通过建立叠前反演的目标函数，并利用 Taylor 展开式做二阶项近似，最终推导出非线性反演的算法公式。

设反演的目标函数为

$$f(V) = \| S - D \| \to \min \tag{8.18}$$

式中，V 为模型参数纵波速度、横波速度和密度等参数；D 为实际角度地震记录；$S(t) = W \cdot R$，为角度模型响应，其中 R 为采用 Aki 和 Richards 近似公式计算的反射系数；W 为地震子波。

（2）提高参数反演精度的方法

纵波速度、横波速度和密度是叠前反演中最基本的弹性参数，但它们对反射系数的贡献大小不一，即敏感度不同，导致反演结果中，低敏感度的参数反演的精度低，与实际资料相差较远。为了实现弹性参数的一致性反演，提高反演的精度，我们从以下三个方面展开研究并取得了明显的效果。

A. 采用叠前同步反演思路给予计算过程新的推导思路和合理的简化形式,进行提高叠前反演分辨率的研究,有效控制多个参数,同时对多参数同步反演方法加深分析,实现了一致性反演的高效率与高精度。

B. 将贝叶斯理论引入叠前反演中,考虑了对目标函数进行泰勒级数展开时的高阶项,结合似然函数及先验随机约束信息,即可以提高反演精度和稳定性,同时不增加过多的计算量。贝叶斯理论提供了一个相对比较"软"的约束条件,合理调节反演算法的实现,解决了AVO反演的"病态问题"。

C. 建立复杂构造层控和断层控制下的模型约束机制,实现三维构造断层模型的约束反演处理,使反演结果能够准确反映构造断层特征。

(3)理论模型与实际应用效果分析

为验证理论研究和反演结果,检验方法的正确性和稳定性等性能指标,设计二维模型进行反演。在这个模型中设计了砂体含气、含油和含水及干层等几种类型,红色是油层,绿色是水层,黄色是气层(图8.19),利用地震数值模拟方法来研究不同类型典型隐蔽油气储集体和含流体砂体的地震响应特征。

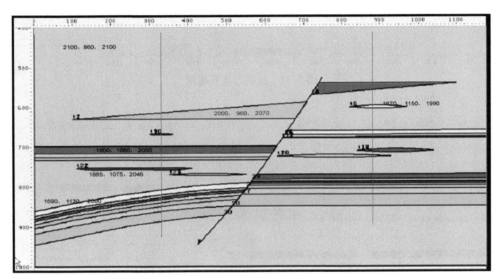

图8.19 地质模型设计

反演结果如图8.20~图8.22所示,纵波速度、横波速度和密度参数剖面与初始模型有较好的对应关

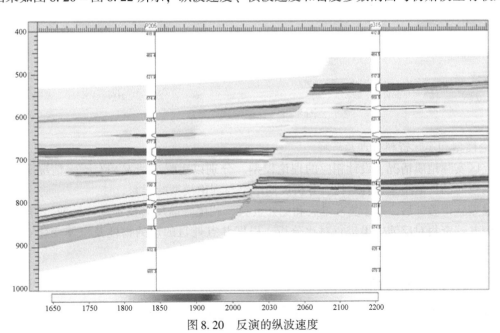

图8.20 反演的纵波速度

系，仅仅是在几个比较小的透镜体砂体的位置，反演结果要比原来大，但反演的参数值基本一致。

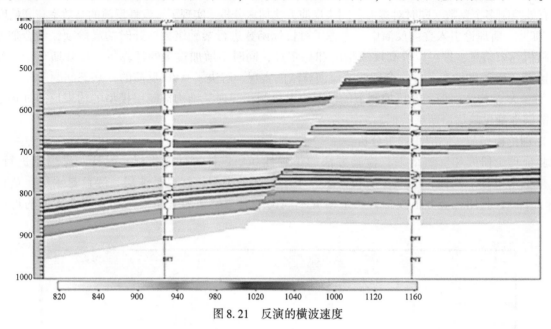

图 8.21　反演的横波速度

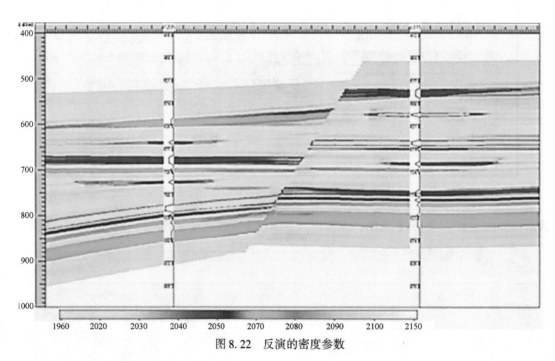

图 8.22　反演的密度参数

（4）理论模型和实际资料处理及解释

根据研究区实际地质情况，设计相应的理论模型，分别以无噪声情况和有噪声情况下验证方法的效果，并与无约束时的反演结果进行对比，分析反演结果与理论模型的误差。

在理论模型获得验证后，基于实际地震和测井资料，利用叠前反演技术进行反演，得到反演数据体。根据钻井、测井等资料对反演效果进行对比分析，根据井点处目的层的物性及流体变化特征，验证叠前反演方法的可靠性和精度。

2. 隐伏砂岩体含油气评价准则

大量统计和应用表明拉梅系数是叠前流体检测的比较有效的参数。油气表现为低拉梅系数乘密度特征。本次油气检测工作，我们采用拉梅系数乘密度这个参数对 Nm、Ng 主要目的层进行油气检测，得到各层的叠前油气检测异常分布图（图 8.23），统计与钻探成果吻合率，分析目的层储层油气分布有利区，为目标含油性评价提供重要依据。

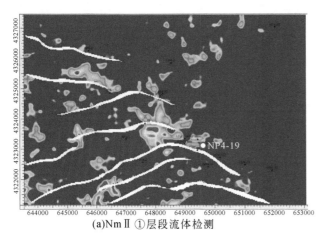

(a)NmⅡ①层段流体检测

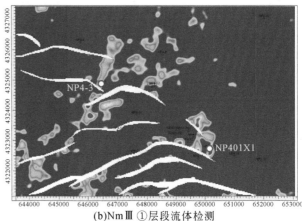

(b)NmⅢ①层段流体检测

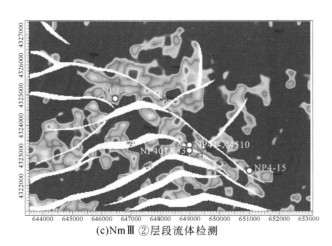

(c)NmⅢ②层段流体检测

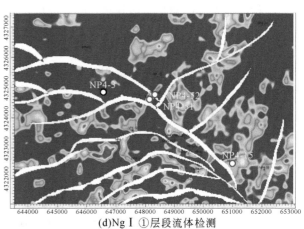

(d)NgⅠ①层段流体检测

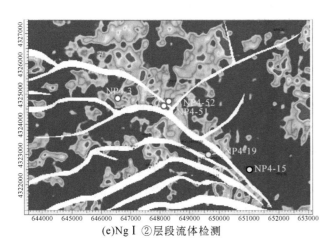

(e)NgⅠ②层段流体检测

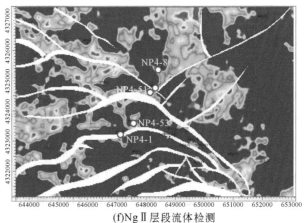

(f)NgⅡ层段流体检测

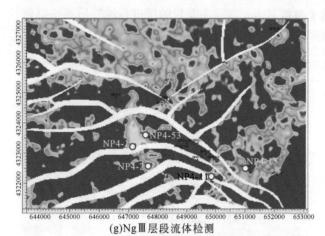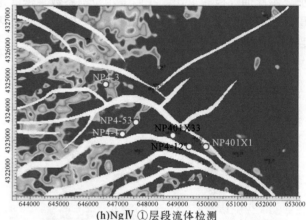

(g)NgⅢ层段流体检测   (h)NgⅣ①层段流体检测

○ 试油或测井解释有油气层井   ○ 无油气层井

图8.23 隐伏砂岩体流体检测（拉梅系数乘密度）结果与各井试油测井解释结果分布图

1）油气检测吻合率分析

将检测成果与已知井的钻井测井成果进行吻合统计分析来评估油气检测结果的可靠性：

（1）以各目的层油气井是否位于油气检测图的异常区进行吻合率统计。对于一个目的层，该层的油气层井（试油或测井结果是油气层）落在油气检测图的低异常区（绿色-黄色区域），表明油气检测结果与实际钻测井结果吻合，否则检测结果与钻测井不吻合。统计9个目的层35口井，其中吻合井数为27口，吻合率达77%。

（2）目的层所有井显示情况与油气检测结果吻合情况统计：以试油、测井解释结果为依据，分别对比统计不同层段各井所在井区油气检测异常情况与试油或测井解释成果情况，以试油或测井解释结果为油气层和该井段（区）是否是油气检测异常为依据。研究区Nm、目的层油气检测吻合率为89%，Ng目的层检测吻合率为83%。

2）主要目的层油气检测异常区分布特征

各目的层的油气检测异常区具有以下几点特征：沿断裂的上升盘呈长条状、片状、串珠状分布；夹于两条断裂之间，其形状、分布、展布受断裂控制；分布于同一断裂两盘紧靠断裂分布；异常带（呈带状、串珠状、不规则破席状等）走向与断裂呈较大角度相交，且至少有一端与断裂相连。

3. 隐伏油气藏评价结果

研究表明，反向断裂的上盘有利于油气的输导，对其上倾方向的圈闭起供烃作用，而断裂的下盘有利于对油气的遮挡成藏，形成断层遮挡圈闭。反向断裂这种控藏特征对于南堡4号构造Nm、Ng浅层油气藏分布模式的总结和勘探有重要的作用。浅层的Nm、Ng油源主要来自中深层的东营组三段和沙河街组烃源岩。油气只能通过沟通东三段、沙三段等烃源岩的油源断裂才有疏导到Nm、Ng组中聚集。沟通东三段、沙三段等烃源岩和Nm、Ng组的油源断裂成了南堡4号浅层油气藏形成的关键因素。目前发现的NP4-3NmⅢ、NgⅠ油气藏、NP4-52NgⅠ油气藏等均位于切入东营组或沙河街组烃源岩且与Nm、Ng组连通的油源断裂附近或沿这些断裂展布。因此围绕油源断裂的砂体为下步有利勘探目标。

8.2.4 隐伏砂岩体油气藏地震预测结果检验

如图8.24所示，为NP4-3井在明化镇组的钻遇结果，在反演剖面上看到NP4-3井在明化镇组的钻遇结果，从测井曲线到测井解释成果都能很好地对应，NP4-3井在明化镇组钻遇到了三个油层，且油气显示良好，储层厚度较好。如图 8.25 所示为 NP4-51 井在馆陶组的钻遇情况，从图中可以看到，NP4-51 井在馆陶组钻遇到了三个油层，一个油水同层，并且储层厚度较大，油气显示良好。

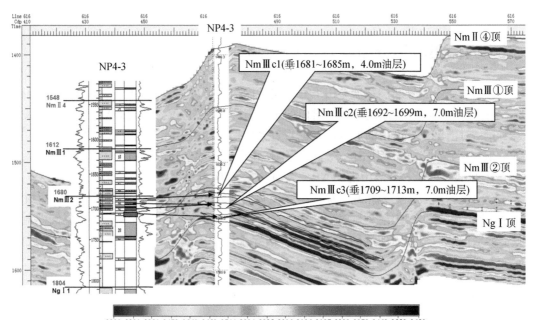

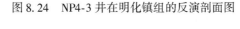

图 8.24   NP4-3 井在明化镇组的反演剖面图

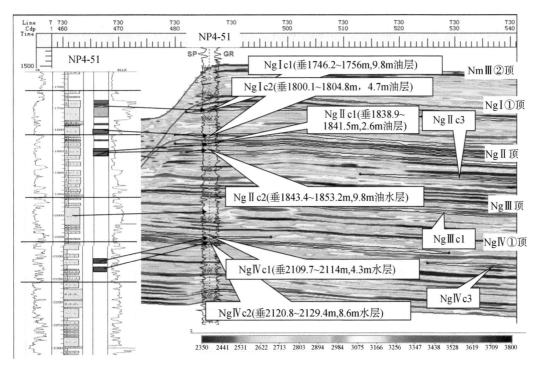

图 8.25   NP4-51 井在馆陶组的反演剖面图

8.3 潜在潜山油气藏地震探测与检验

8.3.1 潜山内储集岩体分布发育地震预测与评价

南堡 3 号潜山受南堡 3 号断层和沙垒田 1 号断层共同控制形成，发育 NE 向（南堡 3 号断层）、近 EW 向 2 组断层。南堡 3 号断层为控制南堡 3 号潜山的主要断层，走向 NE，倾向 NW，区内延伸长度 27.5km，最大断距 2.6km，对南堡 3 号潜山的形成以及前古近系残留地层的分布起着直接的控制作用。南堡 3 号潜山为呈西高东低、南高北低的断块山，寒武系毛庄组顶面构造图显示圈闭面积约 9.5km²，高点埋深 −4800m，幅度 1200m。南堡 3 号潜山走向 NE，倾向 SE，表现为单斜构造，倾角 8°~27°。

南堡 3 号潜山出露地层主要为寒武系徐庄组，该套地层为区域隔层，不利于上覆沙河街组烃源岩通过不整合面向潜山圈闭供烃，而南堡 3 号断层断距大，潜山圈闭可以与古近系多套烃源层侧向对接，南堡 3 号断层及派生断层形成的裂缝为油气的运移提供了输导条件，因此顺着断层形成通道，生成的油气不断运移，形成了南堡 3 号潜山内幕层状地层油气藏。

1. 地震资料品质分析与特殊处理

1）地震资料品质分析

地震资料分辨率和信噪比的高低直接影响到构造解释与储层反演的精度，因此在反演之前需要对地震资料的品质进行分析。

对比 4 口过潜山井与周边凸起寒武系潜山顶面可知，3 号构造潜山存在不同程度的剥蚀，潜山出露地层差异较大，NP3-80#、NP3-82#和 PG2#（图 8.26）对地震资料的品质有较大的影响。

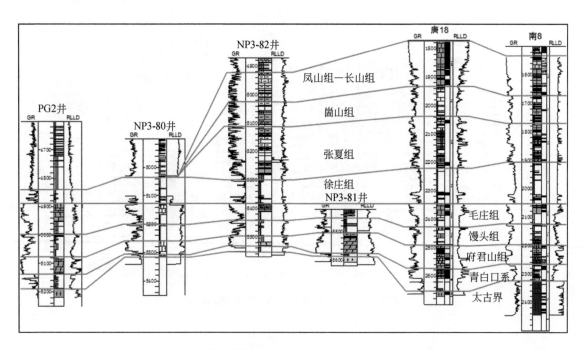

图 8.26 南堡 3 号构造与周边凸起寒武系潜山地层对比图

根据频谱分析图（图 8.27），3 号构造潜山地层的地震主频在 15~16Hz 左右，有效频带范围在 7~32Hz，频带宽度为 25Hz，潜山地震资料存在主频低，频带范围窄的问题，因此需要对原始地震资料做一定的特殊处理。

2）广义 S 变换的基本原理

标准 S 变换是由 Stockwell 等学者于 1999 年提出的一种新的时频分析方法，该方法是以 Morlet 小波为母小波的连续小波变换的延续。S 变换的小波基函数是由简谐波和高斯窗函数的乘积构成，简谐波在时域仅做尺度伸缩不发生平移，而高斯窗函数则进行伸缩和平移变换。

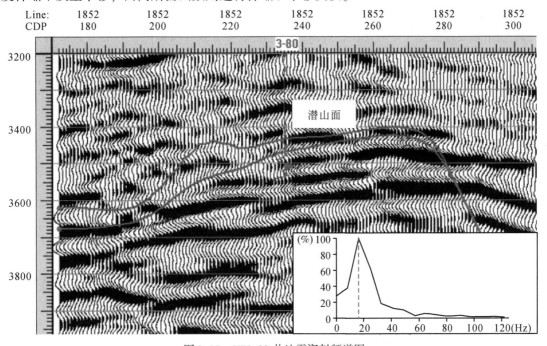

图 8.27　NP3-80 井地震资料频谱图

S 变换的小波基函数具体表示如下：

$$w(\tau - t, f) = \frac{|f|}{\sqrt{2\pi}} \exp\left[-\frac{(\tau - t)^2 f^2}{2}\right] * \exp(-i2\pi ft) \tag{8.19}$$

式中，t 为时间；f 为频率；τ 为时窗函数的中心，它控制高斯窗函数在时间轴上的位置。

广义 S 变换是标准 S 变换的改进算法，它主要对小波基函数进行适当的调整，来达到相应分辨率，以适应实际地震资料的处理要求。

改进后的小波基函数的形式如下：

$$w_{\lambda, p}(\tau - t, f) = \frac{\lambda \cdot |f|^p}{\sqrt{2\pi}} \exp\left[-\frac{\lambda^2 (\tau - t)^2 f^{2p}}{2}\right] \cdot \exp(-i2\pi ft) \tag{8.20}$$

式中，λ，p 用于调节小波基函数的时宽和衰减趋势。

设信号 $h(t) \in L^2(R)$，则 $h(t)$ 的广义 S 变换定义为

$$S_{\lambda, p}(\tau, f) = \int_{-\infty}^{+\infty} h(t) \cdot w_{\lambda, p}(\tau - t, f) \mathrm{d}t \tag{8.21}$$

当 $\lambda = 1$，$p = 1$ 时，式（8.21）即为标准 S 变换，而当 $p = 0$ 时，式蜕变为短时傅里叶变换。

与标准 S 变换相比，广义 S 变换能根据实际应用中地震资料的频率分布特点，灵活地调节基本小波函数随频率的变化趋势（调节 λ、p），使基本小波的振幅呈现多种非线性变化特征，从而使它的时频窗口对局部化后的信号有灵活多样的加权能力，有利于刻画不同类型信号的频率成分在时频平面中的不同分布规律。

3）拓频处理流程

用小波变换、广义 S 变换的多分辨功能来实现不同尺度地震信号间的分离，分析信号的变化和内在联

系。实现过程中，首先将时空域中的地震信号转换到小波域，使得在时空域中用肉眼无法看到而又客观存在的隐蔽特征显示化；返回时空域之前，有针对性的进行处理，最终达到拓宽地震频带或去除噪音的目的。通过对研究区地震资料的特殊处理有效改善地震资料品质、突出信号的细节变化，为储层的地震储层高精度预测奠定资料基础。

4）资料拓频处理效果分析

（1）拓频前后频谱对比分析

图 8.28 是拓频处理前后频谱对比图，处理后的地震信号主频有所提高，但有效频带得到较大程度拓宽，高频成分的能量得到加强，噪声已得到一定程度的压制，分频处理后可以获得较高品质的地震资料，为合理解释构造、提高储层反演效果提供可靠的地球物理信息。主频由 15Hz 提高到 18Hz，频带宽度由 7~30Hz 拓宽到 4~45Hz，有利于储层反演预测。

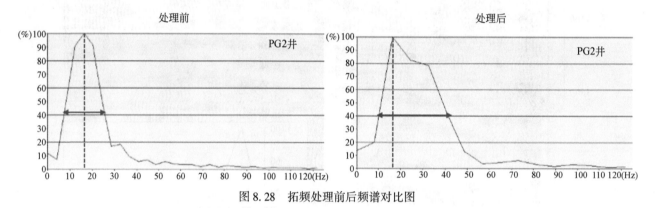

图 8.28　拓频处理前后频谱对比图

（2）分频前后地震剖面对比分析

图 8.29 是分频处理前后地震剖面对比分析，可以看到，处理后的剖面地震剖面波组特征更加清晰，所有未分离的复波大多得到有效分开，频率明显提高，噪音得到了有效的压制，信噪比得到改善，分辨率有所提高，波组关系和特征更明显，各种干扰波明显减少，整个地震剖面品质得到明显改善，为构造解释和薄储层精细反演和预测奠定了良好的资料基础。

2. 岩石物理分析

岩石物理统计是连接反演结果和地质剖面解释的桥梁。对全区 4 口井进行岩石物理统计分析表明：潜山储层主要表现为高速特征，速度在 5200~6500m/s 范围，潜山非储层地层表现为低速特征，速度小于5500m/s，大部分低于 5200 m/s；潜山储层油气层的岩性主要为白云质灰岩及少量灰岩，潜山储层的速度为高速白云质灰岩的物性及岩性特征。

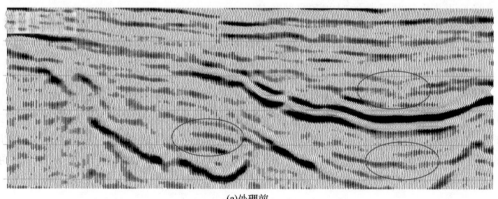

(a)处理前

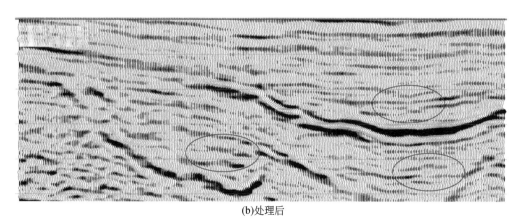

(b)处理后

图 8.29　分频处理前后频谱对比图

3. 潜山储层地震相控非线性随机反演

1）地震相控非线性随机反演原理

结合深层潜山储层的特点，与 8.1 节反演理论相结合，形成深层潜山地震反演方法。该方法在深层潜山地震相模型的控制下，通过原始数据将各个单个反演问题结合成一个联合反演问题，以降低联合反演在描述参数几何形态时的各个单个反演问题的自由度，从本质上提高了地球物理研究的效果。同时非线性随机反演方法是一种将随机模拟理论与地震非线性反演相结合的反演方法。它的优势在于对初始模型依赖小，在提高地震资料纵向、横向分辨率的同时，充分考虑地下地质条件的随机特性，使反演结果更符合深层潜山实际地质情况。

2）反演效果分析

南堡凹陷 3 号构造潜山储层反演工作，是在地震资料特殊处理的基础上进行的，主要针对潜山储层内发育的寒武系开展反演预测，并获得了良好结果。

（1）反演结果分辨率高，忠实于地震数据。图 8.30 为过 NP3-80 井的反演地震剖面叠合图，从图中可以看出反演分辨率高，反演结果忠实于地震数据。同时反演剖面的细节信息更加丰富，结合岩石物理

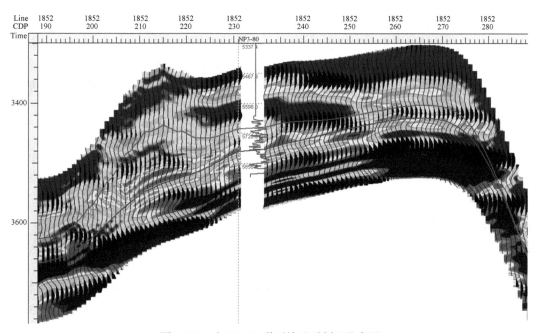

图 8.30　过 NP3-80 井反演地震剖面叠合图

分析结果，能够反演出岩性的变化，较好地反映了薄层的特征。

（2）反演结果分辨率高，与井资料吻合。图8.31为过PG2井的反演剖面图，从图中可以看出反演分辨率高，可以识别出薄层的变化，与井资料吻合较好。寒武系储层为高速，非储层为低速，层间分界清晰，符合潜山地质分析特征。

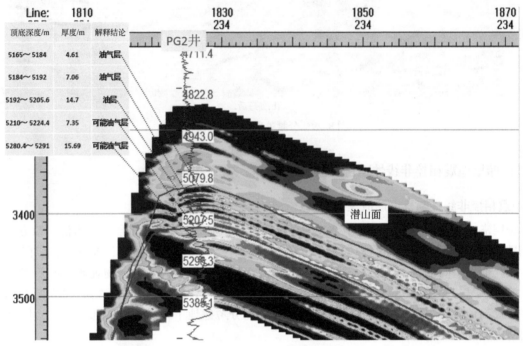

图 8.31　过 PG2 井反演剖面图

4. 潜山储层预测结果及有效性评价

1）目的层的确定与预测思路

首先要使测井资料与地震数据达到尺度匹配，这样才能明确地震同相轴的地质含义。层位标定是连接地震、地质和测井工作的桥梁。针对研究工区的具体情况，采取两步标定法确定目的层，即"第一步粗标定目的层位，第二步精细标定储层层位"的方法。首先以地震解释三级层序界面为约束、参照单井分层数据，提取井旁道子波制作合成记录进行标定；用相同子波对每口井都进行标定得到较好的标定相关系数，然后由初标定后的测井曲线和地震数据联合提取二次子波，精细合成地震记录，再对各井单独进行标定。

2）寒武系潜山储层预测流程

地震随机非线性反演得到的数据体上开展二次标定，确定寒武系的储层特征，以寒武系潜山解释层为参考，在反演剖面上对储层的顶、底界面进行解释，再将储层顶、底界面之间的时间厚度与对应的速度相乘即可得到深度域的储层厚度。

3）潜山储层平面分布预测结果及评价

针对南堡3号构造划分出的4个层序单元，基于叠后三维地震反演结果，完成了南堡3号构造潜山储层厚度预测，储层厚度分布特征如图8.32所示。

从储层厚度图中可以看出，储层在靠近断层位置厚度较厚，如NP3-82井及PG2井，总体厚度分布呈条带状，最厚达到80m，位于NP3-81井NE方向，与钻井的对应关系良好，NP3-80井及NP3-8井的储层厚度普遍较薄。

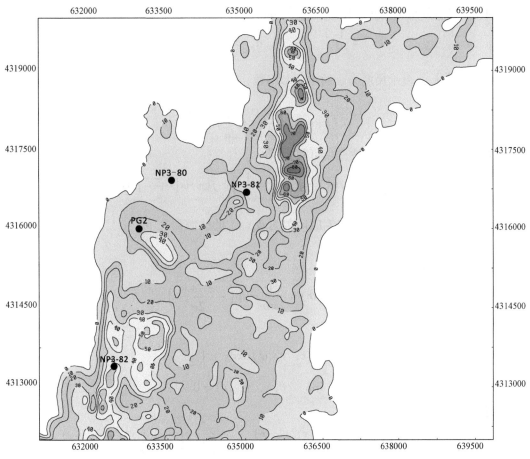

图 8.32　南堡凹陷寒武系潜山储层厚度图

8.3.2　潜山内储集岩体裂缝分布发育地震预测与评价

1. 裂缝检测基本原理

1）小波变换原理

小波变换应用研究大致可分为两大类，一类是对地震信号进行小波变换，利用小波多分辨率分析进行分频去噪，以提高地震资料的信噪比和分辨率；另一类是小波域的地震属性分析与解释方法研究，可直接用于断层或构造解释、储层参数预测等。对地震信号的二维小波分析源于裂缝预测与图像分析中边缘检测的相似性，它不是直接利用叠前或叠后地震数据，而是利用经过地质人员解释后的振幅、相位、频率等各种地震属性的层位切片数据构成的二维图像。

（1）小波变换及其多尺度边界提取原理

设 $\psi(x) \in L^2(R)$ 且其频谱 $\psi(\omega)$ 满足容许条件，则称 $\psi(x)$ 为基本小波。将基本小波伸缩、平移就可构成小波基 $\{\psi_{a,b}(x)\}$，即 $\{\psi_{a,b}(x)\} = \dfrac{1}{\sqrt{a}} \times \psi\left(\dfrac{x-b}{a}\right)$。任一函数 $f(x) \in R$ 在小波基 $\{\psi_{a,b}(x)\}$ 上分解，就定义为 $f(x)$ 的小波变换，即

$$W_f(a,\ b) = (f,\ \psi_{a,b}) = \int_{-\infty}^{+\infty} f(x)\psi_{a,b}(x)\ \mathrm{d}x \tag{8.22}$$

式中，a 为尺度因子，在时域、空域表征小波的宽窄，在频域表征小波的频率，"大尺度"即为宽（低频）小波，"小尺度"即为窄（高频）小波；b 为平移因子，它反映小波在时域、空域上的位置。

与傅氏变换一样，小波变换的系数为被变换函数与每一个基函数的内积，内积的大小表达了 f 与 $\psi_{a,b}$

的相似程度，即 f 中 $\psi_{a,b}$ 分量的权重。Grossman 和 Morlet 给出的小波逆变换为

$$f(x) = \frac{1}{C_\varphi} \int_0^{+\infty} \int_{-\infty}^{+\infty} W_f(a, b) \psi_{a, b}(x) \, \mathrm{d}b \frac{\mathrm{d}a}{a^2} \tag{8.23}$$

若 $\psi_a(x) = \dfrac{1}{\sqrt{a}} \psi\left(\dfrac{x}{a}\right)$，表示尺度为 a 的小波基函数，则可定义其翻转共轭小波为

$$\bar{\psi}_a(x) = \psi_a^*(-x) = \frac{1}{\sqrt{a}} \psi\left(\frac{x}{a}\right) \tag{8.24}$$

这样，对 $f(x) \in L^2(R)$ 的小波变换可写为

$$W_f(a, b) = f(x) \cdot \bar{\psi}_a(x) = \frac{1}{\sqrt{a}} \int_{-\infty}^{+\infty} f(x) \psi\left(\frac{b - x}{a}\right) \mathrm{d}x \tag{8.25}$$

式（8.106）表示让 $f(x)$ 通过冲击响应函数为 $\bar{\psi}_a(x)$ 的滤波器。

（2）小波的构造及边缘检测

选择具有正态分布的高斯函数

$$\theta(x, y, \sigma) = \frac{1}{2\pi\sigma^2} \exp\left(-\frac{x^2 + y^2}{2\sigma^2}\right) \tag{8.26}$$

式中，$x, y \in R$，且有

$$\iint_R \theta(x, y, \sigma) \mathrm{d}x\mathrm{d}y = 1 \tag{8.27}$$

$$\lim_{|x| \text{或} |y| \to \infty} \theta(x, y, \sigma) = 0 \tag{8.28}$$

其一阶偏导数为

$$\psi^t(x, y, \sigma) = \frac{\partial \theta(x, y, \sigma)}{\partial x} = \frac{-x}{2\pi\sigma^4} \exp\left(-\frac{x^2 + y^2}{2\sigma^2}\right) \tag{8.29}$$

由于 $\theta(x, y, \sigma)$ 的对称性，它在 xoy 平面各个方向上的偏导数均为同一函数，这样可以均匀地取得 4 个方向上的一阶偏导数。

不难验证 $\psi^t(x, y, \sigma)$ 满足容许条件，因此可作为一个基本小波。为了书写方便，记此基本小波为 $\psi(x, y, \sigma)$。尺度为 a 的小波基函数定义为

$$\psi_a(x, y, \sigma) = \psi\left(\frac{x}{a}, \frac{y}{a}, \sigma\right) \tag{8.30}$$

小波可用于检测图像边缘。选择四个方向上的小波是为了检测这四个方向上的边缘，用不同尺度的小波基函数对图像作小波变换将得到图像的多尺度的边缘检测。此时的小波变换为

$$W_f(a, b_x, b_y) = f(x, y) \cdot \psi_a(x, y, \sigma) \tag{8.31}$$

式中，b_x，b_y 分别为小波在 x，y 方向上的位置；$W_f(a, b_x, b_y)$ 为图像 $f(x, y)$ 在 b_x，b_y 位置处与尺度为 a 的小波的小波变换系数，此处 $W_f(a, b_x, b_y)$ 反映了边缘响应度。

变换系数与水平方向的夹角为

$$\arg[W_f](a, b_x, b_y) = \arctan\left(\frac{W_f^V}{W_f^H}\right) \tag{8.32}$$

式中，$W_f^H(a, b_x, b_y)$ 为 $f(x, y)$ 在水平方向上的小波变换系数；$W_f^V(a, b_x, b_y)$ 为 $f(x, y)$ 在垂直方向上的小波变换系数。

综合 4 个方向上小波变换系数的模来反映图像，$f(x, y)$ 在 b_x、b_y 位置的边缘响应度，可以直接用阈值切割来检测边缘，也可用邻域模极值来检测边缘，在边缘的连接方面可利用小波变换的相位角。

为符合边缘检测准则，经严格的数学论证，坎尼指出：高斯函数的一阶导数 $\mathrm{d}Q(x)/\mathrm{d}x$ 可被选为满足上述准则的最佳边缘检测算子：

$$f(x) = \frac{\mathrm{d}Q(x)}{\mathrm{d}x} = -(x\sqrt{2\pi c}/c^2) \, \mathrm{e}^{-x^2/2c^2} \tag{8.33}$$

式中，c 为常数。

在此我们无须重复 Canny 的数学论证，但是可以从中体会到它的物理意义。首先高斯函数 $Q(x)$ 是一个平滑函数：

$$Q(x) = \frac{1}{\sqrt{2\pi}c} e^{-\frac{x^2}{2c^2}} \tag{8.34}$$

其导数 $f(x)$ 是一个锐化函数，因为求导是寻找变化点（带）的有效方法。

取高斯函数的一阶导数做最佳边缘检测算子对地震数据进行处理，等价于先平滑后锐化，先积分后微分。这是因为地震数据处理 $S(x)$ 同 $f(x)$ 相褶积与下列过程等价：

$$S(x) * f(x) = S(x) \cdot \frac{\mathrm{d}Q(x)}{\mathrm{d}x} = \frac{\mathrm{d}}{\mathrm{d}x}[S(x) \cdot Q(x)]$$

$$= \frac{\mathrm{d}}{\mathrm{d}x}\int s(x')Q(x-x')\,\mathrm{d}x' \tag{8.35}$$

2）三维地震小波多尺度裂缝检测

课题研究过程中，我们提出的地震边缘检测技术，把地震观测数据作为图像，把横向变化作为边缘，引入了图像边缘检测理论，特别是坎尼边缘检测准则，使横向识别有较可靠。同时，又引入多尺度小波函数作为检测算子，它既能与实际地质异常的多尺度性达到合理匹配，同时又可将肉眼不能识别，隐藏在地震图像中且实际存在的横向变化检测出来，从而大大提高了地震记录的横向分辨率。

（1）二维小波变换

为了将小波变换用于三维地震数据水平切片 $f(x, y)$ 的处理，只需将一维小波变换推广到二维即可。设二维小波 $\psi_s^{(1)}(x, y)$、$\psi_s^{(2)}(x, y)$ 在尺度 s 下的伸缩为

$$\begin{cases} \psi_s^{(1)}(x, y) = \dfrac{1}{s}\psi^{(1)}\left(\dfrac{x}{s}, \dfrac{y}{s}\right) \\[3mm] \psi_s^{(2)}(x, y) = \dfrac{1}{s}\psi^{(2)}\left(\dfrac{x}{s}, \dfrac{y}{s}\right) \end{cases} \tag{8.36}$$

那么水平切片 $f(x, y)$ 的二维小波变换由下式定义：

$$\begin{cases} W_s^{(1)}f(x, y) = f(x, y) \cdot \psi_s^{(1)}(x, y) \\[2mm] W_s^{(2)}f(x, y) = f(x, y) \cdot \psi_s^{(2)}(x, y) \end{cases} \tag{8.37}$$

由式（8.37）可以看出，利用一维小波算法就可以完成二维小波变换。如果把式（8.36）中的尺度按二进离散化，由式（8.37）就可以得到二维信号的二进小波变换：

$$\begin{cases} W_{2^j}^{(1)}f(x, y) = f(x, y) \cdot \psi_{2^j}^{(1)}(x, y) \\[2mm] W_{2^j}^{(2)}f(x, y) = f(x, y) \cdot \psi_{2^j}^{(2)}(x, y) \end{cases} \tag{8.38}$$

$$\begin{cases} \psi_{2^j}^{(1)}(x, y) = \dfrac{1}{\sqrt{2^j}}\psi^{(1)}\left(\dfrac{x}{2^j}, \dfrac{y}{2^j}\right) \\[3mm] \psi_{2^j}^{(2)}(x, y) = \dfrac{1}{\sqrt{2^j}}\psi^{(2)}\left(\dfrac{x}{2^j}, \dfrac{y}{2^j}\right) \end{cases} \tag{8.39}$$

同样，可将一维算法扩展到二维上来。

（2）三维地震多尺度边缘检测

由 Canny 边缘检测定义，对三维地震数据的层切片 $f(x, y)$ 进行多尺度边缘检测，等价于寻找小波变换模的局部极值，利用这些模局部最大值点就可以确定 $f(x, y)$ 的剧烈变化点或边缘点。设二维平滑函数 $\theta(x, y)$ 满足以下两式：

$$\begin{cases} \iint_{R^2} \theta(x, y)\,\mathrm{d}x\mathrm{d}y = 1 \\[2mm] \lim_{x, y \to \infty} \theta(x, y) = 0 \end{cases} \tag{8.40}$$

令 $\psi^x(x, y) = \dfrac{\partial\theta(x, y)}{\partial x}$，$\psi^y(x, y) = \dfrac{\partial\theta(x, y)}{\partial y}$ 为锐化函数，且是二维小波：

$$\xi_s(x, y) = \frac{1}{s^2}\xi\left(\frac{x}{s}, \frac{y}{s}\right) \tag{8.41}$$

则对三维地震振幅切片 $f(x, y) \in L^2(R^2)$ 的小波变换可写成：

$$W_s^x f(x, y) = f(x, y) \cdot \psi_s^x\left(\frac{x}{s}, \frac{y}{s}\right) \tag{8.42}$$

$$W_s^y f(x, y) = f(x, y) \cdot \psi_s^y\left(\frac{x}{s}, \frac{y}{s}\right) \tag{8.43}$$

由此，可以证得

$$\begin{pmatrix} W_s^x f(x, y) \\ W_s^y f(x, y) \end{pmatrix} = s\begin{pmatrix} \dfrac{\partial f * \theta_s(x, y)}{\partial x} \\ \dfrac{\partial f * \theta_s(x, y)}{\partial y} \end{pmatrix} = S \cdot \nabla[f(x, y) \cdot \theta_s(x, y)] \tag{8.44}$$

式中，

$$\theta(x, y) = \frac{1}{\sqrt{2\pi}c}\mathrm{e}^{-\frac{x^2+y^2}{2c^2}} \tag{8.45}$$

为二维高斯函数，伸缩后为小波函数 $\theta_s(x, y)$，c 为常数，s 为尺度。

式（8.44）表明，$f(x, y)$ 的边缘点就是由 $W_s^x f(x, y)$ 与 $W_s^y f(x, y)$ 的模同时取极大值点确定，而边缘方向实际上是给定点 (x, y) 所在曲面 $f(x, y) \cdot \theta_s(x, y)$ 的梯度方向。梯度向量的幅值为

$$M_s f(x, y) = \sqrt{|W_s^x f(x, y)|^2 + |W_s^y f(x, y)|^2} \tag{8.46}$$

幅角为

$$\alpha = A_s f(x, y) = \mathrm{arctg}\,\frac{|W_s^y f(x, y)|}{|W_s^x f(x, y)|} \tag{8.47}$$

根据小波与平滑函数的关系，选取小波函数 $\psi(x, y)$ 及该小波对应的尺度函数 $\phi(x, y)$；对 $f(x, y)$ 的每一行执行二进小波分解，即通过：

$$\begin{cases} A_{j+1}^d f = \displaystyle\sum_{k\in Z} \tilde{h}(2n - k)A_j^d f(k) \\ D_{j+1}^d f = \displaystyle\sum_{k\in Z} \tilde{g}(2n - k)A_j^d f(k) \end{cases} \tag{8.48}$$

迭代分解求出有限分辨率（J）时的小波变换 $\{D_j^x f,\ j = 1, 2, \cdots, J\}$，找出小波变换 $|D_j^x f|$ 随分辨率 j 的增大而增大的极值点（式中 $\tilde{h}$ 和 $\tilde{g}$ 分别为展开系数）；对 $f(x, y)$ 的每一列重复执行式（8.48）的变换计算，找出小波变换 $|D_j^y f|$ 随分辨率 j 的增大而增大的极值点；将两次得到极值的点进行叠加，然后与门限进行比较，超出门限的则确认为边缘点，再将这些点连接，就可得到不同尺度（分辨率）时的边缘。

2. 潜山油气藏裂缝分布发育检测结果

1）南堡凹陷潜山裂缝基本特征

（1）钻遇地层特征

南堡 3 号潜山残存地层为寒武系，PG2 井进山层位为寒武系徐庄组，往下依次钻遇寒武系毛庄组、馒头组、府君山组、元古宇和太古宇花岗岩。寒武系沉积以陆表海的潮上-潮间带沉积为主，寒武系钻遇的岩性主要为褐灰色白云质灰岩和紫红色灰质泥岩。元古宇岩性主要为紫灰色灰质泥岩。太古宇岩石为灰白色花岗岩，岩性致密、坚硬，裂缝较发育。

（2）裂缝发育特征

构造裂缝具有控制和促进岩溶作用发育的特点，可与溶蚀孔洞复合，构成各类缝洞型储层，成为油气储集的主要空间。寒武系—奥陶系碳酸盐岩是形成古岩溶的物质基础。从 PG2 井钻遇情况分析：寒武系毛庄组顶部 40m 白云质灰岩发育溶孔、溶洞及裂缝，是有利的储集空间；寒武系府君山组构造缝、溶蚀缝、压溶缝最为发育，同时发育晶内、晶间微溶孔。在古近系覆盖之前，元古宇和太古宇花岗岩分别经历了漫长复杂的构造变形，地层遭遇氧化环境，长期裸露，经溶蚀、风化、淋滤等作用，最终使古潜山形成溶孔、裂缝等连通性较好的次生储集空间。

（3）储层储集类型

据 PG2 井测井解释成果，毛庄组油层段孔隙度范围 1.21% ~ 6.1%，平均 4.0%。通过 FMI 综合评价，南堡 3 号潜山寒武系发育碳酸盐岩裂缝孔洞双重介质储层，以毛庄组、府君山组储集空间最为发育。

2）潜山油气藏裂缝分布发育检测结果

应用小波分频多尺度边缘检测方法对 3 号构造寒武系潜山顶界面以下的目的层进行分析，获得裂缝检测成果数据体，从数据体中抽取切片，进行裂缝发育情况的预测研究。南堡凹陷三号构造潜山顶面为徐庄组泥岩，裂隙不发育仅 PG2 井及 NP3-82 井区裂缝发育程度较高，NP3-81、NP3-80 低。随着深度增加 （+10ms）裂缝整体发育程度有所增加。对比潜山面下 20ms 及 30ms 裂缝发育程度，可以看出 NP3-82 井裂缝发育程度及规模有所增大，PG2 井附近裂缝分布范围及密度增大。从平面图对比中可以看出，裂缝与构造运动之间具有明显的正相关性，在潜山断层面附近的裂缝比较发育，有利于油气的充注及运移 （图 8.33）。

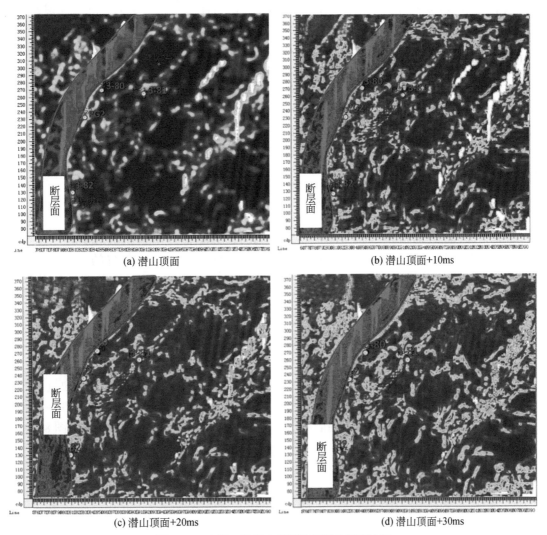

(a) 潜山顶面　　　　　　　　　　(b) 潜山顶面+10ms

(c) 潜山顶面+20ms　　　　　　　(d) 潜山顶面+30ms

图 8.33　南堡 3 号潜山各深度裂缝检测平面图

8.3.3 潜山内储集岩体含油气性地震预测与评价

1. 含油气性检测基本原理

1）饱和流体多孔介质中地震波特征

在饱和流体多孔介质的研究中通过引入渗流理论，Silin D B 推导了一个的弹性波方程，该方程既可以描述地震波动力学特征，又能把储层的密度、渗透率与流体的黏度等油藏参数直接与地震传播特征联系起来。具体推导过程见 8.1.3。

2）基于低频域反射系数推导流体活动属性

反射系数与地震频率有关，与储层的渗透性、密度及流体黏度等油藏参数有关。令流体活动属性 $M \approx \dfrac{k\rho}{\eta}$，便可以得到流体活动属性的表达式，形式如下：

$$M \approx F(v, \ \rho, \ k, \ \eta) \cdot \left(\frac{\partial R}{\partial w}\right)^2 * w \tag{8.49}$$

式中，F 为流体函数，无量纲。

上式表明，低频域饱和流体多孔介质储集层中，流体的活动性与地震反射系数对反射频率的偏导的绝对值成正比，而实际地震记录为反射振幅，因此流体的活动性可以近似认为与地震反射振幅对反射频率的偏导的绝对值成正比。

2. 潜山油气藏含油气性检测效果分析

按照上述职原理，计算得到南堡 3 号构造潜山的流体特征，图 8.34 为过 CDP207 线的流体检测剖面图，从图中可以看出潜山面下徐庄组泥岩的流体特征不明显，表明潜山顶面泥岩段无油气聚集。但是在毛庄组地层，流体活动性明显增强，流体分布范围明显扩大，在潜山断面附近，流体特征最为明显，间接证实了 3 号构造徐庄组泥岩是很好的盖层，储层主要为下伏的毛庄组，馒头组及府君山组地层。

3. 潜山油气藏含油气性检测有效性评价

图 8.35 为 NP3-82 井的流体检测与测井结果对比图，从图中可以看出油气解释结果与流体检测结果具有良好的对应性，测井解释及试油试采结果显示，NP3-82 井具有较好的油气产量，从流体检测结果上看，NP3-82 井里断层面较近，有利于油气聚集，所以流体显示该井附近流体活动性较强（图 8.35）。

8.3.4 潜在潜山油气藏地震探测结果钻探检验

目前南堡 3 号构造潜山井主要为 PG2 井、NP3-80 井、NP3-81 井及 NP3-82 井，通过地震反演剖面（图 8.36）、裂缝检测（图 8.37）及流体检测（图 8.38）结果显示。潜山区的非均质性较强，储层横向变化剧烈，流体特征复杂，局部毛庄组下的府君山组储层发育，是油气汇聚的有利区（图 8.39）。

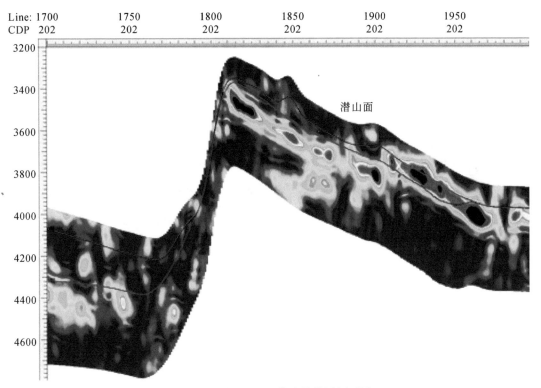

图 8.34　过 CDP207 线流体检测剖面图

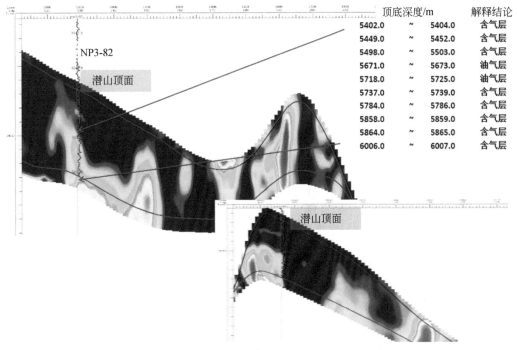

顶底深度/m		解释结论
5402.0	~ 5404.0	含气层
5449.0	~ 5452.0	含气层
5498.0	~ 5503.0	含气层
5671.0	~ 5673.0	油气层
5718.0	~ 5725.0	油气层
5737.0	~ 5739.0	含气层
5784.0	~ 5786.0	含气层
5858.0	~ 5859.0	含气层
5864.0	~ 5865.0	含气层
6006.0	~ 6007.0	含气层

图 8.35　NP3-82 井流体检测与测井解释对比图

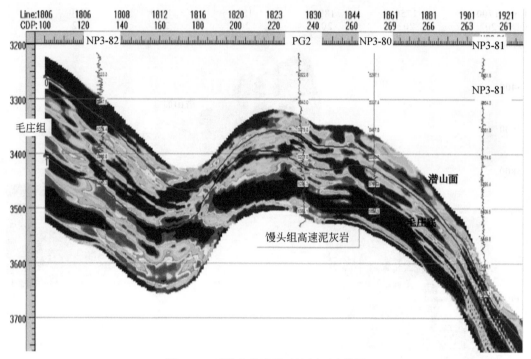

图 8.36　过潜山井地震反演剖面连井图

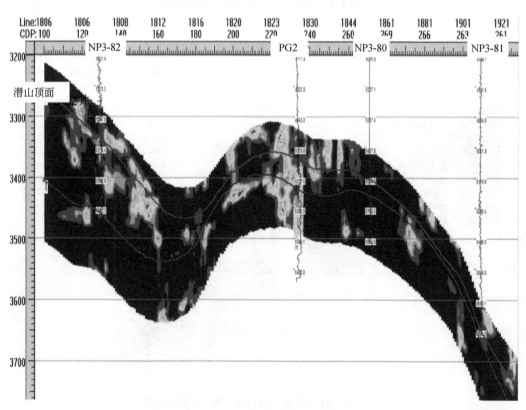

图 8.37　过潜山井裂缝检测剖面连井图

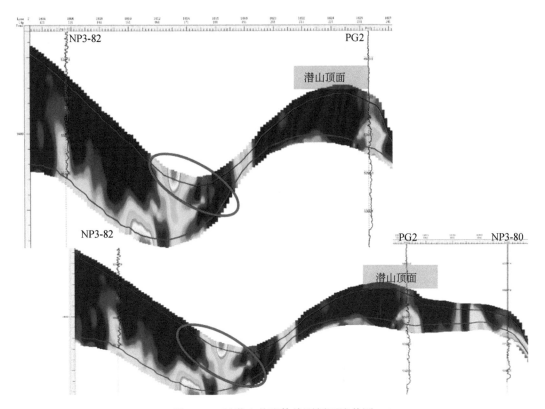

图 8.38　过潜山井流体检测剖面连井图

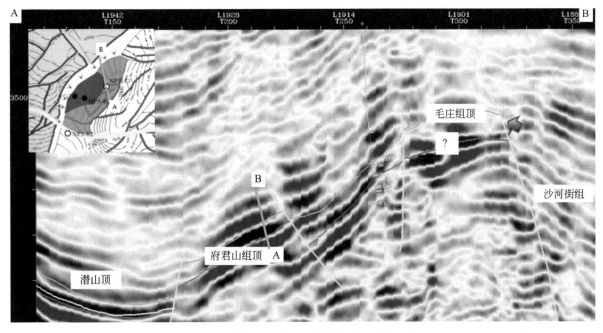

图 8.39　南堡 3 号潜山寒武系潜山构造解释剖面图

第9章 南堡凹陷油气勘探实践与成效

9.1 中浅层油气藏精细勘探实践与成效

南堡凹陷中浅层［明化镇组（Nm）、馆陶组（Ng）、东一段（Ed₁）］复杂构造油藏具有优越的成藏条件及富集特征。同时南堡凹陷明化镇组–东一段复杂构造油藏具有埋深浅、物性好、产能高的特点，利于效益建产。"十三五"期间以油气藏关键控藏要素为指导，加强关键控藏要素描述，拓展了油藏规模。评价产建一体化，取得了较好的勘探效果。

9.1.1 南堡滩海中浅层未动用储量评价成效明显

南堡1、2号构造储量评价动用面临三个方面的问题：①复杂断块油藏，油气沿断棱高部位富集，构造高点需要精确落实；②馆陶组—东一段发育厚层火山岩影响储层与油藏分布，需要精细刻画火山岩边界；③平台受限，单井钻遇油层少，需优化工程方案。

针对南堡1号构造探索处理解释一体化融合模式，攻关形成了"地质模型约束的数据驱动网格层析迭代速度建模"和"全频处理"技术，有效地提高了分辨率，同时深化油气富集规律研究，井震结合精细落实构造特征，进一步明确断层组合关系和构造高点位置，落实火山岩分布，刻画有利圈闭面积33.3km²。在此基础上，针对南堡1-3区中浅层按照"沿断棱占高点布井，提高油层钻遇率和单井控制储量；评价产建一体化，整体部署、滚动实施，降低风险；简化优化平台功能，减小投资规模，降低运行成本；保持合理开发技术政策，稳定开发，实现设备利用最大化"的原则，形成整体部署方案，促进了储量动用。

南堡2号中浅层通过构造梳理，明确了西部以阶梯状的构造样式为主，东部是北东走向断层控制的复"Y"形构造样式，中部处于两种构造样式的转化带，继承性活动主控断裂为主要油源断层，四条同生断层控制了断背斜、断阶两类构造样式发育；同生断裂下降盘断背斜构造、上升盘段鼻构造油气富集程度高。围绕4条主要油源断裂的低幅度构造圈闭是精细再评价的主要目标。通过数据叠后处理、构造样式指导、井震结合、断裂平面组合分析、多数据体联合显示等手段，重新梳理断裂系统，提高断点识别精度，降低断层平面组合多解性，对比以往解释方案，构造大格局基本一致，但断裂组合、断点位置以及构造幅度得以进一步落实。利用构造加密解释和小网格变速成图，落实多个有利构造圈闭，四条油源断层控制的断背斜、断鼻构造有利圈闭面积4～6km²。尤其落实了南堡2号–3号浅层断背斜，该构造南部以E-W走向的南堡2号–3号断层为边界，内部被多条近平行的北东向断层分割为一系列断块和断鼻，确定明化镇组有利圈闭面积1.1km²、馆陶组有利圈闭面积1.2km²。2016～2019年评价产建一体部署实施评价井12口，平均单井钻遇油层7层27.3m，油水同层5层20.5m，获得工业油流8口。

9.1.2 高柳老区滚动评价实现了稳产和上产

高柳浅层油藏投入开发多年，已进入中高含水期。通过研究分析，认为高柳的中浅层仍有滚动勘探评价潜力，在此基础上提升浅层油藏富集规律认识、加强低幅度构造精细描述、强化稠油油层识别技术攻关及有效开采技术的运用，滚动建产成效显著，滚动增储领域得到进一步拓展。

围绕高柳浅层开展构造再认识，整体断裂梳理、构造样式分析与油组级地层对比相结合，精细落实油层顶面构造；明确了高柳、高北断层及柏各庄断裂均具有"早期分段伸展、晚期强烈张扭"的演化特征，浅层形成了一系列断裂叠接变化带，分段控制浅层断圈的形成及油气的差异聚集。以此为指导，在纵向上细分层段、加密解释、小网格构建速度场，精细落实低幅度构造，拓展滚动目标；开展测井地质协同研究，深化油层认识，老井复查及试油见到明显成效；基于岩性和水性差异，细分小层分别建立油水层解释图版，提高解释精度，同时核磁共振含烃定量评价与相控油气识别相结合，开展浅层稠油测井评价，高浅北区新增油层 71 层 440.8m，高 104-5 区块高 115-6 井馆 5 小层 5 号层顶部为油层，2019 年 12 月 17 日投产，二氧化碳吞吐，初期日产油 6.02m³，含水 21.8%。目前日产油 3.05m³，含水 52.4%，进一步落实了馆 5—馆 7 新的含油层段，增加了馆 8—馆 13 油层厚度；进一步扩大储量规模，也实现了区块年产量增加，增产效果显著。

9.2　中深层构造岩性油气藏勘探实践与成效

南堡凹陷及周边凸起经过 40 多年的勘探，勘探程度不断提高，主体构造基本探明，中深层构造岩性油藏成为油田规模增储建产的重点领域。通过关键控藏要素精细评价，确定了近生烃灶、有利构造背景、扇三角洲前缘相带、弱超压区为成藏有利目标，中深层构造-岩性油气藏勘探有利增储领域包括高柳斜坡带沙三段、南堡 4 号东二—沙一段、南部斜坡带东三—沙一段。同时强化地震勘探技术的应用，通过精细研究与部署，探井成功率 59.4%，比南堡凹陷同期非构造岩性油气藏探井成功率 45.1% 提高 14.3 个百分点，在高柳斜坡、南堡 3 号、南堡 4 号等区带实现了千万吨级增储。

9.2.1　高柳斜坡带构造岩性油气藏勘探实践与成效

高尚堡沙三段油藏是冀东油田最早投入勘探开发的油藏之一，沙三段油藏具有埋深大、物性差、产能比较低、储层横向变化大等特点，同时具备近油源、储集砂体发育、疏导条件有利等成藏条件。构造油藏勘探程度高，高北斜坡带是岩性油藏是拓展的重要目标。

高北斜坡带位于高北断层上升盘，为一个向北东方向倾伏的鼻状构造，被一系列与高北断层平行或斜交的北东向断层分割成多个断块，构造高点位于高 5 区块。高北斜坡带具有形成岩性油藏的有利条件，位于沙三段优质成熟源岩优势运聚指向区；斜坡区广泛发育的扇三角洲前缘砂体为岩性圈闭有利发育区，扇三角洲前缘发育的中粗砂岩在深层具有良好的储集物性；不同级次切割源岩层系的断层广泛发育，疏导有利；超压的存在为岩性油气藏形成提供了动力，控制油气的富集高产。

通过细化层序地层单元，搭建高精度层序地层格架，构建了高北斜坡带破折及构造反转两种控砂充填模式，以准层序组为单元基本明确了优势储层分布特征；通过油藏分析，构建了两种油藏模式，一是中斜坡区沙三 2 亚段 II、III 油组中孔渗储层发育区岩性-构造油藏，二是中低斜坡沙三 3 亚段 IV、V 油组低孔渗储层发育区的岩性油藏。开展优势道集叠加及叠后处理提高地震资料信噪比，为后续构造和储层预测奠定了资料基础。井震结合梳理断裂组合，落实构造；区域沉积背景与地震属性分析相结合，落实有利储层分布。在此基础上，共识别、刻画 54 个岩性圈闭，落实有利岩性圈闭面积 240km²，部署实施了预探井、评价井 35 口，实现了斜坡区岩性油气藏千万吨级规模增储。

9.2.2　南部缓坡型构造岩性油气藏勘探实践与成效

南堡凹陷的南部主要发育来自沙垒田凸起，受继承性发育的 4 条北东向断层控制，在断层下降盘形成古沟槽带，顺沟槽带形成 2 个主物源 5 个次级物源。主要发育辫状河三角洲沉积体系，工区内以辫状河三角洲前缘为主，发育分流河道及河口坝储集砂体，砂体展布受物源通道、古地貌等因素，储层砂体展布平面变化快；储层由于来自沙垒田凸起太古界花岗岩物源区，岩石成分中变质岩岩屑含量高，利于在成岩过程中原生孔隙，具备优质储层发育的物质基础。通过优选南堡 3 号构造开展了勘探实践。

2011 年南堡 3 号构造风险探井堡古 2 井首次揭露了东三段及沙河街组地层，并在沙一段试油获得日产 110m³ 的高产工业油气流，表明在南堡 3 号构造 4000m 砂岩仍具有较好的物性，主要发育构造油气藏与岩性地层油气藏。依据钻探成果，通过三维地震资料采集及融合处理，中深层信噪比明显提高，波组特征成像效果改善，内部反射结构更为清晰，为构造落实和岩性圈闭的刻画奠定了基础；开展了精细地质研究，油藏特征进一步明确。南堡 3 号构造东三段、沙一段主要为潜山披覆背斜构造；发育来自南部沙垒田凸起的辫状河三角洲沉积体系，多期砂体相互叠置，颗粒变化大，粒度较粗，分选好的储层物性较好；构造主体发育受岩性控制的构造-岩性油气藏，具有多套油水系统的层状油藏特征，斜坡带发育受可容纳空间变化所形成的地层油气藏。在此基础上，整体部署，南堡 3 号构造沙河街油藏落实了千万吨级储量规模，同时通过南堡 3-29 等新井钻探及沙一段过路井的老井油层再认识及试油，取得东三段的勘探突破。

9.2.3　南堡 4 号构造中深层构造岩性油气藏勘探实践

南堡 4 号构造位于南堡油田的东南部，其西南侧为曹妃甸次凹，西北侧与南堡 2 号构造相连，北东侧为柳南次凹，东侧为柏各庄断鼻构造带。南堡 4 号构造整体特征为一北西向展布的潜山披覆构造，被多条北西走向的南倾正断层分为两部分，其中断层下降盘为多个断块组成的鼻状构造，上升盘由低幅度的断块或断鼻组成。构造带展布具有帚状构造特征，向北西侧撒开变宽与南堡 2 号构造相连，约 4～5km。研究区内共完钻探井 77 口，其中预探井 54 口，评价井 23 口；根据最新资源评价结果，南堡 4 号构造石油资源量 $1.0127 \times 10^8 t$，天然气资源量 $216.27 \times 10^8 m^3$，中深层主要发育东二低位域、东三上亚段高位域、东三下亚段低位域、沙一高位域四套含油层系，油藏类型是构造岩性油藏，初步落实了千万吨级的储量规模区，是一个具有良好勘探前景的区带。

围绕中深层构造岩性油气成藏规律深化认识、优势储集砂体预测与构造岩性圈闭精细刻画、低渗砂岩储层增产措施等方面开展了以下四个方面的工作：一是重新厘定南堡 4 号构造东三、沙一段沉积体系，明确不同的物源分支及有利砂体展布范围；从北到南发育东西两支物源，长轴物源被 4 号构造主体近东西向油源断层切割，成藏条件有利，因此如何寻找优势的储集砂体是下步部署重点。二是以砂体充填模式为指导，利用井约束反演数据体追踪识别一批有利勘探目标；在南堡 4 号构造北部主体区东二段落实了 1 个主物源 3 个小分支，长轴物源的三角洲前缘水下分支河道砂体、有利构造及油源断层共同控制，形成了有利目标靶区。有效储层的面积为 10km²。三是开展油藏分布规律分析，来自北部物源的多支河道砂岩体与有利构造叠置控藏，油藏类型主要为构造-岩性、岩性、岩性-地层油藏；四是紧密结合老井复查成果，新井钻探与老井试油相结合，力争扩大勘探场面，实现储量升级。向南探索整体部署探井评价井 5 口，分步实施，已实施了 4 口井，均见到良好的油气显示，平均单井钻遇油层 8 层（14.73），差油层 3 层（6.83m），油水同层 11 层（30.65m）。其中南堡 4-88 井在东二段获得工业油流，压后 5mm 油嘴，日产油 6.71 方，日产气 9268 方。结合新钻井建立油藏模式，北部长轴物源南北向呈指状展布，横向呈透镜状展布，砂体被近东西向油源断层切割，局部构造与油源断层和优势储集砂体三者的良好配置是成藏的关键。在构造主体及北翼获得成功并形成生产能力后，又在南翼初步发现了一个 $300 \times 10^4 t$ 的储量区。

9.3　碳酸盐岩潜山油气藏勘探实践与成效

通过研究，揭示了南堡油田潜山油气成藏主控因素和成藏模式，指明了南堡油田潜山下步勘探方向，编制了南堡油田潜山勘探部署方案，为南堡油田潜山油气勘探工作的实施奠定了坚实的基础。按照"坚持勘探开发一体化，增储上产一体化，深浅兼顾，油气并举"的部署原则，紧密围绕"地层"和"储层"两大控藏因素，开展构造落实，结合多种属性与地震反射特征，寻找"优势储层"发育带；深化油气分布规律认识，明确油气分布特征，为勘探部署提供依据；形成了整体部署方案。针对南堡 1 号–5 号潜山，综合考虑地层分布，供烃关系，储层发育及钻探情况，开展区带综合评价和目标优选，认为南堡 3 号潜山、南堡 2 号潜山南堡 280 区块、南堡 1 号潜山南堡 1-5 区块、南堡 1 区块为Ⅰ类有利区带，勘探前景好，可实施钻探；南堡 1 号潜山南堡 1 西区块、南堡 1、2 号潜山断槽区为Ⅱ类有利区带，勘探前景较好，需进一步开展研究工作。在此基础上，以南堡 3 号构造为重点，兼顾南堡 1 号和 2 号构造开展了潜山整体部署，提交了 10 口探井井位，部署实施 8 口井勘探成效显著，突破了南堡 3 号潜山，进一步扩大了南堡 1、2 号潜山含油面积。

部署实施 4 口井，2 口井获得工业油气流，探井成功率为 50%，获得南堡 3 号潜山勘探突破（表 9.1）其中堡古 2 井寒武系毛庄组中途测试日产油 27.8m³，天然气 17.9×10⁴m³，实现了南堡油田寒武系潜山勘探新突破，相关成果获得股份公司油气勘探重大发现二等奖；南堡 3-80 井完井试油日产油 89.8m³，天然气 9×10⁴m³，进一步扩大南堡 3 号潜山寒武系含油气范围。

表 9.1　南堡 3 号潜山勘探成效表

序号	构造单元	井号	完钻井深（斜/垂，m）	钻遇潜山厚度（斜/垂，m）	试油成果
1	南堡3号构造	堡古 2	5518/5225.9	405/383.4	日产油 27.8m³；日产气 17.9×10⁴m³
2		南堡 3-80	5878/5314.6	282/265.86	日产油 89.8m³；日产气 9.1×10⁴m³
3		南堡 3-81	6066/5606.75	171/158.42	日产水 17.4m³
4		南堡 3-82	6037/5555.3	688/633.9	日产油 43.2m³，少量气